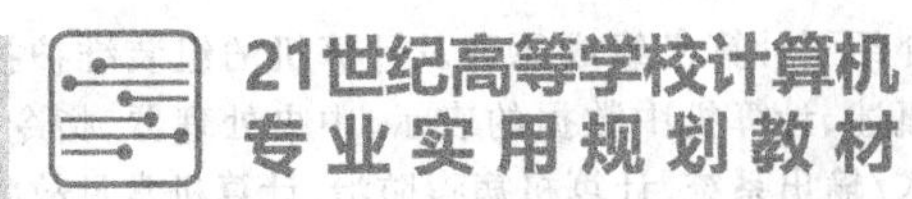

计算机组成原理与组装维护实践教程

◎ 童世华　陈贵彬　王伟强　主编

清華大學出版社
北京

内容简介

本书全面而又系统地介绍了计算机组成原理及计算机的组装维护技术。全书分为理论与实践两篇，理论篇主要介绍计算机系统概述、计算机中数据的表示、中央处理器、指令系统和寻址方式、存储系统、外部存储器、总线及主板技术、输入/输出系统、计算机病毒防治、计算机常见故障维修；实践篇主要介绍认识计算机主要硬件部件、组装计算机硬件系统、BIOS的认识与设置、Windows系统维护安装盘的制作、硬盘分区与格式化、操作系统安装、操作系统的备份与还原。每章配有学习目标、大量的练习题，以帮助读者明确学习方向，理解和巩固所学内容。本书融入高等院校"专升本"统一选拔考试《计算机基础》部分考点，附录配有DOS命令、计算机配置与选购、计算机的保养、计算机（微机）维修工国家职业标准、计算机术语大全，为各类读者提供参考，实用性强。

本书充分考虑了实际教学需要和专科层次学生的实际水平，按照循序渐进、理论联系实际、便于自学的原则编写。教材内容适量、适用，叙述清楚，通俗易懂。

本书适用于应用型本科院校、高等职业院校、高等专科学校、中等职业学校、成人高校，也可供继续教育学院、民办高校、技能型紧缺人才培养使用，还可供本科院校、计算机专业人员和爱好者参考使用。

图书在版编目(CIP)数据

计算机组成原理与组装维护实践教程/童世华，陈贵彬，王伟强主编. --北京：清华大学出版社，2016（2019.8重印）
21世纪高等学校计算机专业实用规划教材
ISBN 978-7-302-44650-7

Ⅰ. ①计…　Ⅱ. ①童…　②陈…　③王…　Ⅲ. ①计算机组成原理－高等学校－教材　②电子计算机－组装－高等学校－教材　Ⅳ. ①TP30

中国版本图书馆CIP数据核字(2016)第179756号

责任编辑：刘　星　王冰飞
封面设计：刘　键
责任校对：焦丽丽
责任印制：刘祎淼

出版发行：清华大学出版社
　　网　　址：http://www.tup.com.cn，http://www.wqbook.com
　　地　　址：北京清华大学学研大厦A座　　**邮　　编**：100084
　　社 总 机：010-62770175　　**邮　　购**：010-62786544
　　投稿与读者服务：010-62776969，c-service@tup.tsinghua.edu.cn
　　质量反馈：010-62772015，zhiliang@tup.tsinghua.edu.cn
　　课件下载：http://www.tup.com.cn，010-62795954
印 装 者：河北纪元数字印刷有限公司
经　　销：全国新华书店
开　　本：185mm×260mm　　**印　　张**：24.5　　**字　　数**：620千字
版　　次：2016年9月第1版　　**印　　次**：2019年8月第4次印刷
印　　数：3401～3800
定　　价：49.50元

产品编号：070976-01

本书编委会

主　　编： 童世华　陈贵彬　王伟强

副 主 编： 莫绍强　余永洪　杨玉平

徐宏英　赵鹏举　佘明洪

刘　丹

编委成员： 李　毅　瞿　芳　何桂兰

余建军

前言

本书全面系统地介绍计算机组成原理及计算机的组装维护技术，为读者将来深入学习计算机技术打下良好基础，本书内容是《计算机故障检测与维护》、《网络技术》、《网站建设》等后续必修课或选修课的基础。

近年来随着高等职业院校推行模块化教学改革和计算机技术的飞速发展，原有教材不能完全适应新的要求。本书为适应计算机基础课程教学计划和课程大纲的变化，对教材内容的选取和组织进行以下优化。

1. 精选内容

根据高等职业院校人才培养目标和职业岗位(群)技能训练的实际需要精选教材内容，安排教材结构，杜绝套用大学和中专教材的做法，教材内容要具有科学性、思想性。

2. 深浅适度

内容的深浅度根据高等职业教育培养目标和高等职业院校专业教学计划来确定和掌握。力求重点、难点突出，通俗易懂。

3. 突出实用性

内容符合高等职业技术应用型专门人才培养规格的要求，跟上科技发展和生产工作的实际需要，具有较强的针对性和实用性。

4. 新鲜生动

内容尽可能吸收专业学科发展的新理论、新成果，以及生产实际中的新技术、新经验。力求使内容新鲜、生动、丰富。

本书是根据编者讲授该课程的经验和听取同行意见后编写成的。本书全面而又系统地介绍了计算机组成原理及计算机的组装维护技术。全书分为理论与实践两篇，理论篇主要介绍计算机系统概述、计算机中数据的表示、中央处理器、指令系统和寻址方式、存储系统、外部存储器、总线及主板技术、输入/输出系统、计算机病毒防治、计算机常见故障维修；实践篇主要介绍认识计算机主要硬件部件、组装计算机硬件系统、BIOS的认识与设置、Windows系统维护安装盘的制作、硬盘分区与格式化、操作系统安装、操作系统的备份与还原。每章配有学习目标、大量的练习题，以帮助读者明确学习方向，理解和巩固所学内容。本书融入高等院校“专升本”统一选拔考试《计算机基础》部分考点，附录配有DOS命令、计算机配置与选购、计算机的保养、计算机(微机)维修工国家职业标准、计算机术语大全，为各类读者提供参考，实用性强。

本书充分考虑了实际教学需要和专科层次学生的实际水平，按照循序渐进、理论联系实际、便于自学的原则编写。教材内容适量、适用，叙述清楚，通俗易懂。

本书适用于高等职业院校、高等专科学校、中等职业学校、成人高校、应用型本科院校，也可供继续教育学院、民办高校、技能型紧缺人才培养使用，还可供本科院校、计算机专业人员和爱好者参考使用。

本书由童世华、陈贵彬、王伟强担任主编，由莫绍强、余永洪、杨玉平、徐宏英、赵鹏举、佘明洪、刘丹担任副主编，还有李毅、何桂兰、余建军、瞿芳参与了编写工作。本书在编写过程中，得到了龚小勇、武春岭、谢鑫、刘宏宇、贺彬恢、李腾、何欢、唐继勇、左岑、邓飞等同志的大力帮助；参阅了部分网络资源和其他文献，在此表示衷心的感谢。在本书编写出版过程中，得到了清华大学出版社的大力支持和帮助，在此表示衷心的感谢。

由于编者水平有限，编写时间仓促，不妥之处在所难免，欢迎广大读者批评指正。

编　者

2016 年 7 月于重庆

目 录

理论篇

实 践 篇

理　论　篇

第1章 计算机系统概述

关于计算机，大家并不陌生，它的使用是极其广泛，但真正了解它的使用者是为数不多的。本章主要介绍计算机系统的一些基本概念，包括计算机的发展、分类和应用，计算机的硬件和软件系统，此外还将介绍计算机系统的主要性能指标。

学习目标

(1) 了解计算机的发展历程、分类和应用，以及计算机系统的主要性能指标、计算机总线的概念及分类。

(2) 理解计算机各组成部分的工作原理。

(3) 掌握计算机硬件系统和软件系统的组成。

1.1 计算机的发展、分类和应用

1.1.1 计算机的发展简史及发展趋势

计算机是一个广为人知的代名词，是它给人们带来了巨大的方便。哪什么是计算机呢？计算机就是一种按程序控制自动进行信息加工的工具。计算机的诞生酝酿了很长一段时间。1946年2月，第一台电子计算机ENIAC在美国加州问世，ENIAC用了18000个电子管和86000个其他电子元件，有两个教室那么大，运算速度却只有每秒300次各种运算或5000次加法，耗资100万美元以上。尽管ENIAC有许多不足之处，但它毕竟是计算机的始祖，揭开了计算机时代的序幕。

计算机的发展到目前为止共经历了70余年。对其发展史的划分有多种多样。其中，从它所采用器件的角度可将其划分为5个时代。

第一代计算机是从1946年到1959年，这段时期被称为“电子管计算机时代”。第一代计算机的内部元件使用的是电子管。由于一部计算机需要几千个电子管，每个电子管都会散发大量的热量，因此如何散热是一个令人头痛的问题。电子管的寿命最长只有3000小时，计算机运行时常常发生由于电子管被烧坏而使计算机死机的现象。第一代计算机主要用于科学研究和工程计算。

第二代计算机是从1960年到1964年，由于在计算机中采用了比电子管更先进的晶体管，因此将这段时期称为“晶体管计算机时代”。晶体管比电子管小得多，不需要暖机时间，消耗能量较少，处理更迅速、更可靠。第二代计算机的程序语言从机器语言发展到汇编语言。接着，高级语言FORTRAN语言和COBOL语言相继开发出来并被广泛使用。这时，开始使用磁盘和磁带作为辅助存储器。第二代计算机的体积和价格都下降了，使用的人也多起来了，计算机工业迅速发展。第二代计算机主要用于商业、大学教学和政府机关。

第三代计算机是从1965年到1970年,集成电路被应用到计算机中,因此这段时期被称为"中小规模集成电路计算机时代"。集成电路(Integrated Circuit,IC)是做在晶片上的一个完整的电子电路,这个晶片比手指甲还小,却包含了几千个晶体管元件。第三代计算机的特点是体积更小、价格更低、可靠性更高、计算速度更快。第三代计算机的代表是IBM公司投资50亿美元开发的IBM 360系列。

第四代计算机是从1971年到2015,被称为"大规模集成电路计算机时代"。第四代计算机使用的元件依然是集成电路,不过,这种集成电路已经大大改善,它包含着几十万到上百万个晶体管,人们称之为大规模集成电路(Large Scale Integrated Circuit,LSI)或超大规模集成电路(Very Large Scale Integrated Circuit,VLSI)。1975年,美国IBM公司推出了个人计算机PC(Personal Computer),从此,人们对计算机不再陌生,计算机开始深入到人类生活的各个方面。

第五代计算机为新一代计算机,它将向着人工智能等众多领域发展,具有推理、联想、判断、决策、学习等功能。

对计算机发展史的划分除了从硬件角度划分外,还可以从计算机语言角度将它划分为以下几代。

第一代:机器语言。机器语言就是用二进制代码书写的指令。其特点为执行速度快,能够被计算机直接识别,但不便于记忆。

第二代:汇编语言。汇编语言是用符号书写指令。其特点为不能被计算机直接识别,也不便于记忆。

第三代:高级语言。如C、BASIC、FORTRAN等。其特点为不能被计算机直接识别,但便于记忆。

第四代:模块化语言。模块化语言是在高级语言基础上发展而来的,它有更强的编程功能,如SQL PowerPoint、Excel、Delphi等。

第五代:面向对象的编程语言和网络语言等,如VB、VC、C++、Java等。

计算机发展到今天,计算机已经具有了运算速度快、运算精度高、通用性强、具有自动控制能力、具有记忆和逻辑判断功能等特点。

1.1.2 计算机的分类

计算机按照不同的分类依据有多种分类方法,常见的分类方法有以下几种。

1. 按信息处理方式分类

按处理方式分类,可以把计算机分为模拟计算机、数字计算机及数字模拟混合计算机。模拟计算机主要用于处理模拟信息,如工业控制中的温度、压力等,模拟计算机的运算部件是一些电子电路,其运算速度极快,但精度不高,使用也不够方便。数字计算机采用二进制运算,其特点是解题精度高,便于存储信息,是通用性很强的计算工具,既能胜任科学计算和数字处理,也能进行过程控制和CAD/CAM等工作。混合计算机是取数字、模拟计算机之长,既能高速运算,又便于存储信息,但这类计算机造价昂贵。现在人们所使用的大多属于数字计算机。

2. 按用途分类

按计算机的功能分类,一般可分为专用计算机与通用计算机。专用计算机功能单一,可靠性高,结构简单,适应性差。但在特定用途下最有效、最经济、最快速,是其他计算机无法替代的，如军事系统、银行系统通用计算机功能齐全，适应性强，目前人们所使用的大多是通用计算机。

3. 按规模分类

按照计算机规模，并参考其运算速度、输入/输出能力、存储能力等因素划分，通常将计算机分为巨型机、大型机、小型机、微型机等几类。

(1) 巨型机。巨型机运算速度快，存储量大，结构复杂，价格昂贵，主要用于尖端科学研究领域，如IBM390系列、银河机等。曙光5000巨型机如图1-1所示，速度达到每秒230万亿次。

(2) 大型机。大型机规模次于巨型机，有比较完善的指令系统和丰富的外部设备，主要用于计算机网络和大型计算中心中，如IBM4300，如图1-2所示。

图1-1 曙光5000巨型机

图1-2 大型机

(3) 小型机。小型机较之大型机成本较低，维护也较容易，小型机用途广泛，现可用于科学计算和数据处理，也可用于生产过程自动控制和数据采集及分析处理等。小型机的外貌如图1-3所示。

(4) 微型机。微型机采用微处理器、半导体存储器和输入/输出接口等芯片组成，使得它较之小型机体积更小、价格更低、灵活性更好，可靠性更高，使用更加方便。目前许多微型机的性能已超过以前的大中型机。微型机如图1-4所示。

图1-3 小型机

图1-4 微型机

4. 按照其工作模式分类

按照其工作模式分类，可将其分为服务器和工作站两类。

(1) 服务器。服务器是一种可供网络用户共享的、高性能的计算机，一般具有大容量的存储设备和丰富的外部设备，其上运行网络操作系统，要求较高的运行速度，对此，很多服务器都配置了双CPU。服务器上的资源可供网络用户共享。

(2) 工作站。工作站是一种介于个人计算机和小型机之间的高档微型机,它的独到之处就是易于联网,配有大容量主存,大屏幕显示器,特别适合于CAD/CAM和办公自动化。

1.1.3 计算机的应用

计算机应用已深入到了人类社会生活的各个领域,其应用可以归纳为以下几个方面。

1. 科学计算

科学计算一直是计算机的重要应用领域之一,如在天文学、核物理学领域中,都需要依靠计算机进行复杂的运算。在军事上,导弹的发射以及飞行轨道的计算控制、先进防空系统等现代化军事设施通常都是由计算机控制的大系统,其中包括雷达、地面设施、海上装备等。计算机除了在国防及尖端科学技术的计算以外,在其他学科和工程设计方面,诸如数学、力学、晶体结构分析、石油勘探、桥梁设计、建筑、土木工程设计等领域也得到广泛的应用,促进了各门科学技术的发展。

2. 数据处理与信息加工

数据处理与信息加工是电子计算机应用最广泛的领域。利用计算机对数据进行分析加工的过程是数据处理的过程。在银行系统、财会系统、档案管理系统、经营管理系统及文字处理、办公自动化等方面都大量使用微型计算机进行数据处理。例如,现代企业的生产计划、统计报表、成本核算、销售分析、市场预测、利润预估、采购订货、库存管理、工资管理等,都是通过微型计算机来实现的。

3. 实时控制

在现代化工厂中,微型计算机普遍用于生产过程的自动控制,特别是单片微型计算机在工业生产过程中的自动控制更为广泛。采用微型计算机进行过程控制,可以提高产品质量,增加劳动生产率,降低生产成本,提高经济效益。

4. 辅助设计与辅助制造

由于微型计算机有快速的数值计算、较强的数据处理及模拟能力,目前在飞机、船舶、光学仪器、超大规模集成电路等的设计制造过程中,CAD/CAM占据着越来越重要的地位。使用已有的计算机辅助设计新的计算机,达到设计自动化和半自动化的程度,从而减轻人的劳动强度,提高设计质量,也是计算机辅助设计的一项重要内容。由于设计工作与图形分不开,一般供辅助设计用的微型计算机都要配备有图形显示、绘图仪等设备以及图形语言、图形软件等。

微型计算机除了进行计算机辅助设计(CAD)、辅助制造(CAM)外,还进行辅助测试(CAT)、辅助工艺(CAPP)、辅助教学(CAI)等。

5. 人工智能

人工智能是将人脑在进行演绎推理的思维过程、规则和所采用的策略、技巧等编成计算机程序,在计算机中存储一些公理和推理规则,然后让机器去自动探索解题的方法,所以这种程序是不同于一般计算机程序的。当前人工智能在自然语言理解、机器视觉和听觉等方面给予了极大的重视。智能机器人是人工智能各种研究课题的综合产物,有感知和理解周围环境、进行推理和操纵工具的能力,并能通过学习适应周围环境,完成某种动作。专家系统也是人工智能应用的一个方面。

6. 办公自动化

办公自动化系统的核心就是计算机。计算机支持一切办公业务,如通过网络实现发送电子邮件、办公文档管理、人事信息统计等。

计算机除了具有以上用途以外，它还被用于网络、电子商务、娱乐等其他领域。

1.2 计算机的硬件系统

1.2.1 计算机系统概述

计算机系统通常是由硬件系统和软件系统两大部分组成的。

计算机硬件(Computer Hardware)是指构成计算机的实际的物理设备，主要包括主机和外部设备两部分。

计算机软件(Computer Software)是指为运行、维护、管理、应用计算机所编制的所有程序和文档的总和，它主要包括计算机本身运行所需的系统软件和用户完成特定任务所需要的应用软件。

计算机硬件系统和软件系统是计算机系统缺一不可的，两者是相辅相成的。

计算机系统的组成如图 1-5 所示。

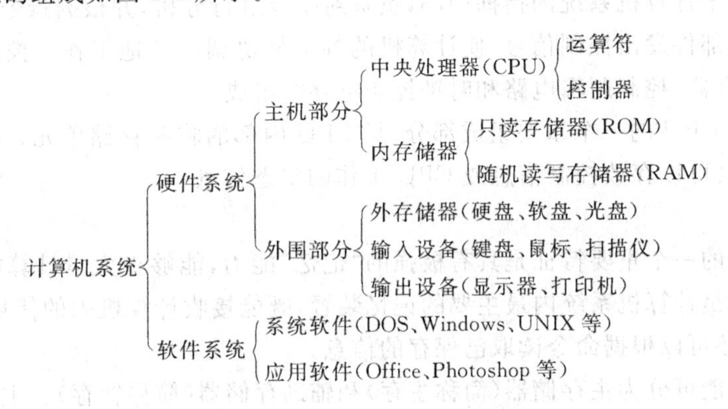

图 1-5 计算机系统的组成

1.2.2 计算机硬件的基本组成

计算机硬件系统主要由运算器、控制器、存储器、输入设备和输出设备 5 个部分组成，其中运算器和控制器合称为中央处理器(CPU)，这是计算机硬件的核心部件；存储器又分为主存(内存)和辅存(外存)，其中主存和 CPU 又合称为主机；输入设备和输出设备合称为外部设备，简称为外设。计算机采用了“存储程序”工作原理，存储程序的思想，即程序和数据一样，存放在存储器中。这一原理是 1946 年由美籍匈牙利数学家冯·诺依曼提出来的，其工作原理如图 1-6 所示。

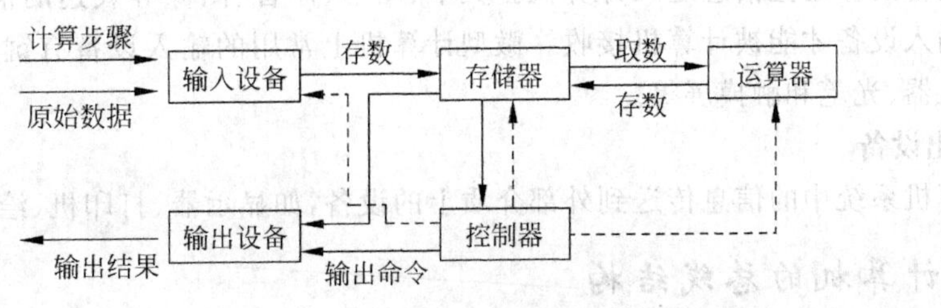

图 1-6 计算机系统的工作原理

图 1-6 中实线为程序和数据，虚线为控制命令。计算步骤的程序和计算中需要的原始数据，在控制命令的作用下通过输入设备送入计算机的存储器。当计算开始的时候，在取指令的作用下把程序指令逐条送入控制器。控制器向存储器和运算器发出取数据命令和运算命令，运算器进行计算，然后控制器发出存数据命令，计算结果存放回存储器，最后在输出命令的作用下通过输出设备输出结果。

计算机系统的基本硬件组成大体上分为以下几部分。

1. 运算器

运算器是对数据进行加工处理的部件，它在控制器的作用下与内存交换数据，负责进行各类基本的算术运算、逻辑运算和其他操作。在运算器中含有暂时存放数据或结果的寄存器。运算器由算术逻辑单元(Arithmetic Logic Unit，ALU)、累加器、状态寄存器和通用寄存器等组成。其中，算术逻辑单元 ALU 是运算器的核心，是用于完成加、减、乘、除等算术运算，与、或、非等逻辑运算以及移位、求补等操作。

2. 控制器

控制器是整个计算机系统的指挥中心，负责对指令进行分析，并根据指令的要求，有序地、有目的地向各个部件发出控制信号，使计算机的各部件协调一致地工作。控制器由指令指针寄存器、指令寄存器、控制逻辑电路和时钟控制电路等组成。

寄存器也是 CPU 的一个重要组成部分，是 CPU 内部的临时存储单元。寄存器既可以存放数据和地址，又可以存放控制信息或 CPU 工作的状态信息。

3. 存储器

计算机系统的一个重要特征是具有极强的“记忆”能力，能够把大量计算机程序和数据存储起来。存储器是计算机系统内最主要的记忆装置，既能接收计算机内的信息(数据和程序)，又能保存信息，还可以根据命令读取已保存的信息。

存储器按功能可分为主存储器(简称主存)和辅助存储器(简称辅存)。主存是相对存取速度快而容量小的一类存储器，辅存则是相对存取速度慢而容量很大的一类存储器。

主存储器，也称为内存储器(简称内存)，内存直接与 CPU 相连接，是计算机中主要的工作存储器，当前运行的程序与数据存放在内存中。

辅助存储器也称为外存储器(简称外存)，计算机执行程序和加工处理数据时，外存中的信息按信息块或信息组先送入内存后才能使用，即计算机通过外存与内存不断交换数据的方式使用外存中的信息。

注意： 当从理论上讲的计算机由五大部分组成时所说的储存器仅仅指内储存器，如图 1-6 所示。

4. 输入设备

输入设备的作用把信息送入计算机。文本、图形、声音、图像等表达的信息(程序和数据)都要通过输入设备才能被计算机接收。微型计算机上常用的输入设备有键盘、鼠标、扫描仪、条形码读入器、光笔和触摸屏等。

5. 输出设备

将计算机系统中的信息传送到外部介质上的设备，如显示器、打印机、绘图仪和触摸屏等。

1.2.3 计算机的总线结构

微型计算机是由具有不同功能的一组功能部件组成的，系统中各功能部件的类型和它们之间的相互连接关系称为微型计算机的结构。

微型计算机大多采用总线结构,因为在微型计算机系统中,无论是各部件之间的信息传送,还是处理器内部信息的传送,都是通过总线进行的。

1. 总线的概念

所谓总线,是连接多个功能部件或多个装置的一组公共信号线。根据在系统中的不同位置,总线可以分为内部总线和外部总线。内部总线是 CPU 内部各功能部件和寄存器之间的连线;外部总线是连接系统的总线,即连接 CPU、存储器和 I/O 接口的总线,又称为系统总线。

微型计算机采用了总线结构后,系统中各功能部件之间的相互关系变为各个部件面向总线的单一关系。一个部件只要符合总线标准,就可以连接到采用这种总线标准的系统中,使系统的功能可以很方便地得以发展,微型机中目前主要采用的外部总线标准有 PC 总线、ISA 总线、VESA 总线等。

2. 总线的分类

按所传送信息的不同类型,总线可以分为数据总线 DB(Data Bus)、地址总线 AB(Address Bus)和控制总线 CB(Control Bus) 3 种类型,通常微型计算机采用三总线结构。

(1) 地址总线(Address Bus)。地址总线是微型计算机用来传送地址信息的信号线。地址总线的位数决定了 CPU 可以直接寻址的内存空间的大小。因为地址总线是从 CPU 发出的,所以地址总线是单向三态的总线。单向是指信息只能沿一个方向传送,三态是指除了输出高、低电平状态外,还可以处于高阻抗状态(浮空状态)。

(2) 数据总线(Data Bus)。数据总线是 CPU 用来传送数据信息的信号线(双向、三态)。数据总线是双向、三态总线,即数据既可以从 CPU 送到其他部件,也可以从其他部件传送给 CPU,数据总线的位数和处理器的位数相对应。

(3) 控制总线(Control Bus)。控制总线是用来传送控制信号的一组总线。这组信号线比较复杂,由它来实现 CPU 对外部功能部件(包括存储器和 I/O 接口)的控制及接收外部传送给 CPU 的状态信号,不同的微处理器采用不同的控制信号。

控制总线的信号线,有的为单向,有的为双向或三态,有的为非三态,取决于具体的信号线。

1.3 计算机的软件系统

1.3.1 软件在计算机系统中的层次及分类

计算机软件系统是计算机系统的重要组成部分,计算机软件系统主要由系统软件和应用软件两大类组成。应用软件必须在系统软件的支持下才能运行。没有系统软件,计算机无法运行;有系统软件而没有应用软件,计算机还是无法解决实际问题。

在了解软件之前,先了解以下几个概念。

(1) 源程序:用高级语言编写的程序。

(2) 目标程序:计算机能够直接识别的程序,是相对于源程序而言。

其中,源程序不能被计算机直接运行,而目标程序能被计算机直接运行。源程序需要用编译程序或解释程序转换成目标程序。

1.3.2 系统软件

如图 1-7 所示，根据软件在计算机系统中的层次，可以把软件系统分为系统软件和应用软件。

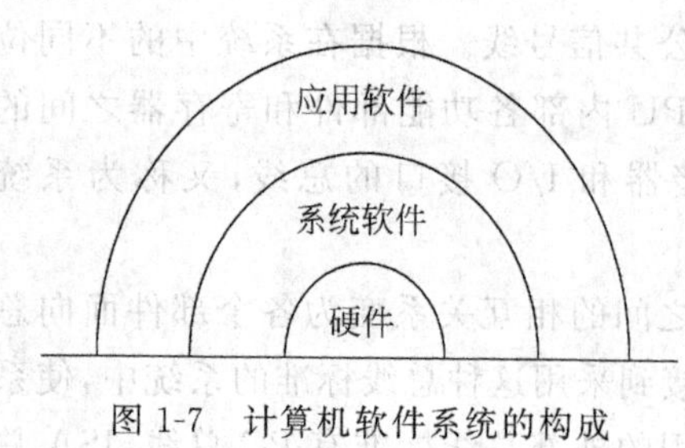

图 1-7 计算机软件系统的构成

其中系统软件是管理、监控和维护计算机资源的软件，是用来扩大计算机的功能、提高计算机的工作效率、方便用户使用计算机的软件，人们借助于软件来使用计算机。系统软件是计算机正常运转不可缺少的，一般由计算机生产厂家或专门的软件开发公司研制，出厂时写入 ROM 芯片或存入磁盘(供用户选购)。任何用户都要用到系统软件，其他程序都要在系统软件支持下运行。

系统软件主要分为操作系统(软件的核心)、各种语言处理系统和各种数据库管理系统 3 类。

1. 操作系统

系统软件的核心是操作系统。操作系统是由指挥与管理计算机系统运行的程序模板和数据结构组成的一种大型软件系统，其功能是管理计算机的软硬件资源和数据资源，为用户提供高效、全面的服务。正是由于操作系统的飞速发展，才使计算机的使用变得简单而普及。

操作系统是管理计算机软硬件资源的一个平台，没有它，任何计算机都无法正常运行。在个人计算机发展史上曾出现过许多不同的操作系统，其中最为常用的有 DOS、Windows、Linux、UNIX 和 OS/2 5 种。

2. 语言处理系统

语言处理系统包括机器语言、汇编语言和高级语言。这些语言处理程序除个别常驻在 ROM 中可以独立运行外，都必须在操作系统的支持下运行。

(1) 机器语言。机器语言是指机器能直接识别的语言，它是由 1 和 0 组成的一组代码指令。例如，01001001，作为机器语言指令，可能表示将某两个数相加。由于机器语言比较难记，因此基本上不能用来编写程序。

(2) 汇编语言。汇编语言是由一组与机器语言指令一一对应的符号指令和简单语法组成的。例如，“ADD A,B”可能表示将 A 与 B 相加后存入 B 中，它可能与上例机器语言指令 01001001 直接对应。汇编语言程序要由一种“翻译”程序来将它翻译为机器语言程序，这种翻译程序称为汇编程序。任何一种计算机都配有只适用于自己的汇编程序。汇编语言适用于编写直接控制机器操作的低层程序，它与机器密切相关，一般人也很难使用。

(3) 高级语言。高级语言比较接近日常用语，对机器依赖性低，是适用于各种机器的计算机语言。目前，高级语言已开发出数十种，常用的几种高级语言如表 1-1 所示。

有两种翻译程序可以将高级语言所写的程序翻译为机器语言程序，一种叫“编译程序”，一种叫“解释程序”。

编译程序把高级语言所写的程序作为一个整体进行处理，编译后与子程序库链接，形成一个完整的可执行程序。这种方法的缺点是编译、链接较费时，但可执行程序运行速度很快。FORTRAN,C 语言等都采用这种编译方法。

解释程序则对高级语言程序逐句解释执行。这种方法的特点是程序设计的灵活性大，但程序的运行效率较低。BASIC语言本来属于解释型语言，但现在已发展为也可以编译成高效的可执行程序，兼有两种方法的优点。Java语言则先编译为Java字节码，在网络上传送到任何一种机器上之后，再用该机所配置的Java解释器对Java字节码进行解释执行。

表1-1 常用的几种高级语言

名 称	功 能
BASIC语言	一种最简单易学的计算机高级语言，许多人学习基本的程序设计就是从它开始的。新开发的Visual Basic具有很强的可视化设计功能，是重要的多媒体编程工具语言
FORTRAN语言	一种非常适合于工程设计计算的语言，它已经具有相当完善的工程设计计算程序库和工程应用软件
C语言	一种具有很高灵活性的高级语言，它适合于各种应用场合，所以应用非常广泛
Java语言	这是近几年才发展起来的一种新的高级语言。它适应了当前高速发展的网络环境，非常适合用做交互式多媒体应用的编程。它简单、性能高、安全性好、可移植性强

3. 数据库管理系统

数据库是以一定的组织方式存储起来的、具有相关性的数据的集合。数据库管理系统就是在具体计算机上实现数据库技术的系统软件，由它来实现用户对数据库的建立、管理、维护和使用等功能。目前在计算机上流行的数据库管理系统软件有Oracle、SQL Server、DB2、Access等。

1.3.3 应用软件

为解决计算机各类问题而编写的程序称为应用软件。它又可分为用户程序与应用软件包。应用软件随着计算机应用领域的不断扩展而与日俱增。

1. 用户程序

用户程序是用户为了解决特定的具体问题而开发的软件。编制用户程序应充分利用计算机系统的各种现成软件，在系统软件和应用软件包的支持下可以更加方便、有效地研制用户专用程序。例如，火车站或汽车站的票务管理系统、人事管理部门的人事管理系统和财务部门的财务管理系统等。

2. 应用软件包

应用软件包是为实现某种特殊功能而经过精心设计的、结构严密的独立系统，是一套满足同类应用的许多用户所需要的软件。

应用软件根据用途的不一样又分为很多类型，如Microsoft公司发布的Office XP应用软件包，包含Word 2002(字处理)、Excel 2002(电子表格)、PowerPoint 2002(幻灯片)、Access 2002(数据库管理)等应用软件，是实现办公自动化的很好的应用软件包。还有日常使用的杀毒软件(KV3000、瑞星、金山毒霸等)，以及各种游戏软件等。

1.4 计算机系统的主要性能指标

评价计算机的性能是一个很复杂的问题，从不同的角度可能对计算机的性能有不同的评价。在实际使用中常用的指标包括以下几个。

1. 主频

主频也称为时钟频率，单位是MHz，用来表示CPU的运算速度。CPU的主频＝外频×

倍频系数。很多人认为主频就决定着 CPU 的运行速度，这是个片面的看法。主频表示在 CPU 内数字脉冲信号振荡的速度。在 Intel 的处理器产品中，1GHz Itanium 芯片能够表现得差不多跟 2.66GHz Xeon/Opteron 一样快，或是 1.5GHz Itanium 2 大约跟 4GHz Xeon/Opteron 一样快。CPU 的运算速度还要看 CPU 的流水线的各方面的性能指标。

当然，主频和实际的运算速度是有关的，只能说主频仅仅是 CPU 性能表现的一个方面，而不代表 CPU 的整体性能。

2. CPU 内部缓存(Cache)

采用速度极快的 SRAM 制作，用于暂时存储 CPU 运算时的最近的部分指令和数据，存取速度与 CPU 主频相同，内部缓存的容量一般以 KB 为单位。当它全速工作时，其容量越大，使用频率最高的数据和结果就越容易尽快进入 CPU 进行运算，CPU 工作时与存取速度较慢的外部缓存和内存间交换数据的次数越少，越容易提高计算机的运算速度。

3. CPU 字长

字长是计算机内部一次可以处理的二进制数码的位数。一般一台计算机的字长决定于它的通用寄存器、内存储器、ALU 的位数和数据总线的宽度。字长越长，所能表示的数据精度就越高；在完成同样精度的运算时，则数据处理速度越高。但是，字长越长，计算机的硬件代价相应也增大。为了兼顾精度/速度与硬件成本两方面，有些计算机允许采用变字长运算。

一般情况下，CPU 的内、外数据总线宽度是一致的。但有的 CPU 为了改进运算性能，加宽了 CPU 的内部总线宽度，致使内部字长和对外数据、总线宽度不一致，如 Intel 8088/80188 的内部数据总线宽度为 16 位，外部为 8 位。对这类芯片，称为"准××位"CPU。因此 Intel 8088/80188 被称为"准 16 位"CPU。

4. 运算速度

计算机的运算速度一般用每秒钟所能执行的指令条数表示。由于不同类型的指令所需时间长度不同。衡量计算机运算速度有一个专门的单位——MIPS，它表示计算机每秒能执行多少百万条指令。

5. 内存容量

存储器容量是衡量计算机存储二进制信息量大小的一个重要指标。微型计算机中一般以字节 B(Byte 的缩写)为单位表示存储容量，并且将 1024B 简称 1KB，1024KB 简称 1MB(兆字节)，1024MB 简称 1GB(吉字节)，1024GB 简称 1TB(太字节)。286 以上的高档微机一般都具有 1MB 以上的内存容量、40MB 以上的外存容量。目前市场上流行的 Pentium 4 微机大多具有 256～512MB 内存容量和 60～80GB 外存容量。现在的内存容量一般都用 GB 来度量。

6. 外设扩展能力

外设扩展能力主要指计算机系统配接各种外部设备的可能性、灵活性和适应性。一台计算机允许配接多少外部设备，对于系统接口和软件研制都有重大影响。在微型计算机系统中，打印机型号、显示器屏幕分辨率、外存储器容量等，都是外设配置中需要考虑的问题。

7. 软件配置情况

软件是计算机系统必不可少的重要组成部分，它配置是否齐全，直接关系到计算机性能的好坏和效率的高低。例如，是否有功能很强、能满足应用要求的操作系统和高级语言、汇编语言，是否有丰富的、可供选用的应用软件等，都是在购置计算机系统时需要考虑的。

习 题 1

一、选择题

1. CAI 表示为(　　)。

A. 计算机辅助设计　　B. 计算机辅助制造

C. 计算机辅助教学　　D. 计算机辅助军事

2. 计算机的应用领域可大致分为 6 个方面,下列选项中属于这几项的是(　　)。

A. 计算机辅助教学、专家系统、人工智能

B. 工程计算、数据结构、文字处理

C. 实时控制、科学计算、数据处理

D. 数值处理、人工智能、操作系统

3. 世界上公认的第一台计算机 ENIAC 诞生于(　　)。

A. 1956 年　　B. 1964 年　　C. 1946 年　　D. 1954 年

4. 以电子管为电子元件的计算机属于第(　　)代。

A. 一　　B. 二　　C. 三　　D. 四

5. 以下不是计算机的特点的是(　　)。

A. 运算速度快　　B. 存储容量大　　C. 具有记忆能力　　D. 永远不出错

6. 一个完整的计算机系统应该包括(　　)。

A. 主机、键盘和显示器　　B. 硬件系统和软件系统

C. 主机和它的外部设备　　D. 系统软件和应用软件

7. 计算机的软件系统包括(　　)。

A. 系统软件和应用软件　　B. 编译系统和应用软件

C. 数据库管理系统和数据库　　D. 程序、相应的数据和文档

8. 微型计算机中,控制器的基本功能是(　　)。

A. 进行算术和逻辑运算　　B. 存储各种控制信息

C. 保持各种控制状态　　D. 控制计算机各部件协调一致地工作

9. 计算机操作系统的作用是(　　)。

A. 管理计算机系统的全部软、硬件资源,合理组织计算机的工作流程,以达到充分发挥计算机资源的效率,为用户提供使用计算机的友好界面

B. 对用户存储的文件进行管理,方便用户

C. 执行用户输入的各类命令

D. 为汉字操作系统提供运行的基础

10. 计算机的硬件主要包括中央处理器(CPU)、存储器、输出设备和(　　)。

A. 键盘　　B. 鼠标　　C. 输入设备　　D. 显示器

11. 下列各组设备中,完全属于外部设备的一组是(　　)。

A. 内存储器、磁盘和打印机　　B. CPU、软盘驱动器和 RAM

C. CPU、显示器和键盘　　D. 硬盘、软盘驱动器、键盘

12. RAM 的特点是(　　)。

A. 断点后,存储在其内的数据将会丢失

B. 存储其内的数据将永远保存

C. 用户只能读出数据，但不能随机写入数据

D. 容量大但存取速度慢

13. 计算机存储器中，组成一个字节的二进制位数是(　　)。

A. 4　　B. 8　　C. 16　　D. 32

14. 微型计算机硬件系统中最核心的部件是(　　)。

A. 硬件　　B. I/O 设备　　C. 内存储器　　D. CPU

15. KB(千字节)是度量存储器容量大小的常用单位之一，1KB 实际等于(　　)。

A. 1000 字节　　B. 1024 字节　　C. 1000 个二进制　　D. 1024 个字

16. 计算机病毒破坏的主要对象是(　　)。

A. 磁盘片　　B. 磁盘驱动器　　C. CPU　　D. 程序和数据

17. 下列叙述中，正确的是(　　)。

A. CPU 能直接读取硬盘上的数据　　B. CPU 能直接存取内存储器中的数据

C. CPU 由存储器和控制器组成　　D. CPU 主要用来存储程序和数据

18. 在计算机技术指标中，MIPS 用来描述计算机的(　　)。

A. 运算速度　　B. 时钟频率　　C. 存储容量　　D. 字长

19. 计算机之所以能按人们的意志自动进行工作，最直接的原因是因为采用了(　　)。

A. 二进制数制　　B. 高速电子元件

C. 存储程序控制　　D. 程序设计语言

20. 计算机按照处理数据的形态可以分为(　　)。

A. 巨型机、大型机、小型机、微型机和工作站

B. 286 机、386 机、486 机、Pentium 机

C. 专用计算机、通用计算机

D. 数字计算机、模拟计算机、混合计算机

21. 在下列选项中，既是输入设备又是输出设备的是(　　)。

A. 触摸屏　　B. 键盘　　C. 显示器　　D. 扫描仪

二、填空题

1. 计算机系统通常分为________系统和________系统。

2. 计算机硬件的基本组成包括存储器、________、________、输入/输出设备。其中，运算器和控制器合称为________；________和________合称为主机；输入设备和输出设备简称为________。

3. 软件通常分为________软件和________软件。

4. 根据所传送信息的内容和作用不同，可以将总线分为________、________和________。

5. 信号可以分为数字信号和模拟信号，计算机所处理的信号为________信号。

6. 将用高级语言编写的程序称为________程序，它经过________程序或________程序的翻译，成为计算机能直接运行的目标程序。

7. 运算器一次能够处理的二进制数的位数称为________。

8. 一台计算机的主频为 100MHz，则时钟周期 T 为________纳秒(ns)。

9. 计算机能够直接运行的语言是________。

三、判断题

1. 计算机运算速度快慢的表示为时钟频率。 ( )
2. 系统软件的功能主要是指对整个计算机系统进行管理、监视、维护和服务。 ( )
3. 计算机和其他计算工具的本质区别是它能够存储和控制程序。 ( )
4. 为解决某一个问题而设计的有序指令序列就是程序。 ( )
5. 汇编语言是机器语言的一种。 ( )
6. 在计算机内部,数据是以二进制形式进行加工、处理和传送的。 ( )
7. 计算机系统主要包括运算器、控制器、存储器、输入设备和输出设备。 ( )

四、问答题

1. 计算机硬件系统由哪些部分组成?各部分的作用是什么?
2. 计算机软件系统由哪些部分组成?各部分的作用是什么?
3. 简述计算机的特点。
4. 试举出在日常生活中接触到的计算机应用实例。
5. 衡量计算机系统性能的技术指标有哪些,其含义是什么?

第2章 计算机中数据的表示

现代计算机是在微电子学高速发展与计算数学日臻完善的基础上形成的，可以说现代计算机是微电子学与计算数学相结合的产物。微电子学的基本电路元件及其逐步向大规模发展的集成电路是现代计算机的硬件基础，而计算数学的数值计算方法与数据结构则是现代计算机的软件基础。

现代计算机有数字电子计算机和模拟电子计算机两大类。目前大量使用的计算机属于数字电子计算机，它只能接收0、1形式的数字数据。但是现实由计算机处理的信息形式各种各样，既有文字、数字、图形、图像等静态信息，也有声音、动画、活动影像等动态信息，无论哪种形式的信息，现代计算机技术的发展，已经能很方便地把这些信息转换成0、1组合的数字数据形式输入计算机，进而由计算机进行存储、处理。能够进行算术运算并得到明确数值概念的数字数据称为数值数据，数值数据有小数和整数，并且可能是正数或负数；而以数字数据形式进入计算机的声音、图像、文字等信息称为非数值数据。本章将介绍计数制及其相互转换、数值数据、非数值数据信息的表示以及阐述计算机中的数据校验。

学习目标

(1) 了解进位计数制的概念，二进制、八进制、十进制、十六进制等常见进制的表示。

(2) 理解计算机中数值数据和非数值数据表示、溢出的判断、数据校验。

(3) 掌握进制转换方法，二进制、八进制、十进制、十六进制等常见进制之间的相互转换，原码、反码和补码之间的相互转换以及运算。

2.1 计数制及其相互转换

迄今为止，计算机都是以二进制形式进行算术运算和逻辑操作的。因此，用户在键盘输入的十进制数字和符号命令，计算机都必须先把它们转换成二进制形式进行识别、运算和处理，然后把运算结果还原成十进制数字和符号在显示器上显示出来。

虽然上述过程十分烦琐，但都是由计算机自动完成的。为了使读者最终弄清计算机的工作机理，下面先对计算机中常用的数制和数制间的转换进行讨论。

2.1.1 进位计数制

所谓进位计数制，是指数的制式，是人们利用符号来计数的一种科学方法，它是指由低位向高位进位计数的方法。进位计数制简称计数制或进位制。进位计数制是人类在长期的生存和社会实践中逐步形成的。进位计数制有很多种，如十进制、十二进制(如12个月为一年)、六十进制(如分、秒的计时)等。但在微型计算机中常用的数制就是二进制。

数据无论使用哪种进位计数制，都包含两个基本要素：基数与位权。

1. 数值的基数

一种进位计数制允许选用基本数字符号的个数称为基数。

例如，最常用的十进制数，每一位上只允许选用0、1、2、3、4、5、6、7、8、9共10个不同数码中的一个，则十进制的基数为10，每一位计满10时向高位进1。

因此，在j进制中，基数为j，包含0、1、2…$j-1$共j个不同的数字符号，每个数位计满j就向高位进1，即"逢j进一"。

2. 数值的位权

同一个数字符号处在数的不同位时，它所代表的数值是完全不同的。在一个数中，每个数字符号所表示的数值等于该数值符号值乘以与该数字符号所在位有关的常数，此常数就是"位权"，简称"权"。它是计数制每一位所固有的值。位权的大小是以基数为底、数字符号所在的位置序号为指数的整数次幂。

注意，对任何一种进制数，整数部分最低位位置的序号是0，位置每高一位，序号加1，而小数部分位置序号为负值，位置每低一位，序号减1。

例如，十进制数的百分位、十分位、个位、十位、百位上的权依次是10^{-2}、10^{-1}、10^{0}、10^{1}、10^{2}。

同理，j进制数与十进制数的百分位、十分位、个位、十位、百位上所对应的位权依次是j^{-2}、j^{-1}、j^{0}、j^{1}、j^{2}。

一个j进制数N_j按权展开的多项式和的一般表达式：

$$N_j = K_{n-1} \cdot j^{n-1} + K_{n-2} \cdot j^{n-2} + \cdots + K_1 \cdot j^1 + K_0 \cdot j^0 + K_{-1} \cdot j^{-1} + \cdots + K_{-m} \cdot j^{-m}$$

例如，十进制数345.27按权展开的多项式和的一般表达式为：

$$345.27 = 3 \times 10^2 + 4 \times 10^1 + 5 \times 10^0 + 2 \times 10^{-1} + 7 \times 10^{-2}$$

在上式中，10为基数，10^2、10^1、10^0、10^{-1}、10^{-2}为各位上的位权。

2.1.2 常见的几种进位计数制

1. 十进制

十进制的基数为10，只有0、1、2、3、4、5、6、7、8、9共10个数码（数字符号）。进位计数原则为"逢十进一"。十进制各位的位权是以10为底的幂，如十进制数123456.12：

十万位	万位	千位	百位	十位	个位	十分位	百分位
1	2	3	4	5	6	1	2
10^5	10^4	10^3	10^2	10^1	10^0	10^{-1}	10^{-2}

其百分位、十分位、个位、十位、百位、千位、万位、十万位的位权分别为以10为底的−2幂、−1幂、0幂、1幂、2幂、3幂、4幂、5幂。

其按权展开的多项式和的一般表达式为：

$$123\,456.12 = 1\times10^5 + 2\times10^4 + 3\times10^3 + 4\times10^2 + 5\times10^1 + 6\times10^0 + 1\times10^{-1} + 2\times10^{-2}$$

2. 二进制

二进制的基数为2，只有0、1共2个数码（数字符号）。进位计数原则为"逢二进一"。二进制各位的权是以2为底的幂，如二进制数101010.1B：

高位←						→低位
1	0	1	0	1	0	1
2^5	2^4	2^3	2^2	2^1	2^0	2^{-1}

其各位(低位→高位)的位权分别为以 2 为底的−1 次幂、0 次幂、1 次幂、2 次幂、3 次幂、4 次幂、5 次幂。

其按权展开的多项式和的一般表达式为:

$$101010.1B=1\times2^5+0\times2^4+1\times2^3+0\times2^2+1\times2^1+0\times2^0+1\times2^{-1}$$

二进制数的特点如下。

(1) 技术上容易实现。因为许多组成计算机的电子的、磁性的、光学的基本器件都具有两种不同的稳定状态:导通与阻塞、饱和与截止、高电位与低电位等。因此,可以用来表示二进制数位上的 0 和 1,如以 1 代表高电位,则 0 代表低电位。并且易于进行存放、传递等操作,而且稳定可靠。

(2) 二进制运算规则简单。

加法规则	减法规则	乘法规则
0+0=0	0−0=0	0×0=0
0+1=1	1−1=0	0×1=0
1+0=1	1−0=1	1×0=0
1+1=0 且进位 1	0−1=1 且借位 1	1×1=1

由于二进制运算规则简单,从而大大简化了计算机内部运算器、寄存器等部件的线路,提高了计算机的运算速度。

(3) 与逻辑变量 0 与 1 一致。二进制的 0、1 代码也与逻辑代数中的逻辑变量 0 与 1 一致,所以二进制同时可以使计算机方便地进行逻辑运算。

(4) 与十进制数转换容易。二进制数和十进制数之间的对应关系简单,其相互转换也非常容易实现。

3. 八进制

八进制的基数为 8,只有 0、1、2、3、4、5、6、7 共 8 个数码(数字符号)。进位计数原则为“逢八进一”。八进制的权为以 8 为底的幂。

例如,八进制数 23.67Q 按权展开的多项式和的一般表达式为:

$$23.67Q=2\times8^1+3\times8^0+6\times8^{-1}+7\times8^{-2}$$

在上式中,8 为基数,8^1、8^0、8^{-1}、8^{-2}为各位的位权。

4. 十六进制

十六进制的基数为 16,只有 0、1、2、3、4、5、6、7、8、9、A、B、C、D、E、F 共 16 个数码(数字符号)。其中,A、B、C、D、E、F 分别表示 10、11、12、13、14、15。进位计数原则为“逢十六进一”。十六进制的权为以 16 为底的幂。

例如,十六进制数 12.C6H 按权展开的多项式和的一般表达式为:

$$12.C6H=1\times16^1+2\times16^0+12\times16^{-1}+6\times16^{-2}$$

在上式中,16 为基数,16^1、16^0、16^{-1}、16^{-2}为各位的位权。

十六进制数的特点如下。

(1) 用十六进制既可简化书写，又便于记忆。

$1000_{(2)}=8_{(16)}$（即 $8_{(10)}$）　　$1110_{(2)}=E_{(16)}$（即 $14_{(10)}$）

$11\ 0001_{(2)}=31_{(16)}$（即 $49_{(10)}$）　　$1111\ 1000_{(2)}=F8_{(16)}$（即 $248_{(10)}$）

从中可以看出用十六进制表示，可以写得短些，也更易于记忆。尤其是当二进制位数很多时，就更可看到十六进制的优点了。例如：

$$1011\ 1101\ 1000\ 0110_{(2)}=BD86_{(16)}$$

显然，$BD86_{(16)}$ 要比 $1011\ 1101\ 1000\ 0110_{(2)}$ 好书写，也方便记忆。

(2) 在上面的书写中：数字的右下角的(2)和(16)是指二进制和十六进制。同理，如写(8)和(10)则表示为八进制和十进制，也可用字母符号来表示这些数制，如：

B——二进制，O——八进制，D——十进制，H——十六进制

例如，

十进制数 23，　　可表示为 23D 或 $23_{(10)}$ 或 23

二进制数 110110.01，　　可表示为 110110.01B 或 $110110.01_{(2)}$

八进制数 11011.01，　　可表示为 11011.01Q 或 $11011.01_{(8)}$

十六进制数 110101.1，　　可表示为 110101.1H 或 $110101.1_{(16)}$

注意：通常用 Q 表示八进制而不用字母 O，目的是为了避免将 O 字母误认为是数字 0。在表示十进制数时，数制符号(D 或 10)可以省略。

二进制数、八进制数、十进制数和十六进制数之间的对应关系如表 2-1 所示。

表 2-1　常见的几种进制数之间的对应关系

二进制 B	八进制 Q	十进制 D	十六进制 H
0000	0	0	0
0001	1	1	1
0010	2	2	2
0011	3	3	3
0100	4	4	4
0101	5	5	5
0110	6	6	6
0111	7	7	7
1000	10	8	8
1001	11	9	9
1010	12	10	A
1011	13	11	B
1100	14	12	C
1101	15	13	D
1110	16	14	E
1111	17	15	F

2.1.3 数制的转换

微型计算机是采用二进制数操作的，但人们习惯于使用十进制数，这就要求机器能自动对不同数制的数进行转换。这里暂且不讨论微型计算机是如何进行这种转换的，先来看看数学

上是如何进行上述几种数制间数的转换的。

1. 二进制数和十进制数之间的转换

(1) 二进制数转换成十进制数。只要把要转换的数按权展开后相加即可。例如:

$$11010.01B=1\times 2^4+1\times 2^3+1\times 2^1+1\times 2^{-2}=26.25D$$

(2) 十进制数转换成二进制数。其转换过程为上述转换过程的逆过程,但十进制整数和小数转换成二进制的整数和小数的方法是不相同的。现分别对其介绍如下。

① 十进制整数转换成二进制整数的方法有很多,最常用的是“除2取余法”,即除2取余,后余先排。

【例 2-1】 将十进制数129转换成二进制数。

【解】 把129连续除以2,直到商数为0,余数小于2,其过程如下:

```
2 |129  ……………… 余1   ↑ 最低位
 2 |64  ……………… 余0   |
  2 |32 ……………… 余0   |
  2 |16 ……………… 余0   |
   2 |8 ……………… 余0   |
   2 |4 ……………… 余0   |
   2 |2 ……………… 余0   |
   2 |1 ……………… 余1   | 最高位
      0
```

把所得余数按箭头方向从高到低排列起来便可得到:129=10000001B。

② 十进制小数转换成二进制小数通常采用“乘2取整法”,即乘2取整,整数顺排,直到所得乘积的小数部分为0或达到所需精度为止。

【例 2-2】 将十进制数0.375转换成二进制数。

【解】 把0.375不断地乘2,取每次所得乘积的整数部分,余下的小数部分继续乘2,直到乘积的小数部分为0,其过程如下:

```
  0.375                              最高位
×     2                                |
-------                                |
  0.750……………取整数部分:0              |
  0.750                                |
×     2                                |
-------                                |
  1.500……………取整数部分:1              |
  0.500                                |
×     2                                |
-------                                ↓
  1.000……………取整数部分:1           最低位
```

把所得整数按箭头方向从高到低排列后得到:0.375=0.011B≠011B。

注意:对同时有整数和小数两部分的十进制数,其转换成二进制数的常用方法为:把它的整数和小数部分分开转换后,再合并起来。但应注意别忘了在整数部分和小数部分之间加小数点。

应当指出:任何十进制整数都可以精确转换成一个二进制整数,但十进制小数却不一定可以精确转换成一个二进制小数。

2. 十六进制数和十进制数之间的转换

1）十六进制数转换成十进制数

方法和二进制数转换成十进制数的方法类似，即把十六进制数按权展开后相加。例如：

$$5F7A.1H=5\times16^{3}+15\times16^{2}+7\times16^{1}+10\times16^{0}+1\times16^{-1}=24442.0625$$

2）十进制数转换成十六进制数

① 十进制整数转换成十六进制整数采用“除 16 取余法”，即除 16 取余，后余先排。

【例 2-3】 将十进制数 3938 转换成十六进制数。

【解】 把 3938 连续除以 16，直到商数为 0，余数小于 16，其过程如下：

```
16 | 3938 ················ 余 2        ↑ 最低位
   16 | 246 ················ 余 6      |
      16 | 15 ················ 余 15(F) | 最高位
            0
```

即得：3938＝F62H≠1562H。

注意：上式中的余数 15 最后应写成 F。

② 十进制小数转换成十六进制小数采用“乘 16 取整法”：乘 16 取整，整数顺排，直到所得乘积的小数部分为 0 或达到所需精度为止。

【例 2-4】 将十进制数 0.566743 转换成十六进制数（小数点后取 3 位有效数字）。

【解】 把 0.566743 连续乘以 16，直到所得乘积的小数部分达到所需精度为止，其过程如下：

```
     0.566743                                 最高位
  ×        16                                   |
  ---------------                               |
     9.067888··············取整数部分：9        |
     0.067888                                   |
  ×        16                                   |
  ---------------                               |
     1.086208··············取整数部分：1        |
     0.086208                                   |
  ×        16                                   |
  ---------------                               ↓
     1.379328··············取整数部分：1      最低位
```

即得：0.566743≈0.911H≠911H。

注意：别忘了加小数点。

同理：对同时有整数和小数两部分的十进制数，其转换成十六进制数的方法为：把它的整数和小数部分分开转换后，再合并起来。但应注意别忘了在整数部分和小数部分之间加小数点。

应当指出：任何十进制整数都可以精确转换成一个十六进制整数，但任何十进制小数却不一定可以精确转换成一个十六进制小数。

3. 二进制数和十六进制数之间的转换

二进制数和十六进制数之间的转换十分方便，这也是人们为什么要采用十六进制形式来对二进制数加以表示的内在原因。

（1）二进制数转换成十六进制数　其转换可采用“四位合一位法”，即从二进制数的小数点开始，向左或向右每四位为一组，不足四位以 0 补足（整数部分不足 4 位，左边补 0；小数部分不足 4 位，右边补 0），然后分别把每组用十六进制数码表示，并按序相连即可。其具体过程如下。

【例 2-5】 将 10101100110101.1010010111001B 转换成十六进制数。

【解】

0010	1011	0011	0101	.	1010	0101	1100	1000	B
↓	↓	↓	↓	↓	↓	↓	↓	↓	↓
2	B	3	5	.	A	5	C	8	H

即得：10101100110101.1010010111001B＝2B35.A5C8H。

注意：别忘了在整数部分和小数部分之间加小数点。

（2）十六进制数转换成二进制数　其转换方法是把十六进制数的每位分别用四位二进制数码表示，然后把它们连成一体。其具体过程如下。

【例 2-6】 将十六进制数 1A7.4C5H 转换成二进制数。

【解】

1	A	7	.	4	C	5	H
↓	↓	↓	↓	↓	↓	↓	↓
0001	1010	0111	.	0100	1100	0101	B

即得：1A7.4C5H ＝000110100111.010011000101B。

注意：别忘了在整数部分和小数部分之间加小数点。

十进制数与任意进制数之间的相互转换和十进制数与二进制数之间的相互转换方法类似，本书就不再介绍，读者可以考虑一下。还可以考虑一下八进制数与二进制数和十六进制数之间怎样转换。

2.2　计算机中数值数据的表示

日常生活中遇到的数除了以上无符号数外，更多的是带符号数，而且可能是整数和小数等，所以，送入计算机的数值不仅要转换成二进制数，还要解决数的符号如何表示，小数点位置及有效数值范围等问题。下面就来看看应该如何处理这些问题的。

2.2.1　机器数和真值

将一个数连同符号数字化，并以二进制编码形式存储在计算机中，将这个存储在计算机中的二进制数称为机器数。而机器数代表的数值称为机器数的真值，如：

$$N_1=+0.1001B,\quad N_2=-0.1001B,\quad N_3=+1001B,\quad N_4=-1001B$$

这 4 个数均称为真值。真值还可以用十进制、十六进制等其他形式表示。

注意：机器数和真值是完全不同的两个概念，它们在表示形式上也是不同的。机器数的最高位是符号位，除最高位后的其余位才表示数值。而真值没有符号位，它所有的数位均表示数值。

大家知道，数可分为有符号数和无符号数，机器数是计算机对有符号数的表示，那么计算机是如何表示无符号数的呢。

无符号数就是指计算机字长的所有二进制位都用来表示数值，没有符号位。无符号数还要分为无符号整数和无符号小数(此处是指无符号纯小数)。计算机在表示无符号整数时，计算机将小数点默认在最低位之后，不占数位；计算机在表示无符号小数时，计算机将小数点默认在最高位之前，不占数位。

【例 2-7】 写出二进制数 11010011B 分别为无符号整数和无符号小数按权展开的多项式和的一般表达式。

【解】 当 11010011B 为无符号小数时，$11010011B=1\times2^{-1}+1\times2^{-2}+1\times2^{-4}+1\times2^{-7}+1\times2^{-8}$。

当 11010011B 为无符号整数时，$11010011B=1\times2^{7}+1\times2^{6}+1\times2^{4}+1\times2^{1}+1\times2^{0}$。

在计算机中无符号整数通常用于表示地址和正数运算且不出现负值的结果。

要完整地表示一个机器数，应考虑机器数的符号表示、有效值范围、小数点表示 3 个重要因素。

1. 机器数的符号表示

由于计算机存储器只能存储 1 和 0，因此就用二进制数的最高有效位约定为符号位(符号位只占 1 位)，其他位表示数值。符号位为 0 表示正数，为 1 表示负数，即将数的符号数字化(用 0 代表＋，用 1 代表－)。因此，N_1、N_2、N_3、N_4 的机器数可分别表示为：$N_1=0.1001B$，$N_2=1.1001B$，$N_3=01001B$，$N_4=11001B$。其中，要注意小数的机器数的表示方式。

2. 机器数的有效值范围

机器数的数值范围，由计算机存放一个基本信息单元长度的硬件电路所决定。基本信息单元的二进制位数称为字长，因此字长是指存放二进制信息的最基本的长度，它决定计算机进行一次信息传送、加工、存储的二进制的位数。一台计算机的字长是固定的，所以机器数所能表示的数值精度也受到限制，计算机内常采用双倍或若干倍字长来满足精度要求。字长 8 位为一个字节，用“B”表示。现在计算机的字长一般都是字节的整数倍，如 8 位、16 位、32 位、64 位、128 位等。对一定字长的计算机，其数值表示范围也是确定的。若字长为 16 位，所表示一个无符号整数范围为 0000H～FFFFH(十进制 0～65535)；若表示一个带符号数，则最高位为符号位，其他位表示数值，它所表示的整数范围为－7FFFH～＋7FFFH。

计算机中参加运算的数，若超过计算机所能表示的数值范围，则称为溢出。当产生溢出时，计算机要进行相应处理。

3. 机器数的小数点表示

计算机处理的数通常是既有整数又有小数，但计算机中通常只表示整数或纯小数，因此计算机如何处理呢，是约定小数点隐含在一个固定位置上还是小数点可以任意浮动？在计算机中，用二进制表示实数的方法有两种，即定点数和浮点数，小数点不占用数位。

1) 定点数

所谓定点数，即小数点在数中的位置是固定不变的，约定小数点隐含在一个固定位置上。定点数表示通常又有以下两种方法。

(1) 约定小数点隐含在有效数值位的最高位之前、符号位之后，计算机中能表示的数都是纯小数，该数又被称为定点小数。

(2) 约定小数点隐含在最低位之后，计算机中能表示的数都是整数，该数又被称为定点整数。

两种定点数的表示如图 2-1 所示。

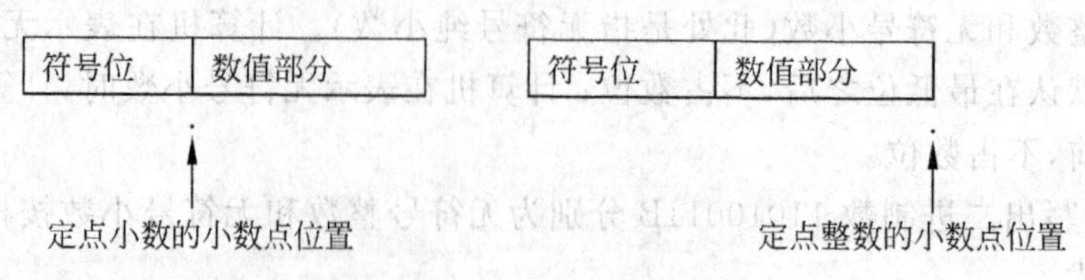

图 2-1　定点数的两种表示方法

计算机字长确定后，其数值表示范围即可确定。

实际数值很少是纯小数或纯整数的，所以定点表示法要求程序员做的一件重要工作是为要计算的问题选择恰当的“比例因子”，将所有原始数据化成小数或整数，计算结果又要按比例因子恢复为实际值。对于复杂的计算，计算中间还需多次调整比例因子。

2）浮点数

为了在位数有限的前提下扩大数值的表示范围，又保持数的有效精度，计算机采用浮点表示法。浮点表示法与科学计数法相似。浮点数是指一个数的小数点的位置是浮动的，不是固定的。例如，123.45 可写作：

$$123.45 = 1.2345 \times 10^{2} = 1234.5 \times 10^{-1} = 0.12345 \times 10^{3}$$

显然，这里小数点位置是任意变化的，只是相应地改变了 10 的指数。由上式可知，当指数不固定时，数的小数点实际位置将根据指数相对浮动，这就构成数的浮点表示。计算机中浮点表示是要把机器数分为两部分，一部分表示阶码（指数，用有符号整数表示），另一部分表示尾数（数值的有效数字部分，一般用定点小数表示），阶码和尾数均有各自的符号位。即任意一个二进制数 N 可以写成下面的形式：

$$N = \pm d \cdot 2^{\pm P}$$

式中，d 是尾数，一般用定点二进制纯小数表示，是数值的有效数字部分；d 前面的“±”表示数的符号，用尾数的最高位表示，此符号常常称为数符或尾符；P 称为阶码（或阶数），它前面的符号称为阶符，表示阶码的符号，用阶码的最高位表示。

由此可见，将尾数 d 的小数点向右（对应阶码减 P）或向左（对应阶码加 P）移动 P 位，即得数值 N。所以阶码和阶符指明小数点的位置，小数点随着 P 的符号和大小而浮动。例如：

$$1001.011\text{B} = 10.01011\text{B} \times 2^{2} = 0.1001011\text{B} \times 2^{4}$$

$$-0.000101\text{B} = -0.0101\text{B} \times 2^{-2} = -0.101\text{B} \times 2^{-3}$$

在计算机中浮点数的表示形式由阶码和尾数两部分组成。阶码位数决定小数点的位置，同时也确定了计算机表示数的范围，阶码位数越长，表示数的范围越大；尾数的位数决定了数的表示精度，尾数位数越长，表示数的精度越高；底数是事先约定的，在机器数中不出现。浮点数在机器中的一般表示形式如图 2-2 所示。

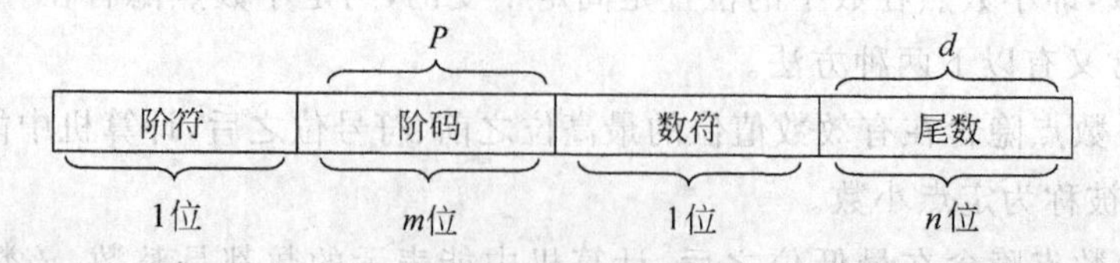

图 2-2　浮点数的表示方法

2.2.2 机器数的表示

对计算机要处理的数的符号数值化以后，为了方便地对机器数进行算术运算以及提高速度，人们对机器数进行了各种编码，其中最常用的编码有原码、反码和补码。

1. 原码表示法

设 X 的有效数码为 $X_1X_2\cdots X_{n-1}$，其 n 位原码的定义如下。

当 $0\leqslant X<1$ 时，$[X]_{原}=0.X_1X_2\cdots X_{n-1}$。

当 $-1<X\leqslant 0$ 时，$[X]_{原}=1.X_1X_2\cdots X_{n-1}$。

当 $0\leqslant X<2^{n-1}$ 且为整数时，$[X]_{原}=0X_1X_2\cdots X_{n-1}$。

当 $-2^{n-1}<X\leqslant 0$ 且为整数时，$[X]_{原}=1X_1X_2\cdots X_{n-1}$。

其中，$[X]_{原}$ 为机器数的原码，X 为真值，n 为机器的字长。

注意：在计算机中，小数点隐含，不占数位。

例如，$n=8$

$[+0]_{原}=00000000B$　　　　$[-0]_{原}=10000000B$

$[+1]_{原}=00000001B$　　　　$[-1]_{原}=10000001B$

$[+127]_{原}=01111111B$　　　　$[-127]_{原}=11111111B$

$[+0.111011B]_{原}=0.1110110B$　　　　$[-0.111011B]_{原}=1.1110110B$

由此可以看出，在原码表示中，0 有 +0 和 -0 之分；在原码表示中，除符号位外，其余 $n-1$ 位表示数的绝对值。

另外还需注意：在求原码时，若题目中给出了字长的长度，则必须考虑补位。补位是指在不改变数据大小的前提下，使数据的位数达到题目要求。补位可以在真值为二进制形式时进行，也可以在原码形式时进行。下面以在原码形式时进行补位来简单说明：对于整数，在符号位之后最高数值位之前添 0，直至包括符号位的位数达到题目要求；对于小数，在最低位之后添 0，直至包括符号位的位数达到题目要求。

原码表示定点整数的范围为 $-(2^{n-1}-1)\sim 2^{n-1}-1$，定点小数的范围为 $-(1-2^{-(n-1)})\sim 1-2^{-(n-1)}$。例如，$n=8$ 时，定点整数的原码表示范围为 $-127\sim+127$。读者不妨思考一下 $n=4$ 时，定点整数的原码表示范围为多少？

原码表示法简单直观，但不便于进行加减运算。当两原码作加或减运算时，首先要判断两者的符号，然后确定实际的运算，最后再确定结果的符号，如 N_1 与 N_2 两数作加法运算，N_1 为正，N_2 为负，实际操作减法，即 $+N_1+(-N_2)$，而结果的符号为正或负，还需要进行两数绝对值的比较，即 $|N_1|>|N_2|$ 时，结果为正；若 $|N_1|<|N_2|$ 时，结果为负。可以看出，采用这种方法，既花费时间，硬件实现又很复杂。

2. 反码表示法

设 X 的有效数码为 $X_1X_2\cdots X_{n-1}$，其 n 位反码的定义如下。

当 $X\geqslant 0$ 时，　　$[X]_{反}=0X_1X_2\cdots X_{n-1}$

当 $X\leqslant 0$ 时，　　$[X]_{反}=1\overline{X_1}\,\overline{X_2}\cdots\overline{X_{n-1}}$

其中，$[X]_{反}$ 为机器数的反码，X 为真值，n 为机器的字长。

注意：在计算机中，小数点隐含，不占数位。

例如，$n=8$

$[+0]_{反}=00000000B$　　$[-0]_{反}=11111111B$

$[+1]_{反}=00000001B$　　$[-1]_{反}=11111110B$

$[+127]_{反}=01111111B$　　$[-127]_{反}=10000000B$

$[+0.111011B]_{反}=0.1110110B$　　$[-0.111011B]_{反}=1.0001001B$

由此可以看出，正数的反码与原码相同，负数的反码是保持原码的符号位不变，其余数值按位求反即可得到；在反码表示中，0也有+0和-0之分；在反码表示中，最高位仍为符号位，其余$n-1$位表示数的绝对值或与数值相关的信息。

另外还需注意：在求反码时，若题目中给出了字长的长度，则也必须考虑补位。补位可以在真值为二进制形式时进行，也可以在原码形式时进行，最好不要在反码形式下补位（此时补位很容易出错）。补位方法与原码补位相同。在原码形式下进行补位时：对于整数，在符号位之后最高数值位之前添0，直至包括符号位的位数达到题目要求；对于小数，在最低位之后添0，直至包括符号位的位数达到题目要求。同时还需注意，对负数补位的0也要取反。

反码表示定点整数的范围为$-(2^{n-1}-1)\sim2^{n-1}-1$，定点小数的范围为$-(1-2^{-(n-1)})\sim1-2^{-(n-1)}$。当$n=8$时，定点整数的反码表示范围为$-127\sim+127$。读者不妨思考一下$n=4$时，定点整数的反码表示范围为多少？

从上例还可以看出，反码的反码为对应真值的原码，即$[[X]_{反}]_{反}=[X]_{原}$。此式可以用于已知反码求真值题目的求解。

3. 补码表示法

对于补码的概念，这里以日常生活中经常遇到的钟表“对时”为例来说明。假定现在北京时间8时整，而一只表却指向11时整。为了校正此表，可以采用倒拨和顺拨两种方法。倒拨就是反时针减少3h（把倒拨视为减法，相当于11-3=8），时针指向8；还可将时针顺拨9个小时，时针同样也指向8，把顺拨视为加法，相当于11+9=12（自动丢失）+8=8。这个自动丢失数（12）就称为模（mod）。上述的加法称为“按模12的加法”，用数学式可表示为11+9=8(mod12)。

因时针转一周会自动丢失一个数12，故11-3与11+9是等价的，因此称9和-3对模12互补，9是-3对模12的补码。引进补码概念后，就可将原来的减法11-3=8转化为加法11+9=8(mod12)。

通过上述例子不难理解计算机中负数的补码表示法。在字长为n的计算机中，对于有符号位的纯小数，模为2；对于整数，模为2^n。真值X的补码定义如下。

当$0\leqslant X<1$时，　　$[X]_{补}=[X]_{原}$

当$-1\leqslant X\leqslant0$时，　　$[X]_{补}=2-|X|$

当$0\leqslant X<2^{n-1}$且为整数时，　　$[X]_{补}=[X]_{原}$

当$-2^{n-1}<X\leqslant0$且为整数时，　　$[X]_{补}=2^n-|X|$

其中，$[X]_{补}$为机器数的补码，X为真值，n为机器的字长。

注意：*在计算机中，小数点隐含，不占数位。*

例如，$n=8$

$[+0]_{补}=00000000B$　　$[-0]_{补}=00000000B$

$[+1]_{补}=00000001B$　　$[-1]_{补}=11111111B$

$[+127]_{补}=01111111B$　　$[-127]_{补}=10000001B$

$[+0.111011B]_{补}=0.1110110B$　　$[-0.111011B]_{补}=1.0001010B$

由此可以看出，正数的补码与原码相同，负数的补码等于它的反码加1；在补码表示中，0

没有+0和−0之分；在补码表示中，最高位仍为符号位，其余 $n-1$ 位表示数的绝对值或与数值相关的信息。

另外还需注意：在求补码时，若题目中给出了字长的长度，则也必须考虑补位。补位可以在真值为二进制形式时进行，也可以在原码形式时进行，最好不要在反码或补码形式下补位(此时补位很容易出错)。补位方法与原码补位相同。在原码形式下进行补位时：对于整数，在符号位之后最高数值位之前添0，直至包括符号位的位数达到题目要求；对于小数，在最低位之后添0，直至包括符号位的位数达到题目要求。

补码表示定点整数的范围为 $-2^{n-1}\sim 2^{n-1}-1$，定点小数的范围为 $-1\sim 1-2^{-(n-1)}$。当 $n=8$ 时，定点整数的补码范围为−128～+127。读者不妨思考一下 $n=4$ 时，定点整数的补码表示范围为多少?

从上例还可以看出，补码的补码为对应真值的原码，即 $[[X]_{补}]_{补}=[X]_{原}$。此式可以用于已知补码求真值题目的求解。

已知真值求补码，除了用反码加1(对负数而言)外，还可以从定义去求。

由此可以得到以下结论。

(1) 原码、反码、补码的最高位均为符号位。

(2) 当真值为正数时，$[X]_{原}=[X]_{反}=[X]_{补}$，符号位用0表示，数值部分与真值的二进制形式相同。

(3) 当真值为负数时，符号位均用1表示。而数值部分却有如下关系：反码是原码的“逐位求反”，而补码是原码的“求反加1”。

(4) 原码和反码表示范围相同，而与补码的表示范围不同，但它们表示数的个数是相同的；在原码和反码表示中，0有+0和−0之分，而补码表示中没有+0和−0之分，补码表示范围与原码和反码的表示范围不同的原因就在于此。

(5) 在补码表示中，能表示的最小负数是一个特殊点，它没有原码和反码，因此在求补码表示范围时需要注意(可以通过在原码表示范围的最小值处减1来得到)。在已知特殊点的补码求真值时也应注意，不能用补码取补的方法去求真值，而只能用 $X=-(2^n-[X]_{补})$ 来求解(其中 2^n 为此数的模)；在已知特殊点求补码时也应注意，也不能用反码加1的方法来求解，而只能从定义去求解。

【例 2-8】 求真值+119和−119的原码、反码、补码($n=16$)。

【解】 −119=−000000001110111B　　　　+119=+000000001110111B

$[-119]_{原}$=1000000001110111B　　　　$[+119]_{原}$=0000000001110111B

$[-119]_{反}$=1111111110001000B　　　　$[+119]_{反}$=0000000001110111B

$[-119]_{补}$=1111111110001001B　　　　$[+119]_{补}$=0000000001110111B

注意：此处补位的方法。

【例 2-9】 求整数补码1010B和1000B的真值。

【解】

(1) 设 $[X_1]_{补}$=1010B

则 $[X_1]_{原}=[[X_1]_{补}]_{补}$=1110B

所以 X_1=−110B=−6

(2) 设 $[X_2]_{补}$=1000B

则 $X_2=-(2^4-[X_2]_{补})=-8$

从此例可以看出，补码最高位为1、其余位为0时，此补码为特殊点的补码，求其真值时须用特殊的方法求解。那么，已知特殊点求补码，怎么求解？只能从定义去求解，读者不妨试试：$n=4$，求-8的补码。

【例2-10】 求机器数11100000B分别为原码定点整数、原码定点小数、反码定点整数、反码定点小数、补码定点整数、补码定点小数时的真值。

【解】

当11100000B为原码定点整数时，其真值为-1100000B或-96D。

当11100000B为原码定点小数时，其真值为-0.11B或-0.75D。

当11100000B为反码定点整数时，其真值为-11111B或-31D。

当11100000B为反码定点小数时，其真值为-0.0011111B或-0.2421875D。

当11100000B为补码定点整数时，其真值为-100000B或-32D。

当11100000B为补码定点小数时，其真值为-0.01B或-0.25D。

2.2.3 机器数的运算及溢出判断

1. 机器数的运算

在计算机内，为了使机器数的计算简单而又快速，计算机一般采用机器数的补码加法运算。这样，计算机对参加运算的数无论为正还是为负，也无论进行加法运算还是减法运算，均采用机器数的补码作加法运算。从而在一定程度上简化了计算机的结构。计算机内的带符号数是用补码表示法给出的，计算结果也用补码表示。因为只有补码表示的数符合以下运算原则：

$$[X+Y]_{补}=[X]_{补}+[Y]_{补}$$

$$[X-Y]_{补}=[X]_{补}+[-Y]_{补}$$

已知$[Y]_{补}$求$[-Y]_{补}$的方法：将$[Y]_{补}$各位按位取反(包括符号位)末位加1。

注意与已知原码求反码(对负数而言)的区别。

【例2-11】 已知：$X=+0001100$B，$Y=+0000101$B。求$X+Y$和$X-Y$。

【解】 $[X]_{补}=00001100$B　$[Y]_{补}=00000101$B　$[-Y]_{补}=1\ 1111011$B

(1) 计算$X+Y$

$$\begin{array}{rl} 0\ 0001100 & [X]_{补} \\ +)\ 0\ 0000101 & [Y]_{补} \\ \hline 0\ 0010001 & [X]_{补}+[Y]_{补} \end{array}$$

即

$$[X]_{补}+[Y]_{补}=0\ 0010001\text{B}$$

$$X+Y=+0010001\text{B}=+17\text{D}$$

(2) 计算$X-Y$

$$\begin{array}{rl} 0\ 0001100 & [X]_{补} \\ +)\ 1\ 1111011 & [-Y]_{补} \\ \hline 1\ 0\ 0000111 & [X]_{补}+[-Y]_{补} \end{array}$$

自然丢失(最高位进位1)

即

$$[X]_{补}+[-Y]_{补}=0\ 0000111\text{B}$$

$$X-Y=+0000111\text{B}=+7\text{D}$$

【例 2-12】 已知：$X=-0001100B$，$Y=-0000101B$。求 $X+Y$ 和 $X-Y$。

【解】 $[X]_补=11110100B$ $[Y]_补=11111011B$ $[-Y]_补=0\ 0000101B$

(1) 计算 $X+Y$

$$
\begin{array}{rl}
1\ 1110100 & [X]_补 \\
+)\ 1\ 1111011 & [Y]_补 \\
\hline
1\ 1\ 1101111 & [X]_补+[Y]_补
\end{array}
$$

自然丢失

即

$$[X]_补+[Y]_补=1\ 1101111B$$

$$X+Y=-0010001B=-17D$$

(2) 计算 $X-Y$

$$
\begin{array}{rl}
1\ 1110100 & [X]_补 \\
+)\ 0\ 0000101 & [-Y]_补 \\
\hline
1\ 1111001 & [X]_补+[-Y]_补
\end{array}
$$

即

$$[X]_补+[-Y]_补=1\ 1111001B$$

$$X-Y=-0000111B=-7D$$

此处仅对二进制整数的运算做了简单的介绍，关于二进制小数运算的方法和步骤与二进制整数运算相同，不再赘述，读者可以自己试试。

由此可以看出，采用补码运算后，结果也是补码，欲得运算结果的真值，还需转换。计算机引入了补码编码后，带来了以下几个优点。

① 减法转化成了加法：这样大大简化了运算器硬件电路的设计，加减法可用同一硬件电路进行处理。

② 运算时，符号位与数值位同等对待，都按二进制参加运算；符号位产生的进位丢掉不管，其结果是正确的。这样就简化了运算规则。

2. 机器数运算的溢出判断

在计算机中带符号数用补码表示，对于 8 位机，数的表示范围为$-128\sim+127$，对于 16 位机，数的表示范围为$-32\ 768\sim32\ 767$。若计算结果超出了这个范围称为溢出。发生溢出情况时，其计算结果就不能代表正确结果。

在运用补码运算的两个公式时，要注意公式成立有个前提条件，就是运算结果不能超出机器数所能表示的范围，否则运算结果不正确，按“溢出”处理。例如，如果机器字长为 8 位，则$-128\leqslant N\leqslant+127$，计算$(+64)+(+65)$。

$$
\begin{array}{rr}
+64 & 0\ 1000000 \\
+)\ +65 & +)\ 0\ 1000001 \\
\hline
+129 & 1\ 0000001 \longrightarrow -127
\end{array}
$$

为什么$(+64)+(+65)$的结果值会是-127？这个结果显然是错误的。究其原因是$(+64)+(+65)=+129>+127$，超出了字长为 8 位所能表示的最大值，产生了“溢出”，所以结果值出错。

再看$(-125)+(-10)$

$$\begin{array}{r} -125 \\ +)\ -10 \\ \hline -135 \end{array} \qquad \begin{array}{r} 1\ 0000011 \\ +)\ 1\ 1110110 \\ \hline 1\ 0\ 1111001 \longrightarrow +121 \end{array}$$

自然丢失

显然，计算结果是错误的。其原因是(−15)+(−10)=−135<−128，超出了字长为8位所能表示的最小值，产生了“溢出”，所以结果出错。

在微型计算机中常采用对双进位的状态来判别是否有溢出，用 C_S 表示最高位向进位标志位的进位，用 C_P 表示次高位向最高位的进位，如图2-3所示。$C_S \oplus C_P = 1$ 表示有溢出，$C_S \oplus C_P = 0$ 表示没有溢出。

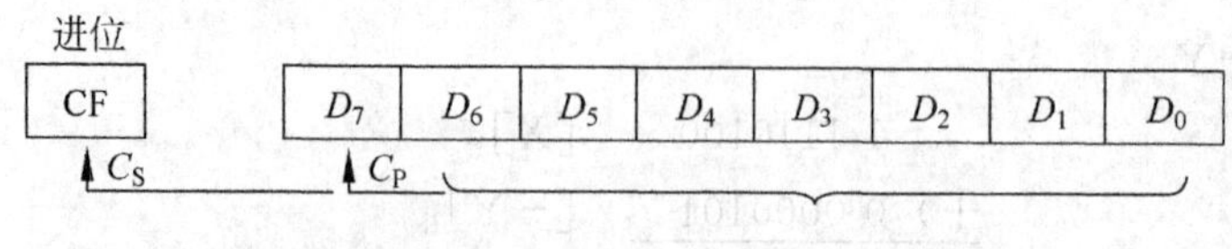

图2-3　双进位示意图

在二进制数的计算中，还可以采用以下两种方法判断是否发生“溢出”。

(1) 单符号位检测法　其具体方法为：当加数与被加数符号相同时，若运算结果的符号与它们不同，则表示溢出；若运算结果的符号与它们相同，则表示没有溢出。而当加数与被加数符号不同时，运算结果不会溢出(前提是：计算机能够表示加数和被加数)。

(2) 双符号位检测法　双符号位检测又称为变形码检测，其具体方法为：对参加运算的数均采用两个符号位，负数的符号位用11表示，正数的符号位用00表示，符号位和数值位一起参加运算：若运算结果的两个符号位代码不同，则表示溢出；若运算结果的两个符号位代码相同，则表示没有溢出。

注意：符号位的进位不能用于溢出的判断，计算机对符号位的进位的处理办法是：自动将进位数字舍去。

关于溢出判断，可以总结如下。

(1) 相加的两个数均为正数，则其和一定为正数。若计算结果为负数，则一定发生了溢出。

(2) 相加的两个数均为负数，则其和一定为负数。若计算结果为正数，则一定发生了溢出。

(3) 相加的两个数一个为负数、一个为正数，则其和可能为负数，也可能为正数。其运算不会发生溢出(前提：计算机能表示这两个数)。

【例2-13】 已知：$X=-0.1001B$，$Y=-0.1011B$。求 $X+Y$。

【解】

$[X]_补=1.0111B$　　$[Y]_补=1.0101B$

$$\begin{array}{rl} 1.0111 & [X]_补 \\ +)\ 1.0101 & [Y]_补 \\ \hline 1\ 0.1100 & [X]_补+[Y]_补 \end{array}$$

自然丢失

即

$$[X]_补+[Y]_补=0.1100B$$

由单符号位检测法可知，发生溢出，此计算结果是不正确的。

【例 2-14】 已知：$X=+0.1010B$，$Y=+0.1101B$，求 $X+Y$。

【解】 $[X]_{补}=00.1010B$　$[Y]_{补}=00.1101B$

$$
\begin{array}{rl}
00.1010 & [X]_{补} \\
+)\ 00.1101 & [Y]_{补} \\
\hline
01.0111 & [X]_{补}+[Y]_{补}
\end{array}
$$

即

$$[X]_{补}+[Y]_{补}=01.0111B$$

由双符号位检测法可知，发生溢出，此计算结果是不正确的。

2.3 计算机中非数值数据的表示

计算机中数据的概念是广义的，除了上述所讲的数值数据外，还有非数值数据，即计算机不但能处理数值数据，而且还能处理大量的非数值数据。因此除了给数值进行二进制编码外，还必须给如二进制数、英文字母、汉字、图形、语音以及一些专用符号等信息进行特定二进制编码。

2.3.1 二-十进制数字编码

二-十进制即用二进制编码来表示十进制数，二进制是表示形式，本质是十进制。它又称为 BCD 码，是 Binary Coded decimal 的简写。

它是通过对二进制计数符号的特定组合所表示的十进制数，其编码规则为：用 4 位二进制表示 1 位十进制数。BCD 码既有二进制的形式，又有十进制的特点，因此常常称为二-十进制编码。

通过前面的学习大家知道，两位二进制数有 4 种组合，即 00、01、10、11，3 位二进制数有 8 种组合。4 位二进制数可以表示 16 种组合，而 BCD 码只需要 10 种，因此用 4 位二进制数组合成十进制数就必须去掉 16 种组合中多余的 6 种组合。人们常用 0000、0001、…、1001 共 10 种组合表示十进制的 10 个计数符号。

BCD 码有很多种，如 8421BCD 码、2421BCD 码、余 3 码、格雷码等。其中，使用最广的 BCD 码为 8421BCD 码，其中 8421 是表示该编码各位所代表的位权，十进制数与 8421BCD 码的对应关系如表 2-2 所示。例如，一个 8421BCD 码为 01101001，从形式上看与二进制数没有什么区别，但实际上它表示的数值与二进制表示的数值是完全不同的。如果将 8421BCD 码 01101001 按二进制位权展开为 $1\times10^6+1\times10^5+1\times10^3+1\times10^0=105D$，而实际上它表示的是十进制数 69，也就是说，一个 8421BCD 码的值必须按 4 位二进制数作为一个计数符号处理，它还是逢十进一。

1. 十进制数与 8421BCD 码之间的转换

1）十进制数转换成 8421BCD 码

将一个十进制数转换成 8421BCD 码比较简单，只要将每位十进制数用 4 位二进制数组合即可。其具体过程如下：

$$109.1=0001\ 0000\ 1001.0001_{(BCD)}$$

$$215.05=0010\ 0001\ 0101.0000\ 0101_{(BCD)}$$

注意：别忘了在整数部分和小数部分之间加小数点；BCD 码中的 0 是不能舍去的。

2）8421BCD码转换成十进制数

将一个8421BCD码转换成十进制数，如表2-2所示，其转换方法为从8421BCD码的小数点开始，向左或向右每4位为一组，不足4位以0补足（整数部分不足4位，左边补0；小数部分不足4位，右边补0），然后将每4位对应的十进制值写出，即为十进制数。其具体过程如下：

$$11000010010101.001_{(BCD)} = 0011\ 0000\ 1001\ 0101.0010_{(BCD)}$$
$$= 3095.2$$

注意：别忘了在整数部分和小数部分之间加小数点。

表2-2　十进制数与8421BCD码的对应关系

十进制数	8421BCD码	十进制数	8421BCD码
0	0000	5	0101
1	0001	6	0110
2	0010	7	0111
3	0011	8	1000
4	0100	9	1001

2. 其他进制数与8421BCD码之间的转换

十进制数与8421BCD码之间的转换是直接的。而其他进制与8421BCD码之间的转换应首先将其转换成十进制数，然后将十进制数转换成8421BCD码或首先将8421BCD码转换成十进制数，再将十进制数转换为目标进制数。

【例2-15】 将二进制数11011.01B转换成相应的8421BCD码。

【解】 首先将二进制数转换成十进制数：

$$11011.01B = 1\times2^4 + 1\times2^3 + 0\times2^2 + 1\times2^1 + 1\times2^0 + 0\times2^{-1} + 1\times2^{-2}$$
$$= 16+8+0+2+1+0+0.25$$
$$= 27.25$$

然后将十进制数27.25转换成8421BCD码：

$$27.25 = 0010\ 0111.0010\ 0101_{(BCD)}$$

注意：别忘了在整数部分和小数部分之间加小数点。

【例2-16】 将8421BCD码 $0011\ 0000\ 0010_{(BCD)}$ 转换成相应的二进制数。

【解】 首先将8421BCD码转换成十进制数：

$$0011\ 0000\ 0010_{(BCD)} = 302D$$

然后将十进制数302转换成二进制数：

$$302 = 100101110B$$

从此例可以看出，在进行8421BCD码与其他进制之间的转换时，采用十进制为桥梁转换最简单。

2.3.2　字符编码

在计算机应用的许多场合，都需要对字母、数字及专用符号进行操作，如用高级语言程序设计，进行人机交往也都是使用字符或符号。这些符号不能直接进入计算机，必须先进行二进制编码。微型机系统的字符编码多采用美国信息交换标准代码ASCII（American Standard

Code for Information Interchange)。ASCII 字符集如表 2-3 所示。

表 2-3　ASCII 字符集

$B_6B_5B_4$ / $B_3B_2B_1B_0$		0	1	2	3	4	5	6	7
		000	001	010	011	100	101	110	111
0	0000	NUL	DLE	SP	0	@	P	、	p
1	0001	SOH	DC1	!	1	A	Q	a	q
2	0010	STX	DC2	”	2	B	R	b	r
3	0011	ETX	DC3	#	3	C	S	c	s
4	0100	EOT	DC4	$	4	D	T	d	t
5	0101	ENQ	NAK	%	5	E	U	e	u
6	0110	ACK	SYN	&	6	F	V	f	v
7	0111	BEL	ETB	’	7	G	W	g	w
8	1000	BS	CAN	(	8	H	X	h	x
9	1001	HT	EM	)	9	I	Y	i	y
A	1010	LF	SUB	*	:	J	Z	j	z
B	1011	VT	ESC	+	;	K	[	k	{
C	1100	FF	FS	,	<	L	\	l	|
D	1101	CR	GS	—	=	M	]	m	}
E	1110	SO	RS	.	>	N	↑	n	~
F	1111	SI	US	/	?	O	←	o	DEL

ASCII 码表有以下几个特点。

(1) 每个字符用 7 位基 2 码(基数为 2 的编码)表示,其排列次序为 B_6 B_5 B_4 B_3 B_2 B_1 B_0。实际上,在计算机内部,每个字符是用 8 位(即一个字节)表示的。一般情况下,将最高位置为"0",即 B_7 为"0"。需要奇偶校验时,最高位用做校验位。

(2) ASCII 码共编码了 128(2^7)个字符,其中包括以下字符。

① 32 个控制字符,主要用于通信中的通信控制或对计算机设备的功能控制,编码值为 0～31(十进制)。

② 间隔字符(也称为空格字符)SP,编码值为 20H。

③ 删除控制码 DEL,编码值为 7FH。

④ 94 个可印刷字符(或称为有形字符)。这 94 个可印刷字符编码中,有如下两个规律:

a. 字符 0～9 这 10 个数字符的高 3 位编码都为 011,低 4 位为 0000～1001,屏蔽掉高 3 位的值,低 4 位正好是数据 0～9 的二进制形式。这样编码的好处是既满足正常的数值排序关系,又有利于 ASCII 码与二进制码之间的转换。

注意:书写字符的 ASCII 码值时,既可以用十六进制形式也可以用二进制形式。

b. 英文字母的编码值满足 A～Z 或 a～z 正常的字母排序关系。另外,大小写英文字母编码仅是 B_5 位值不相同,B_5 为 1 是小写字母,这样编码有利于大、小写字母之间的编码转换。

奇偶校验是通过奇偶校验位的置位或复位,使被传输字节 1 的个数为奇数或偶数。若为奇校验,则数据中应具有奇数个 1。若为偶校验,则数据中应具有偶数个 1。例如,传输字母 A,ASCII 码 1000001B 中有两个 1,若用奇校验,则 8 位代码为 11000001,最高位(奇偶校验位)置 1,使该字节为奇数个 1;若用偶校验,则 8 位代码为 01000001,最高位(奇偶校验位)置

0。关于奇偶校验将在后面的章节中进行讨论。

计算机的一些输入设备(如键盘)都配有译码电路,在输入字符时,每个被输入的字符键将由译码电路产生相应的ASCII码,再送入计算机。例如,当输入大写字母B时,译码电路产生相应的ASCII码42H。同样,一些输出设备(如打印机)从计算机得到的输出结果也是ASCII码,再经译码后驱动相应的打印字符的机构。

为了扩大计算机处理信息的范围,人们在原来ASCII码的基础上又扩充了罗马字符集,一个字符的ASCII码由原来的7位二进制长扩展到8位,这样一字节可以表示的字符由原来的128种扩大为256种。

【例2-17】 若从键盘上输入CHINA,则在计算机中进行传送和存储的代码是什么?

【解】 从键盘上输入CHINA,则在计算机中进行传送和存储的代码就是CHINA中各字符的ASCII码,即为01000011、01001000、01001001、01001110、01000001。

2.3.3 汉字编码

计算机汉字处理技术对在我国推广计算机应用以及加强国际交流都具有十分重要的意义。汉字也是一种字符,但是汉字的计算机处理技术远比拼音文字复杂,如英语是一种拼音文字,计算机键盘只需配备26个字形键,并规定26个字母的编码,就能方便地输入任意英文信息了。但是汉字与英文差别很大,汉字是象形字,字的数目又多,形状和笔画差异也很大。要在计算机中表示汉字,最方便的方法还是为每个汉字安排一个确定的编码,而且要使这种编码能很容易地区别于西文字母和其他字符。

一个汉字从输入设备输入到由输出设备输出的过程如图2-4所示。

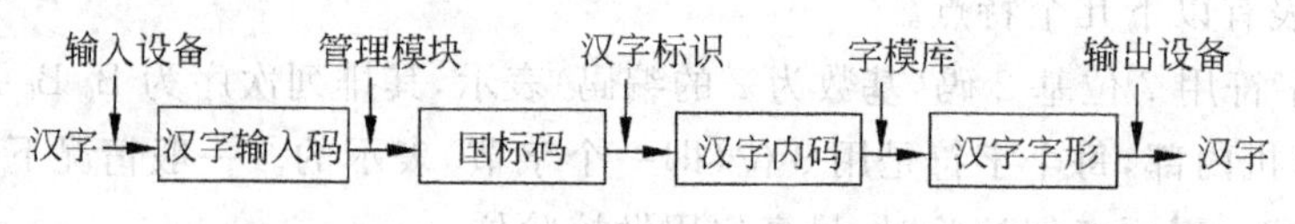

图2-4 汉字从输入设备输入到由输出设备输出的过程

1. 汉字输入码

输入汉字的第一步是对汉字进行编码。汉字编码的方法有许多种,现在比较流行的编码方式有汉字字音编码、汉字字形编码、汉字音形编码等。汉字字音编码是以汉语拼音为基础,在汉语拼音键盘或经过处理的西文键盘上,根据汉字读音直接输入拼音即可。当遇到同音异字时,屏幕显示重码汉字,再指定或输入附加信息,最后选定一个汉字(如智能ABC输入法)。汉字字形编码是把汉字逐一分解归纳成一基本构字部件,每个部件都赋予一个编码并规定选取字形构架的顺序;不同的汉字因为组成的构字部件和字形构架顺序不同,就能获得一组不同的编码,表达不同的汉字。

2. 国标码

为了能在不同的汉字系统之间互相通信,共享汉字信息,便规定了大家公认的中文信息处理标准。例如,1981年我国制定推行的GB2312—1980国家标准信息交换用汉字编码字符集(基本集),简称国标码。在国标码中,每个图形字符都规定了二进制表示的编码,每个编码字长为两字节,每字节内占用7位信息。例如,汉字"啊"的国标码,前一字节是0110000,后一字节是0100001,编码为3021H。当一个汉字以某种汉字输入方案送入计算机后,管理模块立刻将它换成两字节长的GB2312—1980国标码(每个字节的最高位为0)。

3. 内部码

国标码不能作为在计算机内存储、运算的信息代码，这是因为它容易和ASCII码混淆，在中西文兼容时无法使用。汉字内部码是在国标码的基础上增加标识符的汉字代码。方法很简单，即将国标码的每个字节最高位置为“1”，作为汉字标识符。例如，上面提到的“啊”字，国标码是3021H，加上标识符后的汉字内部码则变为B0A1H，生成汉字内部码的过程如下：

国标码	0	0	1	1	0	0	0	0	0	0	1	0	0	0	0	1	3021H
	↓置1								↓置1								
内部码	1	0	1	1	0	0	0	0	1	0	1	0	0	0	0	1	B0A1H

汉字内部码结构简单，一个汉字内部码只占两个字节，足以表达数千汉字和各种图形，且又节省存储空间。另外，汉字内部码便于和西文字符兼容，这是因为在同一计算机系统中，只要从最高位标识符就能区分西文的非扩充ASCII码(最高位为0)和汉字内部码(最高位为1)。

4. 字形码

当计算机内的汉字要输出时，汉字内部码还不能直接作为每个汉字的字形信息输出，而必须通过系统提供的汉字字模库检索出该汉字的字形信息后输出。

需要注意的是，汉字内部码除采用2字节长的代码外，也有用3字节或4字节的，这样可以描述更多的汉字字符。

2.3.4 其他信息编码

计算机处理的数据均采用二进制的形式，因此图像、声音以及一些专用符号等信息需要计算机处理时，也必须将其转换为二进制编码。

图像信息转换为二进制编码时，一般将图像在二维空间上的画面分布到矩形点阵的网状结构中，矩阵中的每个点称为像素点，分别对应图像在矩阵位置上的点，对每个点抽样，得到每个点的灰度值(亮度值)，然后对灰度值进行量化，即把灰度值转化为n位二进制表示的数值。

声音信息进行转换为二进制编码时，由于语音为模拟信号，一般采用每隔固定时间对声音的模拟信号截取一个幅值，这个过程称为采样，将与声音信号幅值相对应一组离散数据值(采样的结果)进行量化，即转化为n位二进制表示的数值，最后进行编码。

2.4 数据校验码

在计算机系统中对数据的存取、传送都要求十分正确，由于各种原因，使所传送的数据有时会出现错误。为了提高数据传送的正确性，一方面要通过电路的可靠性来保证，另一方面在数据代码传送过程中，需要对代码进行校验，代码校验的方法最好能查错和纠错。数据校验码就是一种常用的带有发现某些错误或带有自动改错能力的数据编码方法。常用的代码校验方法有奇偶校验、交叉校验和循环冗余校验3种方法。

1. 奇偶校验码

奇偶校验码是一种简单而行之有效的代码校验方法。其构成规则为：在每个传送码的左边或右边加上一位奇偶校验位0或1。若是奇校验，就把每个编码中1的个数凑成奇数；若是偶校验，就把每个编码中1的个数凑成偶数。如需要传送的信息代码为0101010，若在最高位加奇校验位后代码为00101010；若在最高位加偶校验位后代码为10101010，若在最低位加奇校验位后代码为01010100；若在最低位加偶校验位后代码为01010101。值得注意的是，奇偶校验只能发现奇数个数位出错，而无定位纠错能力。

2. 交叉校验码

当一次传送百个字节组成的数据块时，如果不仅对每个字节设有扩展的一个奇偶校验位（称为横向校验位），而且全部字节的同一位也设置了一个奇偶校验位（称为纵向校验位），对数据块的横向、纵向同时校验，这种情况称为交叉校验。交叉校验能发现出错，但不能纠错。

【例 2-18】 有3个字节信息组成数据块，每个字节最高位 a_4，最低位 a_0。约定横向、纵向校验均取奇校验，校验位的位置和取值如下表示。

	a_4	a_3	a_2	a_1	a_0	横向校验位(奇)
第1字节	0	1	1	0	1	0
第2字节	1	1	0	1	1	1
第3字节	1	1	1	1	1	0
纵向校验位(奇)	1	0	1	1	0	

3. 循环冗余校验码

循环冗余校验码(Cyclic Redundancy Check)简称CRC码，是一种有很强检错、纠错能力的校验码。CRC码在同步通信中广泛使用。由于CRC码的编码原理复杂，本书仅对其编码方式进行简单介绍。

1) CRC码的检错方法及纠错原理

(1) CRC码的检错方法。设被校验的数据代码M(x)是n位二进制信息，M(x)左移K位后被一个约定的"生成多项式G(x)"相除，生成多项式G(x)是长$K+1$位的二进制数，相除后得到K位余数就是校验位。校验位拼接到原n位数据信息后面形成$n+k$长的循环冗余校验码。当CRC码能被生成多项式G(x)整除，则表示在信息传送过程中没有出错。否则，表示信息在传送过程中出错了。

(2) CRC码的纠错原理。选择适当的生成多项式G(x)，在计算机二进制信息M(x)的长度确定时，余数与CRC码出错位位置的对应关系是不变的，由此可以用余数作为判断出错位置的依据而纠正错码。

2) 校验位计算

校验位是通过被校验的数据信息M(x)左移k位后与$k+1$位的生成多项式G(x)相除后得到，这是一种基于"模2运算"的多项式除法。模2运算时不考虑加法进位和减法借位，即0+0=0、0+1=1、1+1=0、1+0=1、0−0=0、0−1=1、1−0=1、1−1=0。作模2除法时，上商的原则是当余数部分首位是1时商取1，反之商取0，然后按模2相减求得余数，这个余数不记最高位。当被除数逐步除完时，最后余数的位数比除数少一位。此余数就是校验位。校验位拼接在M(x)后面组成为CRC码。

【例 2-19】 设M(x)=1001，选生成多项式G(x)为$X^3+X^1+X^0=1011$，试计算校验位，并写出CRC码。

【解】 因为生成多项式G(x)为4位，即$k+1=4$，所以校验位$k=3$位。将M(x)左移3位成为1001000，除以生成多项式1011，即：

```
          1010
1011 )1001000
      1011
      ----
       0100
       0000
       ----
        1000
        1011
        ----
         0110
         0000
         ----
          110
```

其中,110 为校验位,所以 CRC 码为1001 110。

若想校验数据信息是否出错,可把 CRC 码除以同一个生成多项式,如果余数为 0,则信息无错;如果余数不为 0,则信息出错。

习　题　2

一、填空题

1. 任意进位计数制都包含两个基本要素,即________和________。
2. J 进制的进位法则是________。
3. J 进制的基数为________。
4. 对 J 进制数,小数点左右各两位上的位权依次(从高位到低位)为________。
5. 十六进制数 3FA7.6C 按权展开的表达式为________。
6. 8 位二进制数可表示________种代码。
7. 128 种符号需要用________位二进制数表示。
8. 一个________数的补码等于原码。
9. 设 X 的补码为 1000,则 $X=$________。(字长为 4 位)
10. 数字 1 的 ASCII 码为________H。
11. 标准 ASCII 码占________个二进制位,共有________个字符。
12. 设字符"A"的 ASCII 码为 41H,因而字符"D"的 ASCII 码为________H,在最高位前加上奇校验位后的代码为________H。
13. 设"大"字的汉字内部码为 B3F3,则它的国标码为________H。
14. 已知 7 位信息码 1011101,最高位增设偶校验位________后,校验码为________H。
15. 奇偶校验码能发现________个数位出错。

二、选择题

1. 计算机采用二进制数的原因(　　)。
   A. 二进制运算简单　　B. 二进制运算速度快
   C. 电子元器件的两态特征　　D. 控制台操作简单
2. 计算机中数据的表示形式是(　　)。
   A. 八进制　　B. 十进制　　C. 二进制　　D. 十六进制
3. 对 J 进制数,若小数点左移一位,则该数(　　);若小数点右移一位,则该数(　　)。
   A. 扩大 J 倍　　B. 缩小 J 倍　　C. 扩大 10 倍　　D. 缩小 10 倍

4. 机器数1001可代表真值(　　)。

A. 9　　B. −1　　C. −6　　D. −7

E. 以上都可能

5. 7位二进制无符号整数的范围为(　　),8位二进制无符号整数的范围为(　　)。

A. 1～128,1～256　　B. 0～127,0～255

C. −64～+64,−127～+127　　D. −127～+127,−256～+256

6. 8位原码整数的表示范围为(　　),8位反码整数的表示范围为(　　),8位补码整数的表示范围为(　　)。

A. 1～256　　B. 0～255　　C. −127～+127　　D. −128～+127

7. 4位整数补码的表示范围是(　　)。

A. 0～15　　B. 1～16　　C. −7～7　　D. −8～7

8. 若X_1的原码、X_2的反码,X_3的补码均为10101,则(　　)。

A. X_1最大　　B. X_2最大　　C. X_3最大　　D. $X_1=X_2=X_3$

9. 对(　　),零的表示是唯一的。

A. 真值　　B. 原码　　C. 反码　　D. 补码

10. 下列4个无符号十进制整数中,能用8个二进制位表示的是(　　)。

A. 257　　B. 201　　C. 313　　D. 296

11. 与二进制数值11001101等值的十进制数是(　　)。

A. 204　　B. 205　　C. 206　　D. 203

12. 下列4个数,(　　)数值最大。

A. 11011101B　　B. 324Q　　C. 219　　D. EA

13. 二进制数X=0.11……11,小数点后共有8个1,其十进制数为(　　)。

A. $1-2^{-7}$　　B. $1-2^{-8}$　　C. $1-2^{-9}$　　D. $2^{-8}-1$

14. 浮点数尾数的位数决定了浮点数的(　　)。

A. 精度　　B. 大小　　C. 运算规则　　D. 表示范围

15. 浮点数的表示范围取决于(　　)。

A. 阶符　　B. 阶码的位数　　C. 尾符　　D. 尾数的位数

16. 下列字符中,其ASCII码值最大的是(　　)。

A. 1　　B. 9　　C. a　　D. Z

17. ASCII是对(　　)实现编码的一种方法。

A. 汉字　　B. 声音　　C. 图形　　D. 字符

18. 存储一个汉字的内部码需要(　　)。

A. 1B　　B. 2B　　C. 3B　　D. 4B

三、计算题

1. 写出以下几个数按权展开的表达式,并求出它们的十进制数值。

(1) 10101010.101B　　(2) 33.7Q　　(3) 2B70H

2. 把以下几个数转换成二进制数。

(1) A301H　　(2) 7EF.CH　　(3) 56.125

3. 把下列二进制数转换成八进制数和十六进制数。

(1) 11010101B　　(2) 0.0001011B　　(3) 101010.10101B

4. 将下列十进制数写成字长为16位的二进制原码、反码、补码。

(1) +2　　(2) −64　　(3) +119　　(4) −256

5. 求下列整数补码的真值。

(1) 1010B　　(2) 0101B　　(3) 11000000B　　(4) 1000000B

6. 请按要求填写。

(1) 27D=(　　)BCD　　(2) 10001001BCD=(　　)D

(3) 01101101B=(　　)BCD　　(4) 01101001BCD=(　　)B

7. 写出下列二进制数在最高位之前采用奇校验后的校验码。

(1) 0111101　　(2) 1001011

8. 已知 X 和 Y,用二进制补码定点加、减法求 $X+Y$ 和 $X-Y$,并判断结果是否溢出(字长为8位)。

(1) $X=86, Y=-53$

(2) $X=-1111000B, Y=+1011001B$

(3) $X=-0.11001B, Y=+0.00111B$

第3章 计算机的基本数字逻辑电路

计算机的硬件系统是由许许多多的逻辑电路组成的，如算术逻辑单元电路、触发器电路、寄存器电路、存储器电路等。本章仅对微型计算机中最常见的基本电路部件做简单介绍。

学习目标

(1) 了解：基本逻辑运算及其运算规则。

(2) 理解：基本逻辑电路、二进制的加/减法电路、触发器、寄存器、译码器、三态输出电路的原理和功能。

3.1 逻辑代数

逻辑代数也称为开关代数或布尔代数，和一般代数不同的是：

(1) 逻辑代数中变量只有两种可能的数值：0 或 1。逻辑代数变量的数值并不表示大小，只代表某种物理量的状态。例如，用于开关中，0 代表关(断路)或低电位，1 代表开(通路)或高电位；用于逻辑推理中，1 代表正确(真)，0 代表错误(假)。

(2) 逻辑代数只有 3 种基本运算方式："与"运算(逻辑乘)、"或"运算(逻辑加)和"取反"运算(逻辑非)。其他逻辑运算均由这 3 种基本运算构成，如与非运算、或非运算、异或运算、同或运算等。下面来看看这 3 种基本运算及其运算规则和一般代数有什么区别。

3.1.1 "与"运算

若逻辑变量 A、B 进行与运算，L 表示其运算结果，则其逻辑表达式为：

$$L=AB \quad \text{或} \quad L=A\wedge B \quad \text{或} \quad L=A\cdot B$$

其基本运算规则为：$0\cdot 0=0 \quad 0\cdot 1=0 \quad 1\cdot 0=0 \quad 1\cdot 1=1$

$$A\cdot 1=A \quad A\cdot 0=0 \quad A\cdot A=A \quad A\cdot \overline{A}=0$$

注意与一般代数的区别，此处的 A 为逻辑变量，其取值只能是 0 或 1。由其运算结果可归纳为：二者为真则结果必为真，有一为假则结果必为假。同样，这个结论也可推广到多个变量：各变量均为真则结果必为真，有一为假则结果必为假。

从上可知，在多输入"与"门电路中，只要其中一个输入为 0，则输出必为 0；只有全部输入均为 1 时，输出才为 1。

有时也将与运算称为"逻辑乘"。当 A 和 B 为多位二进制数时，如：

$$A=A_1A_2A_3\cdots A_n$$

$$B=B_1B_2B_3\cdots B_n$$

则进行"逻辑乘"运算时，各对应位分别进行"与"运算：

$$Y = A \cdot B$$
$$= (A_1 \cdot B_1)(A_2 \cdot B_2)(A_3 \cdot B_3)\cdots(A_n \cdot B_n)$$

【例 3-1】 设 A=11001010B,B=00001111B,求：Y=A·B。

【解】 Y =A·B

=(1·0)(1·0)(0·0)(0·0)(1·1)(0·1)(1·1)(0·1)

=00001010

写成竖式则为：

$$\begin{array}{r} 1100\ 1010 \\ \underline{\wedge)\ 0000\ 1111} \\ 0000\ 1010 \end{array}$$

由此可见,用“0”和一个数位相“与”,就是将其“抹掉”而成为“0”(即：将其置 0)；用“1”和一个数位相“与”,就是将此数位“保存”下来。这种方法在计算机的程序设计中经常会用到,称为“屏蔽”。上面的 B 数(0000 1111)称为“屏蔽字”,它将 A 数的高 4 位屏蔽起来,使其都变成 0 了。

3.1.2 “或”运算

若逻辑变量 A、B 进行或运算,L 表示其运算结果,则其逻辑表达式为：

$$L = A + B \quad 或 \quad L = A \vee B$$

其基本运算规则为： 0+0=0　0+1=1　1+0=1　1+1=1

$$A + 0 = A \quad A + 1 = 1 \quad A + A = A \quad A + \overline{A} = 1$$

注意与一般代数的区别,此处的 A 为逻辑变量,其取值只能是 0 或 1。由其运算结果可归纳为：只要有一为真则结果必为真。这个结论也可推广到多个变量,如 A,B,C,D,……,各变量全为假则结果必为假,有一为真结果必为真。

从上可知,在多输入的“或”门电路中,只要其中一个输入为 1,则其输出必为 1；只有全部输入均为 0 时,输出才为 0。

有时也将或运算称为“逻辑加”。当 A 和 B 为多位二进制数时,如：

$$A = A_1 A_2 A_3 \cdots A_n$$
$$B = B_1 B_2 B_3 \cdots B_n$$

在进行“逻辑或”运算时,各对应位分别进行“或”运算：

$$Y = A + B$$
$$= (A_1 + B_1)(A_2 + B_2)(A_3 + B_3)\cdots(A_n + B_n)$$

【例 3-2】 设 A=10101B,B=11011B,求：Y=A+B。

【解】 Y =A+B

=(1+1)(0+1)(1+0)(0+1)(1+1)

=11111

写成竖式则为：

$$\begin{array}{r} 10101 \\ \underline{+)\ 11011} \\ 11111 \end{array}$$

注意,此处不是一般的加法运算,而是逻辑或运算。1“或”1 等于 1,是没有进位的。

由此可见,用“0”和一个数位相“或”,就是将此数位“保存”下来;用“1”和一个数位相“或”,就是将其置 1。

3.1.3 “非”运算

“非”运算又称逻辑取反或逻辑反运算。假设一件事物的性质为 A,则其经过“非”运算之后,其性质必与 A 相反,其表达式为:

$$L=\overline{A}$$

这实际上也是反相器的性质。所以在电路实现上,反相器是非运算的基本元件。

其基本运算规则为: $\overline{1}=0$ $\overline{0}=1$ $\overline{\overline{1}}=1$ $\overline{\overline{0}}=0$ $\overline{\overline{A}}=A$

当 A 为多位数时,如:

$$A=A_1A_2A_3\cdots A_n$$

则其“逻辑非”为:$Y=\overline{A}_1\ \overline{A}_2\ \overline{A}_3\cdots\overline{A}_n$

【例 3-3】 设 A=10100000B,求 $Y=\overline{A}$。

【解】 Y=01011111B

3.1.4 逻辑代数的基本运算法则

与一般代数一样,逻辑代数也有类似的运算法则,如交换律、结合律、分配律,而且它们与普通代数的规律完全相同。其具体法则如下。

(1) 交换律:$A\cdot B=B\cdot A$

$A+B=B+A$

(2) 结合律:$(AB)C=A(BC)=ABC$

$(A+B)+C=A+(B+C)=A+B+C$

(3) 分配律:$A(B+C)=AB+AC$

$(A+B)(C+D)=AC+AD+BC+BD$

(4) 吸收律:$A+AB=A(1+B)=A$

$$\begin{aligned}A\cdot(A+B)&=A\cdot A+AB\\&=A+AB\\&=A\end{aligned}$$

$$\begin{aligned}(A+B)(A+C)&=A\cdot A+AC+BA+BC\\&=A+AC+AB+BC\\&=A+AB+BC\\&=A+BC\end{aligned}$$

(5) 消去律:$A+\overline{A}B=A(1+B)+\overline{A}B=A+(A+\overline{A})\ B=A+B$

$\overline{A}+AB=\overline{A}(1+B)+AB=\overline{A}+(A+\overline{A})\ B=\overline{A}+B$

(6) 反演律:$\overline{A+B}=\overline{A}\cdot\overline{B}$

$\overline{A+B+\cdots}=\overline{A}\cdot\overline{B}\cdots$

$\overline{A\cdot B}=\overline{A}+\overline{B}$

$\overline{A\cdot B\cdot\cdots}=\overline{A}+\overline{B}+\cdots$

【例 3-4】 化简逻辑代数式：$Y=AB+\overline{A}C+BC$。

【解】 此处需要配方，具体步骤如下：

$$\begin{aligned}Y&=AB+\overline{A}C+BC\\&=AB+\overline{A}C+BC(A+\overline{A})\\&=AB+\overline{A}C+ABC+\overline{A}BC\\&=AB(1+C)+\overline{A}C(1+B)\\&=AB+\overline{A}C\end{aligned}$$

【例 3-5】 化简逻辑代数式：$Y=A\overline{B}C+\overline{A}+B+\overline{C}$。

【解】 化简的具体步骤如下：

$$\begin{aligned}Y&=A\overline{B}C+\overline{A}+B+\overline{C}\\&=A\overline{B}C+\overline{A\overline{B}C}\\&=1\end{aligned}$$

3.2 基本逻辑电路

逻辑代数中的各种逻辑运算均可以通过对各种基本逻辑门的组合实现。“门”是这样的一种电路：它规定各个输入信号之间满足某种逻辑关系时，才有信号输出。从逻辑关系看，门电路的输入端或输出端只有两种状态，低电平为“0”，高电平为“1”，称为正逻辑；反之，如果规定高电平为“0”，低电平为“1”，称为负逻辑。然而，高与低是相对的。本书均采用正逻辑。

很多复杂的逻辑运算都可以通过基本的逻辑运算“与”、“或”、“非”来实现。实现这 3 种逻辑运算的电路是最基本的 3 种逻辑门电路：与门电路、或门电路和非门电路。通过组合这 3 个基本门电路，可实现更复杂的逻辑电路，如与非门电路、或非门电路、异或门电路和同或门电路等，分别用于完成与非、或非、异或和同或等逻辑运算功能。

3.2.1 与门电路

实现逻辑运算“与”的电路称为与门电路。与门电路的逻辑符号如图 3-1 所示，其中 A、B 是输入信号，Y 是输出信号。

与门电路的逻辑表达式为：

$$Y=A\cdot B$$

与门电路的逻辑真值表如表 3-1 所示。

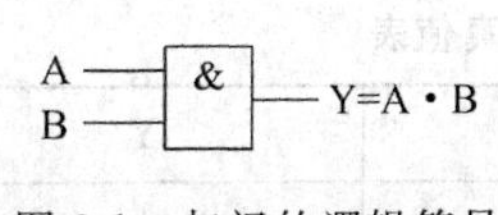

图 3-1 与门的逻辑符号

表 3-1 与门的逻辑真值表

A	B	Y
0	0	0
0	1	0
1	0	0
1	1	1

3.2.2 或门电路

实现逻辑运算“或”的电路称为或门电路。或门电路的逻辑符号如图 3-2 所示，其中 A、B 是输入信号，Y 是输出信号。

或门电路的逻辑表达式为：

$$Y=A+B$$

或门电路的逻辑真值表如表 3-2 所示。

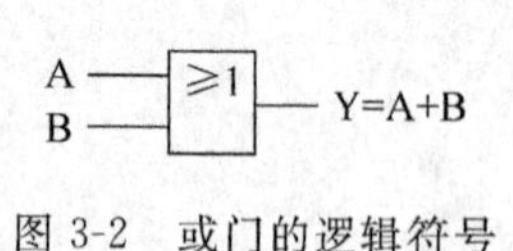

图 3-2　或门的逻辑符号

表 3-2　或门的逻辑真值表

A	B	Y
0	0	0
0	1	1
1	0	1
1	1	1

3.2.3 非门电路

实现逻辑运算“非”的电路称为非门电路。非门电路的逻辑符号如图 3-3 所示，其中 A 是输入信号，Y 是输出信号。

非门电路的逻辑表达式为：

$$Y=\overline{A}$$

由于输入和输出总是相反，故非门电路又称为反相器。

非门电路的逻辑真值表如表 3-3 所示。

A — 1 ○— Y=$\overline{A}$

图 3-3　非门的逻辑符号

表 3-3　非门的逻辑真值表

A	Y
0	1
1	0

3.2.4 与非门电路

实现逻辑运算“与非”的电路称为与非门电路。与非门电路是与门和非门相结合形成。与非门电路的逻辑符号如图 3-4 所示，其中 A、B 是输入信号，Y 是输出信号。

与非门电路的逻辑表达式为：

$$Y=\overline{A\cdot B}$$

其运算规则为：先对 A 和 B 进行与运算，再对与运算后的结果进行非运算。

与非门电路的逻辑真值表如表 3-4 所示。

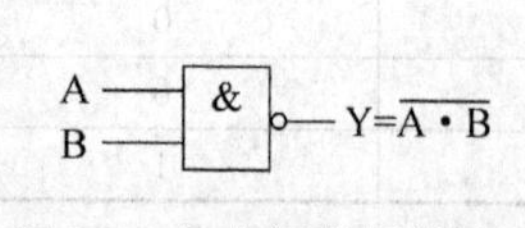

图 3-4　与非门的逻辑符号

表 3-4　与非门的逻辑真值表

A	B	Y
0	0	1
0	1	1
1	0	1
1	1	0

3.2.5 或非门电路

实现逻辑运算“或非”的电路称为或非门电路。或非门电路是或门和非门相结合形成的。或非门电路的逻辑符号如图 3-5 所示，其中 A、B 是输入信号，Y 是输出信号。

或非门电路的逻辑表达式为：

$$Y=\overline{A+B}$$

其运算规则为：先对 A 和 B 进行或运算，再对或运算后的结果进行非运算。

或非门电路的逻辑真值表如表 3-5 所示。

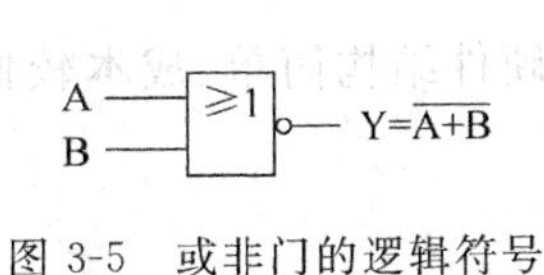

图 3-5　或非门的逻辑符号

表 3-5　或非门的逻辑真值表

A	B	Y
0	0	1
0	1	0
1	0	0
1	1	0

3.2.6 异或门电路

实现逻辑运算“异或”的电路称为异或门电路。异或门电路的逻辑符号如图 3-6 所示，其中 A、B 是输入信号，Y 是输出信号。

异或门电路的逻辑表达式为：

$$Y=A\oplus B \quad 或 \quad Y=\overline{A}B+A\overline{B}$$

其运算规则为：两个逻辑变量取值不相同时，它们“异或”的结果为 1；两个逻辑变量取值相同时，它们“异或”的结果为 0。其运算规则可总结为：相同为 0，相异为 1。

异或门电路的逻辑真值表如表 3-6 所示。

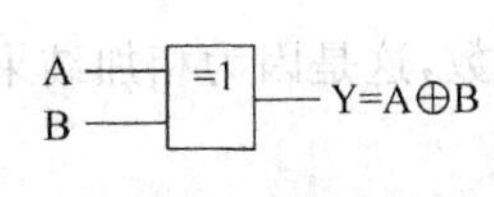

图 3-6　异或门的逻辑符号

表 3-6　异或门的逻辑真值表

A	B	Y
0	0	0
0	1	1
1	0	1
1	1	0

3.2.7 同或门电路

实现逻辑运算“同或”的电路称为同或门电路。同或门电路的逻辑符号如图 3-7 所示，其中 A、B 是输入信号，Y 是输出信号。

同或门电路的逻辑表达式为：

$$Y=A\odot B \quad 或 \quad Y=\overline{A}\overline{B}+AB$$

其运算规则为：两个逻辑变量取值相同时，它们“同或”的结果为 1；两个逻辑变量取值不相同时，它们“同或”的结果为 0。其运算规则可总结为：相同为 1，相异为 0。

同或门电路的逻辑真值表如表 3-7 所示。

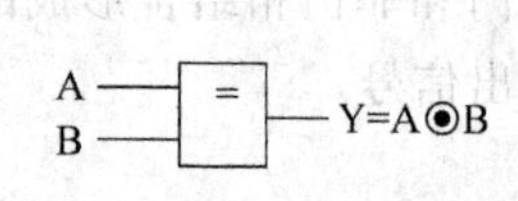

图 3-7 同或门的逻辑符号

表 3-7 同或门的逻辑真值表

A	B	Y
0	0	1
0	1	0
1	0	0
1	1	1

3.3 二进制数的加、减法电路

常见的算术运算只有加、减、乘、除 4 种。为了使微型计算机中硬件结构简单、成本较低，在计算机中常常只采用加法电路来实现计算机的运算。

3.3.1 二进制数的加法运算

由于补码的引入，在计算机中采用同一个逻辑部件来完成加法和减法运算。为了更好地理解采用补码运算的二进制加法/减法器，首先应理解半加和全加的概念。二进制具体运算如下所示。

【例 3-6】

(1)

```
      1     A
+)    1     B
    ----
     1 0    S
```

(2)

```
    0 1    A
+)  1 0    B
   ----
    1 1    S
```

(3)

```
     [1]      C
     1 1      A
+)   1 1      B
   ------
   1 1 0      S
```

(4)

```
   [1] [1]      C
  0  1  1       A
+) 0  1  1      B
  --------
  1  1  0       S
```

在例 3-6(1)中，加数 A 和被加数 B 都是 1 位数，其和 S 变成 2 位数，这是因为相加结果产生进位。

在例 3-6(2)中，A 和 B 都是 2 位数，相加结果 S 也是 2 位数，这是因为相加结果没有产生进位。

在例 3-6(3)中，A 和 B 都是 2 位数，相加结果 S 是 3 位数，这也是因为相加结果产生了进位。

在例 3-6(4)中，A 和 B 都是 3 位数，C 为低位向高位的进位。

由上可得：

① 两个二进制数相加时，可以逐位相加。如二进制数可以写成：

$$A = A_3A_2A_1A_0$$

$$B = B_3B_2B_1B_0$$

则从最右边第 1 位开始，逐位相加，其结果可以写成：

$$S = S_3S_2S_1S_0$$

其中各位是分别求出的：

$$S_0 = A_0 + B_0 \rightarrow \text{进位 } C_1$$

$$S_1 = A_1 + B_1 + C_1 \rightarrow \text{进位 } C_2$$

$$S_2 = A_2 + B_2 + C_2 \rightarrow \text{进位 } C_3$$

$$S_3 = A_3 + B_3 + C_3 \rightarrow \text{进位 } C_4$$

最后所得的和是：

$$A + B = C_4 S_3 S_2 S_1 S_0$$

② 右边第 1 位相加的电路要求：

输入量为两个，即 A_0 及 B_0；

输出量为两个，即 S_0 及 C_1。

这样的一个二进制位相加的电路称为半加器(不考虑进位输入的相加)。

③ 从右边第 2 位开始，各位可以对应相加。各位对应相加时的电路要求：

输入量为 3 个，即 A_i、B_i、C_i；

输出量为两个，即 S_i、C_{i+1}。

其中 $i=1,2,3,\cdots,n$。这样的一个二进制位相加的电路称为全加器(考虑低位的进位)。

3.3.2 半加器

半加器是用于逻辑变量相加的逻辑电路，它可以实现两个变量相加操作，是加法器的一种。半加器只有两个输入端，用以代表两个数字(A_0、B_0)的电位输入；有两个输出端，用以输出总和 S_0 及进位 C_1。

半加器的真值表如图 3-8(a)所示。

考察一下 C_1 与 A_0 及 B_0 的关系，即可看出这是"与"的关系，即：

$$C_1 = A_0 \cdot B_0$$

再看一下 S_0 与 A_0 及 B_0 的关系，也可看出这是"异或"的关系，即：

$$S_0 = A_0 \oplus B_0 \quad \text{或} \quad S_0 = \overline{A}_0 B_0 + A_0 \overline{B}_0$$

即只有当 A_0 及 B_0 二者相异时，其结果为 1；二者相同时，其结果为 0。因此，可以用"与门"及"异或门"来实现真值表的要求。图 3-8(a)和 3-8(b)就是这个真值表及半加器的电路图。其符号如图 3-8(c)所示。从上可以看出：半加器可以实现二进制数最低位的相加操作。

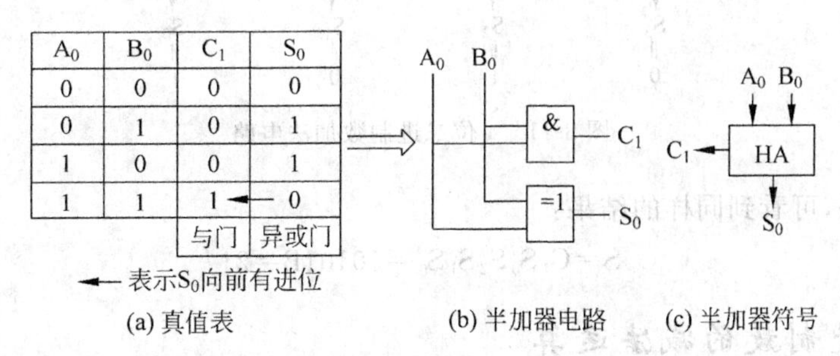

A_0	B_0	C_1	S_0
0	0	0	0
0	1	0	1
1	0	0	1
1	1	1 ←	0
		与门	异或门

(a) 真值表　(b) 半加器电路　(c) 半加器符号

图 3-8　半加器的真值表、电路及符号

3.3.3 全加器

全加器也是用于逻辑变量相加的逻辑电路，它可以实现 3 个变量相加操作，也是加法器的一种。全加器有 3 个输入端 A_i、B_i 和 C_i；有两个输出端 S_i 和 C_{i+1}。其真值表如图 3-9 所示，符号如图 3-10 所示。由此真值表可知，其总和 S_i 可用“异或门”来实现，即 $S_i = A_i \oplus B_i \oplus C_i$；而其进位 C_{i+1} 则可以用 3 个“与门”和一个“或门”来实现，即 $C_{i+1} = A_iB_i + A_iC_i + B_iC_i$；其电路图如图 3-9 所示。从上可以看出：全加器可以实现二进制数任何一位的相加操作。

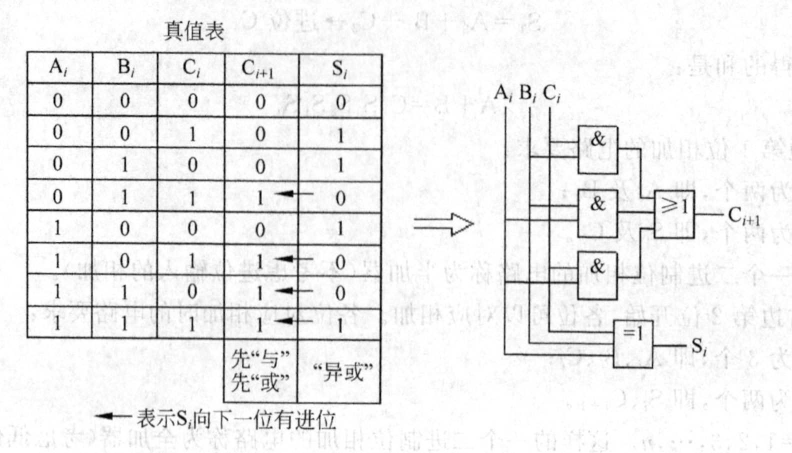

真值表

A_i	B_i	C_i	C_{i+1}	S_i
0	0	0	0	0
0	0	1	0	1
0	1	0	0	1
0	1	1	1 ←	0
1	0	0	0	1
1	0	1	1 ←	0
1	1	0	1 ←	0
1	1	1	1 ←	1
			先“与” 先“或”	“异或”

← 表示S_i向下一位有进位

图 3-9　全加器的真值表及电路图

3.3.4　二进制数的加法电路

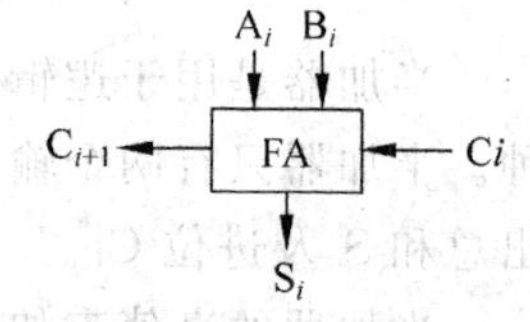

图 3-10　全加器符号

设 A=1010B=10，B=1011B=11，A 与 B 相加，写成竖式算法如下：

```
    1010   A
 +) 1011   B
 ─────────
   10101   S
```

即其相加结果为 S=10101B=21。A 与 B 相加的加法电路如图 3-11 所示。

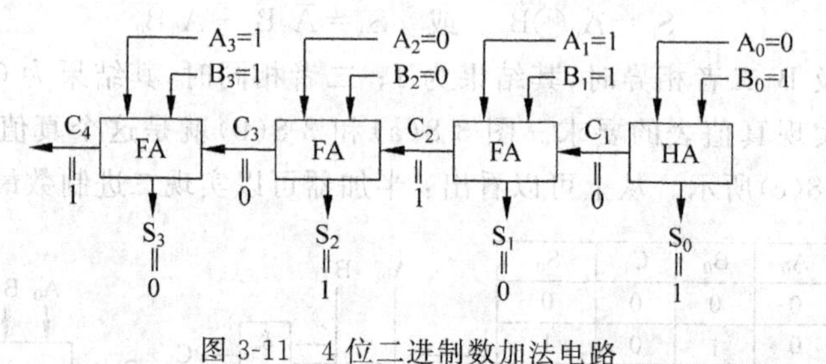

图 3-11　4 位二进制数加法电路

从加法电路，可看到同样的结果：

$$S = C_4S_3S_2S_1S_0 = 10101B = 21$$

3.3.5　二进制数的减法运算

在计算机中，没有专用的减法器，而是将减法运算转换为加法运算。其原理是：

$$[A-B]_{补} = [A]_{补} + [-B]_{补}$$

其中，已知$[B]_{补}$求$[-B]_{补}$的方法是将$[B]_{补}$各位按位取反(包括符号位)末位加 1。

这个公式说明：要计算 A−B，可以先计算 A 的补码与−B 的补码(如有进位，则舍去进位)，这个和数就是 A－B 的补码，只需将这个和转换为原码，即可得到 A 与 B 两数之差。

关于补码的概念，前面已作介绍，此处就不再介绍了。

其具体的运算过程如下例所示。

【例 3-7】 已知 A＝7，B＝4(假设机器字长为 4 位)，求：Y＝A－B。

【解】 因为 A 和 B 均为正数，所以

$$[A]_{补}=[A]_{原}=0111B \quad [B]_{补}=[B]_{原}=0100B$$

于是

$$[-B]_{补}=1100B$$

$$[A]_{补}+[-B]_{补}=0111B+1100B$$

$$=1\ 0011B$$

↑——进位，舍去

$$=0011B=[A-B]_{补}$$

因为 0011B 为正数，所以$[A-B]_{补}=[A-B]_{原}$，可得 A－B＝3。

【例 3-8】 已知 A＝－5H，B＝－2H，求：Y＝A－B。

【解】 因为

$$[A]_{原}=1101B \quad [A]_{补}=1011B$$

$$[B]_{原}=1010B \quad [B]_{补}=1110B \quad [-B]_{补}=0010B$$

所以

$$[A]_{补}+[-B]_{补}=1011B+0010B$$

$$=1101B=[A-B]_{补}$$

因为 1101B 为负数，所以由$[A-B]_{补}=1101B$ 得$[A-B]_{原}=1011B$，可得 A－B＝－3。

3.3.6 可控反相器及加、减法电路

由于二进制补码运算可将减法运算转换为加法运算，因此需要用一个电路来实现$[B]_{补}$转换为$[-B]_{补}$，即一个二进制补码各位按位取反(包括符号位)末位加 1。

图 3-12 为可控反相器，它能有控制地按位取反。这实际上是一个异或门，两输入端的异或门的特点是：二者相同则输出为 0，二者不同则输出为 1。

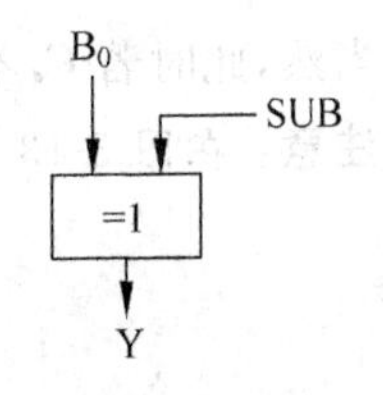

图 3-12 可控反相器

若将 SUB 端看作控制端，当在 SUB 端加上低电位时，Y 端的电平和 B_0 端的电平相同；在 SUB 端加上高电平时，Y 端的电平和 B_0 端的电平相反。

即：当 SUB＝0 时，$Y=B_0$；当 SUB＝1 时，$Y=\overline{B_0}$。

利用这个特点，在图 3-11 的 4 位二进制数加法电路上增加 4 个可控反相器并将最低位的半加器也改用全加器，就可以得到如图 3-13 所示的 4 位二进制数加法器/减法器电路了，因为这个电路既可以作为加法器电路(当 SUB＝0)，又可以作为减法器电路(当 SUB＝1)。

设有下面两个二进制数：

$$A=A_3A_2A_1A_0$$

$$B=B_3B_2B_1B_0$$

则可将这两个数的各位分别送入该电路的对应端，于是：

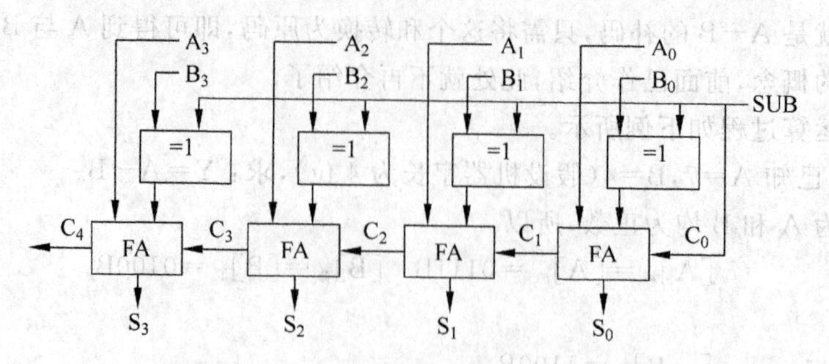

图 3-13　二进制补码加法器/减法器

当 SUB=0 时，电路作加法运算：A+B。

当 SUB=1 时，电路作减法运算：A−B。

当 SUB=0 时，各位的可控反相器的输出与 B 的各位同相，所以图 3-13 和图 3-11 的原理完全一样，各位均按位相加。结果 $S=S_3S_2S_1S_0$，而其和为 $C_4S_3S_2S_1S_0$。

当 SUB=1 时，各位的反相器的输出与 B 的各位反相。注意，最右边第一位(即 S_0 位)也是用全加器，其进位输入端与 SUB 端相连，实现加 1 操作。即 C_0=SUB=1。所以此位相加即为：

$$A_0+\bar{B}_0+1$$

其他各位为：

$$A_1+\bar{B}_1+C_1$$

$$A_2+\bar{B}_2+C_2$$

$$A_3+\bar{B}_3+C_3$$

因此其总和输出 $S=S_3S_2S_1S_0$，即：

$$\begin{aligned}S&=A_3A_2A_1A_0+\bar{B}_3\bar{B}_2\bar{B}_1\bar{B}_0+1\\&=A+\bar{B}+1\\&=[A]_{补}+[-B]_{补}\\&=[A-B]_{补}\end{aligned}$$

当然，此时若 C_4 不等于 0，则要被舍去。

注意：在图 3-13 中，最低位的相加不能用半加器，只能用全加器。读者可以思考其缘由。

3.4　算术逻辑单元

算术逻辑单元简称 ALU，它是功能较强的组合逻辑电路，既能进行算术运算，又能进行逻辑运算，是计算机运算器的核心部件。算术逻辑单元的基本逻辑结构是超前进位加法器。算术逻辑单元的逻辑符号如图 3-14 所示。其中，ALU 的功能受功能控制信号的控制。

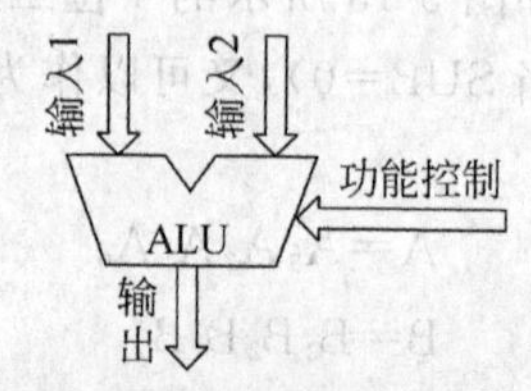

图 3-14　ALU 的逻辑符

3.5 触 发 器

触发器是一种能记忆机器前一输入状态的存放二进制代码的单元电路，是计算机中各种逻辑电路的基础。它具有两个稳定状态，但在任何时刻触发器只处于一种稳定状态，稳定状态的翻转只发生在脉冲到来的时候。触发器可以组成寄存器、计数器、运算器、分配器、译码器等，寄存器又可以组成存储器。

触发器一般用晶体管元件构成。简单触发器可以由两个晶体管组成的对称电路来构成，在复杂的触发电路中则有单稳态触发电路和双稳态触发电路，这里就不对这些电路的原理图和工作特点作一一介绍了。

触发器的种类很多，在计算机中最常见的触发器有 RS 触发器、D 触发器和 JK 触发器。下面就对其作一简单介绍。

3.5.1 R-S 触发器

R-S 触发器是最基本、最简单的触发器，可以用两个与非门来组成，也可以用两个或非门来组成，常见的 R-S 触发器是用两个与非门来组成。R-S 触发器还分为低电平触发和高电平触发，常见的 R-S 触发器是低电平触发。下面就以两个与非门组成的低电平触发的 R-S 触发器为例，介绍一下 R-S 触发器的功能。

两个与非门组成的低电平触发的 R-S 触发器的逻辑电路图如图 3-15 所示，其逻辑符号如图 3-16 所示。其中，S 端为置位端(置 1 端)；R 端为复位端(置 0 端)；Q 端为状态输出端；$\overline{Q}$ 端为与状态相反的输出端。其工作原理如下所示：

当 S=1 而 R=0 时，Q=0($\overline{Q}$=1)称为复位；

当 S=0 而 R=1 时，Q=1($\overline{Q}$=0)称为置位；

当 S=1 而 R=1 时，Q 将保持前一状态不变；

当 S=0 而 R=0 时，Q 的状态不定。

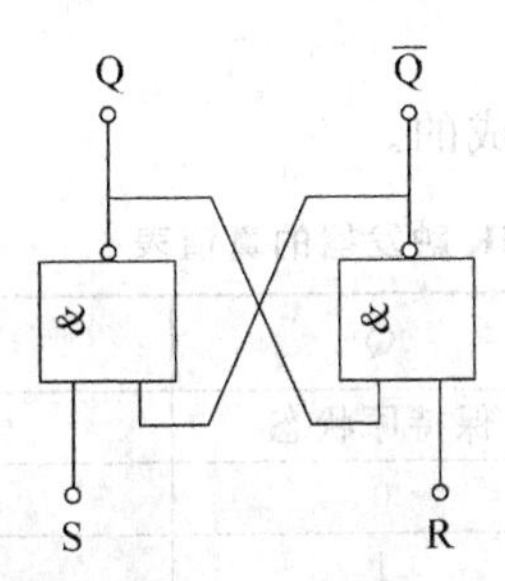

图 3-15 R-S 触发器

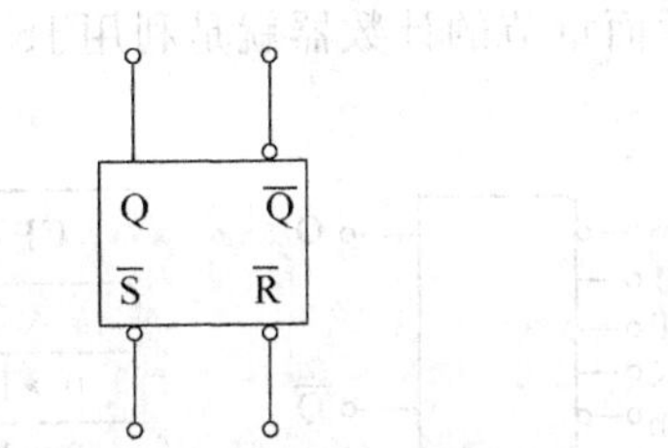

图 3-16 R-S 触发器的符号

其真值表如表 3-8 所示。

表 3-8 R-S 触发器的真值表

R	S	Q
1	0	1
0	1	0
1	1	保持前一状态不变
0	0	不定

3.5.2 D触发器

D触发器又称数据触发器，在计算机中使用最为广泛，主要用于存放数据。D触发器分为上升沿触发和下降沿触发，下面就以上升沿触发为例介绍D触发器的工作原理。D触发器的逻辑符号如图3-17所示，真值表如表3-9所示。

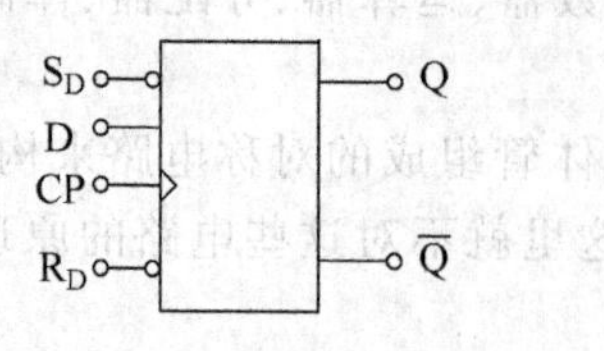

图3-17　D触发器的符号

表3-9　D触发器的真值表

CP	Q
0→1(上升沿)	Q=D
其他情况	保持前一状态不变

图3-17中，S_D为置1端，R_D为置0端，D为同步输入端，CP为时钟脉冲输入端，Q为D触发器的状态输出端。D触发器的状态由时钟脉冲上升沿到来时D端的状态决定，当D端为1(高电位)时，触发器的状态为1(Q=1)；当D端为0(低电位)时，触发器的状态为0(Q=0)。时钟脉冲上升沿到来之前，触发器保持前一状态不变。

3.5.3 JK触发器

JK触发器是组成计数器的理想记忆元件。JK触发器只是在RS触发器前面增加两个与门，并从输出端到输入端(与门的输入端)作交叉反馈即可，JK触发器克服了RS触发器中存在的状态不稳定的缺点。其逻辑图如图3-18所示，真值表如表3-10所示。

其中，S_D端为置位端，R_D为复位端，Q为触发器状态的输出端。

当J=0，K=0时，CP脉冲不会改变触发器的状态；

当J=0，K=1时，CP脉冲使触发器为0状态；

当J=1，K=0时，CP脉冲使触发器为1状态；

当J=1，K=1时，CP脉冲使触发器的状态翻转。

后面章节的计数器就是利用JK触发器的翻转特性构成的。

图3-18　JK触发器的符号

表3-10　JK触发器的真值表

CP	J	K	Q	动作
×	0	0	保持原状态	自锁状态
0→1	0	1	0	复位
0→1	1	0	1	置位
0→1	1	1	原状态的反码	翻转

3.6 寄存器

所谓寄存器，是指寄存(存放)一个数字或指令(用二进制表示)的逻辑部件。寄存器也是由触发器构成的。每一个触发器都有两个相反的0或1状态，故一个触发器可以表示一个二进制数位。因此，一个触发器就是一个一位寄存器。一个n位寄存器可以由n个触发器组成。寄存器由于其在计算机中的作用不同而具有不同的功能，按照功能可将寄存器分为缓冲寄存器、移位寄存器、计数器、累加器等。

下面就分别介绍这些寄存器的工作原理及其电路图。

3.6.1 缓冲寄存器

所谓缓冲寄存器，就是用以暂存某个数据，以便在适当的时间节拍和给定的计算步骤将数据输入或输出到其他记忆元件中去的部件。图3-19是一个4位缓冲寄存器的电路原理图。

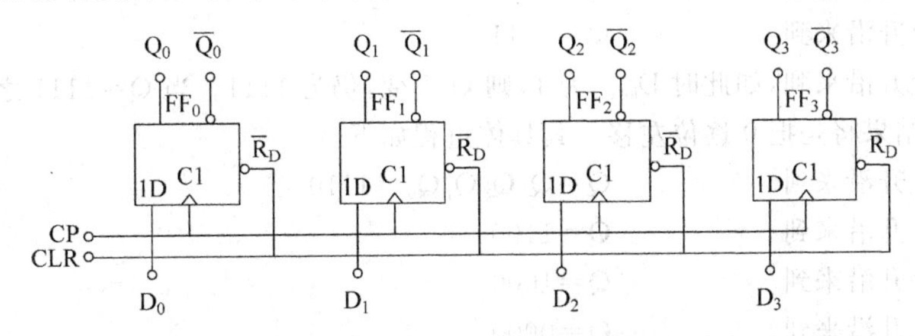

图3-19 4位缓冲寄存器电路原理图

此缓冲寄存器是由4个上升沿触发的D触发器组成。设有一个4位二进制数 $D=D_3D_2D_1D_0$ 要存到这个缓冲寄存器中去，其基本工作原理为：将 D_0、D_1、D_2、D_3 分别送到各个触发器的D端去，若CP脉冲的上升沿还未到来，则各个D触发器保持其原状态不变；只有当CP脉冲的上升沿到来时，各个D触发器的输入端（D端）才接受 D_0、D_1、D_2、D_3 的影响，而变成：$Q_0=D_0$，$Q_1=D_1$，$Q_2=D_2$，$Q_3=D_3$，结果就是：$Q=Q_3Q_2Q_1Q_0=D_3D_2D_1D_0=D$，这就将数据D装到缓冲寄存器中去了；如要将此数据送至其他记忆元件中，则可由 Q_0、Q_1、Q_2、Q_3 各条引线引出去。

3.6.2 移位寄存器

移位寄存器能将所存储的数据逐位向左或向右移动，以实现计算机在运行过程中所需的算术运算、逻辑运算等功能，例如加减运算前的移位、最左边位的0或1判断等。根据其功能可将移位寄存器分为左移寄存器和右移寄存器，其电路原理图如图3-20所示。

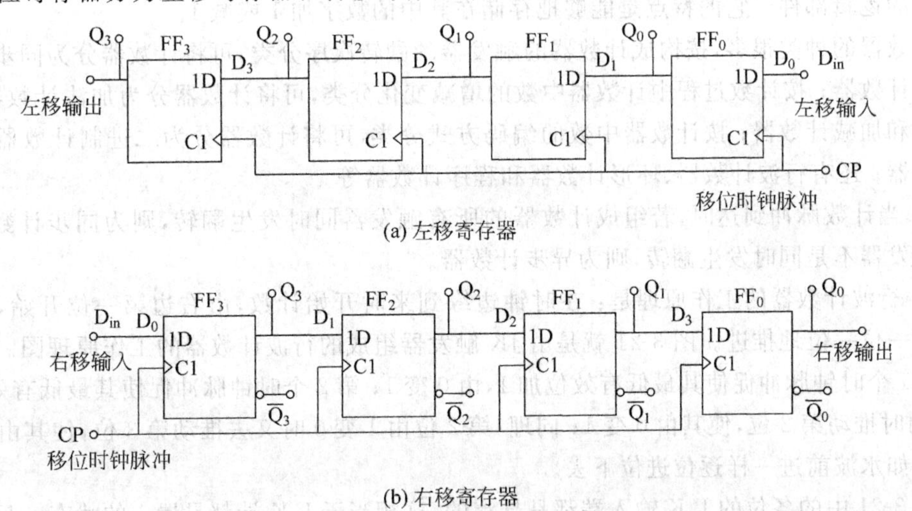

图3-20 移位寄存器简化原理

左移寄存器如图 3-20(a)所示，当 $D_{in}=1$ 送至最右边的第 1 位时，$D_0=1$，当 CP 的上升沿到达时，$Q_0=1$。同时第 2 位的 $D_1=1$。当 CP 第 2 个上升沿到达时，$Q_1=1$。其左移过程为：

CP 上升沿未到	$Q=Q_3Q_2Q_1Q_0=0000$
第 1 个上升沿来到	$Q=0001$
第 2 个上升沿来到	$Q=0011$
第 3 个上升沿来到	$Q=0111$
第 4 个上升沿来到	$Q=1111$

第 5 个上升沿来到，如此时 D_{in} 仍为 1，则 Q 不变，仍为 1111。当 Q=1111 之后，改变 D_{in}，使 $D_{in}=0$，则结果将是把 0 逐位左移。其具体过程如下：

第 1 个上升沿来到	$Q=Q_3Q_2Q_1Q_0=1110$
第 2 个上升沿来到	$Q=1100$
第 3 个上升沿来到	$Q=1000$
第 4 个上升沿来到	$Q=0000$

由此可见，在左移寄存器中，每个时钟脉冲都要把所存储的各位向左移动一个数位。

右移寄存器如图 3-20(b)所示。图 3-20(b)与图 3-20(a)的差别仅在于各位的接法不同，而且输入数据 D_{in} 是加到左边第 1 位的输入端 D_3。根据上面的分析，当 $D_{in}=1$ 时，随着时钟脉冲而逐步位移过程如下：

CP 上升沿未到	$Q=Q_3Q_2Q_1Q_0=0000$
第 1 个上升沿来到	$Q=1000$
第 2 个上升沿来到	$Q=1100$
第 3 个上升沿来到	$Q=1110$
第 4 个上升沿来到	$Q=1111$

由此可见，在右移寄存器中，每个时钟脉冲都要把所存储的各位向右移动一个数位。

3.6.3 计数器

计数器是指能对输入信号(脉冲)进行加或减运算的装置，是由若干个触发器和一些控制门组成的逻辑部件。它的特点是能够把存储在其中的数字加 1 或减 1。

计数器的种类很多，按构成计数器的触发器的翻转次序分类，可将计数器分为同步计数器和异步计数器；按计数过程中计数器中数的增减变化分类，可将计数器分为加法计数器、减法计数器和加减计数器；按计数器中数的编码方式分类，可将计数器分为二进制计数器和十进制计数器；还有行波计数器、环形计数器和程序计数器等。

① 当计数脉冲到达时，若组成计数器的所有触发器同时发生翻转，则为同步计数器；若各级触发器不是同时发生翻转，则为异步计数器。

② 行波计数器的工作原理是：在时钟边缘到来时开始计数，由右边第一位开始，如有进位则要一位一位地推进。图 3-21 就是由 JK 触发器组成的行波计数器的工作原理图。其特点是：第 1 个时钟脉冲促使其最低有效位加 1，由 0 变 1；第 2 个时钟脉冲促使其最低有效位由 1 变 0，同时推动第 2 位，使其由 0 变 1；同理，第 2 位由 1 变 0 时又去推动第 3 位，使其由 0 变 1，这样有如水波前进一样逐位进位下去。

图 3-21 中的各位的 J、K 输入端都是悬浮的，这相当于 J、K 端都是置 1 的状态。只要时钟脉冲边缘一到，最右边的触发器就会翻转，即 Q 由 0 转为 1 或由 1 转为 0。各位的 JK 触发器

的时钟脉冲输入端都带有一个“o”，这表示是串有一个反相门(非门)，这样，只有时钟脉冲的后沿才能为其所接受。其计数过程如下：

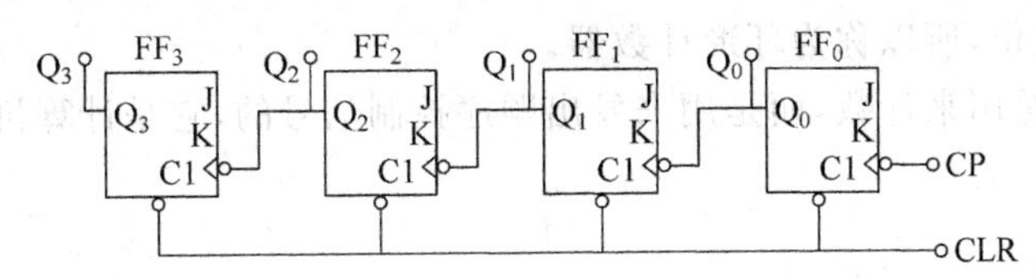

图 3-21 行波计数器的工作原理图

开始时使 CLR 由高电位变至低电位，计数器全部清除，即 $Q=Q_3Q_2Q_1Q_0=0000$，当第 1 个时钟后沿到达时，Q=0001。Q_0由低电位(0)升至高电位(1)，产生的是电位上升的变化，由于有“0”在第 2 位的时钟脉冲输入端，所以第 2 个触发器不会翻转，必须在 Q_0由 1 降为 0 时才会翻转。接着：

第 2 个时钟后沿到 Q=0010
第 3 个时钟后沿到 Q=0011
第 4 个时钟后沿到 Q=0100
第 5 个时钟后沿到 Q=0101
第 6 个时钟后沿到 Q=0110
第 7 个时钟后沿到 Q=0111
第 8 个时钟后沿到 Q=1000
…… ……
第 15 个时钟后沿到 Q=1111
第 16 个时钟后沿到 Q=0000
第 17 个时钟后沿到 Q=0001

在第 16 个时钟脉冲到达时，计数器复位至 0，因此这个计数器可以计 0～15 的数。如果要计的数更多，就需要更多的位，即由更多的 JK 触发器来组成计数器(一个触发器表示一个二进制数位)。如 8 位计数器可由 8 个触发器构成，可计 0～255 的数；12 位计数器可由 12 个触发器构成，可计 0～4095 的数。

③ 环形计数器也是由若干个触发器组成的。不过，环形计数器与上述计数器不一样，它仅有唯一的一个位为高电位，即只有一位为 1，其他各位为 0。图 3-22 就是由 D 触发器组成的环形计数器的电路原理图。

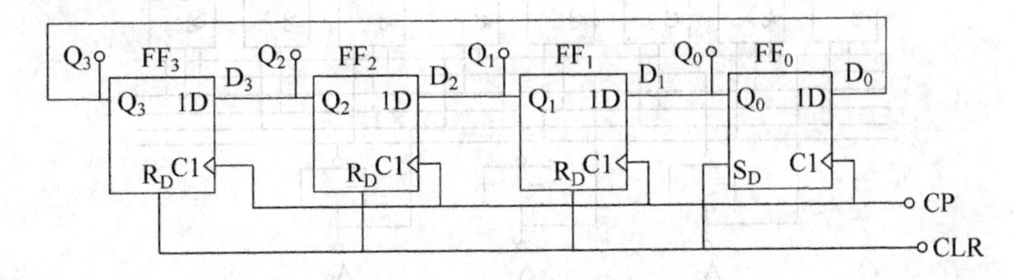

图 3-22 环形计数器的电路原理图

当 CLR 端有高电位输入时，除右边第 1 位外，其他各位全被置 0(因清除电位 CLR 都接至它们的 R_D端)，而右边第 1 位则被置 1(因清除电位 CLR 被引至其 S_D端)。这就是说，开始时 $Q_0=1$，而 Q_1、Q_2、Q_3全为 0。因此，$D_1=1$，而 $D_0=Q_3=0$。在时钟脉冲正边缘到来时，$Q_0=0$，

$Q_1=1$,其他各位仍为0。第2个时钟脉冲前沿到来时,$Q_0=0$,$Q_1=0$,而$Q_2=1$,$Q_3=0$。这样,随着时钟脉冲各位轮流置1,并且是在最后一位(左边第1位)置1之后又回到右边第1位,这就形成环形置位,所以称为环形计数器。

环形计数器不是用来计数,而是用来发出顺序控制信号的,它是计算机控制器中的一个很重要的部件。

3.6.4 累加器

累加器是一个由多个触发器组成的多位寄存器,也可以说是一种暂存器,用来存储参加运算的操作数或计算所产生的中间结果。若没有像累加器这样的暂存器,那么在每次计算(如加法、乘法、移位等)后就必须把结果写回到内存,然后再读回来。然而从内存中读取的速度比从累加器读取更慢。这种特殊的寄存器在微型计算机的数据处理中担负着重要的角色。

3.7 二进制译码器

译码器是将一种代码转换成另一种代码的逻辑电路。译码器的应用非常广泛,如地址译码器、用二进制译码器实现码制变换等。译码器又分为"1"选中和"0"选中。下面就以"1"选中为例,对译码器作一介绍。其工作原理为:设二进制译码器的输入端为n个,则输出端为2^n个,且对应于输入代码的每一种状态,2^n个输出中只有一个为1,其余全为0。下面以3-8译码器为例,其电路图如图3-23所示。3-8译码器的逻辑表达式可写为:

$$\begin{cases} Y_0=\overline{A}_2\overline{A}_1\overline{A}_0 \\ Y_1=\overline{A}_2\overline{A}_1A_0 \\ Y_2=\overline{A}_2A_1\overline{A}_0 \\ Y_3=\overline{A}_2A_1A_0 \\ Y_4=A_2\overline{A}_1\overline{A}_0 \\ Y_5=A_2\overline{A}_1A_0 \\ Y_6=A_2A_1\overline{A}_0 \\ Y_7=A_2A_1A_0 \end{cases}$$

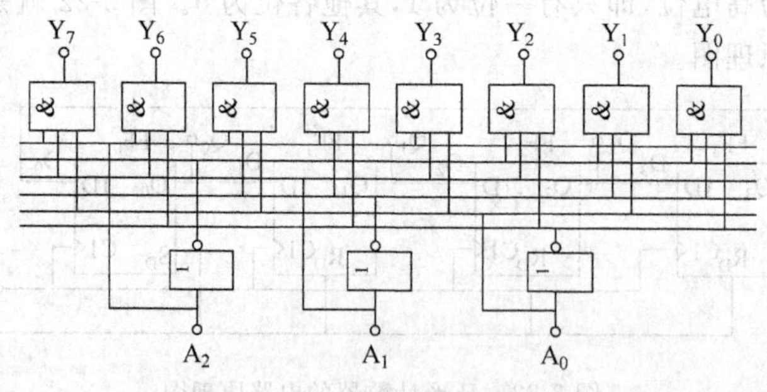

图3-23 3-8译码器电路图

其中,A_2、A_1、A_0为二进制译码输入端,$Y_0 \sim Y_7$为译码器的输出端。其真值表如表3-11所示。

表 3-11　3-8 译码器的真值表

A_2	A_1	A_0	Y_0	Y_1	Y_2	Y_3	Y_4	Y_5	Y_6	Y_7
0	0	0	1	0	0	0	0	0	0	0
0	0	1	0	1	0	0	0	0	0	0
0	1	0	0	0	1	0	0	0	0	0
0	1	1	0	0	0	1	0	0	0	0
1	0	0	0	0	0	0	1	0	0	0
1	0	1	0	0	0	0	0	1	0	0
1	1	0	0	0	0	0	0	0	1	0
1	1	1	0	0	0	0	0	0	0	1

3.8　三态输出电路

在计算机的逻辑电路中还有一种特殊的门电路，此门电路可以有 3 种不同的输出状态，即高电平、低电平、高阻。此门电路就是三态输出电路，又称三态门。

其中，高阻状态是指悬空、悬浮状态，又称为禁止状态。测其电阻为∞，电压为 0V，但不是接地，测其电流为 0A。

三态门既可以用与非门构成，也可以用或非门等其他的门电路构成。下面以两端输入三态与非输出电路为例，其逻辑符号如图 3-24 所示。

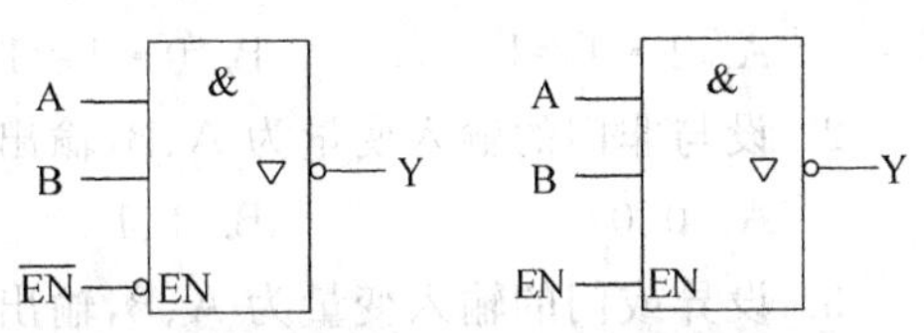

(a) 控制端低电平有效　　(b) 控制端高电平有效

图 3-24　两端输入三态与非门逻辑符号

其中，A、B 为输入端，EN 为三态门的控制端，Y 为输出端。

对图 3-24 中的(a)图，其真值表如表 3-12 所示，逻辑表达式可写为：

当 EN＝0 时，$Y=\overline{AB}$

当 EN＝1 时，Y＝高阻

对图 3-24 中的(b)图，其真值表如表 3-13 所示，逻辑表达式可写为：

当 EN＝0 时，Y＝高阻

当 EN＝1 时，$Y=\overline{AB}$

表 3-12　三态输出电路的逻辑表

EN	A	B	Y
0	0	0	1
	0	1	1
	1	0	1
	1	1	0
1	0	0	高阻
	0	1	
	1	0	
	1	1	

表 3-13　三态输出电路的逻辑表

EN	A	B	Y
0	0	0	高阻
	0	1	
	1	0	
	1	1	
1	0	0	1
	0	1	1
	1	0	1
	1	1	0

习 题 3

一、选择题

1. 下列逻辑运算中，正确的是(　　)。

A. 1·1=1　　B. 0·1=1　　C. 1·0=1　　D. 1+1=2

2. 设与非门的输入变量为 A、B，输出变量为 Y，则当 A、B 分别为(　　)时，Y=0。

A. 0、0　　B. 1、1　　C. 0、1　　D. 1、0

3. 设异或门的输入变量为 A、B，输出变量为 Y，则当 A、B 分别为(　　)时，Y=1。

A. 0、0　　B. 1、1　　C. 0、1　　D. 以上都不对

4. 设或非门的输入变量为 A、B，输出变量为 Y，则当 A、B 分别为(　　)时，Y=1。

A. 0、0　　B. 1、1　　C. 0、1　　D. 1、0

5. D 触发器只有在(　　)到来时，才能接收信息。

A. D 端信号　　B. CP 脉冲　　C. S 端信号　　D. R 端信号

6. 将一个 8 位寄存器 R 的低 4 位全部置 1，高 4 位保持不变，则下列(　　)项逻辑运算可以实现。

A. (R)∨80H→R　　B. (R)∨08H→R

C. (R)∨F0H→R　　D. (R)∨0FH→R

7. 若 R-S 触发器当前的输出 Q=0，要使触发器翻转成 Q=1，应使 R、S 分别为(　　)。

A. 0、0　　B. 0、1　　C. 1、0　　D. 1、1

8. 半加器有(　　)个输入端，(　　)个输出端。

A. 1　　B. 2　　C. 3　　D. 4

9. 全加器有(　　)个输入端，(　　)个输出端。

A. 1　　B. 2　　C. 3　　D. 4

10. 设四位二进制基本寄存器的初始状态为 0000，输入总是 0001，在两个脉冲到来后，该寄存器的状态为(　　)。

A. 0000　　B. 0001　　C. 0010　　D. 0011

11. 有一个用于表示无符号整数的 8 位二进制寄存器，每位的数字均为 1，其十进制数为(　　)。

A. 2^7-1　　B. 2^8-1　　C. 2^8　　D. 2^8+1

二、填空题

1. 在逻辑运算中，$A+0=$________，$A\cdot 1=$________。

2. 二进制数 A=10110110B，B=00001111B，那么执行逻辑与运算 $A\wedge B=$________。

3. 设有一个逻辑变量 A，它与 0 作异或运算后，结果为________；它与 1 作异或运算后，结果为________。

4. 设控制端高电平有效的两输入三态与非门的两个输入变量分别为 A 和 B，当控制端 EN 为高电平时，输出为________。

5. 为使 R-S 触发器置 1，则输入端 R 应为 1，S 应为________，输出端 Q 为________。

6. 设半加器的输入变量分别为 A 和 B，输出变量分别为 H 和 J，其中 H 表示“和”，J 表示“进位”，若要求 H=0，J=1，则 A 应为________，B 应为________。

7. 设全加器的输入变量分别为 A 和 B，低位进位为 J，若要求 A=1，B=0，J=1，则输出“和”H 应为________，进位 J 应为________。

8. 八位二进制移位寄存器可由________个 D 触发器组成。

9. 某译码器的输入数码为四位二进制数，则它应有________条相应的输出线。

10. 若某译码器的输出端有 256 个，则它的输入端是________位的二进制数。

11. 逻辑运算 $1101\vee 1011\wedge\overline{1001}=$________。

12. 逻辑运算 $1110\wedge(1011+1100)=$________。

13. 逻辑运算 $111\oplus 101\oplus 010=$________。

14. 逻辑运算 $101\odot 111\oplus 001=$________。

15. 将 8 位寄存器 A 的 D_6、D_1 置 1，其他位保持不变，可采用的逻辑运算为________。

16. 将 8 位寄存器 B 的 D_6、D_1 置 0，其他位保持不变，可采用的逻辑运算为________。

17. 将 8 位寄存器 C 的 D_6、D_1 取反，其他位保持不变，可采用的逻辑运算为________。

三、计算题

1. 用真值表证明 $\overline{A+B}=\overline{A}\cdot\overline{B}$。

2. 化简逻辑函数 $Y=(A+B)(A+C)$。

3. 化简逻辑函数 $Y=\overline{AB}+\overline{A}B+A\overline{B}$。

4. 化简逻辑函数 $Y=\overline{A}\overline{B}+\overline{A}B+A\overline{B}$。

5. 化简逻辑函数 $Y=ABC+\overline{A}\overline{B}C+\overline{A}BC$。

6. 化简逻辑函数 $Y=\overline{ABC}+ABC$。

四、问答题

1. 逻辑代数与一般代数的本质区别是什么？

2. 逻辑代数有哪 3 种基本运算？

3. 试述逻辑加 A+A=A 的理由。

4. 请画出与非门的逻辑符号，并写出其逻辑表达式、真值表。

5. 请画出异或门的逻辑符号，并写出其逻辑表达式、真值表。

6. 请画出同或门的逻辑符号，并写出其逻辑表达式、真值表。

7. 请画出 R-S 触发器的电路，并写出其真值表。

8. 请画出 D 触发器的逻辑符号，并写出其真值表。

第4章 中央处理器

中央处理器(Central Processing Unit,CPU)是计算机的核心部件,相当于计算机的大脑。中央处理器的电路集成在一片或少数几片大规模集成电路芯片上,人们常常称为微处理器MPU(Micro Processing Unit)。本章主要介绍中央处理器的发展、组成、功能、主要寄存器和性能指标。

学习目标

(1) 了解中处理器的发展历程以及性能指标。

(2) 理解中央处理器的组成、功能及其工作过程,中央处理器的主要寄存器。

(3) 掌握中央处理器的工作过程。

4.1 中央处理器的发展

由于集成电路工艺和计算机技术的发展,20世纪60年代末和70年代初,袖珍计算机得到了普遍的应用。作为研制灵活的计算机芯片的成果,1971年10月,美国Intel公司首先推出Intel 4004中央处理器。这是实现4位并行运算的单片处理器,构成运算器和控制器的所有元件都集成在一片大规模集成电路芯片上,这是第一片中央处理器。

从1971年第一片中央处理器推出至今40多年的时间里,中央处理器经历了四代的发展。

第一代,1971—1972年,是4位中央处理器和低档8位中央处理器的时期。典型产品有:1971年10月,Intel 4004(4位中央处理器);1972年3月,Intel 8008(8位中央处理器),集成度为2000管/片,采用PMOS工艺,10μm光刻技术。Intel 8008处理器如图4-1所示。

第二代,1973—1977年,是8位中央处理器的时期。典型产品有:1973年,Intel 8080(8位中央处理器);1974年3月,Motorola的MC6800;1975—1976年,Zilog公司的Z80;1976年Intel 8085。其中Intel 8080的集成度为5400管/片,采用NMOS工艺,6μm光刻技术。Intel 8080处理器如图4-2所示。

图4-1　Intel 8008处理器

图4-2　Intel 8080处理器

第三代，1978—1980 年，是 16 位中央处理器的时期。典型产品有：1978 年，Intel 8086；1979 年，Zilog 公司的 Z8000；1979 年，Motorola 的 MC68000，集成度为 68000 管/片，采用 HMOS 工艺，3μm 光刻技术。Motorola 的 MC68000 处理器如图 4-3 所示。

第四代，从 1981 年开始，是 32 位中央处理器的时期，典型产品有：1983 年，Zilog 公司的 Z80000；1984 年，Motorola 的 MC68020，集成度为 17 万管/片，采用 CHMOS 工艺，2μm 光刻技术；1985 年，Intel 80386，集成度为 27.5 万管/片，采用 CHMOS 工艺，1.2μm 光刻技术；自 Intel 80386 芯片推出以来，又出现了许多高性能的 32 位及 64 位中央处理器，如 Motorola 的 MC68030、MC68040，AMD 公司的 K6-2、K6-3、K7 以及 Intel 的 80486、Pentium、Pentium Ⅱ、Pentium Ⅲ、Pentium 4 等。Intel 80286 处理器如图 4-4 所示，Inter Pentium 处理器如图 4-5 所示。

图 4-3　MC68000 处理器

图 4-4　Intel 80286 处理器

图 4-5　Intel Pentium 处理器

4.2　中央处理器的组成及功能

4.2.1　中央处理器的组成

中央处理器主要由三部分组成，即运算器、控制器和寄存器组。中央处理器的组成如图 4-6 所示。

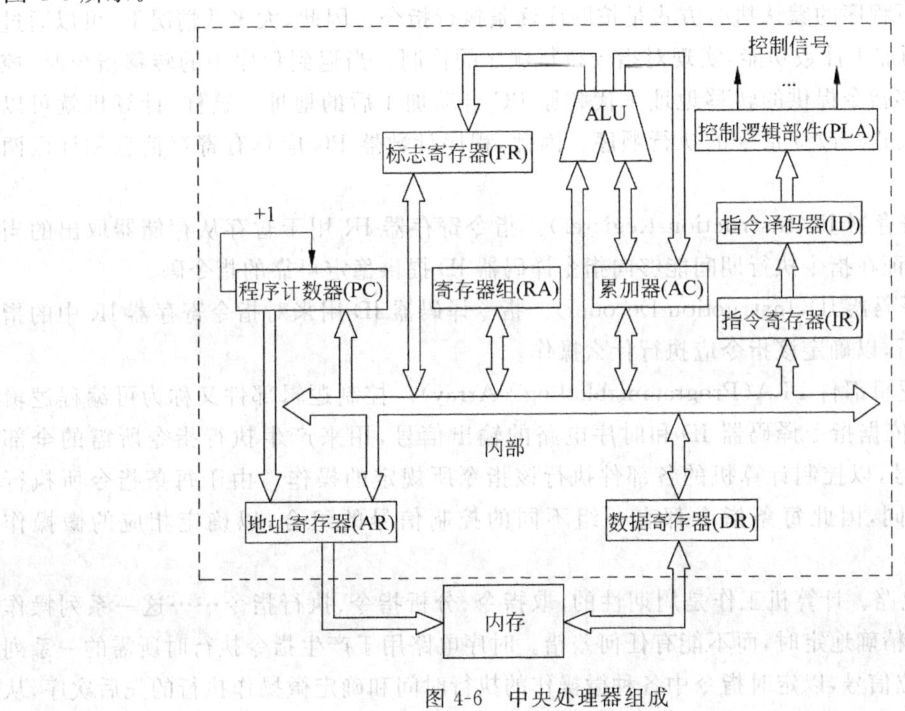

图 4-6　中央处理器组成

1. 运算器

运算器是计算机进行运算的部件。运算器主要由算术/逻辑单元 ALU(Arithmetic Logic Unit)、累加器(AC)、状态标志寄存器(FR)、通用寄存器等组成。其中,算术/逻辑单元 ALU 是运算器的核心。运算器主要用来进行算术或逻辑运算以及位移循环等操作。ALU 是一种以全加器为核心的具有多种运算功能的组合逻辑电路。参加运算的两个操作数,通常一个来自累加器(Accumulator),另一个来自内部数据总线 DB(Data Bus),可以是数据寄存器 DR(Data Register)中的内容,也可以是寄存器组 RA 中某个寄存器的内容。运算结果往往也送回累加器 AC 暂存。为了反映数据经 ALU 处理之后的结果特征,运算器设有一个状态标志寄存器 FR(Flags Register)。

2. 控制器

控制器是整个计算机的控制、指挥部件,它控制计算机各部分自动、协调地工作。控制器主要由程序计数器 PC、指令寄存器 IR、指令译码器 ID 和控制逻辑 PLA 等部件组成。

控制器是根据人们预先编写好的程序,依次从存储器中取出各条指令,存入指令寄存器中,通过指令译码器进行译码(分析)确定应该进行什么操作,然后通过控制逻辑在规定的时间,向确定的部件发出相应的控制信号,使运算器和存储器等各部件自动而协调地完成该指令所规定的操作。当这一条指令完成以后,再顺序地从存储器中取出下一条指令,并照此同样地分析与执行该指令。如此重复,直到完成所有的指令为止。因此,控制器是发布计算机控制信号的"决策机构",控制器的主要功能有两项:一是按照程序逻辑要求,控制程序中指令的执行顺序;二是根据指令寄存器中的指令码,控制每一条指令的执行过程。

按照上述要求,控制器应主要由下列部件组成。

(1) 程序计数器 PC(Program Counter)。程序计数器 PC 中存放着下一条指令在内存中的地址。控制器利用它来指示程序中指令的执行顺序。当计算机运行时,控制器根据 PC 中的指令地址,从存储器中取出将要执行的指令送到指令寄存器 IR 中进行分析和执行。

通常情况下程序的默认执行方式是按顺序逐条执行指令。因此,大多数情况下,可以通过简单的 PC 自动加 1 计数功能,实现对指令执行顺序的控制。当遇到程序中的转移指令时,控制器则会用转移指令提供的转移地址来代替原 PC 自动加 1 后的地址。这样,计算机就可以通过执行转移类指令改变指令的执行顺序。因此,程序计数器 PC 应具有寄存信息和计数两种功能。

(2) 指令寄存器 IR(Instruction Register)。指令寄存器 IR 用于暂存从存储器取出的当前指令码,以保证在指令执行期间能够向指令译码器 ID 提供稳定可靠的指令码。

(3) 指令译码器 ID(Instruction Decoder)。指令译码器 ID 用来对指令寄存器 IR 中的指令进行译码分析,以确定该指令应执行什么操作。

(4) 控制逻辑部件 PLA(Programmable Logic Array)。控制逻辑部件又称为可编程逻辑阵列 PLA。它依据指令译码器 ID 和时序电路的输出信号,用来产生执行指令所需的全部微操作控制信号,以控制计算机的各部件执行该指令所规定的操作。由于每条指令所执行的具体操作不同,因此每条指令都有一组不同的控制信号的组合,以确定相应的微操作系列。

(5) 时序电路。计算机工作是周期性的,取指令、分析指令、执行指令……这一系列操作的顺序,都需要精确地定时,而不能有任何差错。时序电路用于产生指令执行时所需的一系列节拍脉冲和电位信号,以定时指令中各种微操作的执行时间和确定微操作执行的先后次序,从而实现对各种微操作执行时间上的控制。在微型计算机中,由石英晶体振荡器产生基本的定时脉冲。两个相邻的脉冲前沿的时间间隔称为一个时钟周期或一个 T 状态,它是 CPU 操作的最小时间单位。

此外,还有地址寄存器 AR,它用于保存当前 CPU 所要访问的内存单元或 I/O 设备的地址。由于内存和 CPU 之间存在着速度上的差别,因此必须使用地址寄存器来保持地址信息,直到内存读/写操作完成为止。数据寄存器 DR 用来暂存中央处理器与存储器或输入/输出接口电路之间待传送的数据。地址寄存器 AR 和数据寄存器 DR 在中央处理器的内部总线和外部总线之间,它们还起着隔离和缓冲的作用。

控制器的主要功能如下。

① 取指令。控制器必须具备能自动地从存储器中取出指令的功能。为此,要求控制器能自动形成指令的地址,并能发出取指令的命令,将对应此地址的指令取到控制器中。第一条指令的地址可以人为指定,也可由系统设定。

② 分析指令。分析指令包括两部分内容,其一,分析此指令要完成什么操作,即控制器需发出什么操作命令;其二,分析参与这次操作的操作数地址,即操作数的有效地址。

③ 执行指令。执行指令就是根据分析指令产生的"操作命令"和"操作数地址"的要求,形成操作控制信号序列(不同的指令有不同的操作控制信号序列),通过对运算器、存储器以及 I/O 设备的操作,执行每条指令。

④ 控制程序和数据的输入/输出。程序和数据的输入/输出,实际也是通过程序完成。

⑤ 对异常情况和其他请求的处理。当计算机出现如奇偶校验出错等异常情况而这些部件又发出中断请求时,CPU 响应中断请求并进行处理。

此外,控制器还必须能控制程序的输入和运算结果的输出(即控制主机与 I/O 交换信息)以及对总线的管理,甚至能处理机器运行过程中出现的异常情况(如掉电)和特殊请求(如打印机请求打印一行字符),即处理中断的能力。

3. 通用寄存器组

通用寄存器组(RA)通常由多个寄存器组成,是中央处理器中一个重要部件。寄存器组主要用来暂存 CPU 执行程序时的常用数据或地址,以减少中央处理器芯片与外部的数据交换,从而加快 CPU 的运行速度。因此,可以把这组寄存器看成是设置在 CPU 内部工作现场的一个小型快速的"RAM"存储器。

4.2.2 中央处理器的功能

计算机对信息进行处理是通过程序的执行来实现的。中央处理器作为控制程序执行的计算机部件,其主要功能如下。

(1) 程序控制。程序控制是指 CPU 对程序的执行顺序进行控制,保证计算机严格按程序的规定顺序进行执行。

(2) 操作控制。操作控制是指 CPU 对指令进行管理和产生操作信号进行控制,控制计算机的其他部件为完成指令的功能而协调工作。

(3) 时间控制。时间控制是指对各操作实施时间上的控制,保证计算机有条不紊地工作。

(4) 数据加工。数据加工是指对数据进行算术运算、逻辑运算以及移位、求补等操作。数据加工是 CPU 的基本任务。

4.3 中央处理器的主要寄存器

各种各样的中央处理器有不同的寄存器设计，但现在的中央处理器通常包括通用寄存器(RA)、程序计数器(PC)、指令寄存器(IR)、数据寄存器(DR)、地址寄存器(AR)、累加寄存器(AC)和状态寄存器等。现在以8086 CPU为例讲解主要的寄存器。

8086微处理器内部共有14个16位寄存器，包括通用寄存器、地址指针和变址寄存器、段寄存器、指令指针和标志寄存器。8086 CPU内部寄存器如图4-7所示。

数据寄存器

AX	AH	AL
BX	BH	BL
CX	CH	CL
DX	DH	DL

地址指针与变址寄存器

SP	
BP	
SI	
DI	

段寄存器

CS	
DS	
ES	
SS	

指令指针与标志寄存器

IP	
FLAGS	

图4-7　8086 CPU内部寄存器

1. 通用寄存器

通用寄存器又称为数据寄存器，既可作为16位数据寄存器使用，也可作为两个8位数据寄存器使用。当用做16位时，称为AX、BX、CX、DX。当用做8位时，AH、BH、CH、DH存放高字节，AL、BL、CL、DL存放低字节，并且可独立寻址，这样4个16位寄存器就可当做8个8位寄存器来使用。

2. 段寄存器

8086CPU有20位地址总线，它可寻址的存储空间为1MB。而8086指令给出的地址编码只有16位，指令指针和变址寄存器也都是16位的，所以CPU不能直接寻址1MB空间。为此采用分段管理，即8086用一组段寄存器将这1MB存储空间分成若干个逻辑段，每个逻辑段长度≤64KB，用4个16位的段寄存器分别存放各个段的起始地址(又称为段基址)，8086的指令能直接访问这4个段寄存器。不管是指令还是数据的寻址，都只能在划定的64KB范围内进行。寻址时还必须给出一个相对于分段寄存器值所指定的起始地址的偏移值(也称为有效地址)，以确定段内的具体地址。对物理地址的计算是在BIU中进行的，它先将段地址左移4位，然后与16位的偏移值相加。

段寄存器共有4个：代码段寄存器CS表示当前使用的指令代码可以从该段寄存器指定的存储器段中取得，相应的偏移值则由IP提供；堆栈段寄存器SS指定当前堆栈的底部地址；数据段寄存器DS指示当前程序使用的数据所存放段的最低地址；而附加段寄存器ES则指出当前程序使用附加段地址的位置，该段一般用来存放原始数据或运算结果。

3. 地址指针和变址寄存器

参与地址运算的主要是地址指针与变址寄存器组中的4个寄存器,地址指针和变址寄存器都是16位寄存器,一般用来存放地址的偏移量(即相对于段起始地址的距离)。在BIU的地址器中,与左移4位后的段寄存器内容相加产生20位的物理地址。堆栈指针SP用以指出在堆栈段中当前栈顶的地址,入栈(PUSH)和出栈(POP)指令由SP给出栈顶的偏移地址。基址指针BP指出要处理的数据在堆栈段中的基地址,故称为基址指针寄存器。变址寄存器SI和DI用来存放当前数据段中某个单元的偏移量。

4. 指令指针和标志寄存器

指令指针IP的功能跟Z80 CPU中的程序计数器PC的功能类似。正常运行时,IP中存放的是BIU要取的下一条指令的偏移地址。它具有自动加1功能,每当执行一次取指令操作,它将自动加1,使它指向要取的下一内存单元,虽每取一个字节后IP内容加1,但取一个字后IP内容加2。某些指令可使IP值改变,某些指令还可使IP值压入堆栈或从堆栈中弹出。

标志寄存器FLAGS是16位的寄存器,8086共使用了9个有效位,标志寄存器格式如图4-8所示。其中的6位是状态标志位,3位为控制标志位。状态标志位是当一些指令执行后,所产生数据的一些特征的表征。而控制标志位则可以由程序写入,以达到控制处理机状态或程序执行方式的表征。

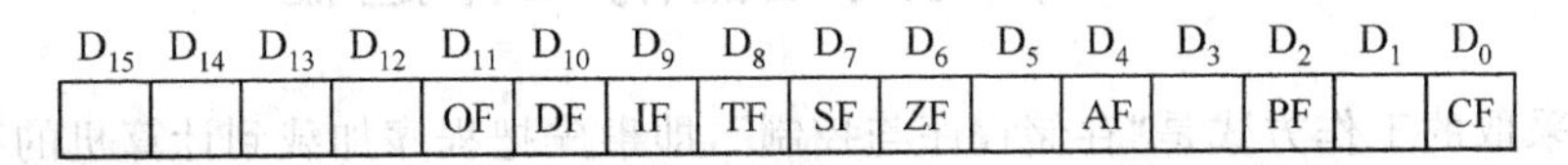

图4-8 标志寄存器格式

(1) 6个状态标志位的功能。

① CF(Carry Flag)进位标志位：当执行一个加法(或减法)运算使最高位产生进位(或借位)时,CF为1；否则为0。

② PF(Parity Flag)奇偶标志位：该标志位反映运算结果中1的个数是偶数还是奇数。当指令执行结果的低8位中含有偶数个1时,PF=1；否则PF=0。

③ AF(Auxiliary carry Flag)辅助进位标志位：当执行一个加法(或减法)运算使结果的低4位向高4位有进位(或借位)时,AF=1；否则AF=0。

④ ZF(Zero Flag)零标志位：若当前的运算结果为零,ZF=1；否则ZF=0。

⑤ SF(Sign Flag)符号标志位：它和运算结果的最高位相同。

⑥ OF(Overflow Flag)溢出标志位：当补码运算有溢出时,OF=1；否则OF=0。

(2) 3个控制标志位用来控制CPU的操作,由指令进行置位和复位。

① DF(Direction Flag)方向标志位：用以指定字符串处理时的方向,当该位置1时,字符串以递减顺序处理,即地址以从高到低顺序递减；反之,则以递增顺序处理。

② IF(Interrupt enable Flag)中断允许标志位：用来控制8086是否允许接收外部中断请求。若IF=1,8086能响应外部中断,反之则不响应外部中断。

注意：IF的状态不影响非屏蔽中断请求(NMI)和CPU内部中断请求。

③ TF(Trap Flag)跟踪标志位：是为调试程序而设定的陷阱控制位。当该位置1时,8086CPU处于单步状态,此时CPU每执行完一条指令就自动产生一次内部中断。当该位复位后,CPU恢复正常工作。

4.4 操作控制器及时序产生器

中央处理器中的各个主要寄存器，每一个完成一种特定的功能。然而信息怎样才能在各寄存器之间传送呢？也就是说，数据的流动是由什么部件控制的呢？

通常把许多寄存器之间传送信息的通路称为"数据通路"。信息从什么地方开始，中间经过哪些寄存器或多路开关，最后传送到哪个寄存器，都要加以控制。在各个寄存器之间建立数据通路的任务就是"操作控制器"来完成的。操作控制器的功能，就是根据指令操作码和时序信号，产生各种操作控制信号，以便正确地建立数据通路，从而完成取指令和执行指令的控制。

由于设计方法的不同，操作控制器分为组合逻辑型、存储逻辑型、组合逻辑与存储逻辑结合型3种。第一种称为常规控制器，采用组合逻辑技术来实现；第二种称为微程序控制器，它采用的是存储逻辑来实现；第三种称为可编程逻辑阵列控制器，它有PLA、PAL和GAL 3种实现方式。

除此之外，中央处理器还必须有时序产生。因为计算机高速地进行工作，每一动作的时间是非常严格的，不能有任何差错。时序产生器的作用就是对各种操作实施时间上的控制。

4.5 中央处理器的工作过程

计算机采取的工作方式是"存储程序与控制"，即事先把程序加载到计算机的存储器中（存储程序），当启动运行后，计算机便会自动按照存储程序的要求进行工作，这称为程序控制。

为了进一步说明微机的工作过程，下面具体讨论一个模型机怎样执行一段简单的程序。例如，计算机如何具体计算3+2=？虽然这是一个相当简单的加法运算，但是计算机却无法理解。人们必须要先编写一段程序，以计算机能够理解的语言告诉它如何一步一步地去做，直到每一个细节都详尽无误，计算机才能正确地理解与执行。为此，在启动计算机之前需要做好如下几项工作。

(1) 首先用助记符号指令编写源程序。

(2) 由于机器不能识别助记符号，需要翻译（汇编）成机器语言指令。

假设上述(1)、(2)两步已经做了，如表4-1所示。

表4-1 指令表

名　称	助记符	机器码		说　明
立即数送入累加器	MOV AC,03	10110000	B0H	这是一条双字节指令，把指令第2字节的立即数
		00000011	03H	03取入累加器AC中
加立即数	ADD AC,02	00000100	04H	这是一条双字节指令，把指令第2字节的立即数
		00000010	02H	02与AC中的内容相加，结果暂AC
暂停	HLT	11110100	F4H	停止所有操作

(3) 将数据和程序通过输入设备送至存储器中存放，整个程序一共3条指令，5个字节，假设它们存放在存储器从00H单元开始的相继5个存储单元中。

4.5.1 执行一条指令的过程

计算机执行程序时是一条指令一条指令地执行的。执行一条指令的过程可分两个阶段。

首先CPU进入取指令阶段，从存储器中取出指令码送到指令寄存器中寄存，然后对该指令译码后，再转入执行指令阶段，在这期间，CPU执行指令指定的操作。

取指令阶段是由一系列相同的操作组成的，因此取指令阶段的时间总是相同的。而执行指令的阶段是由不同的事件顺序组成的，它取决于被执行指令的类型。执行完一条指令后接着执行下一条指令，即取指令→执行指令，如此反复直至程序结束。

4.5.2 执行程序的过程

开始执行程序时，必须先给程序计数器PC赋予第一条指令的首地址00H，然后就进入第一条指令的取指令阶段。

1. 第一条指令的执行过程

(1) 取指令阶段。

① 将程序计数器PC的内容(00H)送至地址寄存器AR，记为PC→AR。

② 程序计数器PC的内容自动加1变为01H，为取下一个指令字节做准备，记为PC+1→PC。

③ 地址寄存器AR将00H通过地址总线送至存储器，经地址译码器译码，选中00号单元，记为AR→M。

④ CPU发出"读"命令。

⑤ 所选中的00号单元的内容0B0H，读至数据总线DB，记为(00H)→DB。

⑥ 经数据总线DB，将读出的0B0H送至数据寄存器DR，记为DB→DR。

⑦ 数据寄存器DR将其内容送至指令寄存器IR，经过译码，控制逻辑发出执行该条指令的一系列控制信号，记为DR→IR，IR→ID、PLA。经过译码，CPU"识别"出这个操作码就是"MOV AC,03"指令，于是它"通知"控制器发出执行这条指令的各种控制命令。这就完成了第一条指令的取指令阶段，上述过程如图4-9所示。

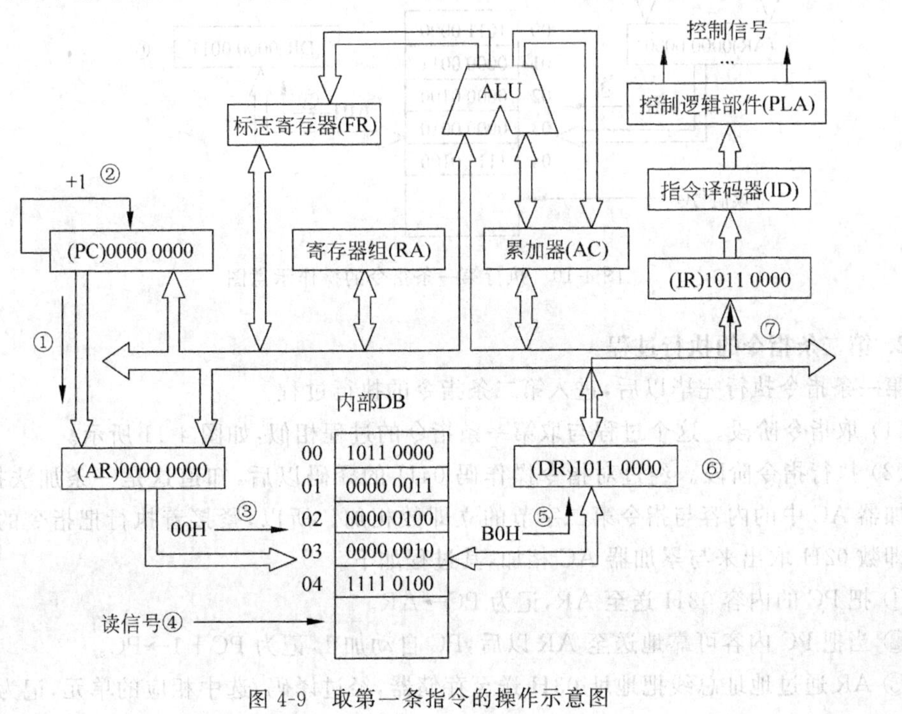

图4-9 取第一条指令的操作示意图

(2) 执行指令阶段。

经过对操作码 0B0H 译码后，CPU 就“知道”这是一条把下一单元中的立即数送入累加器 AC 的指令。所以，执行第一条指令就必须把指令第二字节中的立即数取出来送至累加器 AC，取指令第二字节的过程如下。

① PC→AR，将程序计数器的内容 01H 送至地址寄存器 AR。

② PC+1→PC，将程序计数器的内容自动加 1 变为 02H，为取下一条指令做准备。

③ AR→M，地址寄存器 AR 将 01H 通过地址总线送至存储器，经地址译码选中 01H 单元。

④ CPU 发出“读”命令。

⑤ (01H)→DB，选中的 01H 存储单元的内容 03H 读至数据总线 DB 上。

⑥ DB→DR，通过数据总线，把读出的内容 03H 送至数据寄存器 DR。

⑦ DR→AC，因为经过译码已经知道读出的是立即数，并要求将它送到累加器 AC，故数据寄存器 DR 通过内部数据总线将 03H 送至累加器 AC。上述过程如图 4-10 所示。

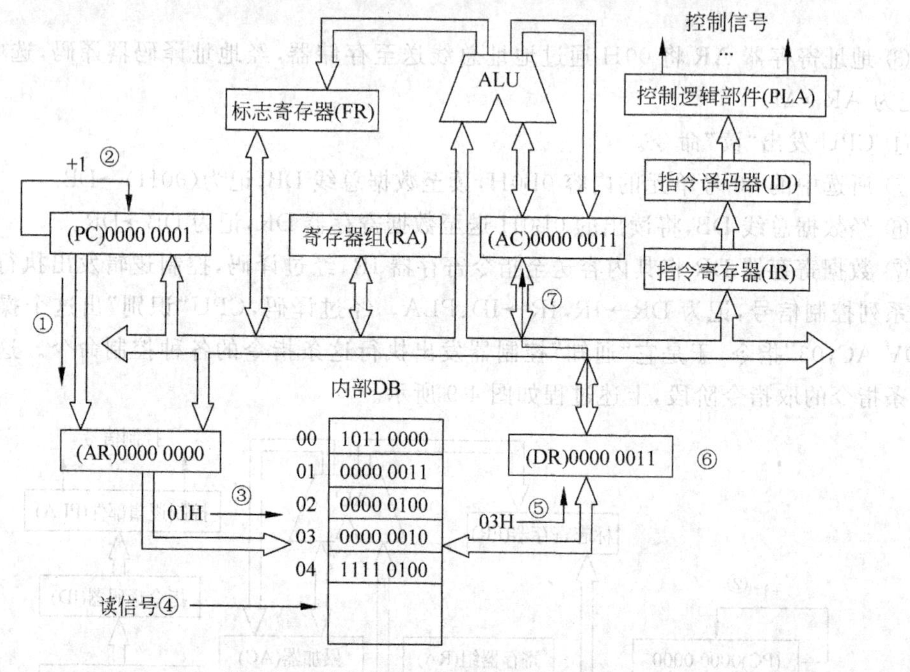

图 4-10　执行第一条指令的操作示意图

2. 第二条指令的执行过程

第一条指令执行完毕以后，进入第二条指令的执行过程。

(1) 取指令阶段。这个过程与取第一条指令的过程相似，如图 4-11 所示。

(2) 执行指令阶段。经过对指令操作码 04H 的译码以后，知道这是一条加法指令，它规定累加器 AC 中的内容与指令第二字节的立即数相加。所以，紧接着执行把指令的第二字节的立即数 02H 取出来与累加器 AC 相加，其过程如下。

① 把 PC 的内容 03H 送至 AR，记为 PC→AR。

② 当把 PC 内容可靠地送至 AR 以后，PC 自动加 1，记为 PC+1→PC。

③ AR 通过地址总线把地址 03H 送至存储器，经过译码，选中相应的单元，记为 AR→M。

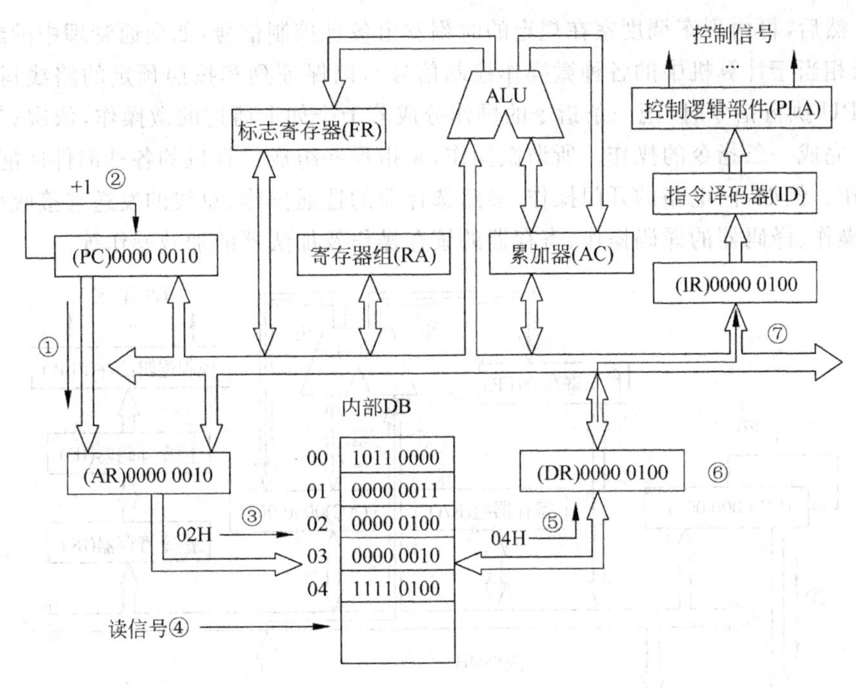

图 4-11　取第二条指令的操作示意图

④ CPU 发出“读”命令。

⑤ 选中的 03H 存储单元的内容 02H 读出至数据总线上，记为(03H)→DB。

⑥ 数据通过数据总线送至 DR，记为 DB→DR。

⑦ 因由指令译码已知读出的为操作数，且要与 AC 中的内容相加，故数据由 DR 通过内部数据总线送至 ALU 的另一输入端，记为 DR→ALU。

⑧ 累加器 AC 中的内容送 ALU，且执行加法操作，记为 AC→ALU。

⑨ 相加的结果由 ALU 输出至累加器 AC 中，记为 ALU→AC，另外，相加的另一结果由 ALU 输出至标志寄存器 FR 中，记为 ALU→FR。第二条指令执行过程如图 4-12 所示。至此，第二条指令的执行阶段结束了，就转入第三条指令的取指令阶段。

按上述类似的过程取出第三条指令，经译码后停机。这样，计算机就完成了人们事先编制的程序所规定的全部操作要求。由此可见，计算机工作时有两路信息在流动：一是控制信息，即操作命令，其发源地是控制器，它分散流向各个部件；另一路是数据信息，它受控制信息的控制，从一个部件流向另一个部件，边流动边加工处理，如信息流过计数器进行计数、流过译码器进行译码、流过寄存器进行寄存、流过运算器进行运算等。另外，指令和数据统一都放在内存中。一般来讲，在取指阶段中从内存读出的信息是指令流，它流向控制器，由控制器解释从而发出一系列微操作信号；而在执行阶段中从内存读出的信息流是数据流，它由内存流向运算器或者由运算器流向内存。

综上所述，计算机的工作过程就是执行指令的过程，而计算机执行指令的过程可看成是控制信息(包括数据信息与指令信息)在计算机各组成部件之间的有序流动过程。信息是在流动过程中得到相关部件的加工处理。因此，计算机的主要功能就是如何有条不紊地控制大量信息在计算机各部件之间有序地流动。其控制过程类似铁路交通管理过程。为此，人们必须事先制定好各次列车运行图(相当于计算机中的信息传送通路)与列车时刻表(相当于信息操作时间表)。然后,再由列车调度室在规定的时刻发出各种控制信号,如交通管理中的红绿灯、扳道信号等(相当于计算机中的各种微操作控制信号),以保证列车按照预定的路线运行。通常情况下,CPU 执行指令时,把一条指令的操作分成若干个如上所述的微操作,依次完成这些微操作,即可完成一条指令的操作。所谓微操作,是指那些组成计算机的各种部件所能直接实现的基本操作。例如,门电路的开门操作、多路选择器的选通操作、总线的发送与接收操作、计数器的计数操作、译码器的译码操作、寄存器的锁存操作及加法器的加减操作等。

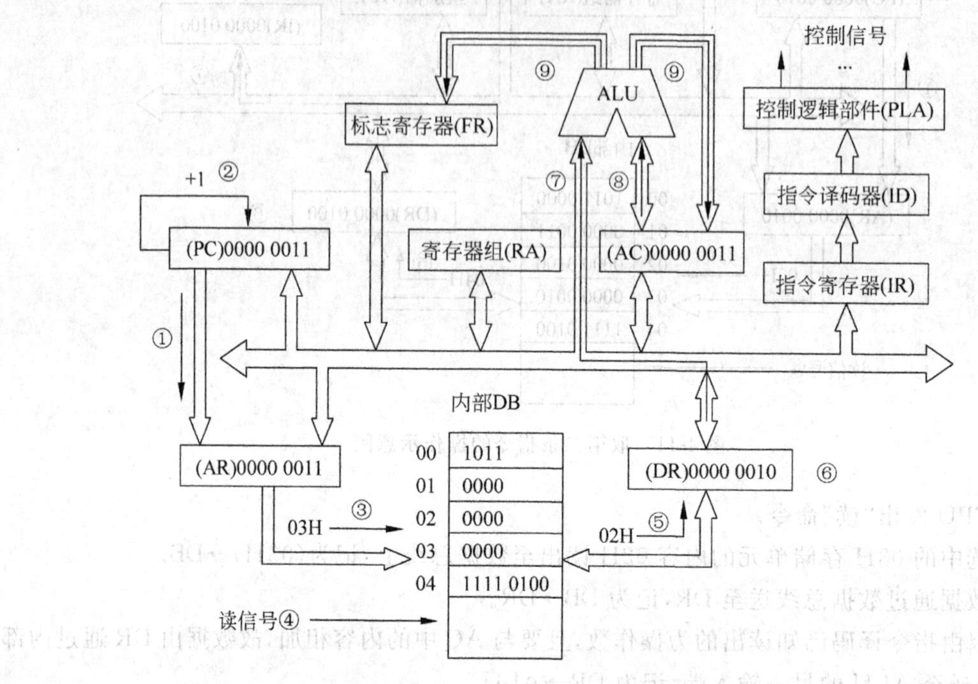

图 4-12　执行第二条指令的操作示意图

4.6　中央处理器的性能指标

计算机系统的档次由 CPU 的品质决定,衡量 CPU 的品质指标有字长、时钟频率、主频、外频与倍频等。

1. 字长

字长是指计算机内部一次可以并行处理二进制代码的位数。它与 CPU 内部寄存器以及 CPU 内部数据总线宽度是一致的,字长越长,所表示的数据精度就越高。在完成同样精度的运算时,字长较长的 CPU 比字长较短的 CPU 运算速度快。大多数 CPU 内部的数据总线与 CPU 的外部数据引脚宽度是相同的,但也有少数例外,如 Intel 8088 CPU 内部数据总线为 16 位,而芯片外部数据引脚只有 8 位,Intel 80386SX CPU 内部为 32 位数据总线而外部数据引脚为 16 位。对这类芯片仍然以它们的内部数据总线宽度为字长,但把它们称为"准××位"芯片,如 8088 被称为"准 16 位"CPU 芯片,80386SX 被称为"准 32 位"CPU 芯片。

CPU 可以同时处理的二进制的位数,是其品质的一个重要指标。人们常说的 8 位机、16 位机或 32 位机,主要指的就是 CPU 内部可同时处理的二进制的位数,与其直接相关的是运算器。

2. 时钟频率、主频、外频及倍频

如同音乐由一个个节拍组成一样,计算机中最小的时间单位是脉冲周期。在计算机电路中,每一个脉冲都会对应一定的动作。单位时间内的脉冲个数称为频率。驱动 CPU 工作的脉冲,称为主脉冲。它对应的频率,称为时钟频率,其相应单位为 Hz(赫)、kHz(千赫)、MHz(兆赫)、GHz(吉赫)等。各单位的换算关系如下:

1GHz=1000MHz　　1MHz=1000kHz　　1kHz=1000Hz

时钟脉冲的宽度称为时钟周期,其单位为 s(秒)、ms(毫秒)、μs(微秒)、ns(纳秒)等。换算关系如下:

1s=1000ms　　1ms=1000μs　　1μs=1000ns

频率与周期互为倒数。例如,某计算机的时钟频率为 1GHz 时,可计算出它的时钟周期为 1ns。

在计算机中,任何动作都需要时间,其计数单位为若干个时钟周期。计算机完成的基本动作是执行指令,执行一条指令所需要的时间,称为指令周期。它是基于时钟周期来计数的。如时钟频率为 1MHz,完成一条指令需 4 个时钟周期,则该指令的指令周期为 $4\times(1/f)=4\mu s$。

计算机速度的快慢,在于完成同一程序所需的时间。当两台机器执行一样的程序,完成相同指令时,那么,它们每个指令所需的指令周期数是相等的,总的指令周期也是相等的,各自的快慢,仅由各自的时钟频率来决定。可见,时钟频率也对计算机的性能起到很大的作用。

假设两台机器 M_1 和 M_2,M_1 的时钟频率为 f_1,M_2 的时钟频率为 f_2,计算机中各条指令的时钟周期数也假定是相等的(大多数情况下不一定相等),设为 c,若某一段程序共执行 n 条指令,这样两台机器执行这一段程序需要的时钟周期数 $S=nc$ 而实际耗时:

机器 M_1 耗时　　$T_1=nc(1/f_1)$

机器 M_2 耗时　　$T_2=nc(1/f_2)$

可见,在某种意义上,计算机的运算速度取决于时钟频率 f。

在计算机中,对 CPU 施加的频率称为主频,也称为工作频率。CPU 内核(含控制器和运算器)按工作频率工作。主频是 CPU 工作速度的重要指标,当其他性能指标相同时,CPU 速度取决于主频。它实际上也是组成 CPU 集成电路可以承受的频率。

外频是总线频率,也称为前端总线频率或系统总线时钟频率,是由主板为 CPU 提供的基准频率。PC 的各系统(含 CPU 系统)都与外频(即系统时钟频率)相关。CPU 总线频率与内存总线频率相同,它是 CPU 与内存及 L_2 Cache 之间交换数据的工作时钟。当 CPU 外频提高后,与内存之间交换数据的速度也相应提高。

计算机运行的是程序,程序在存储器中,因此外频实际上也影响计算机的运算速度,可以想象某一台计算机,虽然 CPU 运算速度很高,但取指令速度慢,同样不能达到很高的速度。

取数据的速度取决于总线的带宽 W,这里的带宽可按如下公式计算:

$$W=\text{总线频率}\times\text{数据线宽度}/8$$

其中,数据总线宽度是指在总线上同时可操作的数据位数,在 PC 上一般为 64 位,并且可以假设,一个总线周期完成一次数据传输。

这样,当外频为 66MHz 时:　$W=66\times64/8=528$Mbps

当外频为 400MHz 时:　$W=400\times64/8=3.2$Gbps

主频由外频与倍频而得:　主频=外频×倍频系数

在 486DX2 之前,CPU 主频与外频相等,而在 DX2 之后,一般主频都高于外频。当某机外频为 100MHz，倍频系数为 4 时，则主频为 400MHz。

为了设计适合于各种外频的主板，人们经常可用开关跳线进行倍频。

当 CPU 工作频率高于额定频率时，称为超主频工作；而总线工作在超过额定频率时，称为超外频工作。超频工作实际上是指总线或 CPU 经技术改进，可在更高频率下运行，人们不必频繁地更换主板，在原主板上，用跳线或软件设置的办法，以超过原主板上的 CPU 工作频率及总线工作频率。这样，同一主板即可支持不同型号的 CPU 及总线控制器工作。

3. 两级高速缓冲存储器的容量及速率

高速缓冲存储器 L_1 Cache（一级高速缓存）及 L_2 Cache（二级高速缓存）在提高计算机性能方面起着重大的作用。

Cache 与主存经有机组合成为 Cache-主存存储系统。有了 Cache-主存存储系统，该存储系统在存取速度上相当于 Cache（Cache 一般可为主存存取速度的 3～10 倍），而存储容量相当于主存。有关 Cache-主存存储系统工作原理将在第 6 章进行介绍。

当只有一级 Cache 还满足不了计算机系统性能需求时，就产生了二级 Cache。L_1 Cache（一级 Cache）速率最高，L_2 Cache 次之，主存更低。L_1 Cache 一般集成在 CPU 中，其速度与片内寄存器相差无几。二级 Cache 可放在 CPU 内，如赛扬 CPU；也可放在片外，如 PentiumⅡ，它弥补了 L_1Cache 容量不足的缺陷。

原则上，L_2 Cache 运行频率与 CPU 主频相匹配，但价格相对高一些，很难将它做得很大。主存一般用 DRAM，价格相对低一些，而容量很大，一般为 256MB，它一般以外频的速率工作。由于多年来主机速率提高快，而存储器速率提高慢，造成了主频、外频差距大，Cache 与主存在速率上差距大，Cache 与主存容量差距也大，引入二级 Cache 正可以弥补这一方面的不足。

4. 一些其他指标

1）工作电压

工作电压也是中央处理器工作的一项技术指标。一般而言，早期中央处理器的工作电压高。随着电路芯片技术的发展，电压越来越低。电压越低，耗电越少，发热越小，芯片的寿命长，486 时代，CPU 工作电压一般为 5V，近年来下降到 3.3V，有些芯片已达 1.8V。

2）总线宽度

地址总线宽度直接决定存储器物理地址的空间，如地址总线为 16 位，则可用 2^{16} 存储字，即 64K 存储字，当存储字以字节编址时为 64KB。而 32 位地址总线，可有 2^{32} 存储字的物理空间，相当于 4GB 的存储空间。

数据总线指出了在总线上可同时传输的二进制位数。一般 32 位机为 32 位，可同时传送 4B 信息。在同样外频下，数据总线越宽，其带宽越大。

3）制作工艺

CPU 的制作工艺依赖于大规模集成电路的制作工艺。而集成电路的制作工艺，从小的方面来说，决定了 CPU 的性能，从大的方面来说，代表了一个国家工业发展的水平以及综合国力。在集成电路的工艺中，门电路之间的连线宽度，实质上决定了门电路的体积，也决定了单位面积上门电路的数目。连线宽度越小，工艺越先进，集成电路越密集，功耗越小，速率越高。目前，Pentium 制作工艺为 0.35μm（微米），PentiumⅡ为 0.25μm，Pentium 4 为 0.18μm。在 Pentium 4 内部，集成的晶体管个数可达 4200 万个。最新的 CPU 为 0.13μm，而 0.065μm（65 纳米）的制造工艺，将是下一代 CPU 的发展目标。

4）引脚个数

目前 CPU 都采用针脚式接口与主板相连，而不同接口的 CPU，在针脚数量上各不相同。CPU 接口类型的命名，习惯用针脚数来表示，如目前 Pentium 4 系列处理器所采用的 Socket 478 接口，其针脚数就为 478 针；而 Athlon™（速龙）XP 系列处理器所采用的 Socket 462 接口，其针脚数就为 462 针。

5）封装技术

所谓“封装技术”，是一种将集成电路用绝缘的塑料或陶瓷材料打包的技术。以 CPU 为例，实际看到的体积和外观，并不是真正的 CPU 内核的大小和面貌，而是 CPU 内核等元件经过封装后的产品。

封装对于芯片来说是必需的，也是至关重要的。因为芯片必须与外界隔离，以防止空气中的杂质对芯片电路的腐蚀而造成电气性能下降。另一方面，封装后的芯片也更便于安装和运输。由于封装技术的好坏，还直接影响到芯片自身性能的发挥和与之连接的 PCB（印制电路板）的设计和制造，因此它是至关重要的。封装也可以说是指安装半导体集成电路芯片用的外壳，它不仅起着安放、固定、密封、保护芯片和增强导热性能的作用，而且还是沟通芯片内部世界与外部电路的桥梁——芯片上的接点用导线连接到封装外壳的引脚上，这些引脚又通过印刷电路板上的导线与其他器件建立连接。因此，对于很多集成电路产品而言，封装技术都是非常关键的一环。

目前采用的 CPU 封装，多是用绝缘的塑料或陶瓷材料包装起来，能起着密封和提高芯片电热性能的作用。

习　题　4

一、填空题

1．中央处理器主要是由________、________和________三部分组成。

2．运算器主要由________、________、________和通用寄存器等组成。

3．算术逻辑单元简称 ALU，既能进行________运算，又能进行________运算，是计算机运算器中的核心部件。

4．若某台计算机的时钟周期为 10ns，则其主频为________ MHz。

5．“64 位微型计算机”中的 64 是指________。

6．人们通常所说的 386、486、PentiumⅡ、PentiumⅢ等计算机，它们是指该机的________型号。

7．执行一条指令分为________和________。

二、选择题

1．在以下选项中，(　　)是运算器的核心部件。

A．中央处理器　　B．主机　　C．程序计算器　　D．ALU

2．运算器的主要功能是(　　)。

A．算术运算　　B．逻辑运算

C．算术和逻辑运算　　D．函数运算

3．在下列选项中，不属于控制器的组成的是(　　)。

A．程序计数器　　B．指令寄存器　　C．时序电路　　D．标志寄存器

4. 某 CPU 是奔腾 4 代 2.0，则 2.0 是指(　　)。

A. 运算速度　　B. 主频　　C. 存取时间　　D. 字长

5. 取指令阶段，CPU 完成步骤顺序为(　　)。

① 将程序计数 PC 中的内容送到地址寄存器 AR 中；

② 将地址寄存器的地址送到译码器中；

③ 程序计数器 PC 的内容自动加 1；

④ 选中内存单元的内容读至数据总线上；

⑤ CPU 发出"读"命令。

A. ①②③④⑤　　B. ①③②⑤④　　C. ①③②④⑤　　D. ①②④③⑤

6. 在 CPU 中，溢出标志、零标志和负标志等一般保存在(　　)中。

A. 累加器　　B. 程序计数器

C. 地址译码器　　D. 状态条件寄存器

三、问答题

1. 什么是中央处理器？中央处理器包含哪几部分？
2. 简述中央处理器的功能。
3. 运算器包含哪几部分？并简述它们的作用。
4. 控制器包含哪几部分？并简述它们的作用。
5. 简述存储程序与控制的工作原理。
6. 简述取一条指令的过程。

第5章 指令系统和寻址方式

计算机系统主要由硬件和软件两部分组成。所谓硬件,就是指由CPU、存储器以及外部设备等组成的实际装置。软件则是为便于用户使用计算机而编写的各种程序和数据的集合,它实际上由一系列的机器指令组成。不同的处理器有着不同的指令系统,学习和掌握指令系统的使用对于编程指挥计算机操作至关重要,本章将重点讨论Intel 8086/8088指令系统及其寻址方式。

学习目标

(1) 了解指令系统的概念、分类。

(2) 理解指令周期、寻址方式,指令系统。

(3) 掌握数据传送、算术运算、逻辑运算和移位、串操作、控制转移、处理器控制等常见指令的组成、功能和处理方式。

5.1 指令系统概述

程序是指令的有序集合,指令是程序的组成元素,通常一条指令对应着一种基本操作。一个计算机能执行什么样的操作,能做多少种操作,是由该计算机的指令系统决定的。一个计算机的指令集合,就是该计算机的指令系统。每种计算机都有自己固有的指令系统,互不兼容。但同一系列的计算机其指令系统是向上兼容的。

每条指令由操作码字段和地址码字段两部分组成,格式如图5-1所示。

操作码	操作数(地址码)

图5-1 指令格式

(1) 操作码字段:用来说明该指令所要完成的操作。

(2) 地址码字段:用来描述该指令的操作对象。一般是直接给出操作数,或者给出操作数存放的寄存器编号,或者给出操作数存放的存储单元的地址或有关地址的信息。

根据地址码字段所给出地址的个数,指令格式可分为零地址、一地址、二地址、三地址、多地址指令。大多数指令需要双操作数,分别称两个操作数为源操作数和目的操作数,指令运算结果存入目的操作数的地址中。这样,目的操作数的原有数据将被取代。Intel 8086/8088的双操作数运算指令就采用这种二地址指令。

指令中用于确定操作数存放地址的方法,称为寻址方式。如果地址码字段直接给出了操作数,这种寻址方式称为立即寻址;如果地址码字段指出了操作数所在的寄存器编号,称为寄存器寻址;如果操作数存放在存储器中,则地址码字段通过各种方式给出存储器地址,称为存储器寻址。

指令有机器指令和汇编指令两种形式。前一种形式由基 2 码(二进制)组成,它是机器所能直接理解和执行的指令。但这种指令不好记忆,不易理解,难写难读。因此,人们就用一些助记符来代替这种基 2 码表示的指令,这就形成了汇编指令。汇编指令中的助记符通常用英文单词的缩写来表示,如加法用 ADD、减法用 SUB、传送用 MOV 等。这些指令使得书写程序、阅读程序、修改程序变得简单方便了,但计算机不能直接识别和执行,在把它交付给计算机执行之前,必须翻译成计算机所能识别的机器指令。汇编指令与机器指令是一一对应的,本书中的指令都使用汇编指令形式书写,便于学习和理解。

5.2 指令的分类

1. 数据传送指令

这是一种常用指令,用以实现寄存器与寄存器,寄存器与存储单元以及存储单元与存储单元之间的数据传送,对于寄存器来说,数据传送包括对数据的读(相当于取数指令)和写(相当于存数指令)操作。数据传送时,数据从源地址传到目的地址,而源地址中的数据保持不变。数据传送指令可以一次传送一个数据,也可以一次传送一批数据。有些机器还设置了数据交换指令,这种指令和数据传送指令很相似,所不同的是它完成源操作数与目的操作数的互换,实现双向数据传送。

2. 算术运算指令

算术运算指令包括二进制数的运算及十进制数的运算指令。算术运算指令用来执行加、减、乘、除算术运算,它们有双操作数指令,也有单操作数指令。单操作数指令不允许使用立即寻址方式。乘法和除法指令的目的操作数采用隐含寻址方式,汇编指令只指定源操作数,源操作数不允许使用立即寻址方式。双操作数指令不允许目的操作数为立即寻址,不允许两个操作数同时为存储器寻址。另外,不论是双操作数还是单操作数,都不允许使用段寄存器。段寄存器只能被传送、压栈、出栈。特别要强调的是,当汇编程序无法确定指令中操作数的长度时,必须用 BYTE PTR、WORD PTR、DWORD PTR 伪指令来指定操作数的长度。

3. 逻辑运算指令

一般计算机都具有与、或、非(求反)、异或(按位加)和测试等逻辑运算指令。有些计算机还设置了位操作指令,如位测试、位清除、位求反等指令。

4. 位移指令

位移指令可以实现对操作数左移或右移一位或若干位,按移位方式分为算术位移指令、逻辑位移指令和循环位移指令 3 种。

算术位移的操作数为带符号数,逻辑位移的操作数为无符号数。主要差别在于右移时,填入最高位的数据不同。算术右移保持最高位(符号位)不变,而逻辑右移最高位补 0。循环位移按是否与进位位 CF 一起循环,还分为大循环(与进位位 CF 一起循环)和小循环(自己循环)两种,一般循环是指小循环,主要用于实现循环式控制、高低字节互换等。算术逻辑位移指令还可用于实现简单乘除运算。

5. 堆栈操作指令

堆栈是由若干个连续存储单元组成的先进后出(FILO)存储区,第一个送入堆栈中的元素存放到栈底,最后送入堆栈的元素存放在栈顶。栈底是固定不变的,栈顶却随着数据的入栈和出栈在不断变化。为了表示栈顶的位置,用一个寄存器指出栈顶的地址,这个寄存器就称为堆栈寄存器 SP。

由于堆栈具有先进后出的特性，因而在中断服务程序、子程序调用过程中广泛用于保存返回地址、状态标志及现场信息。另一个重要的作用是在子程序调用时利用堆栈传递数据。首先把所需传递的参数压入堆栈中，然后调用子程序。

6. 字符串处理指令

字符串处理指令是一种非数值处理指令，一般包括字符串传送、字符串转换（把一种编码的字符串转换为另一种编码的字符串）、字符串比较、字符串查找（查找字符串中的某个子串）。

7. 其他指令

(1) 输入/输出指令。计算机本身仅是数据处理和管理机构，不能产生原始数据，也不能长期保存数据。所处理的一切原始数据均来自输入设备，所得的处理结果必须通过外部设备输出。这些工作要使用输入/输出指令。由此可见，输入/输出指令是计算机中很重要的一类指令。

(2) 特权指令。所谓特权指令，是指具有特殊权限的指令，由于这类指令的权限最大，因此如果使用不当，就会破坏系统或其他用户信息。因此为了安全起见，这类指令只能用于操作系统或其他系统软件，而一般不直接提供给用户使用。

一般来说，在单用户、单任务的计算机中不具有也不需要特权指令，而在多用户、多任务的计算机系统中，特权指令却是不可缺少的。它主要用于系统资源的分配和管理，包括改变系统的工作方式、检测用户的访问权限、修改虚拟存储器管理的段表和页表、完成任务的创建和切换等。

(3) 转移指令。用来控制程序的执行方向，实现程序的分支。按转移的性质，转移指令分为无条件转移指令和条件转移指令。无条件转移指令不受任何条件约束，直接把控制转移到所指定的目的地，从那里开始执行。而条件转移指令却先测试某些条件，然后根据所测试的条件是否满足来决定转移或不转移。计算机中的 CPU 设有一个状态寄存器，用来保存最近执行的算术运算指令、逻辑运算指令、位移指令等结果标志。

(4) 陷阱与陷阱指令。陷阱实际上是一种意外中断事故，中断的目的不是为请求 CPU 的正常处理，而是为了通知 CPU 出现的故障，并根据故障的情况，转入相应的故障处理程序。

(5) 子程序调用指令。在编写程序的过程中，常常需要编写一些经常使用的、能够独立完成某一特定功能的程序段，在需要时调用，而不必重复编写，以便节省存储空间和简化程序设计，这就是所谓的子程序。子程序调用指令就是在主程序中调用这些子程序段所使用的指令。它类似无条件转移 JMP 指令，但是不同的是，子程序执行结束是要返回的。

5.3 指令周期

1. 指令周期的基本概念

计算机之所以能自动地工作是因为 CPU 能从存放程序的内存中取出一条指令并执行这条指令；紧接着又是取下一条指令，执行下一条指令……，如此周而复始，构成一个封闭的循环。除非遇到停机指令，否则这个循环将一直继续下去。

2. 指令周期的过程

通常将一条指令从取出到执行完毕所需要的时间称为指令周期。对应指令执行的 3 个阶段，指令周期一般分为取指周期、取操作数周期和执行周期3个部分。

1）取指周期

取指周期是取出某条指令所需的时间。

在取指周期中CPU主要完成两个操作：①按程序计数器PC的内容取指令；②形成后继指令的地址。

取指周期=(指令的长度/存储字的长度)×主存的读/写周期

因此，可以用设计指令格式时缩短指令长度、设计主存时增加主存储字字宽和采用快速的主存等措施来缩短取指周期，提高取指的速度。

2）取操作数周期

取操作数周期是为执行指令而取操作数所需的时间。

取操作数周期的长短与操作数的个数有关，与操作数所处的物理位置有关，还与操作数的寻址方式有关。取操作数周期中应完成的操作是，计算操作数地址并取出操作数。操作数有效地址的形成由寻址方式确定。寻址方式不同，有效地址获得的方式不同、过程不同，提供操作数的途径也不同。因此操作数周期所进行的操作对不同的寻址方式是不相同的。

3）执行周期

执行周期是完成指令所规定的操作和存储操作结果所需的时间。

它与指令规定的操作复杂程序有关。例如，一条加法指令与一条乘法指令的指令周期也不相同。执行周期还与目的操作数的物理位置和寻址方式有关。状态信息中的条件码在执行周期中存入程序状态字PSW。若该指令是转移指令，在该周期中还要生成转移地址。

指令周期常常用若干个CPU周期表示，CPU周期也称为机器周期。由于CPU内部的操作速度较快，而CPU访问一次内存所花的时间较长，因此通常用内存中读取一个指令字的最短时间来规定CPU周期。每个机器周期又包含若干个时钟周期。

一个指令周期包含的机器周期个数也与指令所要求的动作有关，如单操作数指令，只需要一个取操作数周期，而双操作数指令需要两个取操作数周期。实际上，不同的指令可以有不同的机器周期个数，而每个机器周期又可包含不同的时钟脉冲个数。

在CPU的控制中除了有取指周期、取操作数周期、执行周期外，还有中断周期、总线周期及I/O周期。中断周期用于完成现行程序与中断处理程序间的切换，总线周期用于完成总线操作及总线控制权的转移，I/O周期完成输入/输出操作。

需注意的是，指令周期中所包含的CPU周期的长度并不是相同的，因此指令周期又有定长CPU周期组成的指令周期、不定长CPU周期组成的指令周期。

5.4 寻址方式

寻址方式是指如何在指令中表示一个操作数的地址以及如何确定下一条将要执行的指令地址。前者称为操作数寻址，后者称为指令寻址。寻址方式是指令系统中的一个重要内容，与硬件结构密切相关。尤其对于使用汇编语言编写程序的人来说，了解寻址方式在明确数据的流向以及计算指令的执行时间等方面都是非常重要的。

不同系列的微处理器，其寻址方式不完全相同，但其原理基本上是一样的。本节以8088/8086为例，介绍各种寻址方式。

5.4.1 操作数寻址

操作数寻址也称为数据寻址，是指寻找和获得操作数或操作数存放地址，是形成操作数有效地址的方法。机器执行指令的目的就是对指定的操作数完成规定的操作，将操作结果存入规定的地方。因此，如何获得操作数的存放地址及操作结果的存放地址就是一个很关键的问题。8088/8086 CPU 有多种方法来获取操作数的存放地址及操作结果的存放地址，这些方法统称为数据寻址方式。

操作数及操作结果存放的地点有三处：存放在指令的地址码字段中；存放在寄存器中；存放在存储器的数据段、堆栈段或附加数据段中。与其对应有 3 种操作数，即立即操作数、寄存器操作数、存储器操作数。寻找这些操作数有 3 种基本寻址方式，即立即寻址方式、寄存器寻址方式、存储器寻址方式。其中，存储器寻址方式又包括多种寻址方式。下面分别介绍这些寻址方式。

1. 立即寻址方式

寻找的操作数紧跟在指令操作码之后，也就是说地址码字段存放的不是操作数的地址，而是操作数本身。立即数作为指令的部分存放于代码段中，紧跟在操作码之后，CPU 在取指令的同时取出立即数参与运算。立即数可以是一个 8 位整数，也可以是一个 16 位整数。

立即寻址方式的特点是：指令执行的时间很短，因为不需要访问存储器获取操作数，从而节省了访问存储器的时间；立即寻址方式的使用范围很有限，主要用于给寄存器赋初值。

【例 5-1】 `MOV AX,67`

指令执行后，(AX)=67。

【例 5-2】 `MOV AL,0FFH`

操作的示意图如图 5-2 所示。

【例 5-3】 `MOV AX,1234H`

操作的示意图如图 5-3 所示。

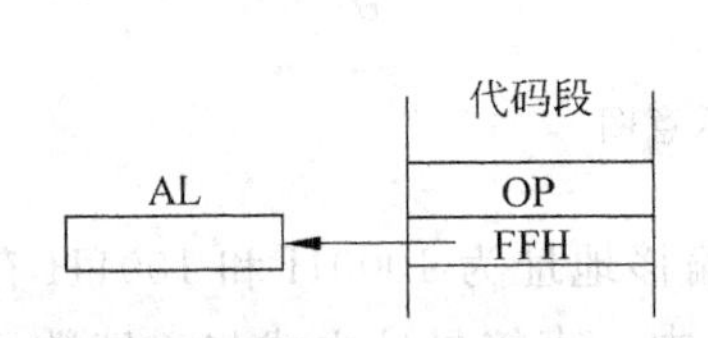

图 5-2 8 位立即寻址方式示意图

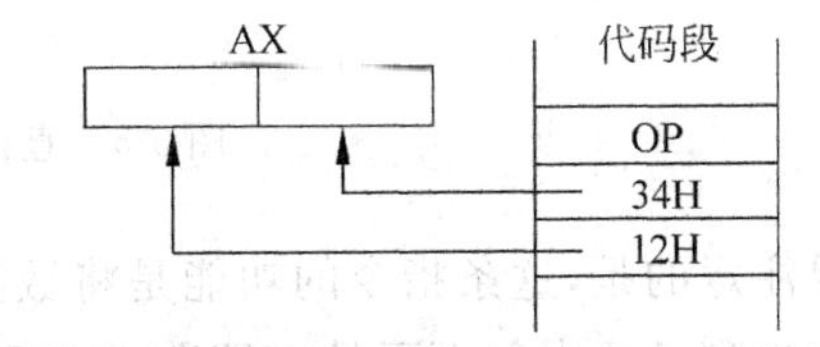

图 5-3 16 位立即寻址方式示意图

另外要注意，这种寻址方式不能用于单操作数指令；若用于双操作数指令，也只能用于源操作数字段，不能用于目的操作数字段。

2. 寄存器寻址方式

寻找的操作数存放在某个寄存器中，在指令中指定寄存器号。这里的寄存器可以是 8 位的(AL、AH、BL、BH、CL、CH、DL、DH)，也可以是 16 位的(AX、BX、CX、DX、SI、DI、SP、BP)。

这种寻址方式的特点是：寄存器数量一般在几个到几十个，比存储器单元少很多，因此它的地址码短，从而缩短了指令长度，节省了程序存储空间。另一方面，从寄存器里取数比从存储器里取数的速度快得多，从而提高了指令执行速度。

【例 5-4】 `MOV AX,BP`

这条指令的执行结果是将寄存器 BP 中的内容送到寄存器 AX 中。如果执行前(AX)=

0000H,(BP)=1122H,则指令执行后(AX)=1122H,BP 中的值不变。这条指令的执行情况如图 5-4 所示。

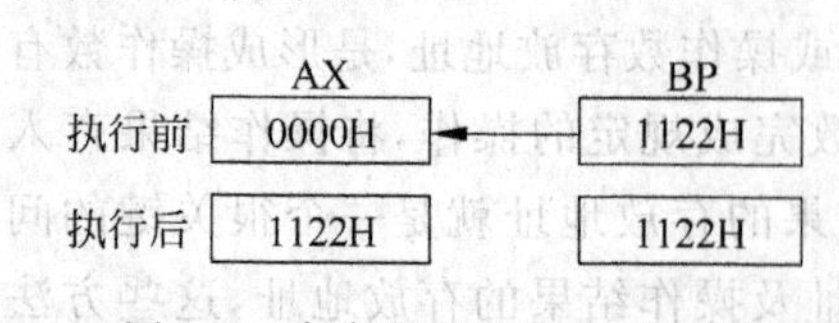

图 5-4 寄存器寻址方式示意图

注意：以上的两种寻址方式在寻找操作数的过程中没有涉及存储器。

当操作数存放在存储器中的某个单元时,CPU 要访问存储器才能获得该操作数。要访问存储器中的某个单元,就必须知道该单元的地址。如果存储器的存储单元地址是 20 位(物理地址),而在指令中一般只会给出段内偏移地址(有效地址),需结合段地址形成 20 位物理地址,才能找到操作数。通过指令中各种不同的形式计算出有效地址的方法就构成了不同存储器寻址方式。

3. 直接寻址方式

寻找的操作数的有效地址在指令中直接给出,即指令中直接给出的 16 位偏移地址就是操作数的有效地址。该有效地址存放在代码段中的指令操作码之后,其中低 8 位为低地址,高 8 位为高地址。但如果没有特殊说明,操作数通常存放在数据段中,所以必须求出操作数的物理地址,然后再访问存储器才能够获得操作数。操作数的物理地址通过段寄存器和有效地址求得。例如,若数据存放在数据段中,那么它的物理地址为数据段寄存器 DS 左移 4 位再加上 16 位的偏移地址。

【例 5-5】 `MOV AX,[1000H]`

如果(DS)=3000H,(31000H)=56H,(31001H)=34H。操作的示意图如图 5-5 所示。指令执行完以后,(AX)=3456H。

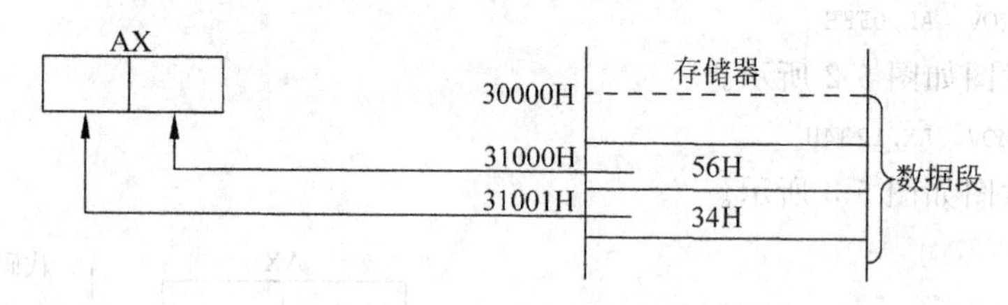

图 5-5 直接寻址方式示意图

需要注意的是,这条指令的功能是将数据段中的偏移地址为 1000H 和 1001H 存储单元中的内容送到 AX 中。而不是立即数 1000H 送到 AX 中。直接寻址方式与立即数寻址方式的主要区别就是看数据两侧是否加了方括号[ ]。另外,这种寻址方式默认的段寄存器是 DS,也就是操作数存放在数据段中。如果操作数不是存放在数据段中,则需要在偏移地址前加上段超越前缀。

【例 5-6】 `MOV AL,ES:[2000H]`

这条指令的执行结果是将附加段中偏移地址为 2000H 存储单元中的内容送入 AL 寄存器中。

4. 寄存器间接寻址方式

寄存器间接寻址方式是指操作数的有效地址在基址寄存器(BX、BP)或变址寄存器(SI、DI)中,而操作数则在存储器中。寄存器间接寻址方式与寄存器寻址方式的区别在于指令中指示的寄存器中的内容不是操作数,而是操作数的偏移地址。

寄存器间接寻址方式的特点是：指令中给出的寄存器号必须使用方括号[ ]括起来,以便和寄存器寻址方式相区别；由于寄存器中存放的是操作数的偏移地址，因此指令在执行过程中要访问存储器一次。

【例 5-7】
```
MOV  AX,[BX]
MOV  AX,[SI]
```

其中[BX]、[SI]都是寄存器间接寻址方式。

在使用寄存器间接寻址方式时，需要注意以下几点。

(1) 寄存器间接寻址方式可用的寄存器只能是基址寄存器(BX、BP)或变址寄存器(SI、DI)中的一个，通常将这 4 个寄存器简称间址寄存器。

(2) 选择不同的间址寄存器，涉及的段寄存器也不同。如果指令中指定的寄存器是 BX、SI、DI，则操作数默认在数据段中，取 DS 寄存器的值作为操作数的段地址值；如果指令中指定的寄存器是 BP，则操作数默认在堆栈段中，取 SS 寄存器的值作为操作数的段地址值，从而计算出操作数的 20 位物理地址，继而访问到操作数。

(3) 无论选择哪个间址寄存器，指令中都可以指定段超越前缀来获得指定段中的数据。

【例 5-8】 `MOV  AX,[BX]`

如果(DS)＝3000H，(BX)＝1010H，(31010H)＝12H，(31011H)＝24H，则操作数的 20 位物理地址为 30000H＋1010H＝31010H，操作的示意图如图 5-6 所示。

指令执行完以后，(AX)＝2412H。

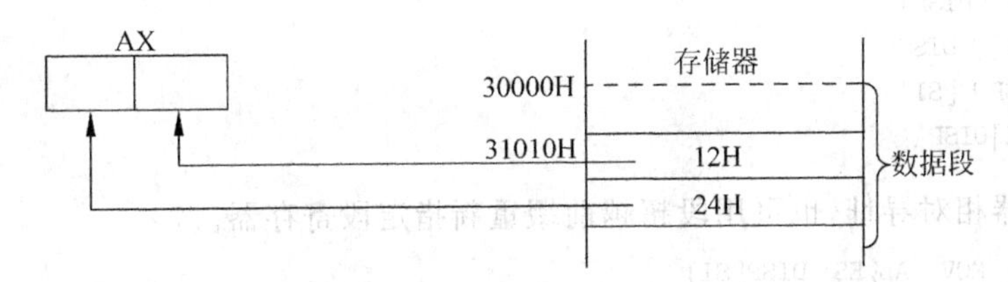

图 5-6　寄存器间接寻址方式示意图

【例 5-9】 `MOV  AX,ES:[BX]`

这条指令表示将附加数据段偏移量(BX)处的字数据送到 AX 寄存器中。

这种寻址方式一般用于访问表格，执行完一条指令后，通过修改 SI 或 DI 或 BX 或 BP 的内容就可访问到表格的下一数据项的存储单元。

5. 寄存器相对寻址方式

操作数的偏移地址是指令中指定间址寄存器的内容与指令中给出的一个 8 位或 16 位偏移量之和。操作数默认位于哪个段中是由指令中使用的间址寄存器决定的，如果指令中指定的寄存器是 BX、SI、DI，则操作数默认在数据段中，取 DS 寄存器的值作为操作数的段地址值；如果指令中指定的寄存器是 BP，则操作数默认在堆栈段中，取 SS 寄存器的值作为操作数的段地址值，从而计算出操作数的 20 位物理地址，继而访问到操作数。

寄存器相对寻址方式的特点是：指令中给出的 8 位或 16 位偏移量是相对于间址寄存器而言的，因此可以把寄存器相对寻址方式看成是带偏移量的寄存器间接寻址。这种寻址方式一般用于访问表格，表格首地址可设置为变量名，通过修改 SI 或 DI 或 BX 或 BP 的内容来访问表格的任一数据项的存储单元。

【例 5-10】 DISP 是数据段中 16 位偏移量的符号地址，假设它为 0100H，有指令：

```
MOV  AX,DISP[SI]
```

若(DS)＝2000H,(SI)＝00A0H,(201A0H)＝12H,(201A1H)＝34H,则源操作数的20位物理地址为20000H＋0100H＋00A0H＝20000H＋01A0H＝201A0H。

操作的示意图如图5-7所示,这条指令的执行结果为(AX)＝3412H。

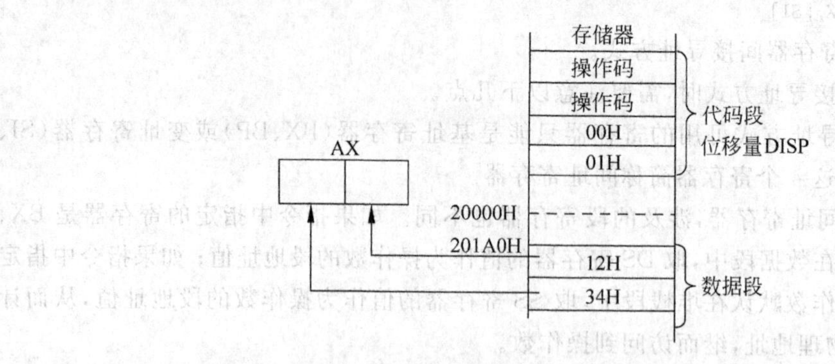

图5-7　寄存器相对寻址方式示意图

在汇编语言中,相对寻址的书写格式非常灵活,例5-10中的指令还可以写成以下的任何一种形式:

```
MOV   AX,[DISP + SI]
MOV   AX,[SI + DISP]
MOV   AX,[SI] + DISP
MOV   AX,DISP + [SI]
MOV   AX,[SI]DISP
```

对于寄存器相对寻址,也可用段超越前缀重新指定段寄存器。

【例5-11】　MOV　AL,ES: DISP[SI]

这条指令虽然使用了SI作为间址寄存器,但是同时使用了段超越前缀ES,因此操作数是存放在附加段中,而不是默认的数据段中。故而必须使用ES而不是DS作为段地址来计算操作数的物理地址。这条指令的执行结果是将附加段中偏移地址为(SI)＋ DISP存储单元的内容送入AL中。

6. 基址变址寻址方式

操作数的偏移地址是一个基址寄存器(BX、BP)和一个变址寄存器(SI、DI)的内容之和。基址变址寻址方式的格式表示为:[基址寄存器名][变址寄存器名]或[基址寄存器名＋变址寄存器名]。操作数默认位于哪个段中是由指令中使用的基址寄存器决定的,如果指令中指定的基址寄存器是BX,则操作数默认在数据段中,取DS寄存器的值作为操作数的段地址值;如果指令中指定的基址寄存器是BP,则操作数默认在堆栈段中,取SS寄存器的值作为操作数的段地址值,从而计算出操作数的20位物理地址,继而访问到操作数。

基址变址寻址方式的特点是:指令中使用的两个寄存器都要用方括号[ ]括起来,表示寄存器中的内容不是操作数而是偏移地址。

【例5-12】　MOV　AX,[BX][SI](或写为:MOV　AX,[BX + SI])

其中“[BX][SI]”、“[BX＋SI]”都是基址变址寻址方式。

【例5-13】　MOV　AX,[BX][SI](或写为:MOV　AX,[BX + SI]),若(DS)＝2000H,(BX)＝0500H,(SI)＝0010H,则偏移地址＝0500H＋0010H＝0510H,20位物理地址＝20000H＋0510H＝20510H。

如(20510H)=12H,(20511H)=34H,操作的示意图如图 5-8 所示,这条指令的执行结果为(AX)=3412H。

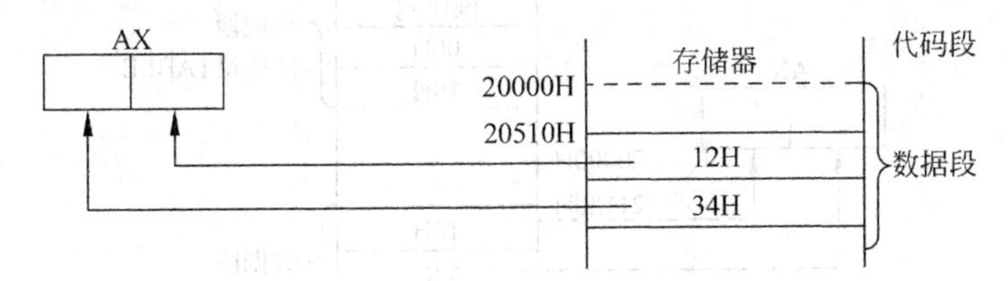

图 5-8　基址变址寻址方式示意图

当然,也可用段超越前缀重新指定段寄存器,例如:

```
MOV   AL,ES:[BX][SI]
```

这种寻址方式同样用于访问表格或数组。将表格或数组首地址存入基址寄存器,通过修改变址寄存器内容可访问到表格或数组的任一数据项的存储单元。由于这种寻址方式的两个寄存器内容都可修改,因此它比寄存器相对寻址方式更灵活。

7. 相对基址变址寻址方式

操作数偏移地址是一个基址寄存器和一个变址寄存器以及一个 8 位或 16 位偏移量之和。操作数默认位于哪个段中是由指令中使用的基址寄存器决定的,如果指令中指定的基址寄存器是 BX,则操作数默认在数据段中,取 DS 寄存器的值作为操作数的段地址值;如果指令中指定的基址寄存器是 BP,则操作数默认在堆栈段中,取 SS 寄存器的值作为操作数的段地址值,从而计算出操作数的 20 位物理地址,继而访问到操作数。

【例 5-14】 MOV　AL,TABLE[BX][SI]

其中"TABLE [BX][SI]"是相对基址变址寻址方式,也可写成:

```
MOV   AL,TABLE[BX + SI]
```

或

```
MOV   AL,[TABLE + BX + SI]
```

【例 5-15】 TABLE 是数据段中定义的一个符号地址,假设它在数据段中的偏移地址是 1000H。

```
MOV   AX,TABLE[BX][DI]
```

若(DS)=2000H,(BX)=0100H,(DI)=0020H,则偏移地址=1000H+0100H+0020H=1120H,20 位物理地址=20000H+1120H=21120H。

如(21120H)=12H,(21121H)=34H,操作的示意图如图 5-9 所示,执行完指令以后(AX)=3412H。

8. 隐含寻址方式

隐含寻址方式是指在指令中没有明显地给出部分操作数的地址,而是隐含于指令码中。例如,在乘法指令 MUL 中,只给出了乘数的地址,而被乘数的地址以及乘积结果的存放地址都是隐含的,被乘数的地址固定取 AL,乘积结果的存放地址固定取 AX。例如,指令 MUL BL 的执行结果为(AL)×(BL)→(AX)。因此,乘法指令中的 AL 和 AX 属于隐含地址。

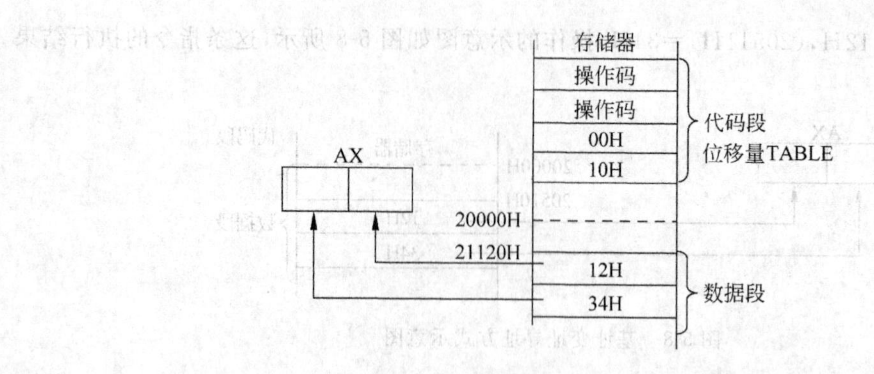

图 5-9 相对基址变址寻址方式示意图

5.4.2 指令寻址

指令寻址是如何确定下一条将要执行的指令地址,形成指令转移地址的方法。

指令寻址主要有顺序寻址方式和跳转寻址方式两种。顺序寻址方式是指通过程序计数器PC 自动形成下一条指令的地址;跳转寻址方式则通过转移指令来实现。

1. 顺序寻址方式

通常情况下,程序是按照书写的顺序一条接一条的执行,即先从存储器中取出第 1 条指令,然后执行第 1 条指令;接着从存储器中取出第 2 条指令,然后执行第 2 条指令;依次下去。这种方式就是指令的顺序寻址方式。为了实现顺序寻址,则需要使用程序计数器 PC 来保存指令的地址,每执行完一条指令后,PC 的值进行自加,形成下一条指令的地址。程序执行时总是从程序计数器中获取将要执行的指令地址。对于采用字节编址的存储系统,PC 每次自加的值要根据指令的长度来确定,对于一个字节长的指令,则 PC 每次自加的值为 1;对于两个字节长的指令,则 PC 每次自加的值为 2;对于 4 个字节长的指令,则 PC 每次自加的值为 4。

图 5-10 所示为顺序寻址方式示意图。假设程序在内存中存放的起始地址为 1000H,程序从地址为 1000H 处的指令开始执行,此时程序计数器中的值为 1000H,第 1 条指令执行完成后,程序计数器的值自动加 2,于是顺序执行第 2 条指令。第 2 条指令执行完成后,程序计数器的值再自动加 2,继续顺序执行第 3 条指令。

程序计数器: 1000 +2

指令地址(H)	指令
→1000	MOV AL, 01H
1002	MOV BL, 02H
1004	ADD AL, BL
1006	JMP 100D
1009	MOV CL, AL
100B	MOV AL, 01H
100D	MOV BL, 03H
100F	ADD AL, BL
1011	JMP 1000
1014	…

(a) 执行第1条指令时PC的值

程序计数器: 1002 +2

指令地址(H)	指令
1000	MOV AL, 01H
→1002	MOV BL, 02H
1004	ADD AL, BL
1006	JMP 100D
1009	MOV CL, AL
100B	MOV AL, 01H
100D	MOV BL, 03H
100F	ADD AL, BL
1011	JMP 1000
1014	…

(b) 执行下一条指令时PC的值

图 5-10 顺序寻址方式示意图

2. 跳转寻址方式

当程序在执行过程中遇到转移指令时，指令的寻址就会采取跳转寻址方式。所谓跳转寻址，是指下一条指令的地址不是通过程序计数器自加获得的，而是通过本条指令来给出。通过使用本条指令中给出的转移地址更新程序计数器的内容，完成指令地址的转移。

图 5-11 所示为指令长度为 3 个字节的跳转寻址方式示意图。假设程序顺序执行到第 4 条指令，也就是转移指令 JMP 100D。第 4 条指令执行的结果就是把地址 100D 装载到程序计数器中，因此下一条要执行的指令地址为 100D，也就是第 7 条指令。由于第 7 条指令不是转移指令，因此这条指令执行完成后，程序计数器自动加 2。因此，下一条将执行的指令就是地址为 100F 的指令，即第 8 条指令。

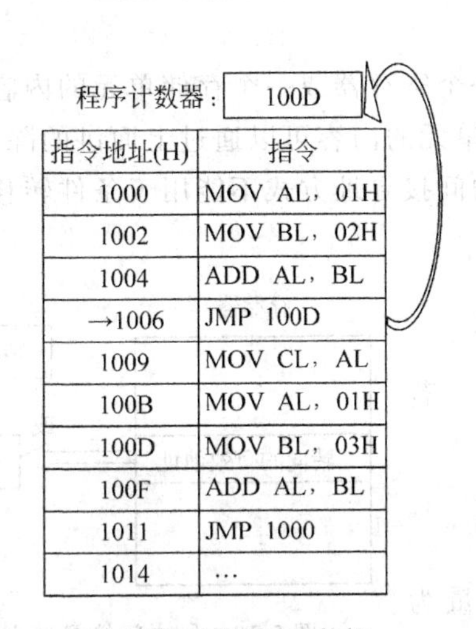

图 5-11　跳转寻址方式示意图

3. 8086 CPU 中的跳转寻址方式

跳转寻址是指指令突破顺序执行的限制，而转向另一个地址来执行，这种地址的转移是在 Intel 8086 CPU 中通过修改 CS 和 IP 的值来实现的。跳转寻址方式可分为段内寻址方式和段间寻址方式两类。由于段内寻址方式的转向地址仍在本代码段内，因此只需修改 IP 的内容，不需要修改 CS 的内容；而段间寻址方式由于其转向地址不在原代码段内，因此 IP 和 CS 的内容都要发生变化。

1) 段内直接寻址方式

段内直接寻址方式下转向的有效地址是当前 IP 寄存器的内容与指令中给出的 8 位或 16 位偏移量之和，此求和结果将成为新的 IP 寄存器值。这种寻址方式下转向的有效地址是通过相对于当前 IP 的偏移量来表示的，因此是一种相对寻址方式。这就保证了不论程序段在哪块内存区域中运行，都不会影响转移指令本身。段内直接寻址方式示意图如图 5-12 所示。

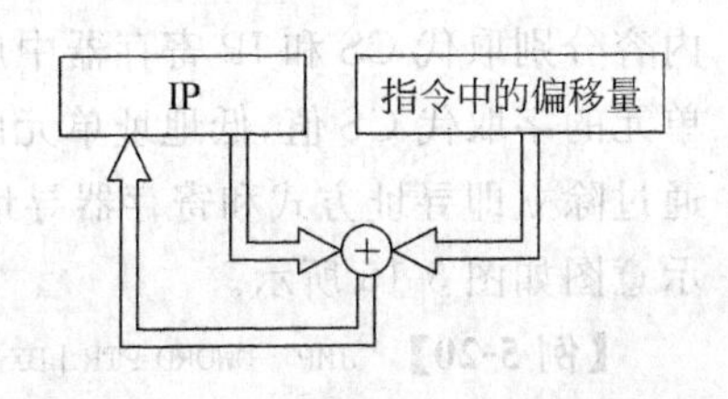

图 5-12　段内直接寻址方式示意图

使用段内直接寻址方式时，需要注意以下几点。

(1) 偏移量可以是正值，也可以是负值。

(2) 既适用于条件转移，也适用于无条件转移。

(3) 这种寻址方式是条件转移指令唯一可以使用的

一种寻址方式,并且当用于条件转移时只能使用8位偏移量。

(4) 当用于无条件转移时,若偏移量为8位,称为段内直接短转移,转移范围为－128～＋127,在指令中需在转向的符号地址前面加操作符SHORT;若偏移量为16位,称为段内直接近转移,转移范围为－32768～＋32767,在指令中需在转向的符号地址前面加操作符NEAR PTR。

(5) 指令中通常使用符号地址来指定偏移量,也就是需要程序在执行过程中计算符号地址与转移指令之间的距离。

【例5-16】 JMP SHORT FUNC

这条指令将实现段内直接短转移,其中FUNC为程序中的符号地址。

2) 段内间接寻址方式

段内间接寻址方式下转向的有效地址是一个寄存器或一个存储单元的内容,这一内容取代成为新的IP寄存器值。这个寄存器或存储单元的内容可以通过上面讲的除立即寻址方式以外的任何一种数据寻址方式获得。另外段内间接寻址方式不能用于条件转移指令,段内间接寻址方式示意图如图5-13所示。

【例5-17】 JMP AX

这条指令的寻址方式是段内间接寻址。

转向的有效地址存放在寄存器AX中。若(AX)＝2000H,则指令执行后(IP)＝2000H。

【例5-18】 JMP FUNC[BX]

这条指令的寻址方式是段内间接寻址。

转向的有效地址存放在数据段中偏移量为BX＋FUNC的存储单元中,其中FUNC为程序中的符号地址。

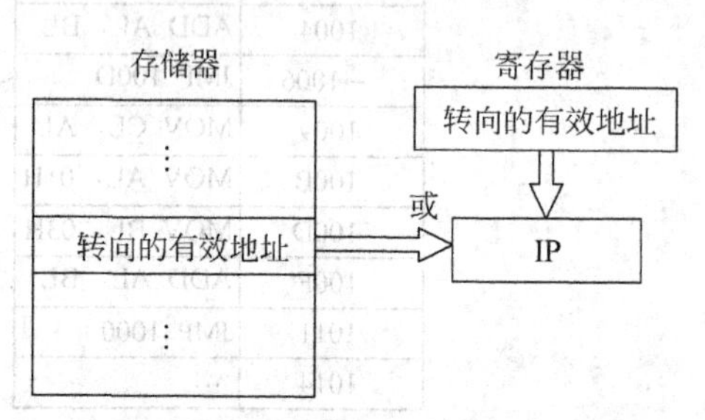

图5-13 段内间接寻址方式示意图

若(DS)＝2000H,(BX)＝2288H,FUNC＝1020H,(232A8H)＝ 5020H,则指令执行后(IP) ＝(20000H＋2288H＋1020H)＝(232A8H)＝ 5020H。

3) 段间直接寻址方式

段间直接寻址方式下使用指令中直接给出的16位段地址和16位偏移量来分别取代CS和IP的内容,从而实现段间的转移。段间直接寻址方式示意图如图5-14所示。

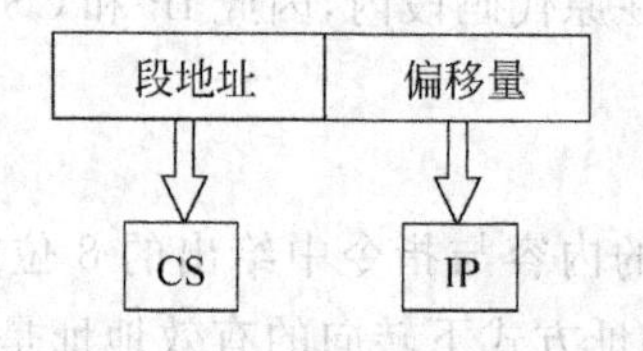

图5-14 段间直接寻址方式示意图

【例5-19】 JMP FAR PTR EXTFUNC

这条指令使用直接寻址方式完成段间的转移,其中EXTFUNC为转向的符号地址,存放着CS和IP的新值;FAR PTR为段间转移的操作符。

4) 段间间接寻址方式

段间间接寻址方式下使用存储器中连续两个字的内容分别取代CS和IP寄存器中原来的内容,每个字在存储器中占用两个字节,其中高地址单元的字取代CS值,低地址单元的字取代IP值。保存转向地址的存储单元的有效地址可以通过除立即寻址方式和寄存器寻址方式以外的任何一种寻址方式来取得,段间间接寻址方式示意图如图5-15所示。

【例5-20】 JMP DWORD PTR [BX＋FUNC]

这条指令使用段间间接寻址方式实现指令的跳转。其中BX＋FUNC为数据段中存放转向地址的偏移量,DWORD PTR 为双字操作符,说明转向地址将取两个字。指令的执行结果是将数据段中偏移量为 BX+FUNC 和 BX+FUNC+1 地址单元的内容送到 IP 中,偏移量为 BX+FUNC+2 和 BX+FUNC+3 地址单元的内容送到 CS 中。

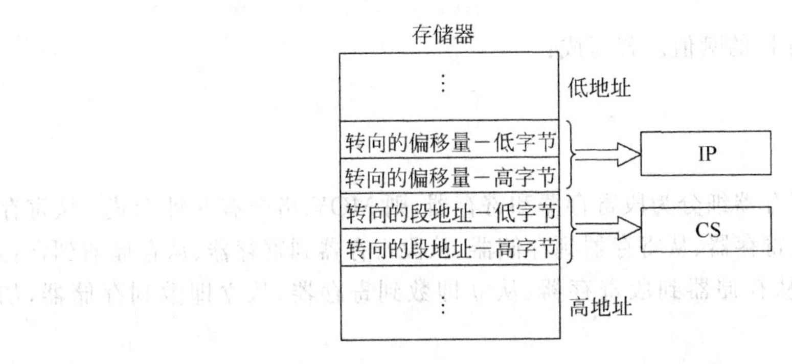

图 5-15　段间间接寻址方式示意图

5.5　8088/8086 CPU 的指令系统

5.5.1　数据传送指令

8086/8088 有 4 类传送指令,分别是通用传送指令、累加器专用传送指令、地址传送指令、标志传送指令。

1. 通用传送指令

操作码	MOV	PUSH	POP	PUSHF	POPF	XCHG
操作功能	通用传送	入栈	出栈	标志压栈	标志出栈	交换

1) 通用传送指令 MOV

可实现寄存器之间、寄存器和存储器之间传送数据,还可实现立即数送寄存器或存储单元的操作。

汇编格式: MOV　目的操作数,源操作数

执行的操作: (目的操作数)←源操作数

功能: 将源操作数存入目的操作数的寄存器或存储单元中。

注意:

(1) 目的操作数不能是立即寻址方式。

(2) 源操作数与目的操作数不能同时为存储器寻址方式,即两个内存单元之间不能直接传送数据。

(3) 立即数不能直接送段寄存器,即段寄存器只能通过寄存器或存储单元传送数据。

(4) 两个段寄存器之间不允许直接传送数据。

(5) 不允许给 CS、IP、PSW 3 个寄存器传送数据,即这 3 个寄存器的值用户无权改变。

(6) 源操作数和目的操作数必须字长相等。

(7) MOV 指令不影响标志位。

【例 5-21】 DATA 是用户定义的一个数据段的段名。则：

```
MOV   AX,DATA
MOV   DS,AX
```

两条指令完成对 DS 段寄存器的赋值。若写成：

```
MOV   DS,DATA
```

则是错误的。

如果把 CPU 内部的寄存器细分为段寄存器和寄存器，则 MOV 指令有 9 种形式：从寄存器到寄存器、从寄存器到段寄存器、从寄存器到存储器、从段寄存器到寄存器、从存储器到寄存器、从段寄存器到存储器、从存储器到段寄存器、从立即数到寄存器、从立即数到存储器，如图 5-16 所示。

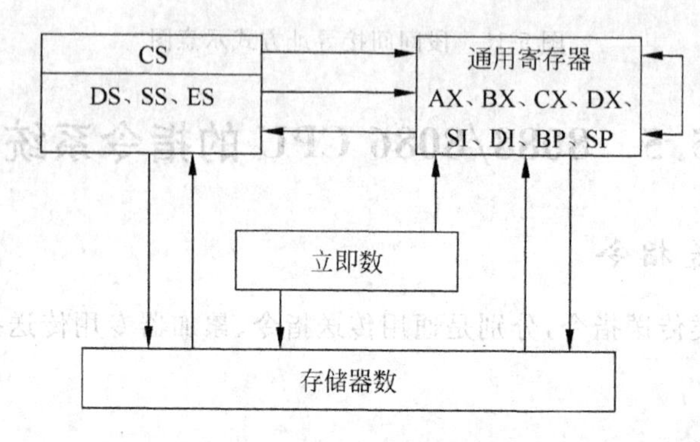

图 5-16　MOV 指令的 9 种形式

2）进栈指令 PUSH 及出栈指令 POP

堆栈是由若干个连续存储单元组成的“后进先出”或“先进后出”存储区域，它的段地址存于 SS 寄存器中。它只有一个数据出入口，堆栈指针寄存器 SP 任何时候都指向当前的栈顶，入栈出栈都必须通过 SP 来确定。如果有数据 PUSH 压入或 POP 弹出，SP 必须及时修改，以保证(SP)始终指向当前的栈顶位置。

在子程序调用和中断处理过程中，分别需要保存返回地址和断点地址，即将当前 CS 和 IP 的值压栈；在进入子程序和中断处理后，还需要保存通用寄存器的值；子程序和中断处理程序将要返回时，则要恢复通用寄存器的值；子程序和中断处理程序返回时，要将返回地址或断点地址出栈。这些功能都要通过堆栈指令来实现。

(1) PUSH 指令。

汇编格式：PUSH　源操作数

执行的操作：(SP)←(SP)－2　先修改指针

　　　　　　((SP)＋1,(SP))←操作数

功能：将 16 位寄存器、段寄存器、16 位存储单元数据压入堆栈。

(2) POP 指令。

汇编格式：POP　目的操作数

执行操作：(操作数)←((SP)＋1,(SP))

　　　　　(SP)←(SP)＋2　后修改指针

功能：将堆栈中的 16 位数据送入 16 位寄存器、段寄存器、16 位存储单元中。

说明：

(1) 在 8086/8088 中 PUSH、POP 指令的操作数不能使用立即寻址方式。POP 指令的操作数还不能使用 CS 寄存器。

(2) 堆栈中数据的压入弹出必须以字为单位进行，所以 PUSH 和 POP 指令只能作字操作。

(3) 这两条堆栈指令不影响标志位。

【例 5-22】
```
MOV    AX,1234H
PUSH   AX
```

设执行前(SS)＝2000H，(SP)＝00FEH，指令执行过程如图 5-17 所示。执行后(SS)＝2000H，(SP)＝00FCH

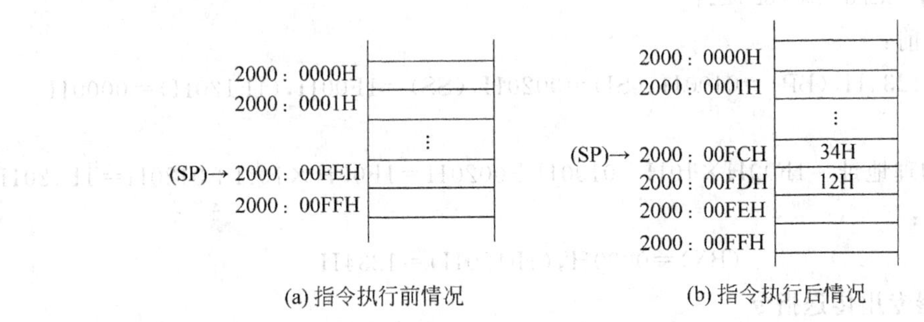

(a) 指令执行前情况　　(b) 指令执行后情况

图 5-17　压栈操作示意图

3) 标志压栈指令 PUSHF

汇编格式：PUSHF

执行的操作：(SP)←(SP)－2

((SP)＋1,(SP))←PSW

功能：将标志寄存器内容压入堆栈。

4) 标志出栈指令 POPF

汇编格式：POPF

执行操作：(PSW)←((SP)＋1,(SP))

(SP)←(SP)＋2

功能：将 16 位堆栈数据弹入标志寄存器中。

说明：8086/8088 指令系统中没有设置改变 TF 标志位的指令。若要改变 TF 值，先用 PUSHF 指令将标志压栈，然后设法改变对应 TF 标志位的位值，再用 POPF 指令弹出给 PSW，即可完成改变 PSW 中 TF 标志位的值。

【例 5-23】 若想设置 TF＝1，程序段如下：

```
PUSHF
POP     AX
OR      AH,01H                  ;修改 TF 位
PUSH    AX
POPF
```

5) 交换指令 XCHG

交换指令 XCHG 可以实现字互换或字节互换。互换可以在寄存器之间进行，也可以在寄

存器和存储单元之间进行。

汇编格式：XCHG 目的操作数，源操作数

执行的操作：互换源、目的两个操作数的存放位置

说明：

(1) 源、目的操作数的寻址方式不允许是立即寻址方式。

(2) 两个寻址方式中，必须有一个是寄存器寻址，即两个存储单元之间不能直换互换数据。

(3) 所有的段寄存器及 IP 寄存器不允许使用本条指令与其他寄存器互换数据。

(4) 此指令不影响标志位。

【例 5-24】 `XCHG BX,[BP+SI]`

指令执行前：

(BX)＝1234H，(BP)＝0100H，(SI)＝0020H，(SS)＝1F00H，(1F120H)＝0000H

则

源操作数物理地址＝1F00H×10H＋0100H＋0020H＝1F00H×10H＋0120H＝1F120H

则指令执行后：

(BX)＝0000H，(1F120H)＝1234H

2. 累加器专用传送指令

这类指令都限于 I/O 端口或存储单元与累加器 AL(AX)之间传送数据。具体包括 IN(输入指令)、OUT(输出指令)、XLAT(换码指令)。

1) 输入指令 IN 和输出指令 OUT

8086/8088 采用 IN 和 OUT 指令实现 I/O 端口与 AL 或 AX 之间传送数据，I/O 指令可以采用 8 位(单字节)或 16 位(双字节)地址两种寻址方式。

如采用单字节作为端口地址，则最多可以有 256 个端口(端口地址号从 00H～FFH)，并且是直接寻址(直接端口寻址)方式，指令格式如下：

输入：

```
IN   AX,Port          ;从 Port 端口输入 16 位数据到 AX
IN   AL,Port          ;从 Port 端口输入 8 位数据到 AL
```

输出：

```
OUT  Port,AX          ;从 AX 输出 16 位数据到 Port 端口
OUT  Port,AL          ;从 AL 输出 8 位数据到 Port 端口
```

这里 Port 是一个单字节的 8 位地址。

如用双字节地址作为端口地址，则最多可以有 64K 个端口(端口地址号从 0000H～FFFFH)，并且是间接寻址方式，即把端口地址放在 DX 寄存器内(间接端口寻址)。其指令格式如下：

输入：

```
MOV  DX,XXXXH         ;16 位地址
IN   AX,DX
```

或

```
IN    AL,DX              ;8 位传送
```

输出：

```
MOV   DX,XXXXH
OUT   DX,AX;             16 位传送
```

或

```
OUT   DX,AL              ;8 位传送
```

这里 XXXXH 为两字节地址信息。

2) 换码指令 XLAT

汇编格式：XLAT

或

```
XLAT  地址标号
```

执行的操作：(AL)←((BX)+(AL))

说明：

(1) XLAT 指令是将 AL 的内容替换成存储单元中的一个数，往往用于代码转换，例如把字符的扫描码转换成 ASCII 码或者把十六进制数 0～F 转换成七段数码管显示代码。使用此指令前，先在数据段建立一个表格，表格首地址存入 BX 寄存器，欲取代码的表内位移量存入 AL 寄存器中。XLAT 指令将(AL)值扩展成 16 位，与(BX)相加形成一个段偏移地址，段地址取(DS)，据此读出代码送入 AL 寄存器。

(2) 该指令有两种格式，第二种格式中的地址标号是指代码表的表首地址。它只是为提高程序可读性而设置，指令执行时只使用预先存入 BX 中的代码表首地址，而并不用汇编格式中指定的地址标号。

(3) (AL)是一个 8 位无符号数，所以表格中最多只能存放 256 个代码。

(4) 此指令的执行结果不影响标志位。

【例 5-25】 一个七段 LED 显示代码转换表存于 TABLE 开始的存储区，则

```
MOV   AL,4
MOV   BX,OFFSET TABLE
XLAT
```

完成了将 4 的 BCD 码转换成 4 的七段 LED 显示代码的工作。

3. 地址传送指令

这组指令都是将地址送到指定的寄存器中，具体有三条，包括 LEA、LDS、LES。

操作码	LEA	LDS	LES
操作功能	取偏址	取偏址和数据段值	取偏址和附加数据段值

1) 偏移地址送寄存器指令 LEA

汇编格式：LEA 16 位寄存器名，存储器寻址方式

执行的操作：(16 位寄存器)←源操作数的偏移地址

说明：

(1) 这条指令常用在初始化程序段中使一个寄存器成为指针。

(2) 16 位寄存器不包括段寄存器。

(3) 这条指令不影响标志位。

【例 5-26】 `LEA BX,TABLE`

TABLE 是数据段中定义的地址标号，指令执行前，如果(BX)＝0000H，(DS)＝2000H，TABLE＝20020H；指令执行后，(BX)＝0020H。

2) 指针送指定寄存器和 DS 寄存器指令 LDS

汇编格式：LDS　16 位寄存器名，存储器寻址方式

执行的操作：将寻址到的存储单元的第一个源操作数(字)送 16 位寄存器，第二个源操作数(字)送 DS 寄存器。

说明：

(1) 本条指令中的 16 位寄存器不允许是段寄存器。

(2) 本条指令不影响标志位。

【例 5-27】 `LDS AX,TABLE[SI]`

假设(20050H)＝12345678H。指令执行前，如果(AX)＝0000H，(DS)＝2000H，TABLE＝20020H，(SI)＝0030H，则物理地址＝20020H＋0030H＝20050H，指令执行后，(AX)＝3412H，(DS)＝7856H。

3) 指针送指定寄存器和 ES 寄存器指令 LES

汇编格式：LES　16 位寄存器名，存储器寻址方式

执行操作：将寻址到的存储单元的第一个源操作数(字)送 16 位寄存器，第二个源操作数(字)送 ES 寄存器。

说明：

(1) 16 位寄存器不允许是段寄存器。

(2) 本条指令不影响标志位。

4. 标志传送指令

这组指令包括 LAHF(标志寄存器送 AH)、SAHF(AH 送标志寄存器)。

1) 标志寄存器送 AH 指令 LAHF

汇编格式：LAHF

执行的操作：(AH)←(PSW 的低 8 位)

说明：此指令具体操作如图 5-18 所示。

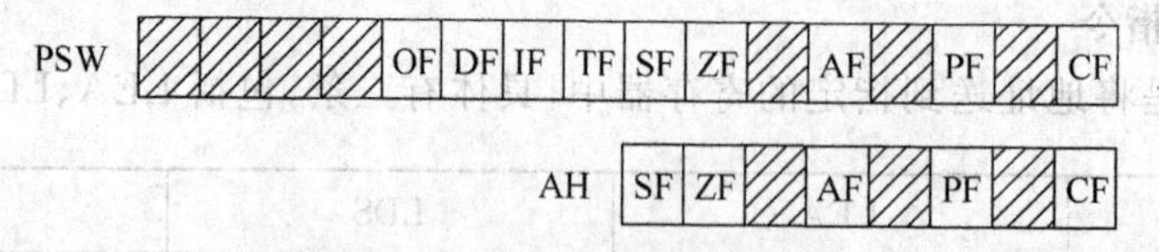

图 5-18　LAHF 指令操作格式

2) AH 送标志寄存器指令 SAHF

汇编格式：SAHF

执行的操作：(PSW 的低 8 位)←(AH)

5.5.2 算术运算指令

算术运算指令包括二进制数的运算及十进制数的运算指令。算术运算指令用来执行加、减、乘、除算术运算，它们既有双操作数指令，也有单操作数指令。单操作数指令不允许使用立即寻址方式。乘法和除法指令的目的操作数采用隐含寻址方式，汇编指令只指定源操作数，源操作数不允许使用立即寻址方式。双操作数指令不允许目的操作数为立即寻址，不允许两个操作数同时为存储器寻址。另外，不论是双操作数还是单操作数，都不允许使用段寄存器。段寄存器只能被传送、压栈、出栈。特别要强调的是，当汇编程序无法确定指令中操作数的长度时，必须用 BYTE PTR、WORD PTR、DWORD PTR 伪指令来指定操作数的长度。

1. 加法指令

加法指令包括 ADD、ADC、INC 3 条指令。

操作码	ADD	ADC	INC
操作功能	加法	带进位加法	增量

1）加法指令 ADD

汇编格式：ADD　目的操作数，源操作数

执行操作：(目的操作数)←源操作数＋目的操作数

2）带进位加法指令 ADC

汇编格式：ADC　目的操作数，源操作数

执行操作：(目的操作数)←源操作数＋目的操作数＋CF

3）增量指令 INC

汇编格式：INC　操作数

执行操作：(操作数)←操作数＋1

以上 3 条指令都可作字或字节运算，并且除 INC 指令不影响 CF 标志位外，其他标志位都受指令操作结果的影响。

PSW 中的标志位共有 9 位，其中最主要的是 ZF、SF、CF、OF 4 位。ZF 表示结果是否为零，SF 表示结果的符号位，CF 表示最高有效位向更高位的进位，OF 表示结果是否溢出。

对加法指令来讲，如果操作数是无符号数，则最高有效位向更高位的进位说明运算结果超出了机器位数所能表示的最大数。因此，CF 标志位实质上是表示无符号数有溢出，而 OF 标志位表示有符号数有溢出。

【例 5-28】 完成双字长相加，被加数存放在 DX 与 AX 中，加数放在 BX 与 CX 中，和放在 DX 与 AX 中。程序段如下：

```
ADD  AX,CX
ADC  DX,BX                     ;高位运算时要考虑低位的进位
```

2. 减法指令

减法指令包括 SUB、SBB、DEC、NEG、CMP 5 条指令。

操作码	SUB	SBB	DEC	NEG	CMP
操作功能	减法	带借位减法	减量	求补	比较

1）减法指令 SUB

汇编格式：SUB 目的操作数，源操作数

执行操作：(目的操作数)←目的操作数－源操作数

2）带借位减法指令 SBB

汇编格式：SBB 目的操作数，源操作数

执行操作：(目的操作数)←目的操作数－源操作数－CF

3）减量指令 DEC

汇编格式：DEC 操作数

执行操作：(操作数)←操作数－1

4）求补指令 NEG

汇编格式：NEG 操作数

执行的操作：(操作数)←0 －操作数

说明：

(1) 0－操作数＝－操作数。在微型计算机中，带符号的二进制数值数据都采用补码编码，因此，此处的操作数是补码，所以求"－操作数"实质上是求补操作。

(2) 只有当操作数为0时求补运算的结果使CF＝0，其他情况则均为1；只有当操作数为－128或－32768时使OF＝1，其他情况则均为0。

5）比较指令 CMP

汇编格式：CMP 目的操作数，源操作数

执行操作：目的操作数－源操作数

说明：本条指令相减结果不保存，只是根据结果设置标志位。实际应用中，CMP指令后往往跟着一个条件转移指令，根据比较结果产生不同的分支。

以上5条指令都可作字或字节运算。另外，除DEC指令不影响CF标志位外，其他标志位都受指令操作结果的影响。

减法指令对标志位的影响与加法指令类似，所不同的是CF位。前面说过，CF表示机器的最高有效位向更高位的进位。对减法指令来讲，恰好相反，若机器最高有效位没有向更高位的进位时CF＝1，否则CF＝0。对用户来讲，减数＞被减数，此时有借位则CF＝1，否则CF＝0。

【例5-29】 完成双字长相减操作，被减数存放在DX与AX中，减数存放在BX与CX中，差存放在DX和AX中。程序段如下：

```
SUB   AX,CX
SBB   DX,BX
```

3. 乘法指令

乘法指令可对字节、字进行操作，且可对有符号数整数或无符号数整数进行操作。两个8位数相乘，结果为16位数；两个16位数相乘，结果为32位数。有MUL(无符号数乘法)、IMUL(有符号数乘法)两条乘法指令。

1）无符号数乘法指令 MUL

汇编格式：MUL 源操作数

执行的操作：若为字节操作，(AX)←(AL)×源操作数；若为字操作，(DX-AX)←(AX)×源

操作数

2）有符号数乘法指令 IMUL

汇编格式：IMUL　源操作数

执行的操作：与 MUL 相同，只是处理的数据是有符号数，而 MUL 处理的数据是无符号数。

对以上两条指令的说明如下。

(1) 在乘法指令中，被乘数也即目的操作数隐含在 AX(字运算)或 AL(字节运算)中，乘数也即源操作数，由指令寻址，其寻址方式可以是除立即寻址方式之外的任何数据寻址方式，它同时也决定了乘法是字运算还是字节运算。两个 8 位数相乘其积是 16 位，存放在 AX 中；两个 16 位数相乘其积是 32 位，存放在 DX、AX 中，其中 DX 存放高位字，AX 存放低位字。

(2) 乘法指令对除 CF 和 OF 以外的标志位无定义(即这些标志位的状态是不确定的)。对于 MUL 指令，如果乘积的高一位为 0，则 CF 和 OF 均为 0；否则 CF 和 OF 均为 1。对 IMUL 指令，如果乘积的高一位是低一位的符号扩展，则 CF 和 OF 均为 0；否则均为 1。测试这两个标志位可知道积的高位字节或高位字是否是有效数字。

【例 5-30】

```
MUL     CL
IMUL    DL
MUL     BYTE PTR[BX]
IMUL    NUMR                        ;NUMR 是变量名
```

4. 除法指令

与乘法指令一样，除法指令也可对字节、字数据进行操作，而且这些数可以是有符号数整数或无符号数整数。除法指令要求被除数的长度必须是除数的两倍，也就是说，字节除法是用 16 位数除以 8 位数；字除法是用 32 位数除以 16 位数。也有 DIV(无符号数除法)、IDIV(有符号数除法)两条除法指令。

1）无符号数除法指令 DIV

汇编格式：DIV　源操作数

执行的操作：若为字节操作：(AL)←(AX)/源操作数的商

(AH)←(AX)/源操作数的余数

若为字操作：(AX)←(DX、AX)/源操作数的商

(DX)←(DX、AX)/源操作数的余数

商和余数均为无符号数。

2）有符号数除法指令 IDIV

汇编格式：IDIV　源操作数

执行的操作：与 DIV 相同，只是操作数是有符号数，商和余数均为有符号数，余数符号同被除数符号。

对以上两条指令的说明如下。

(1) 在除法指令中，被除数也即目的操作数隐含在 AX(字节运算)或 DX-AX(字运算)中，除数即源操作数，由指令寻址，其寻址方式可以是除立即寻址方式之外的任何数据寻址方式，它同时也决定了除法是字节运算还是字运算。16 位数除以 8 位数，结果的商是 8 位，存放在 AL 中，余数是 8 位，存放在 AH 中；32 位数除以 16 位数，结果的商是 16 位，存放在 AX 中，余数是 16 位，存放在 DX 中。

(2) 一条除法指令可能导致两类错误：一类是除数为零；另一类是除法溢出。当被除数的绝对值>除数的绝对值时，商就会产生溢出。例如，若(AX)=2000被2除，由于8位除法的商将存放于AL中，而结果1000无法存入AL中，导致除法溢出。当产生这两类除法错误时，微处理器就会产生除法错中断警告。

(3) 除法指令对所有标志位无定义。

【例5-31】

```
DIV   CL                  ;AX的内容除以CL的内容，无符号商存于AL，余数存于AH
IDIV  DL                  ;AX的内容除以DL的内容，带符号商存于AL，余数存于AH
DIV   BYTE PTR[BP]        ;AX的内容除以堆栈段中由BP寻址的字节存储单元的内容，
                          ;无符号的商存于AL中，余数存于AH中
IDIV  WORD PTR[AX]; DX    ;AX的内容除以数据段中由AX寻址的字存储单元的内容，
                          ;带符号的商存于AX中，余数存于DX中
```

5. 符号扩展指令

由于乘法指令要求字运算时，被乘数必须为16位；除法指令要求字节运算时，被除数必须为16位，字运算时，被除数必须为32位。因此往往需要用扩展的方法获得所需长度的操作数。而完成这一转换，对无符号数和带符号数是不同的。对无符号数来说，必须进行零扩展。也就是说，AX的高8位必须清零或DX必须清零。对带符号数来说，必须用下面介绍的两条符号扩展指令来扩展。

1) 字节转换为字指令CBW

汇编格式：CBW

执行的操作：将(AL)的符号扩展到(AH)中。如果(AL)的最高有效位为0，则(AH)=00H；如(AL)的最高有效位为1，则(AH)=0FFH。

2) 字转换为双字指令CWD

汇编格式：CWD

执行的操作：将(AX)的符号扩展到(DX)中。如果(AX)的最高有效位为0，则(DX)=00H；如(AX)的最高有效位为1，则(DX)=0FFH。

这两条指令都不影响标志位。

【例5-32】 使NUMB字节存储单元的内容除以NUMB1字节存储单元的内容，将商存于ANSQ字节单元中，余数存于ANSR字节单元中。指令为：

```
MOV   AL,NUMB
MOV   AH,0
DIV   NUMB1
MOV   ANSQ,AL
MOV   ANSR,AH
```

6. 十进制调整指令

计算机不但能进行二进制运算，还能进行十进制运算。

进行十进制运算时，首先将十进制数据编码为BCD码，然后用前面介绍的二进制算术运算指令进行运算，之后再进行十进制调整，即可得正确的十进制结果。

BCD有两种存储格式：压缩和非压缩。压缩BCD码指每个字节存储两个BCD码；非压缩BCD码指每个字节存储一个BCD码，其中低4位存储数字的BCD码，高4位为0。数字0～9的ASCII码是一种准非压缩BCD码(即低4位为BCD值，高4位有数值，处理掉高4位的数值即为非压缩BCD码)。

下面以压缩和非压缩两种情况来讨论十进制调整指令。

1) 压缩的 BCD 码调整指令

(1) 加法的十进制调整指令 DAA。

汇编格式：DAA

执行的操作：调整(AL)中的二进制和。调整方法如下。

① 若 AF=1 或者(AL)的低 4 位是在 A～FH 之间，则(AL)加 06H，且自动置 AF=1。

② 若 CF=1 或(AL)的高 4 位是在 A～FH 之间，则(AL)加 60H，且自动置 CF=1。

说明：本条指令对 PSW 中的 OF 标志无定义，影响所有其他标志位；使用本条指令之前，需将十进制数先用 ADD 或 ADC 指令相加，和存入 AL 中。

(2) 减法的十进制调整指令 DAS。

汇编格式：DAS

执行的操作：调整(AL)中的二进制差。调整方法如下。

① 若 AF=1，则(AL)减 06H。

② 若 CF=1，则(AL)减 60H。

说明：本条指令对 PSW 中的 OF 标志无定义，影响其他所有标志位；使用本条指令之前，需将十进制数 BCD 码用 SUB 或 SBB 指令相减，差存入(AL)中。

2) 非压缩的 BCD 码调整指令

(1) 加法的非压缩调整指令 AAA。

汇编格式：AAA

执行的操作：调整(AL)中的和，其中和是非压缩 BCD 码或准非压缩 BCD 格式。

调整方法如下。

① 若 AF=1 或者(AL)的低 4 位在 A～FH 之间，则(AL)+06H，(AH)←(AH)+1，置 AF=1。

② 清除(AL)的高 4 位。

③ CF←AF。

说明：本条指令除影响 AF 和 CF 标志位外，其余标志均无定义；使用本条指令前，先将非压缩 BCD 码的和存入 AL 中。

(2) 减法压缩调整指令 AAS。

汇编格式：AAS

执行操作：调整(AL)中的差(AL 中的内容是非压缩的 BCD 码或准非压缩 BCD 格式)。

调整方法如下。

① 若 AF=1，则(AL)-06H，(AH)←(AH)-1。

② 清除(AL)高 4 位。

③ CF←AF。

说明：本条指令除影响 AF 和 CF 标志位外，其余标志位均无定义；使用本条指令之前，先将非压缩 BCD 码的差存入 AL 中。

5.5.3 逻辑运算和移位指令

这组指令分为两类：一类是逻辑运算指令；另一类是移位指令。

1. 逻辑运算指令

逻辑运算指令可对 8 位数或 16 位数进行逻辑运算，是按位操作的。

操作码	AND	OR	NOT	XOR	TEST
操作功能	与	或	非	异或	测试

AND、OR、XOR 和 TEST 4 条指令的使用形式很相似，都是双操作数指令，操作数的寻址方式的规定与算术运算指令相同，对标志位的影响也相同：使 CF＝0，OF＝0，AF 位无定义，SF、ZF、PF 根据运算结果设置。

1）逻辑与指令 AND

汇编格式：AND　目的操作数，源操作数

执行操作：(寻址到的目的地址)←目的操作数∧源操作数

说明：

(1) 符号∧表示逻辑与操作。

(2) 本条指令的功能通常用于使某个操作数中的若干位维持不变，而使另外若干位置 0 的操作，也称为屏蔽某些位。要维持不变的位必须和 1 相“与”，而要置为 0 的位必须和 0 相“与”。

【例 5-33】 要屏蔽(AL)中的高 4 位。

```
AND  AL,00001111B
```

【例 5-34】 `AND  AL,AL`

此指令执行前后，(AL)无变化，但执行后使标志位发生了变化，即 CF＝0、OF＝0。

2）逻辑或指令 OR

汇编格式：OR　目的操作数，源操作数

执行操作：(寻址到的目的地址)←目的操作数∨源操作数

说明：

(1) 符号∨表示逻辑或操作。

(2) 本条指令的功能通常用于使某个操作数中的若干位维持不变，而使另外若干位置 1 的场合。要维持不变的位必须和 0 相“或”，而要置为 1 的位必须和 1 相“或”。

【例 5-35】 `OR  AL,10000000B`

若执行前(AL)＝0FH，则执行后(AL)＝8FH。

【例 5-36】 `OR  AL,AL`

指令执行前后，(AL)不变，但执行后使标志位发生了变化，即 CF＝0、OF＝0。

3）逻辑异或指令 XOR

汇编格式：XOR　目的操作数，源操作数

执行操作：(寻址到的目的地址)←目的操作数∀源操作数

说明：

(1) 符号∀表示异或操作。

(2) 本条指令通常用于使某个操作数清零，同时使 CF＝0；或常用于判断两个数是否相等；也可用于操作数中的若干位维持不变，而使另外若干位取反的操作，维持不变的这些位与 0 相“异或”，而要取反的那些位与 1 相“异或”。

【例 5-37】 XOR AL,AL

指令执行后,使(AL)=0,CF=0,OF=0。

【例 5-38】 测试(AL)是否等于 33H。

```
XOR    AL,33H
JZ     MATCH
```

这种方法常用于检测数值是否匹配。

【例 5-39】 若想使(AL)中的最高位和最低位取反,其他位保持不变。

```
XOR  AL,10000001B
```

4) 测试指令 TEST

汇编格式:TEST 目的操作数,源操作数

执行操作:目的操作数∧源操作数

说明:

(1) 本条指令中两操作数相与的结果不保存。

(2) 本条指令通常用于不改变原有操作数的情况下,用来检测某一位或某几位的条件是否满足,用于条件转移指令的先行指令。不检测的那些位与 0 相"与",即将不检测的位屏蔽掉;检测的那些位与 1 相"与",保持不变。

【例 5-40】 检测(AL)的最高位是否为 1,若为 1 则转移,否则顺序执行。

```
    TEST   AL,10000000B
    JNZ    AA
      :
AA:   :
```

5) 逻辑非指令 NOT

汇编格式:NOT 目的操作数

执行操作:(寻址到的地址)←$\overline{\text{(目的操作数)}}$

说明:

(1) 寻址方式不允许为立即寻址方式及段寄存器。

(2) 本条指令不影响标志位。

【例 5-41】 NOT AL

若执行前(AL)=00111100B,执行后(AL)=11000011B。

6) 逻辑运算指令对标志位的影响

由于逻辑运算操作是按位进行的,因此对标志位的影响不同于算术运算操作,对标志位的具体影响如表 5-1 所示。

表 5-1 逻辑运算指令对标志位的影响

指令	OF	CF	SF	PF	ZF	AF
AND	0	0	0 或 1	0 或 1	0 或 1	无定义
OR	0	0	0 或 1	0 或 1	0 或 1	无定义
XOR	0	0	0 或 1	0 或 1	0 或 1	无定义
TEST	0	0	0 或 1	0 或 1	0 或 1	无定义
NOT	不影响	不影响	不影响	不影响	不影响	不影响

2. 移位指令

这组指令可以对 8 位或 16 位操作数进行操作，按移位方式分为以下 3 种。

1）逻辑移位指令

(1) 逻辑左移指令 SHL。

汇编格式：SHL　除立即数及段寄存器之外的操作数，移位次数

执行的操作：将操作数逻辑左移指定次数，如图 5-19(a)所示。

说明：移位次数可以指定为 1 或大于 1 的数。若大于 1 次，则在该移位指令之前把移位次数存入 CL 寄存器中，而在移位指令中的移位次数写为 CL 即可。移位次数的规定同样适用于以下所有的移位指令。

(2) 逻辑右移指令 SHR。

汇编格式：SHR　除立即数及寄存器之外的操作数，移位次数

执行的操作：将操作数逻辑右移指定次数，如图 5-19(b)所示。

2）算术移位指令

(1) 算术左移指令 SAL。

汇编格式：SAL　除立即数及段寄存器之外的操作数，移位次数

执行的操作：将操作数算术左移指定次数，如图 5-19(c)所示。

由上可看出，SAL 和 SHL 执行的操作一样。

(2) 算术右移指令 SAR。

汇编格式：SAR　除立即数及段寄存器之外的操作数，移位次数

执行的操作：将寻址到的操作数算术右移指定次数，如图 5-19(d)所示。

上述两类移位指令对标志位的影响是一样的：CF 位根据各条指令的移动结果设置；OF 位只有当移动次数为 1 时才是有效的，当移位前后最高有效位的值发生了变化，则置 OF＝1，否则置 OF＝0；SF、ZF、PF 位则根据移位后的结果而设置。

上述两类移位指令的处理对象有所不同：逻辑移位适用于对无符号数的处理，算术移位适用于对有符号数的处理。每左移一位相当于乘以 2，每右移一位相当于除以 2。

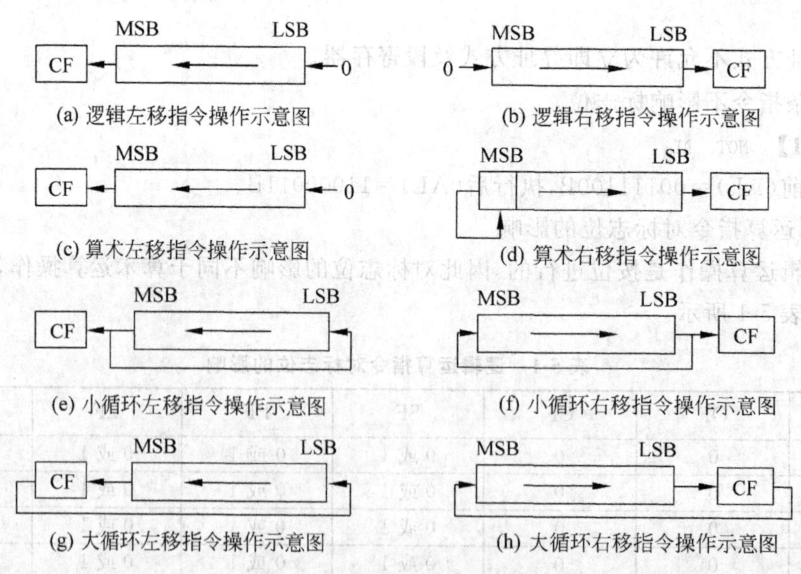

图 5-19　循环移位指令操作

3）小循环移位指令

循环移位按是否与“进位”位 CF 一起循环情况，又分为小循环（自身循环）和大循环（包括 CF 一起）两种。

（1）循环左移指令 ROL。

汇编格式：ROL　除立即数和段寄存器之外的操作数，移位次数

执行的操作：操作数循环左移指定次数，如图 5-19(e)所示。

（2）循环右移指令 ROR。

汇编指令：ROR　除立即数和段寄存器之外的操作数，移位次数

执行的操作：操作数循环右移指定次数，如图 5-19(f)所示。

4）大循环移位指令

（1）带进位循环左移指令 RCL。

汇编格式：RCL　除立即数和段寄存器之外的操作数，移位次数

执行的操作：操作数循环左移指定次数，如图 5-19(g)所示。

（2）带进位循环右移指令 RCR。

汇编格式：RCR　除立即数和段寄存器之外的操作数，移位次数

执行的操作：操作数循环右移指定次数，如图 5-19(h)所示。

循环移位指令只影响 CF 和 OF 标志位，具体规则同移位指令，不影响其他标志位。

这类指令一般用于实现循环式控制、高低字节互换或与算术、逻辑移位指令一起实现双倍字长或多倍字长的移位。

【例 5-42】 将(AX)乘以 10。

十进制数 10 的二进制形式为 1010，即权为 2 和权为 8 的位为 1，故采用 2×(AX)＋8×(AX)，结果为 10×(AX)，程序段如下：

```
SHL    AX,1
MOV    BX,AX
SHL    AX,1
SHL    AX,1
ADD    AX,BX
```

移位指令的举例说明，左移一位相当于乘 2，当然右移一位相当于除 2，意味着利用移位指令可以完成乘除运算。由于利用移位做乘除运算的程序运行速度大大快于乘除运算指令的执行速度，因此移位指令适用于乘除运算的程序设计。

5.5.4　串操作指令

有关串操作的指令有 5 条，分别为 MOVS、LODS、STOS、CMPS、SCAS。

这 5 条串操作指令又可分为两类：串传送指令（MOVS、LODS、SOTS）及串比较指令（CMPS、SCAS），下面分别来进行介绍。

1. 串传送指令

每条串传送指令都可传送一个字节或一个字。如果加上前缀 REP 可实现重复传送，传送一个字节块或一个字块，具体格式如下：

```
REP  MOVS/LODS/STOS
```

执行的操作：①如(CX)=0 则退出本条指令的执行，否则继续执行；②(CX)←(CX)-1；③执行 REP 之后的串传送指令；④重复①～③。

下面分别介绍 MOVS、LODS、STOS 这 3 条串传送指令。

1) MOVS 指令

汇编格式 1：MOVSB

汇编格式 2：MOVSW

汇编格式 3：MOVS　　　目的操作数，源操作数

格式说明：第一、二种汇编格式中明确注明了是传送字节还是字。若使用第三种格式，则在操作数的寻址方式中(除数据段定义的变量名外)应表明是传送字还是字节，例如：

```
MOVS  ES: BYTE    PTR[DI],DS: [SI]
```

因为 MVOS 的源操作数及目的操作数的存放地点是隐含规定好了的(这在下面的介绍中可以看出)，所以第一种格式中的源、目的操作数只供汇编程序作类型检查用。

执行的操作：

① ((ES)：(DI))←((DS)：(SI))

② 若传送字节：(SI)←(SI)±1，(DI)←(DI)±1
　当方向标志位 DF=0 时用“+”，DF=1 时用“-”。
　若传送字：(SI)←(SI)±2，(DI)←(DI)±2
　当方向标志位 DF=0 时用“+”，DF=1 时用“-”。

指令说明：

① 本条指令不影响标志位。

② MOVS 指令采用隐含寻址方式，实现将数据段中由(SI)指向的一个字节或字传送到附加数据段中由(DI)指向的一个字节或字存储单元中去，然后根据 DF 和字或字节的规定对 SI 和 DI 指针进行修改。一般情况下，源操作数在数据段，目的操作数在附加段。如果同段数据传送，允许源操作数使用段超越前缀来修改所在段；也可以采用两段合一的方法，即 DS 和 ES 同时指向同一数据段。

③ 若想实现传送一个字节块或一个字块，必须先把传送字或字节的长度送 CX 寄存器中，MOVS 指令加前缀 REP。

指令在操作之前必须做好以下初始化工作。

① 把存放于数据段中的源数据串的首地址(如反向传送则应是末地址)存入(SI)。

② 把将要存放于附加段中的目的数据串的首地址(如反向传送则应是末地址)存入(DI)。

③ 把数据串长度存入(CX)。

④ 设置方向标志位 DF 的值(CLD 指令使 DF=0，STD 指令使 DF=1)。

2) LODS 指令

汇编格式 1：LODSB

汇编格式 2：LODSW

汇编格式 3：LODS　源操作数存储器寻址方式

执行的操作：

① 若字节：AL←((DS)：(SI))
　若字：AX←((DS)：(SI))

② 若字节：(SI)←(SI)±1(DF=0 用“+”,否则用“-”)

若字：(SI)←(SI)±2(DF=0 用“+”,否则用“-”)

说明：

① 本条指令不影响标志位。

② 本条指令是隐含寻址，将数据段中(SI)指向的一个字或字节送入 AL 或 AX。格式 3 中的源操作数只供汇编程序作类型检查。

③ 本条指令一般不与 REP 联用。

3) STOS 指令

汇编格式 1：STOSB

汇编格式 2：STOSW

汇编格式 3：STOS　　目的操作数

执行的操作：

① 若字节：((ES)：(DI))←AL

若字：((ES)：(DI))←AX

② 若字节：(DI)←(DI)±1(DF=0 用“+”,否则用“-”)

若字：(DI)←(DI)±2(DF=0 用“+”,否则用“-”)

说明：

① 本条指令不影响标志位。

② 与上两条指令相同，汇编格式 3 中的目的操作数只供汇编程序作类型检查。

③ 本条指令可与 REP 联合使用，一般用来实现清除内存某一区域。

2. 串比较指令

每条串比较指令都可比较两个字或字节操作数大小，但不保存结果。若加上重复前缀 REPE/REPZ 或 REPNE/REPPNZ 可按一定条件重复比较。

REPE/REPZ 的含义是当相等/为零时重复比较。

汇编格式：REPE/REPZ　CMPS/SCAS

执行的操作：

①当(CX)=0 即数据串比较完成或 ZF=0 即某次比较结果不相等时退出，否则(即(CX)≠0 且 ZF=1)往下执行；②(CX)←(CX)-1；③执行其后的串比较指令；④执行①～③。

说明：

① REPE 与 REPZ 是完全相同的，只是表达式不同而已。与 REP 相比，退出重复执行的条件除(CX)=0 外，还增加了 ZF=0 的条件，也就是说，只要两数相等就可继续比较，如果遇到两数不相等可提前结束比较操作。

② (CX)的递减不影响标志位。

REPNE/REPNZ 的含义是当不相等/不为零时重复比较。

汇编格式：REPNE/REPNZ　CMPS/SCAS

执行的操作：除退出条件为(CX)=0 或 ZF=1 外，其他操作与 REPE/REPZ 相同。也就是说，只要两数不相等就可继续比较，如果遇到两数相等可提前结束比较操作。

下面介绍两条串比较指令。

1) CMPS 指令

汇编格式 1：CMPSB

汇编格式 2：CMPSW

汇编格式 3：CMPS　　源操作数存储器寻址方式，目的操作数存储器寻址方式

执行的操作：

① ((DS)：(SI))－((ES)：(DI))

② 若字节：(SI)←(SI)±1，(DI)←(DI)±1(DF＝0 用"＋"，否则用"－")

若字时：(SI)←(SI)±2(DI)(DI)±2(DF＝0 用"＋"，否则用"－")

说明：

① 本条指令执行后，根据两操作数相减结果置标志位，但不保存结果。

② 本条指令与 REPE/REPNE 相联合可实现两个数据串的比较。

2）SCAS 指令

汇编格式 1：SCASB

汇编格式 2：SCASW

汇编格式 3：SCAS　　目的操作数

执行的操作：

① 若字节：(AL)－((ES)：(DI))

若字时：(AX)－((ES)：(DI))

② 若字节：(DI)←(DI)±1(DF＝0 用"＋"，否则用"－")

若字时：(DI)←(DI)±2(DF＝0 用"＋"，否则用"－")

说明：

① 本指令根据相减结果置标志位。

② 本指令与 REPE/REPNE 相联合可实现从一个字符串中查找一个指定的字符。

SCAS 指令的举例如下。

【例 5-43】 假设有一起始地址为 BLOCK，长度为 100 个字节的存储区，现要对这一存储区进行测试，看其中是否有内容为 00H 的存储单元。

```
        MOV     DI,OFFSET  BLOCK
        CLD
        MOV     CX,100
        XOR     AL,AL
        REPNE   SCASB
        JZ      FOUND
        ⋮
FOUND:  ⋮
```

5.5.5 控制转移指令

控制转移指令中包括 4 类指令：①无条件转移和条件转移指令；②子程序调用和返回指令；③循环指令；④中断指令及中断返回指令。

转移指令是一种主要的程序控制指令，其中无条件转移指令使编程者能够跳过程序的某些部分转移到程序的任何分支中。条件转移指令可使编程者根据测试结果来决定转移到何处去。测试的结果保存在标志位中，然后又被条件转移指令检测。

1. 无条件转移指令 JMP

JMP 指令的功能就是无条件地转移到指令指定的地址去执行从该地址开始的指令序列。它在实际使用中有以下几种格式。

1) 段内直接转移指令

(1) 段内直接短转移指令。

汇编格式：JMP　SHORT　转移地址标号

机器指令的格式，如图 5-20 所示。

操作码
EB
8位位移量
共2个字节

图 5-20　段内直接短转移指令格式

执行的操作：(IP)←(当前 IP)＋8 位位移量

转移的范围：转到本条指令的下一条指令的-128～＋127 个字节的范围内。

功能：无条件转移到指定的地址标号处开始往下执行指令。

注意：短转移的位移量是一个由－128～＋127 之间 1 字节带符号数所表示的距离，当短转移指令被执行时，位移量被符号扩展并与指令指针(IP)相加生成一个当前代码段中转移的目的地址，然后转移到这一新地址继续执行下一条指令。另外，从上面的执行过程可看出，短转移又属于相对转移，因为它转移的目标地址是相对当前位置偏移了多少字节，故它又是可重定位的。这是因为若将代码段移到存储器中一个新地方，转移指令与转移目标地址的指令之间的差保持不变，因此可简单地移位代码来实现对它的重定位。

【例 5-44】　设有一段程序，假定(CS)＝1000H：

汇编语句	机器指令	偏移地址	段地址 CS
XOR　BX,BX	33　DB	0000	1000
JMP　SHORT NEXT	EB　04	0002	1000
ADD　AX,BX	03　C3	0004	1000
MOV　BX,AX	8B　D8	0006	1000
NEXT:　MOV　AX,1	B8　0001	0008	1000

执行 JMP 指令时：

转移地址偏移地址＝当前(IP)＋位移量＝0004H＋0004H＝0008H

转移地址段地址＝当前(CS)＝1000H

这样，机器就转移到 1000：0008H 处，即 20 位物理地址＝10000H＋0008H＝10008H 处，正是 NEXT 处，如图 5-21 所示。

(2) 段内直接近转移指令

汇编格式 1：JMP NEAR PTR 转移地址标号

汇编格式 2：JMP　数值偏移地址

机器指令格式，如图 5-22 所示。

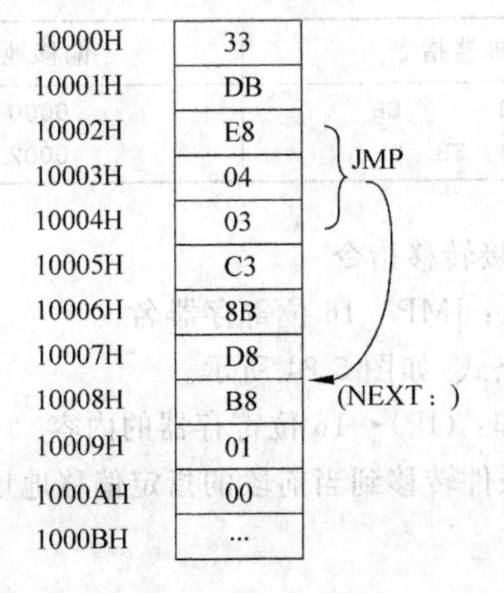

图 5-21　段内直接短转移指令执行示意图

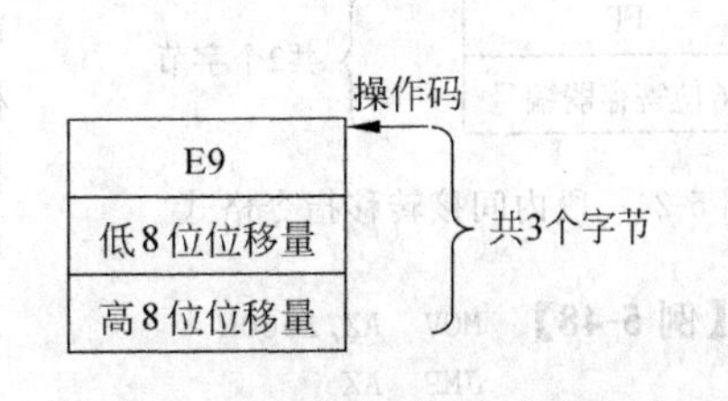

图 5-22　段内直接近转移指令格式

执行的操作：(IP)←(IP)＋16 位位移量

功能：无条件转移到指令指定的地址标号处往下执行，当前代码段中的任何地方。

注意：近转移与短转移相似，也是相对转移，可重定位，只是转的距离更远些。

【例 5-45】 程序段同上例，只是(CS)＝1003H，将“JMP SHORT NEXT”改为：

```
JMP   NEAR   PTR   NEXT
```

执行 JMP 指令时：

转移地址偏移地址＝当前(IP)＋位移量＝0005H＋0004H＝0009H

转移地址段地址＝当前(CS)＝1003H

这样，机器就转移到 1003H：0009H 处，即 20 位物理地址＝10030H＋0009H ＝10039H 处。

【例 5-46】 设有一段程序，如图 5-23 所示，(CS)＝1005H：

汇 编 语 句	机器指令	偏移地址
NEXT: MOV BX,AX	8B D8	0000
JMP WORD PTR NEXT	E9 FB FF	0002
XOR BX,BX	33 DB	0005

程序执行到 JMP 指令时：

转移地址偏移地址＝ 当前(IP) ＋ 位移量

＝ 0005H ＋ FFFBH

＝ 0000H

转移地址段地址 ＝ 当前(CS) ＝ 1005H

转移 1005H：0000H 处即 10050H(NEXT)处。

地址	内容
1004FH	…
10050H	8B (NEXT：)
10051H	D8
10052H	E9
10053H	FB
10054H	FF
10055H	33
10056H	DB

图 5-23　段内直接近转移指令执行示意图

【例 5-47】 设 CS＝1000H，执行下表程序

机器执行到 JMP 指令后，计算得：

转移地址偏移地址＝ 当前(IP) ＋ 位移量

＝ 0005H ＋ 0FFBH

＝ 1000H

转移地址取段地址 ＝ 当前(CS) ＝ 1000H

所以转移到 1000H：1000H 处，即本段的 1000H 处。

汇 编 语 句	机器指令	偏移地址
NEXT: XOR BX,BX	33 DB	0000
JMP 1000H	E9 FB 0F	0002

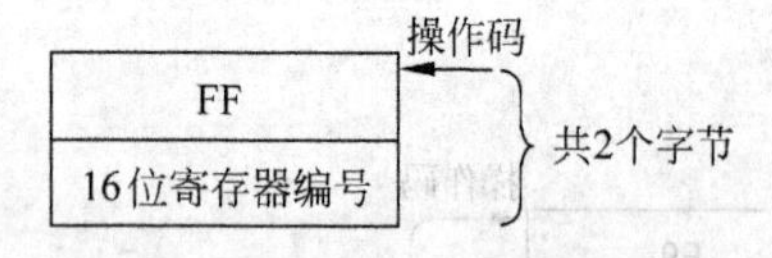

图 5-24　段内间接转移指令格式

2）段内间接转移指令

汇编格式 1：JMP　16 位寄存器名

机器指令格式，如图 5-24 所示。

执行的操作：(IP)←16 位寄存器的内容

功能：无条件转移到当前段的指定偏移地址处。

【例 5-48】

```
MOV   AX,1000H
JMP   AX
```

JMP 指令执行的结果同上例,即转移到本段的 1000H 处。

汇编格式 2:JMP　WORD　PTR　存储器寻址方式

（或:JMP　存储器寻址方式）

执行的操作:(IP)←寻址到的存储单元的一个字

功能:无条件转移到当前段的指定偏移地址处。

【例 5-49】 如果 TABLE 是数据段中定义的一变量名,偏移地址为 0010H,(DS)=1000H,(10015H)=12H,(10016H)=34H,有指令:

```
JMP  WORD  PTR TABLE[BX](或 JMP  TABLE[BX])
```

执行时若(BX)=0005H,则执行后,(IP)=3412H,即程序转移到本段 3412H 处。

3) 段间直接转移指令

汇编格式 1:JMP　FAR PTR 转移地址标号

执行的操作:(IP)←转移地址标号的偏移地址

(CS)←转移地址标号的段地址

功能:无条件转移到指定标号地址处往下执行。

汇编格式 2:JMP　段地址值:偏移地址

执行的操作:(IP)←偏移地址值

(CS)←段地址值

功能:无条件转移到指定段的指定偏移地址处往下执行。

机器指令格式,如图 5-25 所示。

【例 5-50】

```
P1  SEGMENT
      ⋮
    JMP  FAR  PTR NEXT1
      ⋮
P1  ENDS
P2  SEGMENT
      ⋮
NEXT1:
      ⋮
P2  ENDS
```

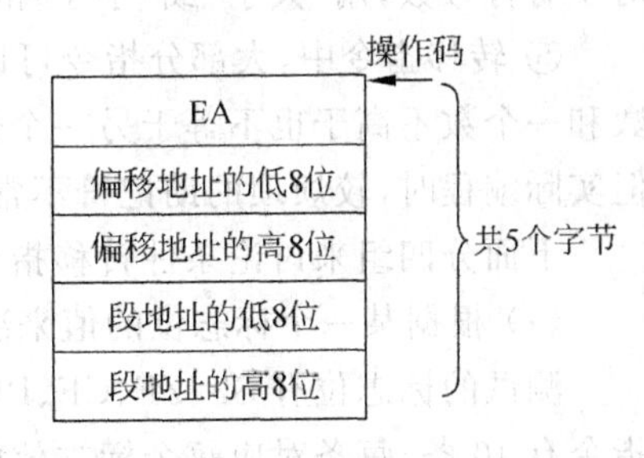

图 5-25　段间直接转移指令格式

4) 段间间接转移指令

汇编格式:JMP　DWORD　PTR 存储器寻址方式

执行的操作:(IP)←寻址到的存储单元的第一个字

(CS)←寻址到的存储单元的第二个字

功能:无条件转移到指定段的指定偏移地址处。

【例 5-51】 如果 TABLE 是数据段中定义的一变量,偏移地址为 0010H,(DS)=1000H,(10015H)=12H,(10016H)=34H,(10017H)=56H,(10018H)=78H,有指令:

```
JMP  DWORD  PTR TABLE[BX]  (或 JMP  DWORD  PTR[TABLE+BX])
```

执行时若(BX)=0005H,则执行后,(IP)=3412H,(CS)=7856H,即程序转移到 7856H:3412H 处。

另外要说明,所有JMP指令都不影响状态标志位。

2. 条件转移指令

条件转移指令比较多,总结起来,有如下特点。

① 所有条件转移指令的寻址方式都是段内直接短寻址,8位位移量,因此都是相对转移,可重定位。

② 所有条件转移指令的共同特点如下。

汇编格式:指令名　转移地址标号

执行的操作:先测试条件

若条件成立,则(IP)←(IP)+8位位移量;

若条件不成立,则(IP)保持不变。

功能:满足测试条件就转移到当前段的指定地址标号处往下执行,否则顺序往下执行。

转移范围:转移到相距本条指令的下一条指令的-128~+127个字节的范围之内。

③ 所有条件转移指令不影响标志位。

④ 转移指令中,有一部分指令是比较两个数的大小,然后根据比较结果决定是否转移。对于某个二进制数据,将它看成有符号数或无符号数,其比较后会得出不同的结果。例如,11111111和00000000这两个数,如果将它们看成无符号数,那么分别为255和0,比较结果是前者大于后者;如果将它们看成有符号数,那么分别为-1和0,比较之后会得到一个相反的结论:前者小于后者。为此,为了做出正确的判断,指令系统分别为有符号数和无符号数的比较大小提供了两组不同的指令。无符号数比较时,用"高于"或"低于"的概念来做判断依据;对于有符号数,用"大于"或"小于"的概念来做判断依据。

⑤ 转移指令中,大部分指令可以用两种不同的助记符来表示。例如,一个数低于另一个数和一个数不高于也不等于另一个数结论是等同的,即条件转移指令JB和JNAE是等同的。但实际编程时,较烦琐的助记符不常被使用。

下面分四组来讨论条件转移指令。

(1) 根据某一个标志位的值来决定是否转移的指令。

测试的标志位有SF、ZF、CF、PF、OF 5个,每个标志位有0和1两个可能取值,因此,这组指令有10条,每条对应每个标志位的一种可能值。这组指令一般适用于测试某一次运算的结果并根据不同的结果做不同的处理,如表5-2所示。

表5-2　简单条件转移指令表

汇编语言指令名	测试条件	操　作
JZ(或JE)	ZF=1	结果为零(或相等)则转移
JNZ(或JNE)	ZF=0	结果不为零(或不相等)则转移
JS	SF=1	结果为负则转移
JNS	SF=0	结果为正则转移
JO	OF=1	结果溢出则转移
JNO	OF=0	结果无溢出则转移
JP(或JPE)	PF=1	奇偶位为1则转移
JNP(或JPO)	PF=0	奇偶位为0则转移
JC(或JNAE或JB)	CF=1	有进位则转移
JNC(或JAE或JNB)	CF=0	无进位则转移

【例 5-52】 比较两个数,若两数相等则转移,否则顺序执行。

```
          ⋮
     CMP    AX,BX
     JZ     SS2
SS1:      ⋮
          ⋮
SS2:      ⋮
```

(2) 比较两个无符号数的大小,并根据比较结果转移的指令。

如表 5-3 所示,两个无符号数据比较大小时,机器根据 CF 标志位来判断大小。具体来讲,两个无符号数相减,若不够减,则最高位有借位,CF=1; 否则,CF=0。所以,当 CF=1 时,说明被减数低于减数; 当 CF=0 且 ZF=0 时,说明被减数高于减数,当 CF=0 且 ZF=1 时说明被减数等于减数。

表 5-3 无符号数比较条件转移指令表

汇编语言指令名	测试条件	操 作
JB(或 JNAE 或 JC)	CF=1	低于,或不高于或等于,或进位位为 1 则转移
JNB(或 JAE 或 JNC)	CF=0	不低于,或高于或等于,或进位位为 0 则转移
JA(或 JNBE)	CF∨ZF=0	高于,或不低于或等于则转移
JNA(或 JBE)	CF∨ZF=1	不高于,或低于或等于则转移

【例 5-53】 变量 TABLE 中存放了一个偏移地址,当无符号数 X 小于、等于或大于此偏移地址时,应去执行 3 个不同的程序段:

```
      MOV    BX,TABLE
      MOV    AX,X
      CMP    AX,BX
      JA     SS3
      JZ     SS2
SS1:  ⋮                          ;低于程序段
SS2:  ⋮                          ;等于程序段
SS3:  ⋮                          ;高于程序段
```

(3) 比较两个有符号数,并根据比较结果转移的指令。

如表 5-4 所示,两个有符号数比较大小时,机器根据 SF 标志位来判断大小,即若被减数小于减数,差值为负,则 SF=1; 否则 SF=0。但这个判断规则有个前提条件,那就是结果无溢出,OF=0。若结果超出了表示范围,则产生溢出,OF=1,此时 SF 标志位显示的正负性正好与应该得的正确结果值的正负性相反,也就是说,SF=0 表示被减数小于减数; SF=1,表示被减数大于减数。因此,当 OF=0 且 SF=1 或者 OF=1 且 SF=0 时,即 SF∨OF=1,表示被减数一定小于减数。当 OF=0 且 SF=0 且 ZF=0 或 OF=1 且 SF=1 时(此时 ZF=0),前数一定大于后数,即测试大于的条件为(SF ∨ OF) ∨ ZF=0。

表 5-4 有符号数比较条件转移指令

汇编语言指令名	测试条件	操 作
JL(或 JNGE)	SF∨OF=1	小于,或不大于或等于则转移
JNL(或 JGE)	SF∨OF=0	不小于,或大于或等于则转移
JG(或 JNLE)	(SF∨OF)∨ZF=0	大于,或不小于或等于则转移
JNG(或 JLE)	(SF∨OF)∨ZF=1	不大于,或小于或等于则转移

【例 5-54】 TABLE 是一字节数组的首地址，长度为 100。统计此数组中正数、0 及负数的个数，并分别放在 COUNT1、COUNT2、COUNT3 变量中。

```
        MOV   CX,100
        MOV   BX,0
AGAIN:  CMP   TABLE[BX],0
        JGE   SS12
        INC   COUNT3
        JMP   SHORT  NEXT
SS12:   JG    SS1
        INC   COUNT2
        JMP   SHORT  NEXT
SS1:    INC   COUNT1
NEXT:   INC   BX
        LOOP  AGAIN
```

(4) 测试 CX 的值为 0 则转移的指令。

指令格式：JCXZ 地址标号

功能：若 CX 寄存器的内容为零则转移到指定地址标号处。

测试条件：(CX)＝0

3. 子程序调用和返回指令

程序员在编写程序时，为便于模块化程序设计，往往把程序中某些具有独立功能的部分编写成独立的程序模块，称为子程序。子程序可由调用指令 CALL 调用。调用子程序的程序称为主程序或调用程序。子程序通过执行返回指令 RET 又返回主程序的调用处继续往下执行。

由于子程序与调用程序可以在一个段中，也可以不在同一段中，因此调用指令 CALL 和返回指令 RET 在具体使用时有如下几种格式。

1) CALL 调用指令

(1) 段内直接调用指令。

汇编格式：CALL NEAR PTR 子程序名 (或 CALL 子程序名)

机器指令格式：同段内直接近转移一样，是一条 3 字节指令，一个字节的操作码之后紧存着两个字节的 16 位的位移量。

执行的操作：(SP)←(SP)－2

((SP)＋1,(SP))←(IP)

(IP)←(IP)＋16 位位移量

子程序名就是子程序的名称，它等于子程序段的第一条指令的地址标号，也称为子程序的入口地址。16 位位移量是子程序入口地址与 CALL 指令的下一条指令地址的差值的补码。

可以看出，这条指令的第一步操作是把子程序的返回地址(也称断点)即 CALL 指令的下一条指令的地址压入堆栈中；第二步操作则是转向子程序的入口地址，然后执行子程序的第一条指令。

【例 5-55】 段内直接调用指令示例。

```
1000:1000H  CALL  NEAR  PTR  PROC1(或 CALL  PROC1)
1000:1003H      ⋮
            ⋮
1000:1200H  PROC1:    ⋮
```

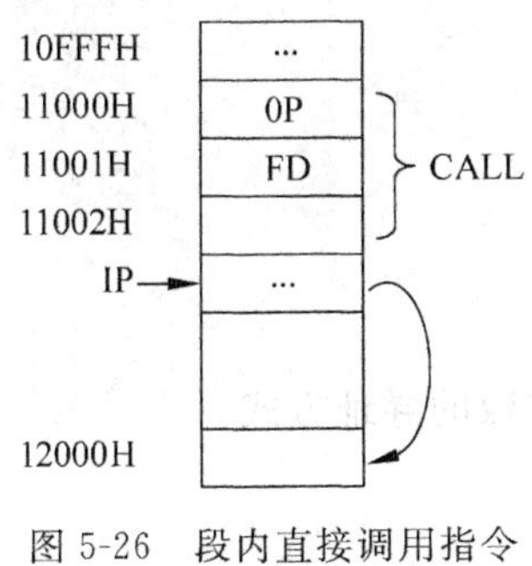

图 5-26　段内直接调用指令示意图

此指令在代码段中的存储情况如图 5-26 所示。执行 CALL 指令把此指令的下一条指令的偏移地址(IP)＝1003H 压栈,然后与 16 位位移量相加,得 1200H,放入 IP 中,此时(IP)＝1200H,程序就转移到 PROC1 处继续执行。

(2) 段间直接调用指令。

汇编格式：CALL　FAR　PTR　子程序名

机器指令格式：同段间直接转移指令一样,是一条 5 字节指令,一个字节的操作码之后紧存着子程序入口地址的偏移地址及段地址。

执行的操作：(SP)←(SP)－2

((SP)＋1,(SP))←(CS)

(SP)←(SP)－2

((SP)＋1,(SP))←(IP)

(IP)←子程序入口地址的偏移地址(指令的第 2、3 字节)

(CS)←子程序入口地址的段地址(指令的第 4、5 字节)

【例 5-56】　段间直接调用指令示例。

```
        P1     SEGMENT
        ⋮
1000: 1000H CALL      FAR   PTR   PROC2
        ⋮
        P1     ENDS
        P2     SEGMENT
        ⋮
3000: 1000H PROC2:
        ⋮
        P2     ENDS
```

此指令在代码段中的存储情况如图 5-27 所示。执行 CALL 指令把此指令的下一条指令的段地址(CS)＝1000H 压栈,偏移地址(IP)＝1003H 压栈,然后取指令的第 2、3 字节放入 IP 中,此时(IP)＝1000H,取指令的第 4、5 字节放入 CS 中,此时(CS)＝3000H,程序就转移到 PROC2 处继续执行。

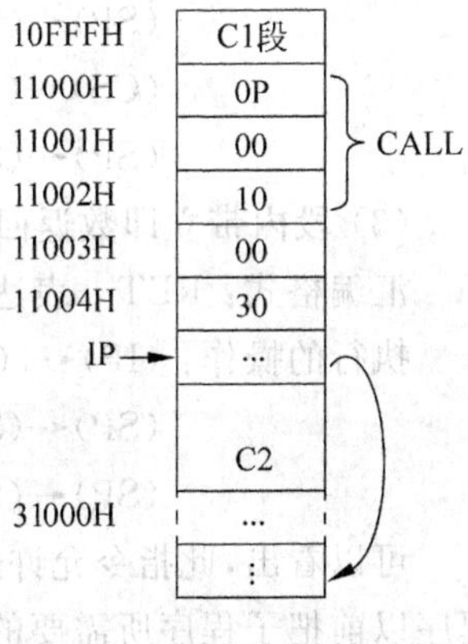

图 5-27　段间直接调用指令示意图

(3) 段内间接调用指令。

汇编格式 1：CALL　16 位寄存器名

汇编格式 2：CALL　WORD　PTR 存储器寻址方式

机器指令格式：同段内间接转移指令一样,操作码之后紧存着操作数的寻址方式。

执行的操作：(SP)←(SP)－2

((SP)＋1,(SP))←(IP)

(IP)←16 位寄存器内容或寻址到的存储单元的一个字

【例 5-57】　段内间接调用指令示例。

```
CALL   BX
```


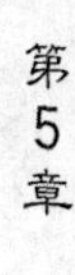

```
CALL  WORD  PTR  TABLE         ;TABLE是数据段定义的变量名
CALL  WORD  PTR  [BP][SI]
CALL  WORD  PTR  ES:[SI]
```


(4) 段间间接调用指令。

汇编格式：CALL　DWORD　PTR 存储器寻址方式

机器指令格式：同段间间接转移一样，操作码之后紧存着操作数的寻址方式。

执行的操作：(SP)←(SP)−2
　　　　　　((SP)+1,(SP))←(CS)
　　　　　　(SP)←(SP)−2
　　　　　　((SP)+1,(SP))←(IP)
　　　　　　(IP)←寻址到的存储单元的第一个字
　　　　　　(CS)←寻址到的存储单元的第二个字

【例 5-58】 段间间接调用指令示例。

```
CALL  DWORD  PTR  [BX]
CALL  DWORD  PTR  TABLE              ;TABLE是数据段定义的变量名
CALL  DWORD  PTR  [BP][SI]
CALL  DWORD  PTR  ES:[SI]
```

2) RET 返回指令

(1) 段内返回指令。

汇编格式：RET

执行的操作：(IP)←((SP)+1,(SP))
　　　　　　(SP)←(SP)+2

(2) 段间返回指令。

汇编格式：RET

执行的操作：(IP)←((SP)+1,(SP))
　　　　　　(SP)←(SP)+2
　　　　　　(CS)←((SP)+1,(SP))
　　　　　　(SP)←(SP)+2

(3) 段内带立即数返回指令。

汇编格式：RET　表达式

执行的操作：(IP)←((SP)+1,(SP))
　　　　　　(SP)←(SP)+2
　　　　　　(SP)←(SP)+16 位表达式的值

可以看出，此指令允许返回后修改堆栈指针，这就便于调用程序在用 CALL 指令调用子程序以前把子程序所需要的参数入栈，以便子程序运行时使用这些参数。当子程序返回后，这些参数不再有用，就可以通过修改堆栈指针使其指向参数入栈以前的值。

(4) 段间带立即数返回指令。

汇编格式：RET　表达式

执行的操作：(IP)←((SP)+1,(SP))
　　　　　　(SP)←(SP)+2

(CS)←((SP)+1,(SP))

(SP)←(SP)+2

(SP)←(SP)+16 位表达式的值

由上可看出,CALL 和 RET 执行的操作恰好相反。CALL 指令和 RET 指令都不影响标志位。

4. 循环指令

循环指令共有 LOOP、LOOPZ/LOOPE、LOOPNZ/LOOPNE 3 条。

汇编格式：指令名　循环入口的地址标号

执行的操作：

① (CX)←(CX)−1。

② 判断测试条件,若条件成立,则(IP)←(IP)+8 位位移量；若条件不成立,则(IP)保持不变。

其中 8 位位移量等于循环入口地址与本条循环指令的下一条指令地址的差值的补码。当测试条件成立,则转移到本条指令的下一条指令的−128～+127 个字节范围内；否则顺序执行。

可见,循环指令用的是段内直接寻址法,是相对转移指令。

3 条循环指令的测试条件如表 5-5 所示。

表 5-5　循环指令测试条件

指　令　名	测 试 条 件	功　能
LOOP	(CX)≠0	无条件循环
LOOPNZ/LOOPNE	(CX)≠0 且 ZF=1	当为零或相等时循环
LOOPNZ	(CX)≠0 且 ZF=0	当不为零或不相等时循环

【例 5-59】　循环指令应用于软件延时。

```
DS5MS   PROC
        PUSH   CX
        MOV    CX,500
NEXT:   NOP
        NOP
        LOOP   NEXT
        RET
        POP    CX
DS5MS   ENDP
```

5. 中断指令和中断返回指令

有时当程序运行期间,会遇到某些特殊情况需要处理,这时计算机会暂停程序的运行,转去执行一组专门的服务子程序来进行处理,处理完毕又返回断点处继续往下执行,这个过程称为中断,所执行的这组服务子程序称为中断服务子程序或中断程序。

中断和中断返回很类似于子程序调用和子程序返回,当 CPU 响应中断时,也要把(IP)和(CS)保存入栈。除此之外,为了能全面地保存现场信息,还需要把反映现场状态的标志寄存器的内容程序状态字(PSW)保存入栈,然后转到中断服务子程序中；当从中断返回时,除要恢复(IP)和(CS)外,还要恢复(PSW)。涉及中断的 3 条指令分别为 INT n、INT0、IRET。

其中 INT 是助记符,n 是一个 8 位的无符号整数,称为中断类型号,取值范围为 0～225,因此中断类型号共有 256 个,每个中断类型号对应一个中断服务子程序。n 可以写成常数,也可以写成表达式。

5.5.6 处理器控制指令

1. 标志设置指令

这组指令除了改变指定标志位的值外，不影响其他标志位，各条指令功能和格式如表 5-6 所示。

表 5-6 标志设置指令

指令格式	指 令 功 能	执行的操作
CLC	进位位置 0 指令	CF←0
STC	进位位置 1 指令	CF←1
CMC	进位位求反指令	CF←$\overline{CF}$
CLD	方向标志位置 0 指令	DF←0
STD	方向标志位置 1 指令	DF←1
CLI	中断标志位置 0 指令	IF←0
STI	中断标志位置 1 指令	IF←1

2. 其他处理机控制指令

1）无操作指令 NOP

汇编格式：NOP

执行的操作：不执行任何操作

说明：本条指令的机器码占一个字节的存储单元，往往在调试程序时用它占有一定的存储单元，以便在正式运行时用其他指令取代。

2）停机指令 HLT

汇编格式：HLT

执行的操作：使 CPU 处于“什么也不干”的暂停状态。

说明：

(1) 要退出暂停状态有以下 3 种方法：中断、复位或 DMA 操作。实际使用时，该条指令往往出现在程序等待硬中断的地方，一旦中断返回，就可使 CPU 脱离暂停状态，继续 HLT 指令的下一条指令往下执行，实现了软件与外部硬件同步的目的。

(2) 该指令在程序设计举例中，往往是程序的最后一条指令，表示程序到此结束。如果是汇编语言上机练习，则不要用此指令作为结束，不然会使计算机出现死锁现象，一般程序的末尾应写上返回 DOS 的调用。但在 DEBUG 调试程序中可用 HLT，不会产生死锁现象。

3）等待指令 WAIT

汇编格式：WAIT

执行的操作：不断测试$\overline{\text{TEST}}$引脚。

说明：

(1) 若测试到$\overline{\text{TEST}}$＝0，则 CPU 处于暂停状态；若一旦测试到$\overline{\text{TEST}}$＝1，则 CPU 脱离暂停状态，继续往下执行。

(2) 实际使用中，$\overline{\text{TEST}}$引脚往往与 8087 协处理器相连。这样连接可实现 8088/8086 等待协处理器 8087 完成一个任务，从而达到微处理器与协处理器同步的目的。

4）总线封锁指令 LOCK

LOCK 总线封锁指令也称为前缀指令，可放在任何一条指令的前面。

汇编格式：LOCK　XXXX 指令

执行的操作：使$\overline{\text{LOCK}}$引脚输出低电平信号。

说明：实际使用中，CPU 的$\overline{\text{LOCK}}$引脚与总线控制器 8289 的$\overline{\text{LOCK}}$引脚相连。执行 LOCK 指令后，CPU 通过$\overline{\text{LOCK}}$引脚送出一个低电平信号，总线控制器封锁总线，使其他处理器得不到总线控制权。这种状态一直延续到$\overline{\text{LOCK}}$指令之后的指令执行完为止。

5）交权指令 ESC

汇编格式：ESC　存储器寻址方式

执行的操作：将指定的存储单元的内容送到数据总线。

说明：每当汇编程序遇到协处理器的一个助记指令码，就会把它转换成 ESC 指令的机器码，ESC 指令表示此处为协处理器的操作码。

习　题　5

一、填空题

1. ________是软件和硬件的主要交界面。

2. 指令中表示操作性质的部分称为________，表示操作数地址的部分称为________。

3. 设某条指令的地址码为 X，(X)＝Y，(Y)＝Z，

若用立即寻址方式，则参与操作的数位________；

若用直接寻址方式，则参与操作的数位________；

若用间接寻址方式，则参与操作的数位________。

4. 补码操作数 01101 算术左移一位的结果是________，进位上置________；

补码操作数 10110 算术左移一位的结果是________，进位上置________；

补码操作数 00111 算术右移一位的结果是________（用 0 舍 1 入法舍入）；

补码操作数 10100 算术右移一位的结果是________（用恒置 1 法舍入）。

5. 取出并执行一条指令的时间称为________周期，它通常由若干个 CPU 周期组成，CPU 周期也称为________周期。所有指令的第一个 CPU 周期一定是________周期，每一个 CPU 周期又由若干个________周期组成。

6. 寻址是寻找________的过程。

7. 在实模式下，段地址和偏移地址为 1234H 和 4567H 的存储单元的物理地址________ H。

8. 执行一条指令分为________和________。

9. 指令 MOV　A，10H 为________寻址，ADD　A，@D 为________寻址。

二、选择题

1. 一般来说，每条指令包含（　　）和地址码。

A. 操作码　　B. 数据码　　C. 逻辑码　　D. 控制码

2. 在直接寻址方式中，指令中的地址码是（　　）。

A. 操作数　　B. 操作数地址　　C. 指令地址　　D. 变址地址

3. 指令包括操作码和操作数（地址码），大多数指令需要双操作数，分别称为（　）。

A. 源操作数和目的操作数　　B. 源操作数和逻辑操作数

C. 逻辑操作数和目的操作数　　D. 逻辑操作数和状态操作数

4. 取出并执行一条指令的时间为（　　）。

A. 指令周期　　B. 机器周期　　C. 取指周期　　D. 执指周期

5. 在下面的寻址方式中,(　　)速度最快。

A. 立即寻址　　B. 间接寻址　　C. 直接寻址　　D. 变址寻址

6. 为解决某一特定问题而设计的指令序列称为(　　)。

A. 文档　　B. 语言　　C. 程序　　D. 系统

7. 取出并执行一条指令的最短时间为(　　)。

A. 一个机器周期　　B. 两个机器周期

C. 三个机器周期　　D. 四个机器周期

三、简答题

1. 机器指令分为几部分?每部分的作用是什么?

2. 指出下列 MOV 指令的源操作数的寻址方式:

```
MOV   AX,1234H
MOV   AX,BX
MOV   AX,[BX]
MOV   AX,TABLE; TABLE              ;TABLE 是一个变量名
MOV   AX,[1234H]
MOV   AX,[BX+1234H]
MOV   AX,[BP][SI]
MOV   AX,[BX+SI-1234H]
```

3. 设(DS)=2000H,(BX)=0100H,(SS)=1000H,(BP)=0010H,TABLE 的物理地址为 2000AH,(SI)=0002H。求下列每条指令源操作数的存储单元地址:

```
MOV   AX,[1234H]
MOV   AX,[BX]
MOV   AX,TABLE[BX]
MOV   AX,[BP]
MOV   AX,[BP][SI]
```

4. 设 ARRAY 是字数组的首地址,写出将第 5 个字元素取出送 AX 寄存器的指令,要求使用以下几种寻址方式:

(1) 直接寻址　(2) 寄存器间接寻址　(3) 寄存器相对寻址　(4) 基址变址寻址

5. 设有以下程序段,求执行完此程序后 AX 寄存器中的内容:

```
ABC   EQU2
DATA1 DB    20H
DATA2 DW    1000H
       ⋮
START: MOV   AX,DATA1+ABC
```

6. 设变量 ARRAY 中连续存放了字变量 NUMBR 的偏移地址和段地址,试写出把变量 NUMBR 装入 AX 寄存器中的指令序列。

7. 设当前(CS)=2000H,(IP)=2000H,标号 NEXT 定义在当前代码段偏移地址是 0100H 处,(DS)=1000H,(BX)=1000H,(11000H)=00H,(11001H)=30H,数据段定义的字变量 ARRAY 的内容为 1000H,试写出下列转移指令的目标转移地址。

(1) JMP　NEAR　PTR

(2) JMP　BX

(3) JMP　WORD　PTR　ARRAY

8. 设当前(CS)=2000H,(IP)=2000H,标号 NEXT 定义在 3000H：1000H 处。当前(DS)=1000H,(BX)=1000H,(11000H)=00H,(11001H)=03H,(11002H)=00H,(11003H)=30H,数据段定义的字变量 ARRAY 的内容为 0300H,(ARRAY+2)=3000H,试写出下列转移指令的目标转移地址。

(1) JMP FAR PTR NEXT

(2) JMP DWORD ARRAY

9. MOV CS,AX 指令正确吗?

10. 若正在访问堆栈中 03600H 单元,则 SS 和 SP 的值是多少?

11. 若(SS)=2000H,(SP)=000AH,先执行将字数据 1234H 和 5678H 压入堆栈的操作,再执行弹出一个字数据的操作,试画出堆栈区及 SP 的内容变化过程示意图(标出存储单元的物理地址)。

12. 解释 XLAT 指令是怎样转换 AL 寄存器中的内容的。并编写一段程序用 XLAT 指令将 BCD 码 0～9 转换成对应的 ASCII 码,并将 ASCII 码存入数据 ARRAY 中。

13. 能用 ADD 指令将 BX 内容加到 ES 中去吗?

14. INC[BX]指令正确吗?

15. 若(AX)=0001H,(BX)=0FFFFH,执行 ADD AX,BX 之后,标志位 ZF、SF、CF、OF 各是什么?

16. 写一指令序列完成将 AX 寄存器的最低 4 位置 1,最高 3 位清 0,第 7、8、9 位相反,其余位不变。

17. 试写出执行下列指令序列后 AX 寄存器的内容、执行前(AX)=1234H。

```
MOV  CL,7
SHL  BX,CL
```

18. 在实模式下,存储器中每一段最多可有 10000H 个字节。如果用调试程序 DEBUG 的 R 命令在终端上显示出当前各寄存器的内容如下,请画出此时存储器分段的示意图,以及条件标志 OF、SF、ZF、CF 的值。

```
C>DEBUG
- R
AX = 0000   BX = 0000   CX = 0079   DX = 0000   SP = FFEE   BP = 0000   SI = 0000   DI = 0000
DS = 10E4   ES = 10F4   SS = 21F0   CS = 31FF   IP = 0100   NV  UP  DI  PL  NZ  NA  PO  NC
```

19. 8086 微机的存储器中存放信息如图 5-28 所示。试写出指令读出 30022H 和 30024H 字节单元的内容,以及 30021H 和 30022H 字单元的内容。

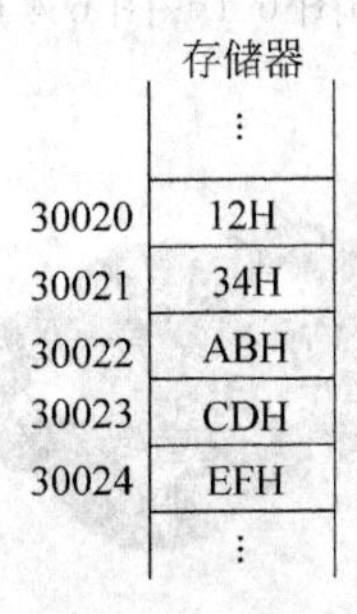

图 5-28 数据存放情况

第6章 存储系统

本章主要介绍存储器的分类及其性能指标；Cache的工作原理、地址映射和存取一致性的相关知识；虚拟存储器的几种组织方式；最后介绍存储技术的发展。

学习目标

(1) 了解存储器的功能、分类、性能指标及主流技术。

(2) 理解内存的读/写原理及工作方式、存储体系结构、内存与Cache的映射关系、虚拟存储器工作方式。

(3) 掌握存储器的扩展方法。

6.1 存储器

存储器是计算机系统的重要组成部分之一，它是计算机的记忆部件。存储器主要用来存放程序和数据，CPU在工作过程中要频繁地与存储器进行信息交换，因此主存储器的性能在很大程度上影响整个计算机系统的性能。

6.1.1 存储器的分类

存储器的分类方法很多，常见的几种分类方法如下。

1. 按存储器的功能和所处的位置分类

按存储器的功能和所处的位置分类，存储器分为主存储器和辅助存储器。主存储器简称主存，又称为内存，用来存储计算机当前正在执行的程序和处理的数据，计算机可以直接对其进行访问。目前应用在微型计算机的主存容量为256MB～8GB。辅助存储器简称辅存，又称为外部存储器，简称外存。在微型计算机中常见的辅存有硬盘、光盘和U盘等。内存条、硬盘、光盘和U盘分别如图6-1～图6-4所示。

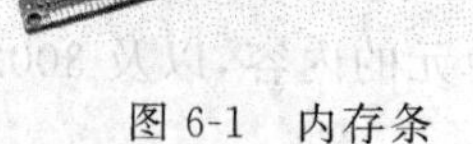

图6-1 内存条

图6-2 硬盘

图6-3 光盘

图6-4 U盘

辅存的存储容量相对内存较大；辅存的存取速度相对内存较慢；CPU可以直接访问内存，而辅存不能被CPU直接访问，CPU要访问辅存中的信息时，必须通过内存进行中转。

在现在的微型计算机中，内存一般都使用半导体存储器。现代计算机的半导体内存又可以大致分为随机存储器RAM(Random Access Memory)和只读存储器ROM(Read Only Memory)两种。其中RAM在CPU运行的过程中可以对信息进行随机地读出和写入，断电之后信息会丢失；只读存储器ROM中存放的数据和程序只能读出不能写入，断电之后信息并不会丢失。

由于主存储器(内部存储器)虽然速度很快，但是存储容量太小，因此计算机系统中通常还需要配置大容量的辅助存储器(外部存储器)。辅助存储器用来存储暂时不使用的数据和程序，当主存储器没有CPU当前需要的数据时，就从辅助存储器中调入。换句话说，辅助存储器的信息需要调入内存才能被CPU使用。和主存储器使用半导体存储器不同，辅助存储器一般为磁表面存储器，如硬盘、软盘，或者使用光盘和U盘等。存储器的分类如图6-5所示。

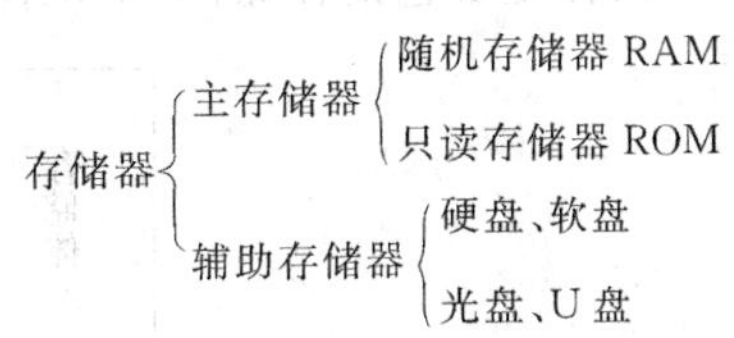

图6-5　存储器分类

2. 按存储介质分类

存储介质是指用来制作存储信息的物质。

按存储介质分类，存储器分为半导体存储器、磁存储器和光存储器。

(1) 半导体存储器是指用半导体元件组成的存储器，主要是指由集成电路组成的存储器。

(2) 磁存储器又称为磁表面存储器，它是指用磁性材料组成的存储器，主要是指磁盘、磁带等。

(3) 光存储器是指用光学原理制成的存储器，如光盘等。

3. 按存取方式分类

按存取方式分类，存储器可以分为随机存储器(RAM)、只读存储器(ROM)、顺序存取存储器(SAM)和直接存取存储器(DAM)。

(1) 随机存储器RAM就是指对任何存储单元的信息都能被随机存取，具有存取速度快、可以读写、断电后信息会丢失等特点，常用做内存。

(2) 只读存储器ROM就是指对任何存储单元的信息只能读取不能被写入，具有存取速度快、只能读不能写、断电后信息不会丢失等特点，常用做内存。

(3) 顺序存取存储器SAM就是指存取信息只能按某种顺序进行，具有容量大、存取速度较慢、成本较低等特点，常用于外存，如磁带。

(4) 直接存取存储器DAM就是指存取信息时不需要对存储介质进行事先搜索而直接存取，具有容量大、存取速度较快等特点，常用于外存，如磁盘。

4. 按信息的可保护性分类

按信息的可保护性分类，存储器可分为易失性存储器和非易失性存储器。

(1) 易失性存储器又称为非永久性记忆存储器，是指断电后信息会丢失的存储器，如RAM。

(2) 非易失性存储器又称为永久性记忆存储器，是指断电后信息不会丢失的存储器，如ROM、磁盘、磁带。

6.1.2 内存的组成及读写原理

内存又称为主存，现在使用的内存都属于半导体存储器。在以冯·诺依曼结构为主的计算机中，内存处于整个系统的核心地位。CPU执行的指令以及处理的数据都存放在内存中，由于CPU是高速器件，因此内存的读写速度直接影响着指令的执行速度。较慢的内存读写速度是影响整个计算机系统性能提高的瓶颈之一。因此，如何提高内存的访问速度，是提高系统性能的关键因素之一。下面从内存的组成入手，简单介绍内存的读写原理。

1. 内存的组成

内存主要包括存储体、地址译码器、驱动器、读写电路和控制电路等，如图6-6所示。

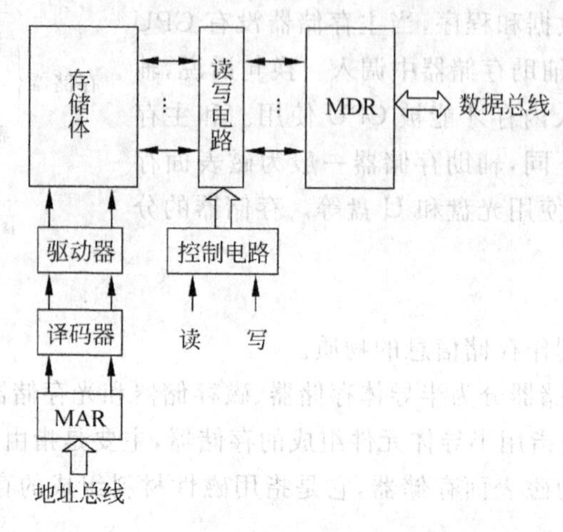

图6-6　内存的组成

存储体是存储信息的集合体，由若干个存储单元组成，每个存储单元存放一串多位二进制数。位(bit)，是在数字电路与计算机技术中的最小单位。在逻辑上，它可以是假，也可以是真；在电路中，它可以代表高、低。每一个能存放二进制位的即是具有两态特征的电子元件。一个存储单元存放的一串二进制数被称为一个存储字，一个存储字所包含的二进制位数称为存储字长。存储字长可以是8位、16位、32位或64位等。一个存储字可以代表一个数值、一串字符、一条指令等所有存放在存储器中的信息，即若干位组成一个存储单元，又由若干个存储单元组成一个存储体。

每个存储单元都被分配了一个物理地址，只有知道存储单元的物理地址，才能实现对存储器的存储单元按地址存取。为了正确实现主存的按地址访问，还必须为主存配备两个寄存器：存储器地址寄存器(Memory Address Register，MAR)和存储数据寄存器(Memory Data Register，MDR)。MAR用来缓存将要访问的存储单元的地址，MDR用来缓存读/写的数据。MAR和MDR被封装在CPU内，其他电路如译码器、驱动电路和读写电路则被封装在存储芯片中。

译码器和驱动器就是用来将MAR中的地址翻译成所要访问的存储单元的电路。它们与存储体相连的线，称为字线，一个存储单元对应一条字线。字线是用于地址译码器所选定存储单元的信息传输(协助地址译码器确定选定存储单元的位置)。数据寄存器与存储体相连的线称为位线或数据线。数据线是用于数据的传入与传出。一条数据线对应存储单元的一位。下面来看看已知一个存储芯片的规格，求其地址线和数据线的条数。

若一个存储芯片的规格为64K×8b,则此芯片有16条地址线和8条数据线。

读写电路用来实现MDR和存储单元之间数据的正常读写。控制电路用来正确传输控制信号,保证实现正确的读或写操作。

为了实现一次正常的存储操作。读信号控制存储器将被选中的存储单元数据读出,写信号控制存储器将向被选中的存储单元写入数据。

2. 内存的接口

内存通过地址总线、数据总线和控制总线与CPU和其他设备相连接。内存与CPU及输入/输出设备的连接框图如图6-7所示。

地址总线为单向总线,用来传输要访问存储单元的地址,地址总线的位数决定了系统的最大可寻址空间,即可访问的最大存储单元的数目。例如,10位地址总线的最大可寻址空间为$2^{10}=1K$个存储单元,20位地址总线的最大可寻址空间为$2^{20}=1M$个存储单元。

数据总线为双向总线,用在计算机各功能部件之间传输数据。数据总线的位数以及总线的时钟频率决定了数据总线的传输能力。

控制总线用来传输各种控制信号,如图6-7所示的读信号、写信号、就绪信号等。读/写信号是相对于CPU而言的,用于控制数据的流向,决定是从内存读还是向内存写。就绪信号则是内存提供的应答信号。由于CPU和内存的运行速度不一致,当CPU发出读/写信号后,数据不能马上完成读/写操作,因此内存通过就绪信号告诉CPU读/写操作的完成。

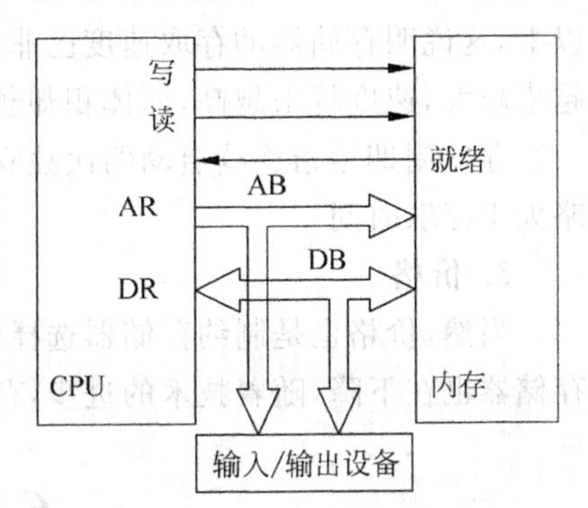

图6-7 内存与CPU及输入/输出设备的连接框图

3. 内存的读写

CPU要想从内存读一个字,需要执行以下操作。首先CPU将该字的地址送AR中,并经地址总线送到内存,同时CPU应使用“读”控制线发出读命令,接着等待读操作的完成。内存接到读命令后,将指定地址的存储单元中的内容经数据总线送到DR中,并发出就绪信号通知CPU所请求的内容已经被读出。接下来CPU就可以从DR中取出从存储器中读出的数据来执行其他处理操作。

CPU要想向内存写一个字,需要执行以下操作。首先CPU将该字的地址送到AR中,并经地址总线送到内存,同时将要写入内存中的字送到DR中,接下来CPU应使用“写”控制线发出写命令,并等待写操作的完成。内存接到写命令后,经数据总线将DR中的内容写入指定地址的存储单元中,并发出就绪信号通知CPU写操作已经完成。

6.1.3 存储器的主要性能指标

衡量存储器的指标主要有存储容量、存取速度和价格。一般来说容量较大的存储器速度相对较慢;而速度快的存储器,如内部存储器价格相对较高,且容量较小。所以,在一台计算机中,要恰当地选择各种不同类型的存储器,并且通过总线相连形成一个有机的存储系统,才能发挥最大的效应。

1. 容量

存储容量是指存储器所能存储的二进制数的位数。例如,1024位/片,即指芯片内集成了1024位的存储器。但是,一般情况下,存储器芯片都是按若干个二进制位为一个单元来进行寻址，所以在标定存储器容量时，经常同时标出存储单元的数目和位数，因此：

存储器芯片容量＝单元数×数据线位数

如 Intel 2114 芯片容量为 1024×4 位/片。

在 PC 中数据大都是以字节(B)为单位并行传送的，同样，对存储器的读写也是以字节为单位寻址的。虽然现在的微型计算机的字长已经达到 32 位甚至 64 位，但其内存仍以一个字节为一个单元，所以表示 PC 的存储器容量仍然以字节为单位。8 个二进制位为一个字节，基本换算单位如下：

$$1B=8b \quad 1KB=2^{10}B \quad 1MB=2^{10}KB=2^{20}B \quad 1GB=2^{10}MB=2^{20}KB=2^{30}B$$

2. 存取速度

存储器另一个重要指标是存取速度，通常存取速度可以用存取时间和存储周期来衡量。

存取时间又称为存储器访问时间，是指启动一次存储器操作到完成这次操作所需要的时间。存取时间越小，则速度越快。超高速存储器的存取速度已小于 10ns，中速存储器的存取速度为 100～200ns，低速存储器的存取速度在 300ns 以上。Pentium 4 CPU 时钟已达 3GHz 以上，这说明存储器的存取速度已非常高。随着半导体技术的进步，存储器的发展趋势是容量越来越大，速度越来越高，而体积却越来越小。

存储周期是指连续启动两次独立的存储器操作之间间隔的时间，所以相对来讲，存储周期略大于存取时间。

3. 价格

当然，价格也是制约存储器选择的一个重要指标。现在半导体的价格已经大大下降，外部存储器也在下降，随着技术的进步，存储器的性价比肯定会越来越高。

6.2 随机存储器

目前广泛使用的半导体存储器是 MOS 半导体存储器。根据存储信息的原理不同，又分为静态 MOS 存储器(SRAM)和动态 MOS 存储器(DRAM)。半导体存储器的优点是存取速度快，存储体积小，可靠性高，价格低廉；缺点是断电后存储器不能保存信息。

6.2.1 静态随机存储器

随机存储器(SRAM)按存储元件在运行中能否长时间保存信息来分，有静态随机存储器(SRAM)和动态随机存储器(DRAM)。其中 SRAM 采用双稳态触发器来保存信息，在使用过程中只要不掉电，信息就不会丢失；DRAM 则是采用 MOS 电容来保存信息，使用时需要不断充电，才能使信息不丢失。SRAM 和 DRAM 各有优点，SRAM 集成度低，速度快，但功耗大，价格贵，一般在计算机中用做 CPU 中的高速缓冲存储器 Cache。DRAM 集成度高，速度相对较慢，但功耗小，价格相对便宜，一般用做主机的内存条。

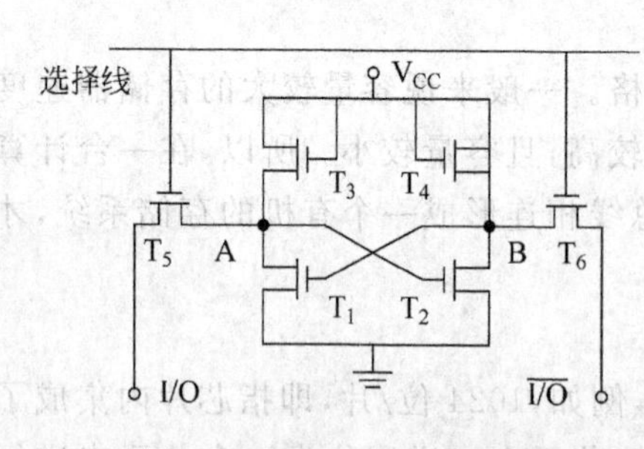

图 6-8 SRAM 的存储单元

如图 6-8 所示，SRAM 的基本存储单元由 6 个 MOS 管组成。在此电路中，$T_1 \sim T_4$ 管组成双稳态触发器，T_1、T_2 为放大管，T_3、T_4 为负载管，若 T_1 截止，则 A 点为高电平，它使 T_2 导通，于是 B 点为低电平，这又保证了 T_1 的截止。同样，T_1 导通而 T_2 截止，这是另一个稳定状态。因此可用 T_1 管的两种状态表示 1 或 0。由此可知静态 RAM 保存信息的特点是和这个双稳态触发器的稳定状态密切相关的。显然,仅仅能保持这两个状态的一种还是不够的,还要对状态进行控制,于是就加上了控制管 T_5、T_6。

当地址译码器的某一个输出线送出高电平到 T_5、T_6 控制管的栅极时,T_5、T_6 导通,于是,A 点与 I/O 线相连,B 点与 $\overline{I/O}$ 线相连。这时如要写 1,则 I/O 为 1,$\overline{I/O}$ 为 0,它们通过 T_5、T_6 管与 A、B 点相连,即 A=1、B=0,使 T_1 截止,T_2 导通。而当写入信号和地址译码信号消失后,T_5、T_6 截止,该状态仍能保持。如要写 0,$\overline{I/O}$ 线为 1,I/O 线为 0,这使 T_1 导通,T_2 截止,只要不掉电,这个状态会一直保持,除非重新写入一个新的数据。

对所存的内容读出时,仍需地址译码器的某一输出线送出高电平到 T_5、T_6 管栅极,即此存储单元被选中,此时 T_5、T_6 导通,于是 T_1、T_2 管的状态被分别送至 I/O、$\overline{I/O}$ 线,这样就读取了所保存的信息。显然,所存储的信息被读出后,所存储的内容并不改变,除非重写一个数据。

由于 SRAM 存储电路中,MOS 管数目多,故集成度较低,而 T_1、T_2 管组成的双稳态触发器必有一个是导通的,功耗也比 DRAM 大,这是 SRAM 的两大缺点。其优点是不需要刷新电路,从而简化了外部电路。

6.2.2 动态随机存储器

减少 MOS 管数目,提高集成度和降低功耗,就进一步出现了动态随机存储器(DRAM),其基本存储电路为单管动态存储电路,如图 6-9 所示。

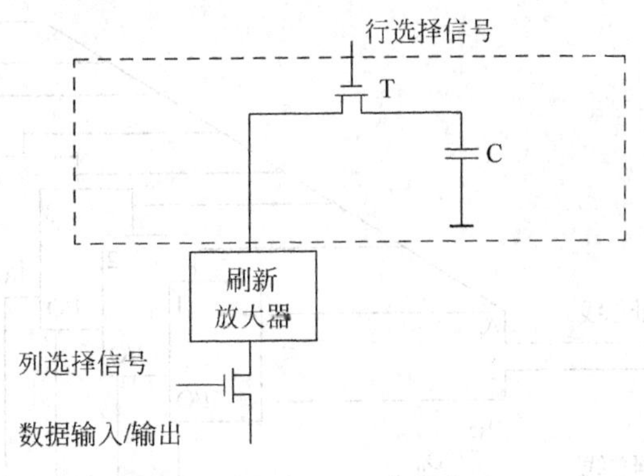

图 6-9 DRAM 的存储单元

由图 6-9 可知,DRAM 存放信息靠的是电容 C。电容 C 有电荷时,为逻辑 1,没有电荷时,为逻辑 0。但由于任何电容,都存在漏电,因此,当电容 C 存有电荷时,过一段时间由于电容的放电过程导致电荷流失,信息也就丢失。解决的办法是刷新,即每隔一定时间(一般为 2ms)就要刷新一次,使原来处于逻辑电平 1 的电容的电荷又得到补充,而原来处于电平 0 的电容仍保持 0。在进行读操作时,根据行地址译码,使某一条行选择线为高电平,于是使本行上所有的基本存储电路中的管子 T 导通,使连在每一列上的刷新放大器读取对应存储电容上的电压值。刷新放大器将此电压值转换为对应的逻辑电平 0 或 1,又重写到存储电容上,而列地址译码产生列选择信号,所选中那一列的基本存储电路才受到驱动,从而可读取信息。

在写操作时,行选择信号为 1,T 管处于导通状态,此时列选择信号也为 1,则此基本存储电路被选中,于是由外接数据线送来的信息通过刷新放大器和 T 管送到电容 C 上。

刷新是逐行进行的,当某一行选择信号为 1 时,选中了该行,电容上信息送到刷新放大器上，刷新放大器又对这些电容立即进行重写。由于刷新时，列选择信号总为 0，因此电容上信息不可能被送到数据总线上。

6.2.3 RAM 与 CPU 连接

CPU 对存储器进行读/写操作，首先由地址总线给出地址信号，然后发出读操作或写操作的控制信号，最后在数据总线上进行信息交流。因此，存储器同 CPU 连接时，要完成地址线的连接、数据线的连接和控制线的连接。

目前生产的存储器芯片的容量是有限的，它在字数或字长方面与实际存储器的要求都有差距，所以需要在字向和位向两方面进行扩充才能满足实际存储器的容量要求，通常采用位扩展法、字扩展法、字位同时扩展法。

1. 位扩展法

位扩展又称为位并联，此方法是通过存储芯片位线的并联实现了扩展存储器的字长。假定使用 8 片 8K×1b 的 RAM 存储器芯片组成一个 8K×8b 的存储器，可采用如图 6-10 所示的位扩展法。每一片 RAM 是 8192×1b，故其地址线为 13 条（$A_0 \sim A_{12}$），可满足整个存储体容量的要求。每一片对应于数据的 1 位（只有一条数据线），故只需将它们分别接到数据总线上的相应位即可。在这种方式中，对芯片没有选片要求，就是说芯片按已被选中来考虑。如果芯片有选片输入端，可将它们直接接地。在这种连接时，每一条地址总线接有 8 个负载，每一条数据线接有一个负载。

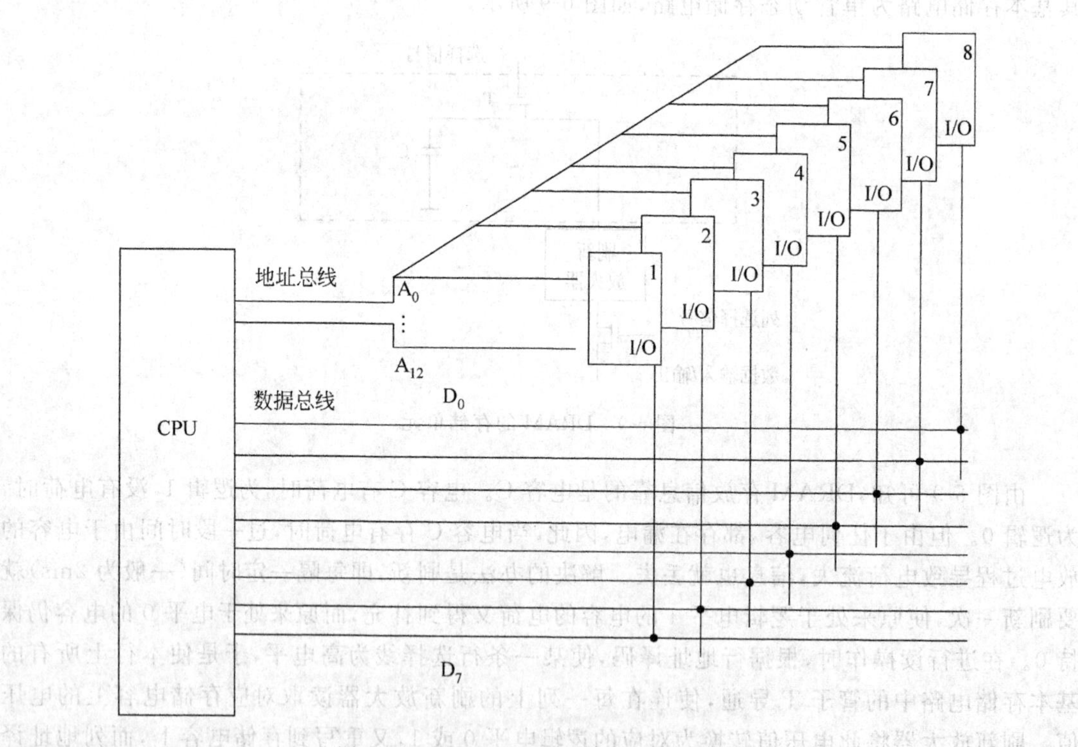

图 6-10 位扩展法组成 8K×8b 的存储器

2. 字扩展法

字扩展又称为地址串联，此方法是通过存储芯片地址线的串联实现了扩展存储器的数量。假定使用 4 片 16K×8b 的 RAM 存储器芯片组成一个 64K×8b 的存储器，可采用如图 6-11

所示的字扩展法。字扩展是仅在字向扩充，而位数不变，因此将芯片的地址线、数据线、读/写控制线并联，而由片选信号来区分各片地址，故片选信号端连接到选片译码器的输出端。图中4个芯片的数据线与数据总线 $D_0 \sim D_7$ 相连，地址总线低位地址 $A_0 \sim A_{13}$ 与各芯片的14位地址端相连，两位高位地址 A_{14}、A_{15} 经译码器和4个片选端相连。

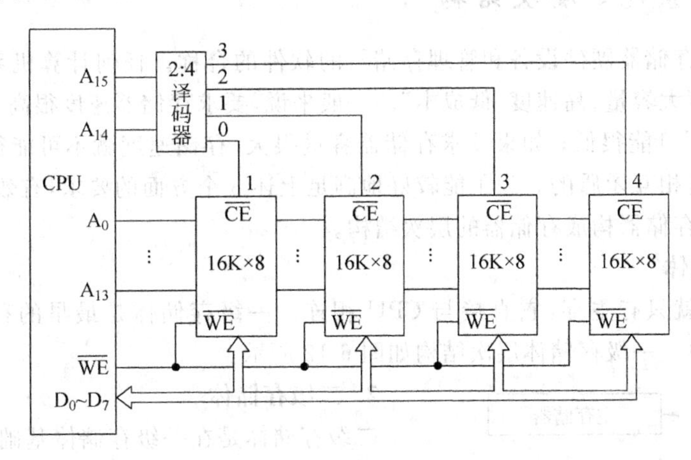

图 6-11　字扩展法组成 64K×8b 的存储器

3. 字位同时扩展法

字位同时扩展法又称为地址复用技术。通过地址复用技术可以达到不增加地址线就可以扩展存储芯片的容量。地址复用技术是将地址分批送入芯片内部，不增加芯片的地址引脚。一个存储器的容量假定为 $M \times N$ 位，若使用 $i \times j$ 位的芯片($i<M, j<N$)，需要在字线和位线同时进行扩展。此时共需要$(M/i) \times (N/j)$个存储器芯片。

6.3 只读存储器

只读存储器(ROM)的信息在使用时是不能被改变的，即只能读出不能写入，故一般只能存放固定程序，如监控程序、BIOS程序、汉字字形库、字符及图形符号等。ROM的特点是非易失性，即掉电后存储信息不会改变。

某些情况下，用户需要一次性写入数据到存储器中，而不对写入的数据进行修改，这时需要使用可编程只读存储器PROM。

在某些应用中，程序需要经常修改，因此能够重复擦写的可擦除可编程只读存储器EPROM被广泛应用。这种存储器利用编程器写入后，信息可长久保持，因此可作为只读存储器。当其内容需要变更时，可利用擦除器(由紫外线灯照射)将其擦除，各单位内容复原，再根据需要利用EPROM编程器编程，因此这种芯片可反复使用。

EPROM的优点是一块芯片可多次使用，缺点是整个芯片虽只写错一位，也必须从电路板上取下擦掉重写，这对于实际使用是很不方便的。在实际应用中，往往只要改写几个字节的内容即可，因此多数情况下需要以字节为单位的擦写。而电可擦除的可编程只读存储器EEPROM(E^2PROM)在这方面具有很大的优越性，现在使用非常多的闪存就具有E^2PROM的特点。

6.4 存储体系

6.4.1 存储系统的层次结构

存储系统是存储器硬件设备和管理存储器的软件的合称。任何计算机系统中，对存储器的要求可概括为“大容量、高速度、低成本”。一般来说，要求存储器速度很高，存储容量就不可能很大，价格也不可能很低；如果要求存储器容量很大，存储速度就不可能很高，成本也不会很低，三者之间是相互矛盾的。为了能较好地满足上述3个方面的要求，有效的办法是采用由不同介质形成的存储器构成存储器的层次结构。

1. 一级存储体

一级存储体就只有主存，它直接与CPU相连。一级存储体是最早的存储体，它的容量小，存储结构简单。一级存储体层次结构如图6-12所示。

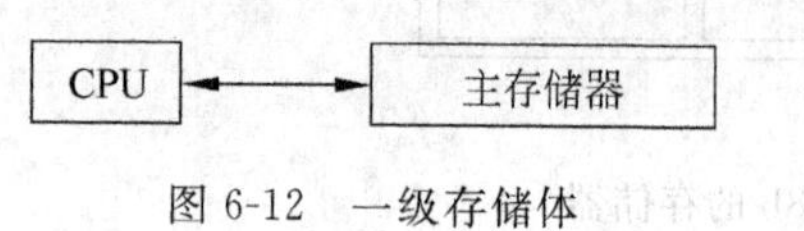

图6-12 一级存储体

2. 二级存储体

二级存储体是在一级存储体基础上发展而来。二级存储体的出现主要是为满足人们对计算机存储容量的需求，解决了主存容量不足问题。二级存储体是在一级存储体的基础上增加了辅助存储器(辅存)。二级存储体层次结构如图6-13所示。整个存储系统由主存储器和辅助存储器两级构成。主存储器一般由半导体存储器构成，它速度快，但容量较小，成本较高，通常用来存放程序的“活跃部分”，直接与CPU交换信息；辅助存储器一般由磁表面存储器构成，它速度慢，但容量大、成本低，通常用来存放程序的“不活跃部分”，即暂时不执行的程序或暂时不用的数据，需要时，将程序或数据以信息块为单位从辅助存储器调入主存储器中。那么，什么时候应将辅存中的信息块调入主存，什么时间将主存中已用完的信息块调入辅存，所有这些操作都是由辅助软硬件来完成，只有这样，由主、辅存构成的两级存储层次才成为一个完整的存储系统，对CPU来说，访问存储器的速度是主存储器的，而存储器的容量和成本是辅助存储器的，较好地满足上述3个方面的要求。

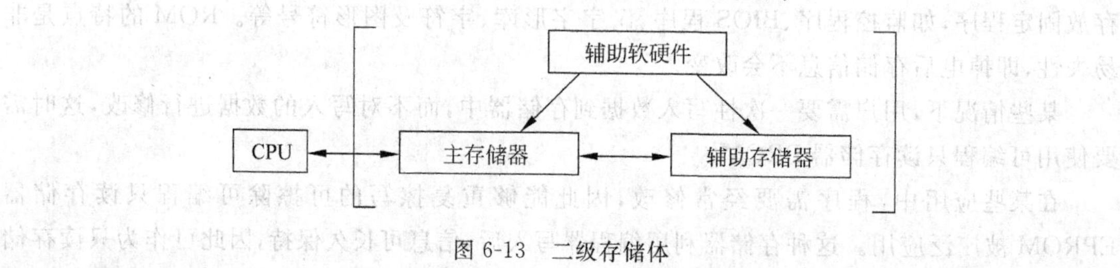

图6-13 二级存储体

3. 多级存储体

多级存储体是在二级存储体的基础上发展而来的。它在二级存储体的基础上引入了高速缓冲存储器(Cache)。多级存储体主要解决了CPU和主存的速度匹配问题。最简单的多级存储体层次结构如图6-14所示。

在多级存储体中，高速缓冲存储器的访问速度可与CPU相匹配，但是其容量比主存储器更小，Cache中的信息是主存储器中一部分信息的副本。当CPU需要访问主存储器时，根据给定的主存储器地址迅速判定该地址中的信息是否已进入Cache中，如果已进入Cache中，则经地址变换后立即访问 Cache，如果 Cache 不命中，则直接访问主存储器，显然，Cache 命中率越高越好。为提高访问 Cache 的速度，需要在 Cache 与主存储器之间设置一块辅助硬件。由它来完成主存与 Cache 之间的地址变换功能。这样就构成了"Cache—主存—辅存"多级存储结构。在理想情况下，访问主存储器的速度决定于 Cache，而其容量和成本则决定于辅存，它能更好地满足"高速度、大容量、低成本"3 个方面的要求。

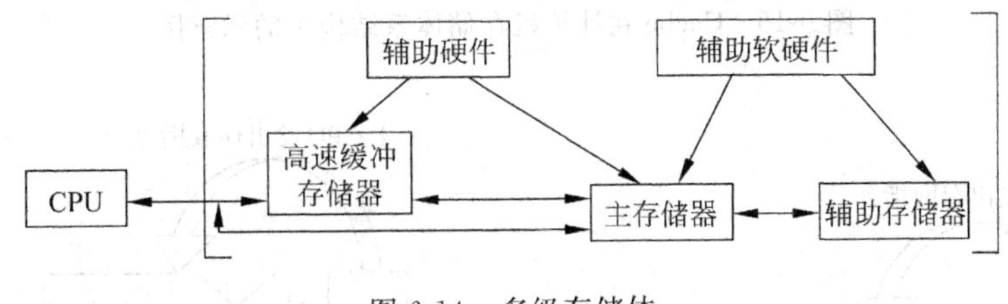

图 6-14　多级存储体

6.4.2　高速缓冲存储器

经过大量的实验证明，在一个较短的时间间隔之内，CPU 对存储器的访问往往集中在逻辑地址空间的一段很小范围，这就是所谓的程序访问的局部性。程序访问的局部性是 Cache 引入的理论依据。正因为 CPU 访问的内存地址空间往往集中在某段区域，其他内存空间大多数时候处于闲置，而内存和 CPU 之间存在速度的瓶颈，所以可以在内存和 CPU 之间设置一个高速缓冲存储器(Cache)，它不需要大容量，只用来集中保存当前 CPU 要调用的内存中的数据。

1. Cache 的工作原理

从存储介质分类，Cache 是静态随机存储器 SRAM，它是在 CPU 和主存储器之间设置的一块高速缓冲存储器，用来保存内存中被经常调用的数据，由于 Cache 的速度远快于内存，因此设置 Cache 后，计算机的性能会大大提高。大家可以将 Intel 公司的奔腾 4 系列和赛扬系列的 CPU 对比，相同主频的 CPU 两者之间差价很大，一个重要原因就是，奔腾 4 系列的 CPU 中集成的 Cache 容量要大很多(现代 CPU 中集成的 Cache 又分成了若干个层次，即所谓的一级缓存、二级缓存等)。

显然，为了使计算机的运算速度快，就应该将内存中最常用的数据存放到 Cache，使 CPU 尽量访问高速的 Cache 获取数据和指令，而尽量不访问低速的内存，以最大限度地提高计算机性能。

在探讨通过怎样的机制使 Cache 尽可能达到人们预想的理想状况之前，先建立一个衡量 Cache 使用效率的指标——命中率。如果将 Cache 的存储空间当做这场测试的"靶子"，那么 CPU 发出的存取指令就是射向靶心的"箭"。当存取指令所要访问的数据和程序指令恰好在"靶子"上，就称为一次命中，如果"靶子"上没有发现"箭"所指定的内容，那就不得不舍近求远地到内存上获取想要的信息，这就是一次"脱靶"。图 6-15 是 Cache 在计算机存储体系结构中的示意图，图 6-16 和图 6-17 分别为命中 Cache 和未命中 Cache 时 CPU 访问存储器的过程。

因为 Cache 的速度远快于内存，所以每中一次靶，就会提高计算机的性能。简而言之，Cache 的命中率就是指命中 Cache 的访问次数和 CPU 总访问次数(包括访问 Cache 和内存)之比。例如，在执行程序的一段时间内，CPU 访问 Cache 的次数是 N_c，访问内存的次数是

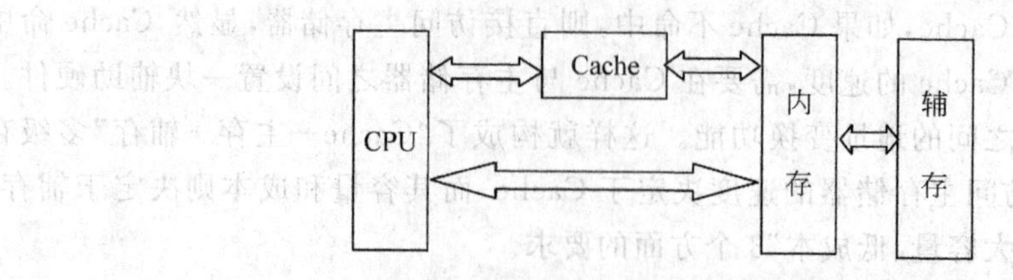

图 6-15　Cache 在计算机存储体系结构中的示意图

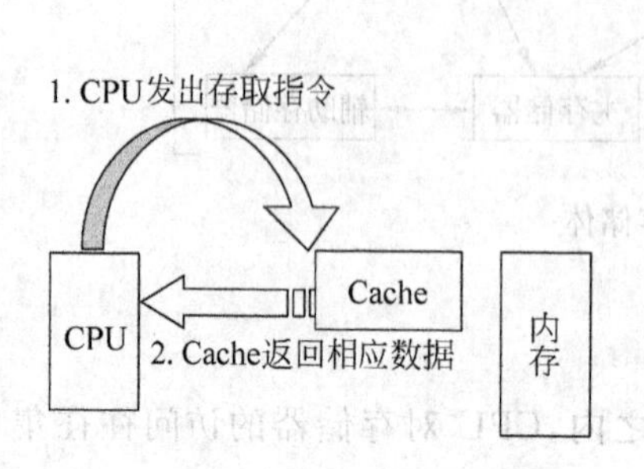

图 6-16　CPU 命中 Cache

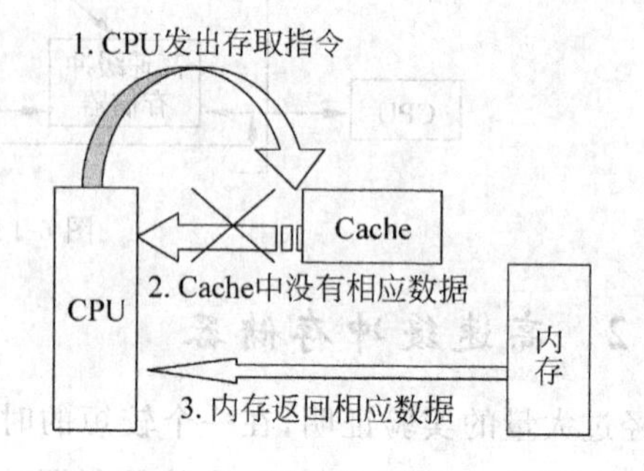

图 6-17　CPU 未命中 Cache

N_m，h 为命中率，则有：

$$h = N_c/(N_c + N_m)$$

若访问一次 Cache 的平均时间为 T_c，访问一次内存的平均时间为 T_m，则平均存取时间：

$$T_a = T_c \times h + T_m \times (1 - h)$$

从上面可以看出，理想状况的命中率是 1，即 CPU 访问的信息全部在 Cache 中，无须再访问内存。为了尽可能提高命中率，缩短平均存取时间，有几个环节必须要得到很好的解决。首先，Cache 保存的是内存的副本，那么怎样将内存的地址映射到 Cache，也就是说，将内存某个区域的数据放到 Cache 的哪个地方的问题；其次，当需要往 Cache 中写入数据而 Cache 已满时，应采用怎样的替换算法替换 Cache 中现有的数据；最后，当 Cache 中存放的数据经过一段时间后，已经和内存中的“原稿”不一致时应如何处理，即 Cache 和主存“存取一致性”的问题。

2. 主存与 Cache 的地址映像

Cache 的容量比主存容量小得多，它保存的内容只是主存内容的一个子集，而 Cache 与主存之间的数据交换是以块为单位进行的，所以一个 Cache 块对应多个主存块。把主存块装入 Cache 需按某种规则进行，主存地址与 Cache 地址之间的对应关系，称为地址映像。当 CPU 访问存储器时，它给出的一个字的内存地址会自动变换成 Cache 地址，首先在 Cache 中查找所需要的数据。

主存与 Cache 之间的地址映像有全相联映像、直接映像、组相联映像 3 种方式。假设有一个 Cache—主存系统，Cache 分为 8 个数据块，主存分为 256 块，每块中有同样多的字，下面以这个系统为例介绍 3 种映像方式。

1）全相联映像方式

全相联映像是指主存中的任意一块可以装入 Cache 中的任意块位置，如图 6-18 所示。在这种方式中，将主存中一个块的地址（块号）与块的内容一起存到 Cache 块中，其中块号存于 Cache 块的标记部分。因为全部块地址一起保存在 Cache 中，使主存的一个块可以直接复制到 Cache 中的任意块位置，非常灵活。图 6-18 中的主存分为 256(2^8)块，块地址为 8 位，因而 Cache 的标记部分为 8 位。

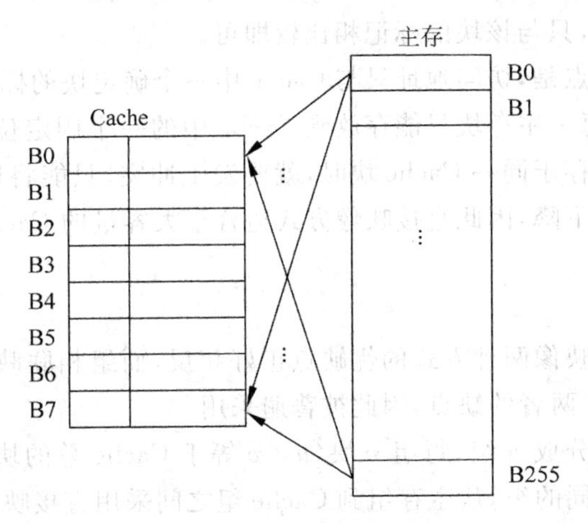

图 6-18　全相联映像示意图

当 CPU 访问存储器时，要把内存地址中的块号和 Cache 中所有块的标记相比较，如果块号命中，则从 Cache 中读出一个字，如果块号未命中，则按内存地址从主存中读取这个字。

全相联映像方式的缺点是比较器电路难于设计和实现，因此这种映像方式只适合于小容量 Cache 采用。

2）直接映像方式

直接映像是指主存中的一个块只能装入到 Cache 中的一个特定块位置上。直接映像方式把主存分成若干页，每一页与整个 Cache 的大小相同，每页的块数与 Cache 的块数相等，只能把内存各页中相对块号（偏移量）相同的那些块映像到 Cache 中同一块号的特定块位置中，如图 6-19 所示。例如，主存的第 0、8、…、248 块（共 32 块）只能装入到 Cache 的第 0 块，主存的

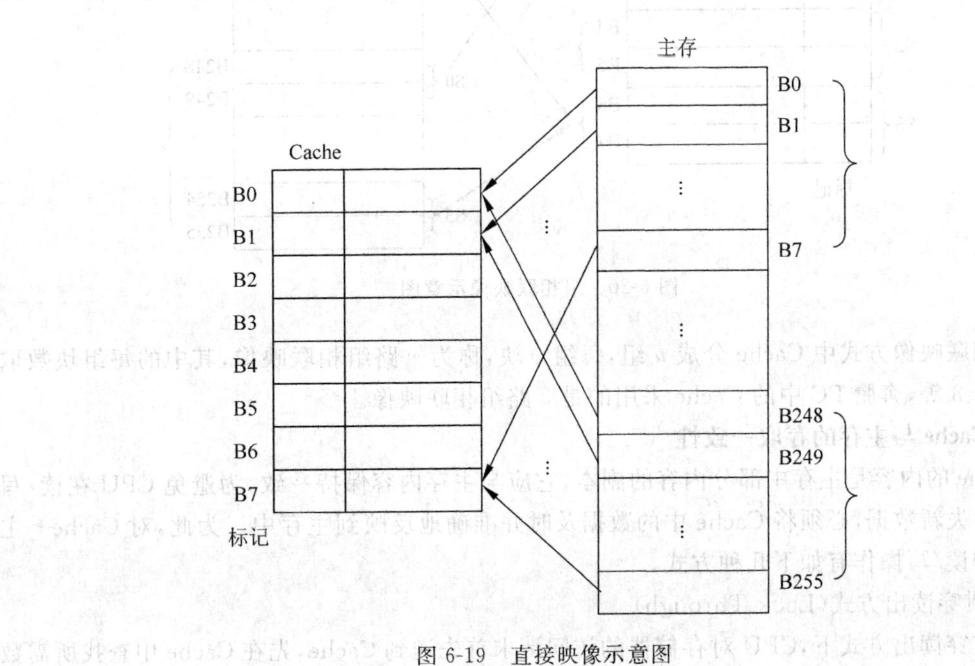

图 6-19　直接映像示意图

第1、9、…、249块(共32块)只能装入到Cache的第1块,以此类推。图中能映像到任一Cache块位置的主存块为32(2^5)块,Cache的标记部分为5位。当CPU访问存储器时,先找到Cache中确定的一块,只与该块的标记相比较即可。

直接映像方式的优点是,访问地址只与Cache中一个确定块的标记相比较即可,因而硬件简单、成本低。缺点是每一主存块只能存放到Cache中的一个固定位置,不够灵活,如果相对块号相同的两个主存块存于同一Cache块时,就要发生冲突,只能将原块替换出去,频繁地替换会使Cache的命中率下降,因此直接映像方式适合于大容量的Cache,更多的块数可以减少冲突的机会。

3)组相联映像方式

全相联映像和直接映像两种方式的优缺点正好相反,而组相联映像方式适当地兼顾了两者的优点,又尽量避免了两者的缺点,因此被普遍采用。

这种方式将Cache分成u组,每组v块($u \times v$等于Cache总的块数),主存也对应地分成若干与Cache组大小相同的组,从主存组到Cache组之间采用直接映像方式,而两个对应的组内部采用全相联映像方式,如图6-20所示。图中Cache分为4组,每组2块,主存共分成128组,每组也为2块,主存组与Cache组之间直接映像,而组内部采用全相联映像。例如,主存的第0组只能映像到Cache的第0组,而主存第0组中的第0块,既可以映像到Cache第0组中的第0块,也可以映像到第0组中的第1块。

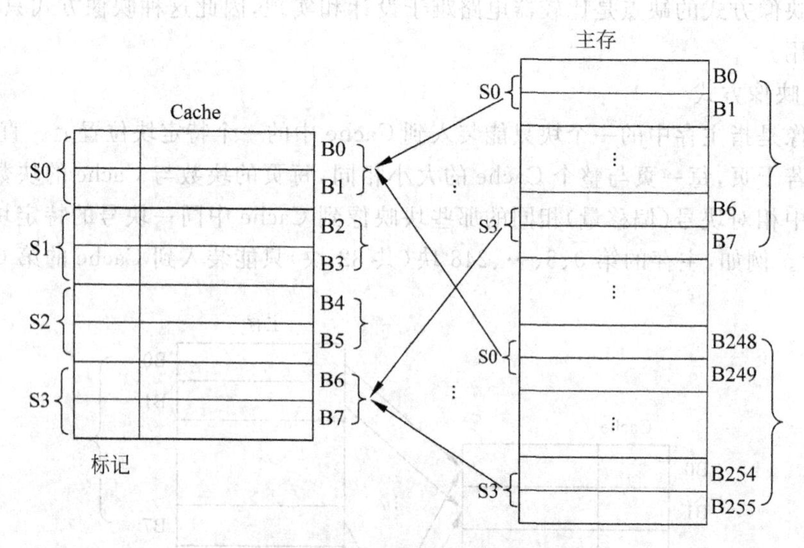

图6-20 组相联映像示意图

组相联映像方式中Cache分成u组,每组v块,称为v路组相联映像,其中的每组块数取值是2、4、8等,奔腾PC中的Cache采用的是2路组相联映像。

3. Cache与主存的存取一致性

Cache的内容是主存中部分内容的副本,它应与主存内容保持一致,为避免CPU在读/写过程中丢失新数据,必须将Cache中的数据及时并准确地反映到主存中。为此,对Cache—主存统一的读/写操作有如下几种方式。

1)贯穿读出方式(Look Through)

在贯穿读出方式下,CPU对存储器的访问请求首先送到Cache,先在Cache中查找所需数据。如果访问 Cache 命中，则直接从 Cache 中读取数据；如果未命中，则将访问请求传给主存，访问主存取得数据。这种方法的优点是降低了 CPU 对主存的访问次数，缺点是延迟了 CPU 对主存的访问时间。

2）旁路读出方式（Look Aside）

在旁路读出方式下，CPU 发出的访存请求同时送到 Cache 和主存。由于 Cache 的速度更快，如果命中，则 Cache 在将数据送给 CPU 的同时，中断 CPU 对主存的请求。如果未命中，则 Cache 不动作，由 CPU 直接访问主存取得数据。这种方式的优点是没有时间延迟，缺点是每次 CPU 都要访问主存，占用了部分总线时间。

3）全写法（Write Through）

全写法是指 CPU 发出的写信号同时送到 Cache 和主存，当写 Cache 命中时，Cache 与主存同时发生写修改，因而较好地维护了 Cache 与主存内容的一致性；当写 Cache 未命中时，只能直接向主存进行写入。

全写法的优点是操作简单；缺点是 Cache 对 CPU 向主存的写操作无高速缓冲功能；降低了 Cache 的功效。

4）写回法（Write Back）

写回法是指当 CPU 写 Cache 命中时，只修改 Cache 的内容，而并不立即写入主存，只有当此行被换出时才写回主存。对一个 Cache 块的多次写命中都在 Cache 中快速完成，只是需要替换时才写回速度较慢的主存，减少了访问主存的次数。在这种方式下，每个 Cache 块必须设置一个修改位，以反映此块是否被 CPU 修改过。当某块被换出时，根据此块的修改位是 1 还是 0，来决定将该块的内容写回主存还是简单弃去。

4. PC 中 Cache 技术的实现

目前 PC 系统中一般采用两级 Cache 结构。一级缓存（L_1 Cache）直接集成在 CPU 内部，又称为内部 Cache，容量一般为 8～64KB；L_1 Cache 速度快，非常灵活、方便，极大地提高了 PC 的性能。二级缓存（L_2 Cache）的容量远大于 L_1 Cache 的容量，一般为 128KB～2MB，以前的 PC 一般都将 L_2 Cache 做在主板上，新型的 CPU 采用了全新的封装方式，把 CPU 芯片与 L_2 Cache 装在一起。

在 Cache 的分级结构中，一级 Cache 的内容是二级 Cache 的子集，而二级 Cache 的内容是主存的子集。一般来说，80%的内存申请都可在一级缓存中实现，即在 CPU 内部就可完成数据的存取，只有 20%的内存申请与外部内存打交道，而这 20%的外部内存申请中的 80%又与二级缓存打交道，因此只有 4%的内存申请定向到主存 DRAM 中。

随着计算机技术的发展，CPU 的速度越来越快，而主存 DRAM 的存取时间缩短的进程则相对较慢，因而 Cache 技术就愈显重要，已成为 PC 中不可缺少的组成部分及衡量系统性能优劣的一项重要指标。

6.4.3 虚拟存储器

虚拟存储器是指存储器层次结构中主存—外存层次的存储系统，它是以主存和外存为基础，在存储器管理硬部件和操作系统中存储管理软件的支持下组成的一种存储体系。虚拟存储器看起来是借助于磁盘等辅助存储器来扩大主存容量，它以透明的方式提供给用户一个比实际内存空间大得多的地址空间。对用户来说，虚拟存储器可以理解为这样一个存储器：其速度接近于主存的速度，价格接近于辅存的价格，容量比实际主存容量大得多，它只是一个容量非常大的存储器的逻辑模型,而不是任何实际的存储器。虚拟存储器的概念可以总结为:操作系统把辅存的一部分当做主存使用,把这种由主存和部分辅存组成的存储结构称为虚拟存储器。其作用是:扩大了程序的寻址空间;提高了软件的开发效率;可以实现利用较小容量的主存运行较大的程序。

在虚拟存储器中有3种地址空间。程序员编写程序时使用的地址空间称为虚拟地址空间或虚存地址空间,与此相对应的地址称为虚地址或逻辑地址;主存地址空间又称为实存地址空间,用来存放运行程序和数据,其相应的地址称为主存地址、实地址或物理地址;辅存地址空间也就是磁盘存储器的地址空间,用来存放暂时不使用的程序和数据,相应的地址称为辅存地址。

CPU运行程序访问存储器时,给出的地址是虚地址,首先要进行地址变换,如果要访问的信息在主存中,则根据变换所得的物理地址访问主存;如果要访问的信息不在主存中,则要根据虚地址进行外部地址变换,得到辅存地址,把辅存中相应的数据块送往主存,然后才能访问。调入辅存信息时,还需检查主存中是否有空闲区,如果主存中有空闲区域,则直接把辅存中有关的块调入主存;如果主存中没有空闲区,就要根据替换算法,把主存中暂时不用的块送往辅存,再把辅存中有关的块调入主存。

在虚拟存储系统中,主存和辅存间信息传送的基本单位可采用段、页或段页3种不同的方式,对应有页式虚拟存储器、段式虚拟存储器和段页式虚拟存储器3种管理方式。

1. 段式虚拟存储器

由于程序的模块化,一个程序通常由相对独立的部分组成,在段式虚拟存储器中,把程序按照逻辑结构划分成若干段并按这些段来分配内存,各段的长度因程序而异。

编程时使用的虚拟地址由段号和段内地址两部分组成,为了将虚拟地址转换成主存地址,需要建立一个段表来表明各段在内存中的位置以及是否调入了内存,每一程序段在段表中都占一个表目。段表中记录了各段在内存的首地址,由于段的长度可大可小,段表中还需指出段的长度,装入位指明某段是否已装入内存,装入位为“1”表示该段已调入内存,为“0”则表示不在内存中。段表本身也是一个段,一般驻留在内存中。

虚拟地址向主存地址的变换过程如图6-21所示。

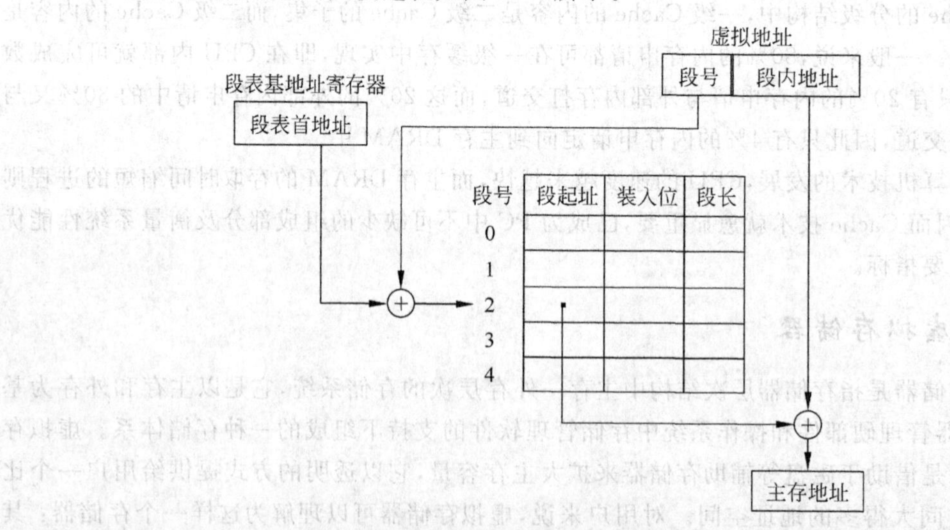

图6-21 段式虚拟存储器的地址变换过程

段式虚拟存储器的优点是：段是按照程序的逻辑结构来划分的，段的逻辑独立性使其容易编译、管理、修改和保护，也便于程序和数据的共享。其缺点是：每段的长度、起点、终点各不相同，给主存空间分配带来麻烦，而且容易在段间留下不好利用的零碎存储空间（简称碎片），造成浪费。

2. 页式虚拟存储器

在页式虚拟存储器中，主存和虚拟空间都被分成固定大小的页，主存的页称为实页或物理页，虚拟空间的页称为虚页或逻辑页，实页与虚页的页面大小相同。程序中使用的虚拟地址分为虚页号和页内地址两部分，实存地址也分为实页号和页内地址两部分。由于实页和虚页的页面大小相同，两者的页内地址部分相同。

编程时使用的是虚拟地址，计算机必须将虚拟地址变换成主存的实地址才能访问主存，虚拟地址到主存实地址的变换是通过页表来实现的，如图6-22所示。页表按虚页号顺序排列，每一个虚页都占一个表目，表目内容包括该虚页所在的主存页面地址（实页号），把实页号与虚拟地址的页内地址字段相拼接，就产生了完整的实存地址。页表中除了给出实页号，还包括一些控制位，如装入位记录该虚页是否被装入主存，装入位为"1"表示已装入；修改位指出对应的实页内容是否被修改过。

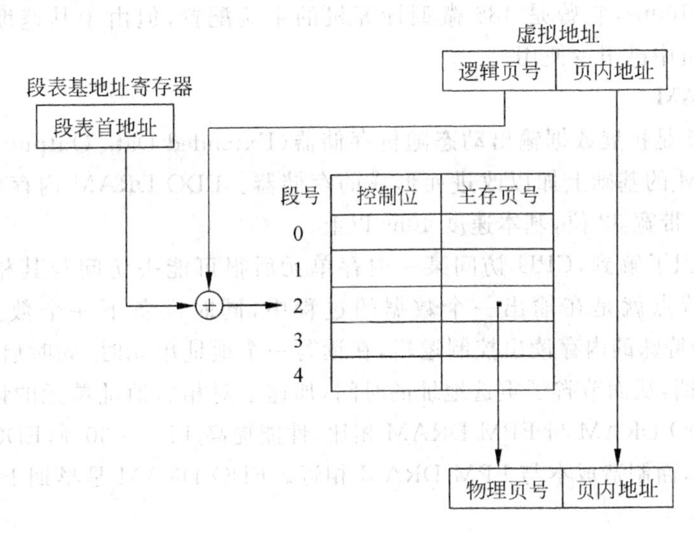

图 6-22　页式虚拟存储器的地址变换过程

页式虚拟存储器的优点是：页表大小固定，主存的利用率高，浪费的空间少。其缺点是逻辑上独立的实体，处理、保护和共享都不如段式虚拟存储器方便。

3. 段页式虚拟存储器

段式虚拟存储器和页式虚拟存储器各有优缺点，把两者缝合起来就组成了段页式虚拟存储器。在段页式虚拟存储器中，先把程序按逻辑功能模块分段，以保证每个模块的独立性，再把每段分成若干固定大小的页，页面大小与主存页相同。

在段页式虚拟存储器中，每道程序是通过一组段表和一组页表来进行定位的，段表中的每个表目对应个段，指出该段页表的起始地址及该段的控制保护信息。由页表指出该段各页在主存中的位置以及是否已装入、修改等信息。外存和主存间的信息交换是以页为单位进行的，而程序又可以按段实现共享和保护，因此段页式虚拟存储器兼顾了段式虚拟存储器和页式虚拟存储器系统的优点，其缺点是在地址变换过程中需要多次查表。

6.5 存储技术的主流技术

6.5.1 各种形式的内存

随着计算机技术的飞速发展，存储技术也必须不断地改进才能适应其发展的需要，内存条的种类经历了从FPM RAM、EDO RAM、SDRAM到目前流行的DDR SDRAM、RDRAM的发展历程。

下面对各种形式的内存进行简单的介绍。

1. FPM DRAM

FPM DRAM是快速页模式动态随机存储器(Fast Page Mode DRAM)的简称，是较早的计算机中普遍使用的内存。传统的DRAM在存取数据时，必须给出行地址和列地址才能读取数据。FRM DRAM在触发了行地址后，如果CPU需要的地址在同一行时，则可以连续输出列地址而不必再输出行地址。由于内存中的数据通常是连续存放的，这种情况下输出行地址后连续输出列地址就可以得到所需要的数据，这就是所谓的快速页技术。FPM DRAM的存取时间为80～100ns，它曾是486微型计算机的主流配置，但由于其速度较低，在后来的Pentium系统微机中已很少使用。

2. EDO DRAM

EDO DRAM是扩展数据输出动态随机存储器(Extended Data Output DRAM)的简称，是在FPM DRAM的基础上加以改进而形成的存储器。EDO DRAM内存条有72线和168线之分，5V电压、带宽32位，基本速度40ns以上。

从前面的知识了解到，CPU访问某一内存单元后很可能去访问与其相邻的内存单元，EDO DRAM的特点就是在输出一个数据的过程中，同时准备下一个数据的输出。EDO DRAM采用一种特殊的内存读出控制逻辑，在读写一个地址单元时，同时启动下一个连续地址单元的读写周期，从而节省了重选地址的时间，加速了对相邻地址单元的访问，提高了内存的读写速度。EDO DRAM与FPM DRAM相比，性能提高15%～30%，EDO DRAM的存取时间为50～70ns，而制造成本与FPM DRAM相近。EDO DRAM是早期Pentium微型计算机的主流配置。

3. SDRAM

SDRAM是同步动态随机存储器(Synchronous DRAM)的简称，SDRAM内存条是168线、3.3V电压、64位带宽，速度可达6ns。SDRAM内存条如图6-23所示。

图6-23 SDRAM内存条

前面介绍的两种DRAM都属于非同步存取的存储器，它们的工作频率并没有和系统时钟同步，而且一般不能超过66MHz，而SDRAM可以与系统时钟同步工作，其基本原理是将CPU和RAM通过一个相同的时钟锁在一起，使得RAM和CPU能够共享一个时钟周期，以相同的速度同步工作。

SDRAM能与系统时钟同步工作，这主要得益于它的双存储体结构。SDRAM内含两个交错的存储阵列，一个被CPU读取数据的时候，另一个已经做好被读取数据的准备，两者相互自动切换，使得存取效率成倍提高。

SDRAM能与系统时钟同步工作，另一个原因是它采用了突发传送模式，SDRAM包含一个集成于芯片上的突发式计数器，可用来为突发式访问进行列地址增值，这意味着SDRAM允许在前一次访问完成之前就对新的内存访问进行初始化。它在操作时采用管道流水线方式，只要指定一个地址，SDRAM就可以读出多个数据，称为突发传送(也称为猝发式传送)。

SDRAM采用了多体存储器结构和突发传送模式，可以与系统时钟同步工作，能以100MHz或133MHz的速度传递数据，其性能与EDO内存提高了50%，因此SDRAM不仅可用做主存，而且在显示卡方面也有广泛应用，是Pentium Ⅱ/Pentium Ⅲ微型计算机的主流配置。

4. RDRAM

RDRAM即Rambus内存(Rambus DRAM)，是Rambus公司开发的一种高性能串行结构的动态随机存储器，它能在很高的时钟频率范围内通过一个简单的总线传送数据。RDRAM又分为Concurrent RDRAM和Direct RDRAM两种，其中Concurrent RDRAM数据通道宽度是8位，频宽可以达到600MHz。

RDRAM引入了处理器设计中的RISC(精简指令结构)思想，依靠高时钟频率来简化每个时钟周期的数据量，在时钟信号的上升沿和下降沿各进行一次数据传送，其规格有PC600/PC800/PC1066等。RDRAM内存条如图6-24所示。

最开始支持RDRAM的是Intel 820芯片组，后来又有840、850芯片组等。RDRAM最初得到了英特尔的大力支持，但由于其高昂的价格以及Rambus公司的专利许可限制，一直未能成为市场主流，其地位被相对廉价而性能同样出色的DDR SDRAM迅速取代。

图6-24 RDRAM内存条

5. DDR SDRAM

DDR SDRAM(Double Data Rate Synchronous DRAM，双倍数据传输率同步动态随机存储器)，简称DDR，是传统SDRAM的升级版本，目前普遍应用于Pentium 4微型计算机。所谓双倍数据传输率，是指它在时钟的上升沿和下降沿都可以进行数据读写，而使实际带宽提高了一倍，故又称为双时钟触发读写内存，其效率比普通SDRAM提高一倍。由于DDR SDRAM仍然沿用SDRAM生产体系，制造成本只比SDRAM略高，因而有越来越多的厂商支持DDR内存。

从外形来看，DDR SDRAM内存条和普通SDRAM内存条很接近，两者不同之处在于，SDRAM为168线，有两个小缺口，而DDR内存为184线，只有一个小缺口。DDR SDRAM为了提高速率，不再使用3.3V电压，而是改用支持1.5V的SSTL2信号标准。

根据DDR内存条的工作频率，DDR SDRAM又分为DDR 200、DDR 266、DDR 333、DDR 400等多种类型。与SDRAM一样，DDR也是与系统总线频率同步的，不过因为双倍数据传输，因此工作在133MHz频率下的DDR相当于266MHz的SDRAM，于是便用DDR 266来表示。除了用工作频率来标识DDR内存条之外，有时也用带宽值来标识，如DDR 266的内存带宽为2100Mbps，所以又用PC 2100来标识它，于是DDR 333就是PC 2700，DDR 400就是PC 3200。

DDR SDRAM的速度一直在不断提升，DDR 200(PC 1600)、DDR 266(PC 2100)、DDR 333 (PC 2700)、DDR 400(PC 3200)相继成为业界标准并得以普及。目前，双通道DDR 400(PC 3200)是Pentium 4微型计算机的主流配置。

在 DDR 400 成为主流产品之后，为了能够在现有技术基础上进一步提高整机性能，很多内存厂商纷纷推出优于 DDR 400 的内存产品，DDR 433、DDR 450、DDR 466 和 DDR 500 内存陆续上市，其中上市种类比较多的一档是 DDR 500。DDR 500 也可称为 PC 4000，可以提供 4Gbps 的内存高带宽。

随着技术的发展，在 DDR 的基础上又推出了 DDRⅡ内存标准。DDRⅡ同 DDR 相比更加先进，它在 DDR 数据双倍传送的基础上发展成为数据 4 倍传送，比 DDR 又快了一倍，如果同样运行在 133MHz 的外频下，它的带宽就可达 4.2Gbps。

毫无疑问，DDRⅡ规格是今后发展的方向，但在 DDR 规格产品达到极限之前，DDRⅡ并不一定能打动用户。虽然 DDR 400 内存带宽仍然不高，但配合打开 865/875 主板上的内存双通道选项，基本上可以满足现有系统对内存条方面的需要。而且，目前各厂商不断为提升 DDR 频率而努力，相继推出了 DDR 500 甚至 DDR 550 规格产品。DDRⅡ相比 DDR 的优势在于可以运行在高频之上，在频率低于 550MHz 时，无论从价格、产量和性能等方面，都是 DDR 规格占优势。

Intel 在 2004 年 6 月开始推出 i915 系列和 925 系列芯片组以支持 DDRⅡ533 规格。AMD 方面则宣称，由于 DDRⅡ的性能和延时等问题，除非等到 DDRⅡ667 大量投产，才可能正式支持 DDR Ⅱ，所以在此之前，DDR 依然会成为 AMD Athlon64 的标准配置。

6. 其他类型的内存

1) Flash Memory

Flash Memory(闪速存储器)是一种新型半导体存储器，主要特点是在不加电的情况下能长期保持存储的信息。就其本质而言，Flash Memory 属于 EEPROM(电擦除可编程只读存储器)类型，既有 ROM 的特点，又有很高的存取速度，而且易于擦除和重写，功耗很小。目前其集成度已达 4MB，同时价格也有所下降。由于这一独特优点，在一些较新的主板上普遍采用 Flash ROM BIOS，使得 BIOS 升级非常方便。

Flash Memory 可用做固态大容量存储器。目前普遍使用的大容量存储器仍为硬盘。硬盘虽有容量大和价格低的优点，但它是机电设备，有机械磨损，可靠性及耐用性相对较差，抗冲击、抗振动能力弱，功耗大。因此，一直希望找到取代硬盘的手段。由于 Flash Memory 集成度不断提高，价格降低，使其在便携机上取代小容量硬盘已成为可能。目前研制的 Flash Memory 都符合 PCMCIA 标准，可以十分方便地用于各种便携式计算机中以取代磁盘。当前有两种类型的 PCMCIA 卡，一种称为 Flash 存储器卡，此卡中只有 Flash Memory 芯片组成的存储体，在使用时还需要专门的软件进行管理；另一种称为 Flash 驱动卡，此卡中除 Flash 芯片外还有由微处理器和其他逻辑电路组成的控制电路。它们与 IDE 标准兼容，在 DOS 下可以像硬盘一样直接操作，因此也常把它们称为 Flash 固态盘。Flash Memory 不足之处仍然是容量还不够大，价格还不够便宜。因此主要用于要求可靠性高，重量轻，但容量不大的便携式系统中。

2) Shadow RAM 内存

Shadow RAM 也称为“影子”内存，是为了提高系统效率而采用的一种专门技术，Shadow RAM 所使用的物理芯片仍然是 CMOS DRAM 芯片。Shadow RAM 占据了系统主存的一部分地址空间，其地址范围为 C0000H～FFFFFH；这个区域通常也称为内存保留区，用户程序不能直接访问。Shadow RAM 的功能是用来存放各种 ROM BIOS 的内容，或者说 Shadow RAM 中的内容是 ROM BIOS 的复制，因此也把它称为 ROM Shadow，即 Shadow RAM 的内容是 ROM BIOS 的“影子”。在机器上电时，将自动地把系统 BIOS、显示 BIOS 及其他适配器的 BIOS 装载到 Shadow RAM 的指定区域中。由于 Shadow RAM 的物理地址与对应的 ROM 相同，因此当需要访问 BIOS 时，只需访问 Shadow RAM 即可，而不必再访问 ROM。通常访问 ROM 的时间在 200ns 左右，而访问 DRAM 的时间小于 60ns 或者更小。在系统运行的过程中，读取 BIOS 中的数据或调用 BIOS 中的程序模块是相当频繁的，采用了 Shadow 技术后，将大大提高系统的工作效率。

3）ECC 内存

ECC（Error Correction Coding 或 Error Checking and Correcting）是一种具有自动纠错功能的内存，Intel 的 82430HX 芯片组就支持它，使用该芯片的主板都可以安装使用 ECC 内存，但由于 ECC 内存成本比较高，因此主要应用在要求系统运算可靠性比较高的商业计算机中。由于实际上存储器出错的情况不会经常发生，相关的主板产品也不多，因此一般的家用与办公计算机也不必采用 ECC 内存。

4）CDRAM

CDRAM 即带高速缓存的动态随机存储器（Cached DRAM），CDRAM 是日本三菱公司开发的专有技术，通过在 DRAM 芯片上集成一定数量的高速 SRAM 作为高速缓冲存储器 Cache 和同步控制接口，来提高存储器的性能。这种芯片使用单一的 3.3V 电源，低压 TTL 输入/输出电平。目前三菱公司可以提供的 CDRAM 为 4MB 和 16MB，其片内 Cache 为 16KB，与 128 位内部总线配合工作，可以实现 100MHz 的数据访问，流水线式存取时间为 7ns。

5）SLDRAM

SLDRAM 即同步链接动态随机存储器（Synchronous Link DRAM），是一种在原 DDR DRAM 基础上发展起来的高速动态读写存储器，它具有与 DDR SDRAM 相同的高数据传输率，但其工作频率要低些，可用于通信、消费类电子产品、高档 PC 和服务器中。由于 SLDRAM 联盟成员之间难以协调一致，加上 Intel 公司不支持这种标准，所以这种动态存储器并未被广泛采用。

6）VCM

VCM 即虚拟通道存储器（Virtual Channel Memory），由 NEC 公司开发，是一种“缓冲式 DRAM”，可用于大容量的 SDRAM。它集成了“通道缓冲”功能，由高速寄存器进行配置和控制。在实现高速数据传输（即“带宽”增大）的同时，VCM 还维持着与传统 SDRAM 的高度兼容性，所以通常也把 VCM 内存称为 VCM SDRAM。

在设计上，系统（主要是主板）不需要做大的改动，便能提供对 VCM 的支持。VCM 可从内存前端进程的外部对所集成的这种“通道缓冲”执行读写操作。对于内存单元与通道缓冲之间的数据传输以及内存单元的预充电和刷新等内部操作，VCM 要求它独立于前端进程进行，即后台处理与前台处理可同时进行。由于专为这种“并行处理”创建了一个支撑架构，因此 VCM 能保持一个非常高的平均数据传输速度。采用 VCM 后，内存通道的运行与管理都可移交给主板芯片组自己去解决。

7）FCRAM

FCRAM 即快速循环动态存储器（Fast Cycle RAM），由富士通和东芝联合开发，数据吞吐速度可达普通 DRAM/SDRAM 的 4 倍，FCRAM 将目标定位在需要极高内存带宽的应用中，如业务繁忙的服务器以及 3D 图形及多媒体处理等。FCRAM 最主要的特点是行、列地址同时（并行）访问，而不像普通 DRAM 那样，以顺序方式进行（首先访问行数据，再访问列数据)。此外,在完成上一次操作之前,FCRAM 便能开始下一次操作。

与 VCM、RDRAM 内存技术不同的是,FCRAM 面向的并不是 PC 的主内存,而是诸如显示内存等其他存储器。在制造工艺上,由于采用的是 0.22μm 工艺,因此 FCRAM 号称能做出世界上最小的内存颗粒。由于芯片面积减少,因此在相同的硅晶片上,可生产出更多的颗粒,从而有效提高了这种内存的产量。这样一方面降低了生产成本,另一方面则提高了产品性能。

6.5.2 存储技术的发展

近年来,CPU 的性能迅速提升,内存带宽成为系统越来越大的瓶颈。目前内存的主流技术 DDR 受其架构的限制,其速度已经很难再有所提升。为了适应计算机技术的飞速发展,提高内存子系统的发展空间,Intel 公司推出了新一代内存规范 FB-DIMM,Rambus 公司提出了新一代内存规范 XDR DRAM,下面分别予以介绍。

1. FB-DIMM 内存

Intel 在 2004 年春季公布了新一代内存规范:FB-DIMM(Fully Buffered-DIMM,全缓冲双列内存模组)内存规范,以解决普通 DDR 内存的发展局限性。FB-DIMM 是在普通 DDR Ⅱ内存的基础上改进而来的,但与普通 DDR 内存相比有了很大变化,下面介绍 FB-DIMM 的技术特性。

1) 以串行的方式进行数据传输

FB-DIMM 与内存控制器之间的数据与命令传输不再是传统的并行线路,而采用了类似于 PCI-Express 的串行接口多路并联的设计,以串行的方式进行数据传输。

在 FB-DIMM 架构中,每个 DIMM 上的缓冲区是相互串联的,之间为点对点的连接方式,数据会在经过第一个缓冲区后传向下一个缓冲区,这样第一个缓冲区与内存控制器之间的连接阻抗就能始终保持稳定,从而有助于容量与频率的提升。

FB-DIMM 的串行总线也有其独到之处:数据的上行线路由 14 组线路对构成,一个周期可传输 14 位数据,而下行线路只有 10 组线路对,一个周期传输 10 位数据。这种不对等设计是从实际需要出发的,因为不管在任何时候,系统从内存中读取的数据往往比写入内存的数据要多,因此对上行线路的带宽要求也比下行线路要高,这样不对等设计刚好起到平衡作用,在一定程度上使得读取与写入数据同步。另外 FB-DIMM 采用的串行接口多路并联的设计还可以大大增加抗干扰能力。

因此,FB-DIMM 的总线可以工作在很高的频率之上。以 FB-DIMM1.0 版为例,它可以提供 3.2GHz、4GHz 和 4.8GHz 3 种数据传输率,这意味着即使是单通道 FB-DIMM 系统也可以提供 9.6Gbps、12Gbps 和 14.4Gbps 的惊人带宽。

2) 功能独特的 AMB 缓冲芯片

FB-DIMM 的另一特点是增加了一块称为 AMB(Advanced Memory Buffer)的缓冲芯片。AMB 芯片实现数据传输控制和串—并数据转换功能,FB-DIMM 实行串行通信呈多路并行,主要靠 AMB 芯片来实现。

在 FB-DIMM 系统中有两种类型的串行线路:一条是负责数据写入的串行线路(称为 Southbound,南区);一条是负责数据读取的串行线路(称为 Northbound,北区)。这两条串行线路各由 AMD 芯片中的"pass-through"和"pass-through & Merging"控制逻辑负责。其中南、北区中传输的数据流都采用串行格式,但 AMB 芯片与内存芯片仍然通过 64 位并行总线进行数据交换,因此数据之间的串—并格式转换由 AMB 中的转换逻辑来实现。同时在

AMB 中有一个数据总线接口，用来与内存芯片连接。

利用 AMB 芯片，FB-DIMM 并不需要对现有的 DRAM 芯片做出改动，内存制造商就可以直接使用成本低廉的 DDRⅡ芯片。尽管采用新型缓冲芯片会增加一些成本，但这比起制造全新的 RAM 芯片来说代价要小得多。

3）引脚减少，布线更简单

因为采用子串行传输的设计，使得 FB-DIMM 的引脚数量大幅度减少。单通道 PB-DIMM 只有 69 个引脚，和单通道 DDRⅡ内存架构为 240 个引脚相比，FB-DIMM 更利于 PCB 版图设计和布线。

另外，双通道的 FB-DIMM 配置可以在两层 PCB 上实现，而单通道的 DDRⅡ需要 3 层 PCB 板来实现同样的功能，更多的 PCB 层数意味着更高的成本。FB-DIMM 能够以更少的 PCB 层数实现相同的带宽，或者以相同的 PCB 层数实现更高的带宽。

4）可靠性更强

FB-DIMM 相对目前的内存其运行可靠性得到很大提高。在 FB-DIMM 中，指令和数据都进行完全的 CRC 循环冗余校验，远比目前的 ECC 纠错方法要先进，而且 Intel 在 FB-DIMM 架构中引入了"Bit Lane Fail Over Correction"功能，利用此功能，当一个位宽的通道出现故障后，它就会从系统中被排除掉，即让出现故障的内存通道停止运行。此时内存控制器会调整 CRC 设置以相应降低所使用的内存带宽，这样，即使一块芯片，一个 DIMM 插槽甚至是一条内存通道出现故障都不会造成死机，甚至不会降低内存带宽。这无疑大大增加了内存子系统的稳定性。

5）FB-DIMM 的缺点

PB-DIMM 的缺点是延迟较高，其延迟主要是由两方面原因造成的：一方面是由于采用串行方式进行数据传输，串/并转换的过程需要占用一定的时钟周期，称为串行延迟；另一方面是由于采用了 AMB 缓冲芯片，信号必须先被缓冲读取，然后再被执行或者传送，这就是缓冲延迟。虽然 FB-DIMM 延迟较高，但是这些延迟都可以通过技术手段从架构上得到解决。

FB-DIMM 目前仅被定位于"下一代服务器"内存，但它的最大意义是在技术上：内存架构如何从并行双路平滑过渡到串行多路模式，它对未来内存架构发展将产生不可忽略的影响。

2. XDR 内存

Rambus 公司出品的内存一向是以高性能著称，当初的 RDRAM 内存只是由于价格的原因才败给了 DDR。在 IDF2004 春季大会上，Rambus 公司展出了 RDRAM 内存的继承者——XDR 内存。

Rambus 公司宣布推出 Yellowstone 的实用化技术 XDR DRAM，这项技术的性能优越，它的最高带宽可超过 100Gbps，其发展潜力超过 DDR 体系。虽然 XDR DRAM 暂时不会应用于 PC 中，但它会首先应用在索尼的下一代游戏机（PS3）中，未来的消费电子产品、高速网络设备、高性能显卡等领域也都是 XDR 应用的大热门，而 IBM 甚至很可能在下一代大型计算机中使用 XDR DRAM 技术。

1）XDR 内存简介

XDR DRAM 全称为 eXtreme Data Rate DRAM，是 Rambus 公司发布的 Yellowstone 技术的最终命名。XDR 包括了一个全新的内存控制器和实际的内存模块，其最大的优点来自两个模块之间的交互，它能以惊人的高运行速度来提供不可思议的带宽。

DDR 和 XDR 之间最大的差别在于内存控制器和 XDR 芯片之间的接口设计上。与目前的 DDR 和 DDRⅡ内存模块相比，XDR 模块不必工作在过高的时钟频率之上。根据运行速度的不同，XDR 可分为 3 个等级：从 1.4GHz 到 4.0GHz，最高速度预期可以提升到 6.4GHz。另外，XDR 也可以工作在多通道模式下。

XDR 内存和 RDRAM 内存的最大区别是，XDR 拥有独立的数据和寻址/指令总线。以前的 Rambus 结构需要数据通过所有的内存模块，这也造成了 RDRAM 较 DDR 更高的延迟。而在 XDR 中，通过两条独立的总线解决了这一问题，其中寻址/指令总线仍需要经过所有的内存模块，但数据则可以由内存控制器直接进入对应的模块，这可以有效地降低延迟并实现高频率传输。与 RDRAM 系统一样，XDR 也需要一个独立的时钟发生芯片。

2) XDIMM 内存条

目前还没有成品的 XDR 内存条，但 Rambus 公司已经对未来的 PC 内存模块做好了规划。Rambus 最早的内存产品被冠名为 RIMM，XDR 的内存模块称为“XDIMM”，如图 6-25 所示。

图 6-25　XDIMM 内存模块

从图 6-25 中看到，XDIMM 的外形和现在的 16 位 RDRAM 内存条非常相像。XDIMM 和 RDRAM 拥有同样的大小，同时还有相似的接口线数。XDIMM 的内部看起来更像是 33 位的 RDRAM 内存，“T”(终结器)位于内存模块上而不是独立存在。指令/寻址通道通过 XDR 内存模块，所有的 XDR 芯片都终止于终结器处，但是每个 XDR 芯片都有和内存控制器的直接传输通道。

在 PC 市场上，价格往往成为最终取胜的决定因素，XDR 内存较 DDR/DDRⅡ的价格还是一个未知数，Rambus 的专利许可费也不得而知。如果 XDR 的价格昂贵，它将难以成功。与 DDRⅡ相比，XDR 要么性能更加强劲，要么价格更低，只有这样才有获胜的可能。

习　题　6

一、选择题

1. 下列存储器中，掉电后仍能保持原有信息的是(　　)。

   A. SRAM、PROM　　　　B. DRAM、ROM

   C. PROM、EPROM　　　　D. RAM、E^2PROM

2. 下列存储器中，需要定时刷新的存储器是(　　)。

   A. SRAM　　B. DRAM　　C. PROM　　D. EPROM

3. 某 SRAM 芯片的存储容量是 64K×16 位，则该芯片的地址线和数据线数目为(　　)。

   A. 64、16　　B. 16、64　　C. 64、8　　D. 16、16

4. 计算机的存储器采用分级存储体系的主要目的是(　　)。

   A. 减小机箱的体积

   B. 便于读写数据

   C. 便于系统升级

   D. 解决存储容量、存取速度和价格之间的矛盾

5. 主存储器和 CPU 之间增加 Cache 的目的是(　　)。

   A. 扩大主存储器的容量　　　　B. 解决 CPU 和主存之间的速度匹配问题

   C. 提高主存储器的速度　　　　D. 扩大 CPU 中通用寄存器的数量

6. 在Cache的地址映射中，若主存的任意一块可映射到Cache内的任意一块的位置上，这种方法称为(　　)。

A. 全相联映射　　B. 组相联映射　　C. 直接映射　　D. 混合映射

7. 采用虚拟存储器的目的是(　　)。

A. 提高主存的存取速度　　B. 提高外存的存取速度

C. 扩大外存的存储空间　　D. 扩大程序的寻址空间

8. 计算机的主存主要是由(　　)组成。

A. RAM　　B. ROM　　C. RAM和ROM　　D. 内存和外存

9. 下面列出的4种存储器中，易失性存储器是(　　)。

A. RAM　　B. ROM　　C. PROM　　D. CD-ROM

10. 下列存储器中，掉电后仍能保持原有信息的是(　　)。

A. SRAM　　B. ROM　　C. RAM　　D. DRAM

11. 如果计算机断电，(　　)中的数据会丢失。

A. ROM　　B. EPROM　　C. RAM　　D. 回收站

12. 内存与外存比较具有(　　)的特点。

A. 存储容量大　　B. 存取速度快

C. 价格低　　D. 盘上信息可以长期脱机保存

13. Cache存储器一般采用(　　)半导体芯片，主存现在主要由(　　)半导体芯片组成。

A. ROM和PROM　　B. EPROM和RAM

C. SRAM和DRAM　　D. SRAM和EEPROM

14. 微型机存储系统一般指(　　)和外存两部分。

A. 内存　　B. ROM　　C. RAM　　D. 光盘

二、填空题

1. 4GB=________MB=________KB=________B。

2. RAM可分为两类：一是________，二是________。

3. 16K×8b芯片应有________条位线，________条字线，________条地址线。

4. 32K×8b的存储器，需要16K×4b的芯片________片。

5. 为解决主存与CPU的速度匹配问题，在主存和CPU之间设置了________。

6. ________为Cache的引入提供了理论依据。

7. ________映像，任一逻辑页面可以与任一物理页面对应。

8. ________映像，每个逻辑页面只能与一个特定的物理页面对应。

三、问答题

1. 存储器的分类？

2. 主存与辅存的区别？

3. ROM和RAM的区别？

4. 什么是Cache，其作用是什么？

5. 简述什么是虚拟存储器，其作用是什么？

6. 为组成64M×16b的主存，若用16M×4b的存储芯片，需要多少块？如何连接？

第7章 外部存储器

外部存储器是通过外部设备接口与CPU连接的存储设备。常用的外部存储器包括硬盘、软盘和光盘等存储器，以及近年来出现的移动硬盘、USB接口的FLASH盘(俗称U盘或闪盘)等新型外部存储器。本章重点介绍硬盘、软盘和光盘的组成、工作原理及技术参数。

学习目标

(1) 了解硬盘、光盘、移动硬盘和U盘的发展历程、构成、分类以及性能指标。

(2) 理解硬盘、光盘、移动硬盘和U盘的工作原理。

(3) 掌握硬盘的容量计算。

7.1 硬　　盘

硬盘为计算机提供了大容量的、可靠的与高速的外部存储手段，其存储容量比内存和软盘大，而存取速度比内部存储器低，又比软盘和光盘等其他外部存储器高，是目前最常用的大容量存储设备。

7.1.1 硬盘的发展及分类

1. 硬盘的发展

在发明磁盘系统之前，计算机使用穿孔纸带、磁带等来存储程序与数据，这些存储方式不仅容量低、速度慢，而且有个缺陷。它们都是顺序存储，为了读取后面的数据，必须从头开始读，无法实现随机存取数据。

1) 硬盘的产生

1956年9月，IBM的一个工程小组向世界展示了第一台磁盘存储系统IBM 350 RAMAC(Random Access Method of Accounting and Control)，其磁头可以直接移动到盘片上的任何一块存储区域，从而成功地实现了随机存储。这套系统的总容量只有5MB，共使用了50个直径为24英寸的磁盘，盘片表面涂有一层磁性物质。它们被叠起来固定在一起，绕着同一个轴旋转。IBM 350 RAMAC的出现使得航空售票、银行自动化、医疗诊断和航空航天等领域引入计算机成为了可能。

2) 技术的发展——“温彻斯特”技术

1973年，IBM又发明了Winchester(温氏)硬盘，其特点是工作时磁头悬浮在高速转动的盘片上方，而不与盘片直接接触，这便是现代硬盘的原型。IBM随后生产的3340硬盘系统即采用了温氏技术，共有两个30MB的子系统。“密封、固定并高速旋转的镀磁盘片、磁头沿盘片径向移动”是“温彻斯特”硬盘技术的精髓。今天个人计算机中的硬盘容量虽然已经高达几十

GB以上，但仍然没有脱离“温彻斯特”模式。

3）GB时代

20世纪80年代末期，IBM发明了MR(Magnetoresistive heads)磁头，即磁阻磁头。这是IBM对硬盘发展的一项重大贡献，这种磁头在读取数据时对信号变化相当敏感，使得盘片的存储密度能够比以往20MB每英寸提高了数十倍。磁头是硬盘中最昂贵的部件，也是硬盘技术中最重要和最关键的一环。

传统的磁头是读写合一的电磁感应式磁头，但是硬盘的读、写却是两种截然不同的操作。为此，这种二合一磁头在设计时必须要同时兼顾到读/写两种特性，从而造成了硬盘设计上的局限。而MR磁头采用的是分离式的磁头结构，写入磁头仍采用传统的磁感应磁头，读取磁头则采用新型的MR磁头，即所谓的感应写、磁阻读。

这样在设计时就可以针对两者的不同特性分别进行优化，以得到最好的读/写性能。另外，MR磁头是通过阻值变化而不是电流变化去感应信号幅度，因而对信号变化相当敏感，读取数据的准确性也相应提高。而且由于读取的信号幅度与磁道宽度无关，故磁道可以做得很窄，从而提高了盘片密度，达到200MB/平方英寸，而使用传统的磁头只能达到20MB/平方英寸。

1991年，IBM生产出了3.5英寸的硬盘0663-E12(使用MR磁头)，PC硬盘的容量首次达到了1GB。从此硬盘容量开始进入了GB数量级，3.5英寸的硬盘规格也由此成为现代计算机硬盘的标准规格。

4）高速发展时期

20世纪90年代后期，GMR(Giant Magnetoresistive，巨磁阻磁头)磁头技术出现。GMR磁头与MR磁头一样，是利用特殊材料的电阻值随磁场变化的原理来读取盘片上的数据，但是GMR磁头使用了磁阻效应更好的材料和多层薄膜结构，比MR磁头更为敏感，相同的磁场变化能引起更大的电阻值变化，从而可以实现更高的存储密度，现有的MR磁头能够达到的盘片密度为3～5Gb/平方英寸(千兆位每平方英寸)，而GMR磁头可以达到10～40Gb/平方英寸。

1999年，单碟容量高达10GB的ATA硬盘面世。1999年9月7日，Maxtor宣布了首块单碟容量高达10.2GB的ATA硬盘(Diamond Max 40，即“钻石九代”)，从而把硬盘的容量引入了一个新的里程碑。

2000年2月23日，希捷发布了转速高达15000转的Cheetah X15“捷豹”系列硬盘，其平均寻道时间只有3.9ms，此系列产品的内部数据传输率高达48Mbps，数据缓存为4MB或16MB，支持Ultra160/m SCSI及Fiber Channel(光纤通道)，这将硬盘外部数据传输率提高到了160～200Mbps。希捷的此款硬盘将硬盘的性能提高到了一个新的里程碑。

2. 硬盘的分类

硬盘的分类有不同的分类方式。

(1) 按盘径尺寸分类：5.25英寸、3.5英寸、2.5英寸和1.8英寸。

盘径为5.25英寸的硬盘是昆腾公司生产的Bigfoot(大脚)系列硬盘，现在很少见到。盘径为3.5英寸的硬盘是目前大多数台式机使用的硬盘。而盘径为2.5英寸和1.8英寸的硬盘主要用于笔记本计算机及部分便携仪器中。

(2) 按接口类型分类：IDE接口硬盘、SATA接口硬盘和SCSI接口硬盘。

7.1.2 硬盘的组成

硬盘主要由盘片、磁头、盘片转轴及控制电机、磁头控制器、数据转换器、接口、缓存等组成，常见的硬盘如图 7-1 所示。

硬盘中所有的盘片都装在一个旋转轴上，每张盘片之间是平行的，在每个盘片的存储面上有一个磁头，磁头与盘片之间的距离比头发丝的直径还小，所有的磁头连在一个磁头控制器上，由磁头控制器负责各个磁头的运动。磁头可沿盘片的半径方向运动，加上盘片每分钟几千转的高速旋转，磁头就可以定位在盘片的指定位置上进行数据的读写操作。硬盘作为精密设备，尘埃是其大敌，所以完全密封。

1. 硬盘的外部结构

常用的硬盘外形大同小异，在没有元件的一面贴有产品标签，标签上是一些与硬盘相关的内容。在硬盘的一端有电源插座、硬盘主、从状态设置跳线器和数据线连接插座。硬盘的外部结构如图 7-2 所示。

图 7-1　硬盘

图 7-2　硬盘的外部结构

1）接口

接口包括电源插口和数据接口两部分，其中电源插口与主机电源相连，为硬盘工作提供电力保证。数据接口则是硬盘数据和主板控制器之间进行传输交换的纽带，根据连接方式的差异，分为 IDE 接口、SATA 接口和 SCSI 接口等。

2）控制电路板

大多采用贴片式元件焊接，包括主轴调速电路、磁头驱动与伺服定位电路、读写电路、控制与接口电路等。在电路板上还有一块高效的单片机 ROM 芯片，其固化的软件可以进行硬盘的初始化，执行加电和启动主轴电机，加电初始寻道、定位及故障检测等。在电路板上还安装有容量不等的高速缓存芯片。

3）固定盖板

固定盖板就是硬盘的面板，标注产品的型号、产地、设置数据等，和底板结合成一个密封的整体，保证硬盘盘片和机构的稳定运行。固定盖板和盘体侧面还设有安装孔，以方便安装。

2. 硬盘的内部结构

硬盘内部结构由固定面板、控制电路板、盘头组件、接口及附件等组成，而盘头组件（Hard Disk Assembly，HDA）是构成硬盘的核心，封装在硬盘的净化腔体内，包括浮动磁头组件、磁头驱动机构、盘片和主轴驱动机构、前置控制电路等。硬盘内部结构如图 7-3 所示。

1）浮动磁头组件

浮动磁头组件由读写磁头、传动手臂、传动轴三部分组成，如图 7-4 所示。磁头是硬盘技术最重要和关键的一环，实际上是集成工艺制成的多个磁头的组合，它采用了非接触式头、盘结构，加电后在高速旋转的磁盘表面飞行，飞高间隙只有 0.1～0.3μm，可以获得极高的数据传输率。现在转速 5400rpm 的硬盘飞高都低于 0.3μm，以利于读取较大的高信噪比信号，提供数据传输存储的可靠性。

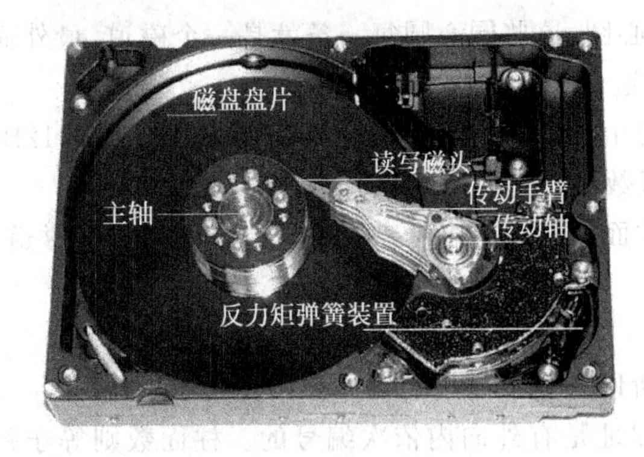

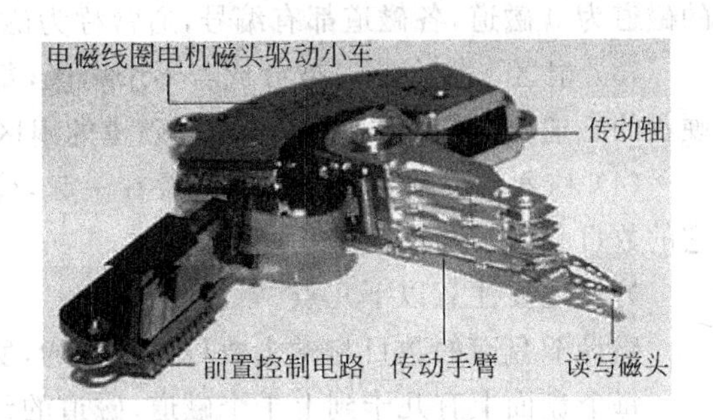

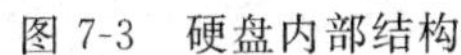
图 7-3　硬盘内部结构　　　　图 7-4　硬盘磁头部分

2）磁头驱动机构

磁头驱动机构由电磁线圈电机和磁头驱动小车组成，新型大容量硬盘还具有高效的防振动机构。高精度的轻型磁头驱动机构能够对磁头进行正确的驱动和定位，并在很短的时间内精确定位系统指令指定的磁道，保证数据读写的可靠性。

3）盘片和主轴驱动机构

盘片是硬盘存储数据的载体，现在的盘片大都采用金属薄膜磁盘，这种金属薄膜较之软磁盘的不连续颗粒载体具有更高的记录密度，同时还具有高剩磁和高矫顽力的特点。主轴组件包括主轴部件如轴瓦和驱动电机等。随着硬盘容量的扩大和速度的提高，主轴电机的速度也在不断提升，有厂商开始采用精密机械工业的液态轴承电机技术。

4）前置控制电路

前置放大电路控制磁头感应的信号、主轴电机调速、磁头驱动和伺服定位等，由于磁头读取的信号微弱，将放大电路密封在腔体内可减少外来信号的干扰，提高操作指令的准确性。

7.1.3　硬盘的工作原理

1. 信息存储格式

磁盘由最基本的盘片组成，盘片可划分为磁道、扇区和柱面，如图 7-5 所示。

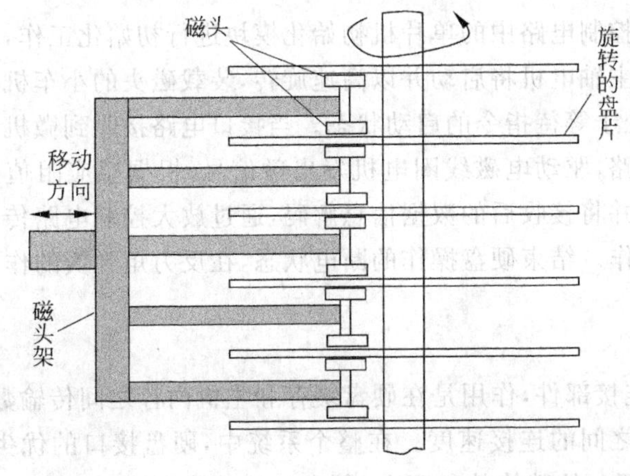

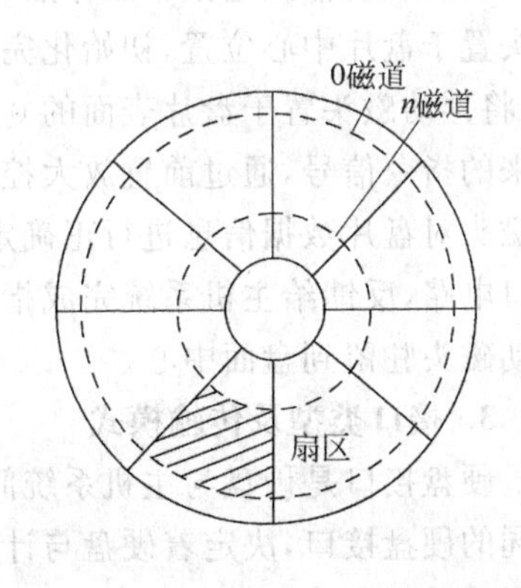

图 7-5　硬盘结构示意图

(1) 盘片。硬盘最基本的组成单元就是盘片，盘片的两个面都可以存储数据，磁头在盘片上移动进行数据的读写(即存取数据)。

(2) 磁道。一个盘片上面被分成若干个同心圆，这些同心圆每一条就是一个磁道，最外面的磁道为0磁道，各磁道都有编号，通常称为磁道号。

(3) 扇区。每个磁道被分成若干个扇区，每个扇区可存储一定字节的数据，通常是512B。硬盘的磁道数一般为300～3000，每磁道的扇区数通常是63。

(4) 柱面。硬盘由很多个盘片叠在一起，柱面指的就是多个盘片上具有相同编号的磁道，它的数目和编号与磁道是相同的。

另外还要注意以下几点。

磁盘上盘面的数目与磁头数目是一样的，所以一般可以用磁头号来代替盘片号。

每个盘面上有几十到上千个磁道，磁道的编址是有外向内依次编号的。柱面数则等于每个盘面上的磁道数。

每一个磁道被划分为若干个扇区。扇区的编号有多种方法，可以连续编号，也可间断编号。

磁盘上信息的组织是按照“磁头(盘片)→磁道(柱面)→扇区”这样顺序进行的。

也就是说，真正的硬盘实际上是由磁盘组组成的，对于磁盘组来说，磁盘物理地址由磁头号、磁道号和扇区号3个部分组成。

2. 磁盘数据读写

硬盘的最基本组成单元——盘片是在非磁性的合金材料(最新的磁盘则采用玻璃材料)表面涂上一层很薄的磁性材料，通过磁层的磁化方向来存储“0”、“1”信息。

信息存储在盘片上，由磁头来进行信息的读写，磁头采用轻质薄膜部件，盘片在高速旋转下产生的气流浮力迫使磁头离开盘面悬浮在盘片上方。当硬盘接到系统读写数据的指令后，由相应的磁头根据给出的地址，首先按磁道进行定位，然后再通过盘片的转动找到相应的扇区，实现扇区的定位。最后，由磁头在寻址的位置上进行信息的读写并将相应的信息传送给指定位置(如硬盘自带的缓存上)。

概括地说，硬盘的工作原理是利用盘片上特定的磁粒子的极性来记录数据。磁头在读取数据时，将磁粒子的不同极性转换成不同的电脉冲信号，再利用数据转换器将这些原始信号变成计算机可以使用的数据，写的操作正好与此相反。另外，硬盘中还有一个存储缓冲区，这是为了协调硬盘与主机在数据处理速度上的差异而设的。

硬盘驱动器加电正常工作后，利用控制电路中的单片机初始化模块进行初始化工作，此时磁头置于盘片中心位置，初始化完成后主轴电机将启动并以高速旋转，装载磁头的小车机构移动，将浮动磁头置于盘片表面的0道，处于等待指令的启动状态。当接口电路接收到微机系统传来的指令信号，通过前置放大控制电路，驱动电磁线圈电机发出磁信号，根据感应阻值变化的磁头对盘片数据信息进行正确定位，并将接收后的数据信息解码，通过放大控制电路传输到接口电路，反馈给主机系统完成指令操作。结束硬盘操作的断电状态，在反力矩弹簧的作用下浮动磁头驻留到盘面中心。

3. 接口类型及传输模式

硬盘接口是硬盘与主机系统间的连接部件，作用是在硬盘缓存和主机内存之间传输数据。不同的硬盘接口，决定着硬盘与计算机之间的连接速度。在整个系统中，硬盘接口的优劣，直接影响着程序运行快慢和系统性能好坏。从整体的角度上，硬盘接口分为IDE、SATA、SCSI

和光纤通道4种。

(1) IDE接口硬盘,多用于家用产品中,也部分应用于服务器。

(2) SATA是一种新的硬盘接口类型,还正处于市场普及阶段,在家用市场中有着广泛的前景。

(3) SCSI接口的硬盘,则主要应用于服务器市场。

(4) 光纤通道,只用在高端服务器上,价格昂贵。

在IDE和SCSI的大类别下,又可以分出多种具体的接口类型,又各自拥有不同的技术规范,具备不同的传输速度,如ATA100和SATA、Ultra160 SCSI和Ultra320 SCSI,都代表着一种具体的硬盘接口,各自的速度差异也较大。

相应地,硬盘与主机之间的数据传送方式也有两种: PIO(程序控制传输)模式和DMA(直接存储器存取)模式。

下面首先简单了解一下硬盘与主机的数据传送模式,然后再详细介绍各种接口标准以及它们采用的数据传送技术。

(1) PIO模式。PIO(Programmed I/O)程序控制传输模式是指通过CPU执行程序,用I/O指令来完成数据的传送。由于完全用软件方法实现,因此灵活性好,并且可以精细地控制数据传送中的所有细节问题。缺点是数据传送的速度不高。

早期的硬盘与主机之间都采用这种数据传送模式,现已淘汰。

(2) DMA模式。DMA(Direct Memory Access)模式的出现解决了硬盘接口的传送速度问题。DMA模式在数据传输过程中不通过CPU而直接在外设与内存之间完成数据传输,它以总线主控方式,由DMA控制器控制硬盘的读/写,在硬盘与内存之间直接进行数据传输,提高了传输速度并且节省了宝贵的CPU资源。

目前常见的DMA模式有Ultra DMA33、Ultra MA66、Ultra DMA/100、Ultra DMA160和Ultra DMA320等,它们的传输速度分别是33Mbps、66Mbps、100Mbps、160Mbps和320Mbps。

以下将详细介绍这几类接口标准。

(1) IDE。IDE的英文全称为"Integrated Drive Electronics",即"电子集成驱动器"。它的本意是指把"硬盘控制器"与"盘体"集成在一起的硬盘驱动器。把盘体与控制器集成在一起的做法,减少了硬盘接口的电缆数目与长度,数据传输的可靠性得到了增强,硬盘制造起来变得更容易,因为硬盘生产厂商不需要再担心自己的硬盘是否与其他厂商生产的控制器兼容。对用户而言,硬盘安装起来也更为方便。IDE这一接口技术,从诞生至今就一直在不断发展,性能也不断地提高,其拥有的价格低廉、兼容性强的特点,为其造就了其他类型硬盘无法替代的地位。

IDE代表着硬盘的一种类型,但在实际的应用中,人们也习惯用IDE来称呼最早出现IDE类型硬盘ATA-1,这种类型的接口,随着接口技术的发展已经被淘汰了。而其后发展分支出更多类型的硬盘接口,如ATA、Ultra ATA、DMA、Ultra DMA等接口,都属于IDE硬盘。

IDE有另一个名称,称为ATA(AT Attachment)。这两个名词都有厂商在用,指的是相同的东西。IDE的规格后来有所进步,而推出了EIDE(Enhanced IDE)的规格名称,而这个规格同时又被称为Fast ATA。所不同的是Fast ATA是专指硬盘接口,而EIDE还制定了连接光盘等非硬盘产品的标准。这个连接非硬盘类的IDE标准,又称为ATAPI接口。之后再推出更快的接口,名称都只剩下 ATA 的字样,如 Ultra ATA、ATA/66、ATA/100 等。

早期的 IDE 接口,有两种传输模式:一个是 PIO(程序控制传输)模式,另一个是 DMA(直接存储器存取)模式。虽然 DMA 模式系统资源占用少,但需要额外的驱动程序或设置,因此被接受的程度比较低。后来在对速度要求越来越高的情况下,DMA 模式由于执行效率较好,操作系统开始直接支持,而且厂商更推出了越来越快的 DMA 模式传输速度标准。

各种 IDE 标准都能很好地向下兼容,如 ATA 133 兼容 ATA 66/100 和 Ultra DMA33,而 ATA 100 也兼容 Ultra DMA 33/66。

要特别注意的是,对 ATA 66 以及以上的 IDE 接口传输标准而言,必须使用专门的 80 芯 IDE 排线,其与普通的 40 芯 IDE 排线相比,增加了 40 条地址线,以提高信号的稳定性。

以上这些都是传统的并行 ATA 传输方式。现在又出现了串行 ATA(Serial ATA,SATA),其最大数据传输率,更进一步提高到 150Mbps,将来还会提高到 300Mbps,而且其接口非常小巧,排线也很细,有利于机箱内部空气流动,从而加强散热效果,也使机箱内部显得不太凌乱。与并行 ATA 相比,SATA 还有一大优点,就是支持热插拔。

(2) SATA。使用 SATA(Serial ATA)口的硬盘,又称为串口硬盘,是未来 PC 硬盘的趋势。SATA 采用串行连接方式,串行 ATA 总线使用嵌入式时钟信号,具备了更强的纠错能力,与以往相比,其最大的区别在于,能对传输指令(不仅仅是数据)进行检查,如果发现错误会自动纠正。这在很大程度上提高了数据传输的可靠性。串行接口还具有结构简单、支持热插拔的优点。主板支持 SATA 的技术的标志如图 7-6 所示。

图 7-6　主板支持 SATA 的技术的标志

串口硬盘是一种完全不同于并行 ATA 的新型硬盘接口类型,由于采用串行方式传输数据而知名。相对于并行 ATA 来说,就具有非常多的优势。首先,Serial ATA 以连续串行的方式传送数据,一次只会传送 1 位数据。这样能减少 SATA 接口的针脚数目,使连接电缆数目变少,效率也会更高。实际上,Serial ATA 仅用四支针脚就能完成所有的工作,分别用于连接电缆、连接地线、发送数据和接收数据。同时,这样的架构还能降低系统能耗和减小系统复杂性。其次,Serial ATA 的起点更高、发展潜力更大,Serial ATA 1.0 定义的数据传输率,可达 150Mbps,这比目前最新的并行 ATA(即 ATA/133)所能达到 133Mbps 的最高数据传输率还高。而 Serial ATA 2.0 的数据传输率,将达到 300Mbps,最终 SATA 将实现 600Mbps 的最高数据传输率。

(3) SCSI。SCSI 的英文全称为"Small Computer System Interface"(小型计算机系统接口),是同 IDE(ATA)完全不同的接口。IDE 接口是普通 PC 的标准接口,而 SCSI 并不是专门为硬盘设计的接口,而是一种广泛应用于小型机上的高速数据传输技术。SCSI 接口具有应用范围广、多任务、带宽大、CPU 占用率低,以及热插拔等优点,但较高的价格,使得它很难如 IDE 硬盘般普及。因此,SCSI 硬盘主要应用于中、高端服务器和高档工作站中。

SCSI 接口技术将 DMA 模式的传输速度进一步提高,Ultra DMA160 和 Ultra DMA320 的传输速度分别达到了 160Mbps 和 320Mbps。

(4) 光纤通道。光纤通道的英文拼写是 Fiber Channel,和 SCIS 接口一样,光纤通道最初也不是为硬盘设计开发的接口技术,而是专门为网络系统设计的。但随着存储系统对速度的需求,才逐渐应用到硬盘系统中。光纤通道硬盘是为提高多硬盘存储系统的速度和灵活性才开发的，它的出现大大提高了多硬盘系统的通信速度。光纤通道的主要特性有热插拔性、高速带宽、远程连接、连接设备数量大等。

光纤通道是为在像服务器这样的多硬盘系统环境而设计，能满足高端工作站、服务器、海量存储子网络、外设间通过集线器、交换机和点对点连接进行双向、串行数据通信等系统对高数据传输率的要求。

7.1.4 硬盘的性能参数

在介绍硬盘的构成及工作原理之后，有必要先了解一下硬盘的主要性能参数。关于硬盘的性能参数有很多，这里只介绍与性能有关的主要参数，它们是使用和选择硬盘时的主要技术指标。

1. 硬盘容量

硬盘内部往往有多个叠起来的磁盘片，所以说影响硬盘容量因素有单碟容量和碟片数，容量的单位为兆字节(MB)或千兆字节(GB)，硬盘容量当然是越大越好了，可以装下更多的数据。

要特别说明的是，单碟容量对硬盘的性能也有一定的影响：单碟容量越大，硬盘的密度越高，磁头在相同时间内可以读取到更多的信息，这就意味着读取速度得以提高。

硬盘的容量可按如下公式计算：

硬盘容量＝柱面数×扇区数×每扇区字节数×磁头数

许多人发现，计算机中显示出来的容量往往比硬盘容量的标称值要小，这是由于不同的单位转换关系造成的。大家知道，在计算机中 1GB＝1024MB，而硬盘厂家通常是按照 1GB＝1000MB 进行换算的。

目前市场上主流硬盘的容量为 80～120GB，单碟容量也达到了 20GB 以上。

2. 转速

硬盘转速(Rotational Speed)是指硬盘片每分钟转过的圈数，单位为 rpm(Rotation Per Minute)。一般硬盘的转速达到 5400rpm(每分钟 5400 转)，有的硬盘的转速达到 7200rpm。硬盘转速对硬盘的数据传输率有直接的影响，从理论上说，转速越快越好，因为较高的转速可缩短硬盘的平均寻道时间和实际读写时间，从而提高在硬盘上的读写速度；可任何事物都有两面性，在转速提高的同时，硬盘的发热量也会增加，它的稳定性就会有一定程度的降低。所以说我们应该在技术成熟的情况下，尽量选用高转速的硬盘。

3. 缓存

一般硬盘的平均访问时间为十几毫秒，但 RAM(内存)的速度要比硬盘快几百倍。所以 RAM 通常会花大量的时间去等待硬盘读出数据，从而也使 CPU 效率下降。于是，人们采用了高速缓冲存储器(又称为高速缓存)技术来解决这个矛盾。

简单地说，硬盘上的缓存容量是越大越好，大容量的缓存对提高硬盘速度很有好处，不过提高缓存容量就意味着成本上升。目前市面上的硬盘缓存容量通常为 512KB～2MB。

4. 平均寻道时间

平均寻道时间(Average Seek Time)是硬盘的磁头从初始位置移动到数据所在磁道时所用的时间，单位为毫秒(ms)，是影响硬盘内部数据传输率的重要参数，平均寻道时间越短硬盘速度越快。

硬盘读取数据的实际过程大致是：硬盘接收到读取指令后，磁头从当前位置移到目标磁道位置(经过一个寻道时间),然后从目标磁道上找到所需读取的数据(经过一个等待时间)。这样,硬盘在读取数据时,就要经过一个平均寻道时间和一个平均等待时间,平均访问时间=平均寻道时间+平均等待时间。在等待时间内,磁头已到达目标磁道上方,只等所需数据扇区旋转到磁头下方即可读取,因此平均等待时间可认为是盘片旋转半周的时间。这个时间当然越小越好,但它受限于硬盘的机械结构。目前硬盘的平均寻道时间通常为9~11ms,如迈拓的钻石7代系列平均寻道时间为9ms。

5. 硬盘的数据传输率

硬盘的数据传输率(Data Transfer Rate)也称为吞吐率,它表示在磁头定位后,硬盘读或写数据的速度。硬盘的数据传输率有以下两个指标。

(1) 突发数据传输率(Burst Data Transfer Rate)也称为外部传输率(External Transfer Rate)或接口传输率,即微机系统总线与硬盘缓冲区之间的数据传输率。突发数据传输率与硬盘接口类型和硬盘缓冲区容量大小有关。目前的支持ATA/100的硬盘最快的传输速率能达到100Mbps。

(2) 持续传输率(Sustained Transfer Rate)也称为内部传输率(Internal Transfer Rate),指磁头至硬盘缓存间的数据传输率,它反映硬盘缓冲区未用时的性能。内部传输率主要依赖硬盘的转速。

7.1.5 硬盘技术的最新发展

1. 热插拔技术

热拔插SCSI连接/断接功能深受市场的欢迎。在开启或关闭电源时,硬盘在活跃的SCSI总线上不会造成电源瞬变或数据失误的情况,因此热拔插功能特别适用于阵列应用程式,在拆机安装硬盘时,阵列仍可照常运作而不会中断。目前IBM、Compaq、HP等品牌服务器都采用了80针热拔插硬盘,并配有专用的硬盘架和电源。

2. 磁盘阵列技术

随着硬盘技术的进一步发展,出现的磁盘阵列技术是对磁盘功能的进一步扩充。磁盘阵列起源于集中式大、中、小型计算机网络系统中,专门为主计算机存储系统数据。随着计算机网络、Internet和Intranet网的普及,磁盘阵列已逐渐得到普遍应用。为确保网络系统可靠地保存数据,使系统正常运行,磁盘阵列已成为高可靠性网络系统解决方案中不可缺少的存储设备。

磁盘阵列的全名为廉价磁盘冗余阵列(Redundant Array of Inexpensive Disks),也就是通常所说的RAID,属于超大容量的外部存储子系统。磁盘阵列由磁盘阵列控制器及若干性能近似的、按一定要求排列的硬盘组成。该类设备具有高速度、大容量、安全可靠等特点,通过冗余纠错技术保证设备可靠。

磁盘阵列(RAID)在现代网络系统中作为海量存储器,广泛用于磁盘服务器中。用磁盘阵列作为存储设备,可以将单个硬盘的30万小时的平均无故障工作时间(MTBF)提高到80万小时。磁盘阵列一般通过SCSI接口与主机相连接,目前最快的Ultra Wide SCSI接口的通道传输速率达到80Mbps。磁盘阵列通常需要配备冗余设备。磁盘阵列都提供了电源和风扇作为冗余设备,以保证磁盘阵列机箱内的散热和系统的可靠性。为使存储数据更加完整可靠,有些磁盘阵列还配置了电池。在阵列双电源同时掉电时,对磁盘阵列缓存进行保护,以实现数据的完整性。

磁盘阵列(RAID)技术分为几种不同的等级,分别可以提供不同的速度、安全性和性价比,常见的有以下几种。

1) RAID 0

RAID 0 是最简单的一种形式。RAID 0 可以把多块硬盘连接在一起形成一个容量更大的存储设备。最简单的 RAID 0 技术只是提供更多的磁盘空间,不过也可以通过设置,即可以通过创建带区集,在同一时间内向多块磁盘写入数据,使 RAID 0 磁盘的性能和吞吐量得到提高。RAID 0 没有冗余或错误修复能力,但是实现成本是最低的。

RAID 0 具有成本低、读写性能极高和存储空间利用率高等特点。但由于没有数据冗余,其安全性大大降低,阵列中的任何一块硬盘的损坏都将带来灾难性的数据损失。所以 RAID 0 中配置的硬盘不宜太多。

2) RAID 1

RAID 1 和 RAID 0 截然不同,其技术重点全部放在如何能够在不影响性能的情况下最大限度地保证系统的可靠性和可修复性上。RAID 1 是所有 RAID 等级中实现成本最高的一种,尽管如此,人们还是选择 RAID 1 来保存那些关键性的重要数据。

RAID 1 又被称为磁盘镜像,每一个磁盘都具有一个对应的镜像盘。对任何一个磁盘的数据写入都会被复制镜像盘中;系统可以从一组镜像盘中的任何一个磁盘读取数据。显然,磁盘镜像肯定会提高系统成本。因为人们所能使用的空间只是所有磁盘容量总和的一半。如由 4 块硬盘组成的磁盘镜像,其中可以作为存储空间使用的仅为两块硬盘,另外两块作为镜像部分。

RAID 1 下,任何一块硬盘的故障都不会影响到系统的正常运行,而且只要能够保证任何一对镜像盘中至少有一块磁盘可以使用,RAID 1 甚至可以在一半数量的硬盘出现问题时不间断地工作。当一块硬盘失效时,系统会忽略该硬盘,转而使用剩余的镜像盘读写数据。通常,把出现硬盘故障的 RAID 系统称为在降级模式下运行。虽然这时保存的数据仍然可以继续使用,但是 RAID 系统将不再可靠。如果剩余的镜像盘也出现问题,那么整个系统就会崩溃。因此,应当及时地更换损坏的硬盘,避免出现新的问题。

RAID 1 由两块硬盘数据互为镜像,它具有安全性高、技术简单、管理方便、读写性能良好等特点。但它无法扩展单块硬盘容量,数据空间浪费大。

3) RAID 0+1

单独使用 RAID 1 也会出现类似单独使用 RAID 0 那样的问题,即在同一时间内只能向一块磁盘写入数据,不能充分利用所有的资源。为了解决这一问题,可以在磁盘镜像中建立带区集。这种配置方式综合了带区集和镜像的优势,被称为 RAID 0+1。

RAID 0+1 综合了 RAID 0 和 RAID 1 的特点,独立磁盘配置成 RAID 0,两套完整的 RAID 0 互为镜像。它的读写性能出色、安全性高,但构建此类阵列的成本投入大,数据空间利用率低,不能称为经济高效的方案。

4) RAID 5

RAID 5 是目前应用最广泛的 RAID 技术。各块硬盘进行条带化分割,相同的条带区进行奇偶校验,校验数据平均分布在每块硬盘上。以 n 块硬盘构建的 RAID 5 阵列可以有 $n-1$ 块硬盘的容量,存储空间利用率非常高。任何一块硬盘上的数据丢失,均可以通过校验数据推算出来。RAID 5 具有数据安全、读写速度快、空间利用率高等优点,应用非常广泛,但不足之处是如果一块硬盘出现故障以后,整个系统的性能将大大降低。

3. 移动硬盘

随着硬件技术和业务系统的不断发展,对于移动存储的需求越来越多,相应地产生了移动磁盘技术。关于这一新型技术及产品,将在7.4节中详细讨论。这里提前指出的是不断发展的产物,是对硬盘技术的进一步扩展。

4. 微型硬盘

越来越小也是硬盘的发展方向之一,除了1.8英寸的硬盘,更小的1英寸HDD(Micro Drive),容量已达到了4GB,其外观和接口为CF TYPEⅡ型卡,传送模式为Ultra DMA mode 2。

CF卡的全称为"Compact Flash"卡,意为"标准闪存卡",简称"CF卡",CF卡作为一种先进的移动数码存储产品,当时其优势是很明显的,它具有高速度、大容量、体积小、质量轻、功耗低等优点,很容易就获得了一致的认可。CF卡分为两类:TypeⅠ和TypeⅡ,两者的规格和特性基本相同。TypeⅡ型CF卡和TypeⅠ型CF卡相比,只是在外形上显得厚了一些。

随着数码产品对大容量和小体积存储介质的要求,早在1998年IBM就凭借强大的研发实力最早推出容量为170MB/340MB的微型硬盘。而现在,日立、东芝、南方汇通等公司,继续推出了4GB甚至更大的微型硬盘。微型硬盘最大的特点就是体积小巧容量适中,大多采用CFⅡ插槽,只比普通CF卡稍厚一些。微型硬盘可以说是凝聚了磁储技术方面的精髓,其内部结构与普通硬盘几乎完全相同,在有限的体积里包含有相当多的部件。新第一代1英寸以下的硬盘也上市,东芝将是最早推出这种硬盘的公司之一,其直径仅为0.8英寸(SD卡大小),容量却高达4GB以上。

SD卡是Secure Digital Card卡的简称,直译成汉语就是"安全数字卡",是由日本松下公司、东芝公司和美国SANDISK公司共同开发研制的全新的存储卡产品。SD存储卡是一个完全开放的标准(系统),多用于MP3、数码摄像机、数码相机、电子图书、AV器材等,尤其是被广泛应用在超薄数码相机上。

7.2 软　盘

软盘属于可移动介质,在早期的PC中,软盘是唯一可更换的磁盘存储器,主要用于文件复制和应用软件载体。

除了可以更换和移动等特点外,软盘在容量、速度和可靠性等指标方面都与硬盘相差甚远。

7.2.1 软盘的发展及分类

1. 软盘的发展

在20世纪80年代及20世纪90年代初期,光盘、移动硬盘等其他外部存储设备没有出现,软盘几乎是唯一的可移动、可携带的外部存储设备,软件安装、个人文件保存、文件交换、文件备份主要都采用软磁盘为载体。

近年来,随着各种各样其他外部存储设备的快速发展,软盘由于容量小,存储速度较慢,所以应用逐渐减少。另外,软盘使用需要有专门的驱动器支持,该驱动器除电子部分外,还有慢速的机械部分,容易出现故障。而使用USB接口的存储设备,不需要专门的驱动器,如U盘等,可以使用计算机的USB接口。对于U盘来讲,只有电子器件,没有机械设备,容量大、速度快。随着U盘和移动硬盘的价格逐步下降，软盘将逐步被淘汰。

2. 软盘的分类

软盘(FD，Floppy Disk)的分类有不同的分法。

按照盘片的大小可分为5.25英寸软盘和3.5英寸软盘，但是软盘技术发展到今天，5.25英寸软盘已经很少见了，大部分计算机上已经没有了这种软盘的接口和驱动器。

按信息存储密度又可分为单密度和双密度。

其存储面有单面和双面之分，由于这种差别，出现了双面双密度、双面单密度、单面双密度、单面单密度4种类型。

人们所说的3.5英寸软盘是容量为1.44MB的双面双密度的软盘，720KB的单密度软盘已很少使用。

7.2.2 软盘的组成

PC软盘系统的结构与硬盘系统类似，由软盘盘片、软盘控制器、软盘驱动器(磁头位于其上)组成，3.5英寸、容量为1.44MB软盘的物理外观如图7-7所示。

1. 软盘盘片

软盘盘片由类似于塑料薄膜唱片的柔性材料制成，上面涂有极薄的一层铁氧体磁性材料，封装在相应尺寸的塑料保护套内，盘片的两面都可以记录信息。

图7-7 软盘的物理外观

软盘盘片也分为磁道和扇区。

(1) 磁道。盘片上若干个同心圆为盘片上的磁道，5.25英寸盘有40条磁道和80条磁道两种，3.5英寸软盘上有80个磁道。

(2) 扇区。每个磁道又被分成若干个扇区，高密度软盘每个磁道上有18个扇区。因此，整个软盘的容量达到2×80×18×512B=1.44MB。

2. 软盘驱动器

软盘要进行读写必须有软盘驱动器才能实现。

不同驱动器的内部电路不尽相同，但其逻辑结构是一致的，都是由磁头、磁头定位系统、主轴驱动系统和状态检测部件等构成。

(1) 磁头。磁头用于读写盘片上的数据信息。

(2) 磁头定位系统。软驱的磁头定位系统主要由磁头小车、磁头小车驱动步进电机、0磁道定位及相应的控制电路等部分组成，其作用是准确、迅速地将磁头定位于指定的位置上。软驱的寻道工作受主机控制，寻道工作由步进脉冲数(移动的磁道数)、步进的方向来实现。

(3) 读写系统。读电路由前置放大端、低通滤波、微分放大、限幅放大、数据鉴别及数据整形等组成。在读操作时，磁头感应出的信号很微弱，经前置放大器放大并通过低通滤波滤掉高频噪声信号，将信号送到微分放大电路进行微分放大，经微分放大后的信号再经限幅放大，信号变成方波，再经数据鉴别(数据是0还是1)、数据整形后送到主机。

当主机发出写信号而且软盘未写保护时，写电路发出一个写允许信号并产生相应的写电流，使磁头磁化盘介质。

(4) 主轴驱动系统。主轴驱动系统是指软驱中驱动盘片旋转的装置，它由主轴驱动电机、主轴部件和主轴稳速系统组成。主轴部件要求软盘能准确定位于主轴中心上，以确保软盘能恒速旋转及在不同软驱上使用。它主要由盘片托盘、夹紧机构组成。当盘片插入并关闭软驱门时，夹紧机构将盘片压紧并套在主轴上，使盘片能与主轴一起转动。主轴稳速系统的稳速过程是：当主机发出驱动主轴电机旋转信号时，主轴电机中的测速绕组的输出和转速给定信号送比较器进行比较并返回差值信号控制主轴电机，从而使转速恒定。

(5) 信号检测系统。信号检测系统是将软驱的相关状态报告给主机，主机根据收到的软驱状态信息，发出相应的操作命令。

① 0 磁道检测信号：磁头小车上有一挡板，磁头小车后退至 0 道时，该挡板将触发或挡住 0 磁道检测开关，使磁头小车不再后退并同时发送磁头小车当前位置处于 0 磁道信号给主机。

② 索引信号检测：软驱使用的软盘，有一个索引孔。该索引孔产生的脉冲索引信号标志着每个磁道的开始扇区位置。当盘片的索引孔经过索引检测光电管时，上下一对光电管正处于对照状态，其中一个光电管发出的光束，正好被另一光电管接收。

③ 写保护检测：写保护检测也是靠上下一对光电管(或触点开关)来进行检测的，当光电管被遮挡(5.25 英寸软驱)或触点开关处于断开时(3.5 英寸软驱)，发送写保护信号给主机，主机将禁止进行写操作，以避免操作不当破坏软盘所有的信息。

3. 软盘控制器

在早期的 PC 中，计算机中软驱控制器以专用扩充卡形式安装在 ISA 总线插槽中，后来以多功能卡形式实现。现在的 PC 将软驱控制器集成在主板上，通常以一块 Super I/O 芯片的形式出现，此芯片也包括有并行口、串行口及其他功能。虽然软驱控制器由主板上的 Super I/O 芯片实现，但是与系统的接口仍然通过 ISA 总线，功能上完全等同于安装在 ISA 插槽中的一块卡。这些内置的控制器通常由系统 BIOS 程序配置，如果要新安装一块软驱控制卡，可以将其关闭。

7.2.3 软盘的工作原理

1. 信息存储

软盘的盘片上分为磁道和扇区，数据信息就是以一定的规则存储在这些磁道和扇区上的。在软盘第一次使用时，需要进行格式化工作，所谓格式化，就是指对磁盘按照标准格式划分磁道和扇区，每个扇区按其格式填写地址信息及其容纳的字节数。

为了盘片的互换和简化系统设计，软盘采用统一的标准记录格式。国际标准化组织(ISO)已经将 IBM 记录格式作为国际标准。

IBM3740 格式适用于 8 英寸单面单密度软盘，软盘每道 26 个区段。对双面双密度软盘，也都有相应的格式规定。5.25 英寸和 3.5 英寸软盘的 IBM 格式与 8 英寸软盘基本相同，不同的是每条磁道的扇区数分成 15、9、18、36 这 4 种，每个扇区的字节数为 512B。

2. 软盘接口

几乎所有的软盘驱动器都有两个连接器，一个为驱动器提供电，一个传输进出驱动器的控制信号和数据信号，这些连接器在业界已经完全实现标准化。

软盘驱动器与软盘适配器之间是通过一条 34 线的扁平电缆连接的，最多接两台驱动器。

7.2.4 软盘技术的最新发展

传统的软盘目前使用已经越来越少，新的大容量软盘开始出现。常见的两种新式大容量软驱为 Zip 和 LS-120。Zip 的容量为 100MB，LS-120 的容量为 120MB。下面简要说明它们与

3.5 英寸的软盘相比其容量是怎样提高的。

大容量软磁盘片数据密度提高了 83 倍(120MB/1.44MB=83.333),要想达到如此高的容量,必须借助于一些新的技术才能实现。

传统软盘的容量受磁记录密度的限制:①位密度,磁道圆周上单位长度记录的二进制位数;②道密度,磁盘直径方向单位长度上记录的二进制位数。位密度与同一磁道上信息之间的距离相关,距离越大,位密度越小。

要加大存储量,可用的方法是加大位密度与道密度。

1. 光学定位技术

传统的软驱使用的是磁性定位,这种定位方式的准确度不够,因此在相同磁片面积下,能够划分出较少数量的磁道,1.44MB 软盘仅有 80 道。而 LS-120 不同,它使用的是激光光学定位技术,比原先的磁定位技术更为准确,因此可以在相同面积内划分出更多的磁道(在此应称为光磁道)。LS-120 可划分出 1736 条磁道。磁道数目增多,每条磁道的扇区数不再相同,自然就会具有容纳更多数据的条件。

如果只是磁道的数目增加,那么新式软盘的容量也不会太高,离 120MB 相差甚远。

因此,自然还需要有其他的技术来实现 120MB 的容量,这就是 ZRM(Zone Bit Recording,圆周位记录)技术。

就 1.44MB 软盘而言,具每条磁道上的扇区数是固定的,都是 18 个。因传统的软盘读写能力不够灵敏,为了防止盘片旋转速度过快,导致读写头来不及感应而漏失数据,所以以往的扇区划分是以每磁道相同扇区的方式来划分的,但在盘片上越靠外,其圆周长度就越大,为了保证数据的正确读取,传统软盘技术在磁头与扇区、磁道之间采取了迁就与妥协的方式。

由于采用光学定位后磁头灵敏度大幅提高,扇区的划分可以不再迁就读写头,因此越是外围的磁道,可划分出的扇区就越多。LS-120 的最内圈磁道有 51 个扇区,而最外围的磁道高达 92 个扇区。

2. 盘面材质

由于磁道数量的增加、每磁道扇区数的增加使得扇区分配更合理化,所以 LS-120 可以获得 120MB 的大容量。但是以往的盘片材质不能负担如此高密度的磁道数与扇区数。LS-120 盘片采用一种“高密度金属粒涂料”,用这种涂料作为数据的储存介质。但是,这种金属粒不能直接附着于聚乙烯的塑料盘片上,必须以间接的方式来粘接,这时便采用了“双涂层技术”。让含金属粒与盘片能合为一体,大容量盘片便这样产生了。

7.3 光　盘

光存储器简称光盘,是近年来越来越受到重视的一种外存设备,已经逐步成为多媒体计算机不可缺少的设备。

7.3.1 光盘的发展及特点

1. 光盘的发展

光存储技术的研究从 20 世纪 70 年代开始。人们发现通过对激光聚焦后,可获得直径为 1μm 的激光束。根据这个事实,荷兰 Philips 公司的研究人员开始研究用激光束来记录信息。1972 年 9 月 5 日,该公司向新闻界展示了可以长时间播放电视节目的光盘系统,这个系统被正式命名为LV(Laser Vision)光盘系统(又称为激光视盘系统),并于1978年投放市场。这个产品对世界产生了深远的影响,从此拉开了利用激光来记录信息的序幕。光盘的发展历程如图7-8所示。

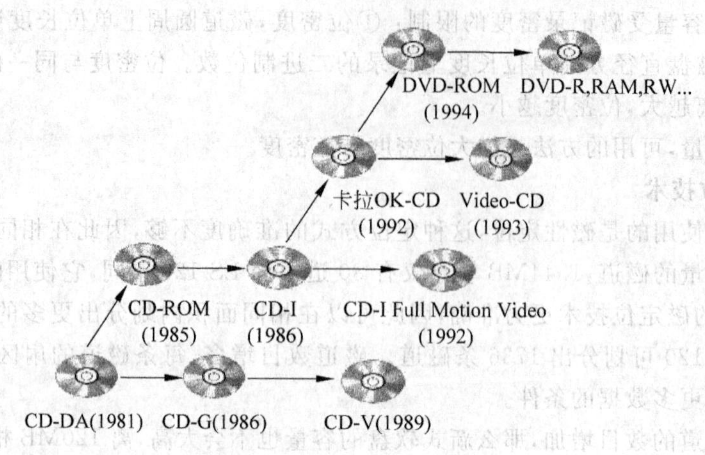

图7-8　光盘的发展历程

2. 光盘的特点

光盘与其他存储介质如传统的磁带、软磁盘等相比,其优点极为显著。

(1) 与传统的大容量存储介质磁带相比:磁带特别是数据流磁带的单盘容量虽然较大,可达到500GB,但这样的磁带价格昂贵,同时磁带如果保管不善则易发霉、易磨损,接近磁体时数据易丢失,而且不同厂家的不同格式的磁带驱动器也互不兼容,以至于数据交换很不方便。

(2) 与软磁盘相比:软磁盘容量小,即使Zip软盘,容量也仅有120MB,且安全可靠性差,目前也已经很少使用。

(3) 与硬盘相比:光盘具有坚固、抗振性好、不易损坏等优点。CD/DVD光盘具有容量大、易保存(其保存期长达30年以上)、可靠性高、表面磨损后可进行修复、携带方便、数据交换方便等特点,在近年来的存储市场上发展十分迅速。

另外,光盘在抗振性、保存的环境要求等方面,与传统的数据存储介质相比,也都具备许多优势。

目前,大多数个人计算机上都安装了光盘驱动器。近年来,DVD-RAM作为一种世界潮流的新存储介质将拥有无可限量的前途,它既可以用做普通的备份介质又可用做实时的存储载体。

7.3.2　光盘的分类

可以从不同角度对光盘进行分类,其中最常用的分类方法有以下几种。

1. 按照物理格式分类

所谓物理格式,是指记录数据的格式。按照物理格式划分,光盘大致可分为以下两类。

(1) CD系列。CD是Compact Disc的简称,意为小型、紧凑的盘片。CD的外径120mm,厚度1.2mm。

CD-ROM(Compact Disc Read Only Memory,只读光盘)是这种系列中最基本的保持数

据的格式。CD-ROM 包括可记录的多种变种类型如 CD-R、CD-RW 等。

(2) DVD 系列。DVD 是 Digital Versatile Disc 的简称,即数字通用光盘。

DVD-ROM 是这种系列中最基本的保持数据的格式。DVD-ROM 包括可记录的多种变种类型,如 DVD-R、DVD-RAM、DVD-RW 等。

2. 按照应用格式分类

应用格式是指数据内容(节目)如何储存在盘上以及如何重放。按照应用格式划分,光盘大致可分为以下几类。

(1) 音频(Audio)。例如,CD-DA(Compact Disc Digital Audio,音频光盘)、DVD-Audio。

(2) 视频(Video)。例如,VCD(Video CD,视频光盘)、DVD-Video 等。

(3) 文档。文档可以是计算机数据(data)、文本(text)等。

(4) 混合(Mixed)。音频、视频、文档等混合在一个盘上。

3. 按照读写限制分类

按照读写限制,光盘大致可分为以下 3 种类型。

(1) 只读式。只读式光盘以 CD-ROM 为代表,当然,CD-DA、V-CD、DVD-ROM 等也都是只读式光盘。对于只读式光盘,用户只能读取光盘上已经记录的各种信息,但不能修改或写入新的信息。只读式光盘由专业化工厂规模生产,CD-ROM 盘上的凹坑是用金属压模压出的。首先要精心制作好金属原模,也称为母盘,然后根据母盘在塑料基片上制成复制盘。因此,只读式光盘特别适于廉价、大批量地发行信息。

(2) 一次性写入式。目前这种光盘以 CD-R(Recordable)为主,就是只允许写一次,写完以后,记录在 CD-R 盘上的信息无法被改写,但可以像 CD-ROM 盘片一样,在 CD-ROM 驱动器和 CD-R 驱动器上被反复地读取多次。

CD-R 的结构与 CD-ROM 相似,上层是保护胶膜,中间是反射层,底层是聚碳酸酯塑料。CD-ROM 的反射层为铝膜,故也称为"银盘";而 CD-R 的反射层为金膜,故又称为"金盘"。CD-R 信息的写入系统主要由写入器和写入控制软件构成。写入器也称为刻录机,是写入系统的核心,其指标与 CD-ROM 驱动器基本相同。目前的 CD-R 大都支持整盘写入、轨道(Track)写入和多段(Multi-session)写入等,并且还支持增量包刻写(Incremental Packet Writing)。因此可随时往 CD-R 盘上追加数据,直到盘满为止。

CD-R 的出现对电子出版也是一个极大的推动,它使得小批量多媒体光盘的生产既方便又省钱。一般开发的软件如果要复制 80 盘以下则用 CD-R 写入更经济。对要大批量生产的多媒体光盘,可将写好的 CD-R 盘送到工厂去做压模并大批量复制,既方便又省时省钱,可大大缩短开发周期。另外,CD-R 对于其他需少量 CD 盘的场合,如教育部门、图书馆、档案管理、会议、培训、广告等都很适用,它可免除高成本母盘录制和大批量 CD-ROM 复制过程,具有良好的经济性。

(3) 可读写式。CD-RW(CD Rewritable)光盘即可擦写的光盘,这种光盘可反复写入及抹除光盘的数据,擦写次数可达 1000 次。

CD-RW 与 CD-R 一样也有预刻槽。记录原理也基本相似。只是记录层不是有机染料,而是一种相变材料。现在,大多数刻录机都支持 CD-RW 刻录。在"抹除"状态下,激光头能发出比刻录时还要强的激光束,使相变材料恢复到初始状态。所以,CD-RW 能多次写入。可读写式光盘由于其具有硬盘的大容量、软盘的抽取方便的特点,如果性能稳定、读取速度提高,未来将会得到广泛的应用。

4. 按照工作原理分类

光盘存储器按其工作原理的不同，大致可分为以下两种类型。

(1) 光技术。在这种类型中，又可分为两个子类，一种是介质的凹凸形状，一种是介质的相位状态。CD-ROM、DVD-ROM 等就属于前者，相变光盘则属于后者。

图 7-9 光盘驱动器

(2) 磁、光技术结合，如磁光盘、光软盘。

除上述划分外，还可按照其他原则分类。例如按照可存储的介质面是单面或双面划分。CD 是单面单层光盘，DVD 则可以是双面的，每面还可以双层。

另外光盘存储器由光盘盘片和光盘驱动器组成。光盘驱动器如图 7-9 所示。

7.3.3 CD 光盘的物理构造

CD(Compact Disc)意为高密盘，称为 CD 光盘，因为它是通过光学方式来记录和读取二进制信息的。

1. 光盘的材料

CD 光盘采用聚碳酸酯(Polycarbonate)制成，这种材料寿命很长而且不易损坏，摩托车头盔和防弹玻璃也是采用这种材料制成的。

2. 物理构造

CD 光盘上记录的信息最小单元是比特(bit)。在聚碳酸酯材料上用凹痕和凸痕的形式记录二进制“0”和“1”，然后覆上一层薄反射层，最后再覆上一层透明胶膜保护层，并在保护层的一面印上标记。人们通常称光盘的两面分别为数据面和标记面。CD-ROM 盘片数据面呈银白色，使用的是铝反射层。CD-R 盘片的感光层都使用有机染料制成，目前主要有金、绿、蓝 3 种颜色，分别称为金盘、绿盘和蓝盘。目前通常用的光盘直径为 12cm，厚度约为 1mm，中心孔直径为 15mm，质量为 14～18g。CD 盘片的结构如图 7-10 所示。

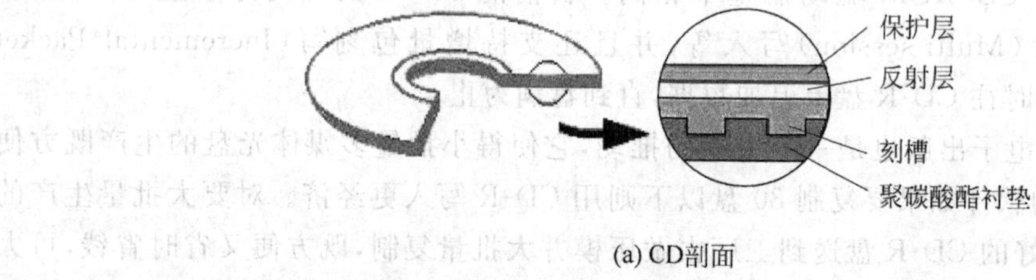

(a) CD剖面

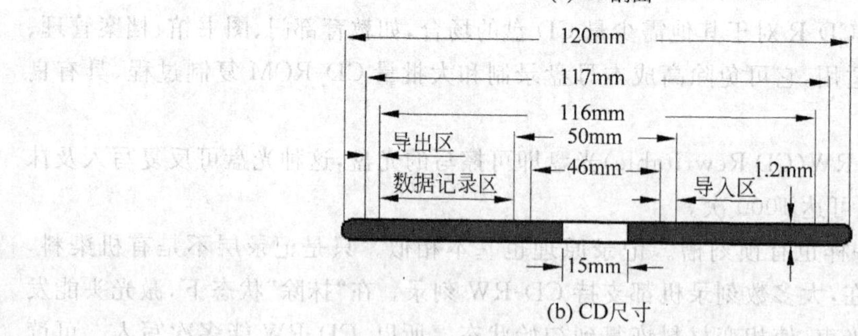

(b) CD尺寸

图 7-10 CD 盘片的结构

3. 数据记录和读取方式

二进制数据以微观的凹痕形式记录在螺旋轨道（track，也称为光道）上，光道从盘的中心开始直到盘的边缘结束[图 7-11(a)]，这与磁盘的同心环形磁道[图 7-11(b)]不一样。

光道上凹凸交界的跳变沿均代表数字"1"，两个边缘之间代表数字"0"。"0"的个数是由边缘之间的长度决定的。信息读取时，CD 机的激光头发出一束激光照到 CD 盘的数据面并拾取由凹痕反射回来的光信号，由此判别记录的是"1"或"0"，如图 7-12 所示。

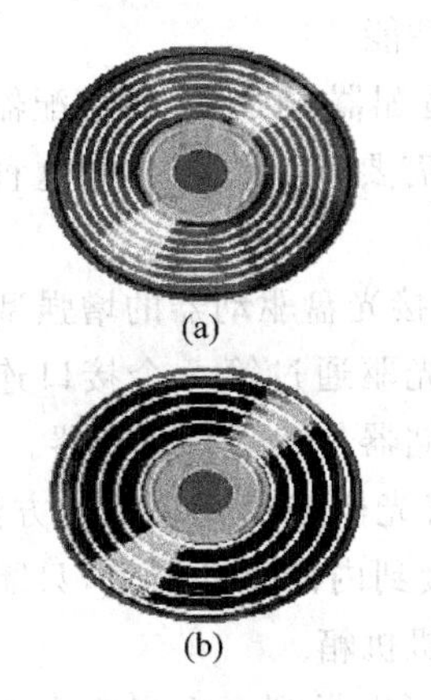

图 7-11　CD 光盘的螺旋形光道与磁盘的同心环形磁道

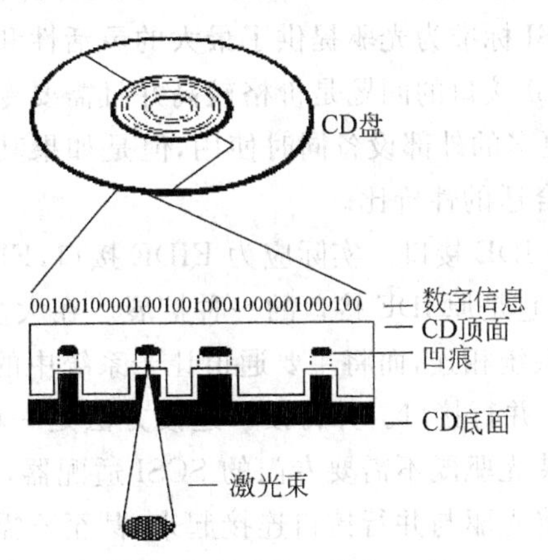

图 7-12　CD 盘的读出原理

4. 数据容量

普通光盘凹痕宽约 0.5μm，凹痕最小长度约 0.83μm，光道间距约 1.6μm。每张光盘大约包含 8 亿个凹痕，可容纳高达 680MB 的数据量，因此光盘的容量很大。

7.3.4 CD-ROM 驱动器工作原理

激光头是光驱的心脏，也是光驱中最精密的部分，它主要负责数据的读取工作，激光头主要包括激光发生器（又称为激光二极管）、半反光棱镜、物镜、透镜以及光电二极管等部分。

CD-ROM 驱动器以下述方式工作。

(1) 激光二极管向一个反射镜发射一束低功率的红外线光束。

(2) 伺服电机根据微处理器的命令，通过移动反射镜将光束定位在 CD-ROM 正确的轨道上。

(3) 当光束照到光盘时，这个红外光已通过盘片下面的第一个透镜聚集起来并聚焦，从镜子反射回来的光束送到光束分离器。

(4) 光束分离器将返回的激光束送往另一个聚焦透镜。

(5) 这个最后的透镜将光束送往光电二极管，在那里将光信号转换成电脉冲。

(6) 这些电脉冲由微处理器解码，然后以数据的形式送往主机。

由于在盘片上刻出的小坑代表"1"，空白处代表"0"，如果它不反射激光（那里有一个小坑），那么计算机就知道它代表一个"1"。如果激光被反射回来，计算机就知道这个点是一个"0"。然后，这些成千上万或者数以百万计的"1"和"0"又被计算机或激光唱机恢复成音乐、文件或程序。

7.3.5 光驱的接口

光驱的接口是指从光盘驱动器到主机扩展总线的物理连接，这个接口是光驱到主机的数据通道，对于光驱的性能有非常重要的作用。

光驱接口主要有以下几种。

(1) SCSI接口。SCSI接口即小型计算机系统接口，能用于多种不同类型的外设进行通信。SCSI标准为光驱提供了最大的灵活性和适用的接口性能。

SCSI接口的问题是价格较高并且需要专门的SCSI适配器，虽然这种适配器可以同时供7个或更多的外部设备同时使用，但是如果其他外设都不需要SCSI接口，则这种配置方法就不具备合适的性价比。

(2) IDE接口。实际应为EIDE接口，EIDE是用于连接光盘驱动器的增强型IDE接口工业标准，它是原IDE接口的一种扩展。在大多数情况下，光驱通过第2个接口连接器和通道与主机系统相连，而将主要通道让于系统中的主要外部存储器——硬盘驱动器。

(3) 并行接口。并行接口连接方法是一种最简单的将光驱连接到主机的方法，通过并行接口安装光驱既不需要专门的SCSI适配器，也不需要连接到内部驱动器上，只需简单地用一根电缆将光驱与并行接口连接起来，甚至不需要打开计算机机箱。

使用并行接口连接光驱的优点是易于安装和携带且可以做到一个光驱由多台计算机共用，缺点则是数据传输速率较低，访问时间也较长，而且价格相对也较高。

(4) USB接口。USB是最新型的接口，能够提供极大的灵活性和应用范围且携带和移动非常方便。与同样可以移动的并行接口连接方式相比，USB接口还具备很高的数据传输速率且具有支持热插拔的明显优势。

7.3.6 光驱的主要技术指标

1. 数据传输速率

数据传输速率是指在给定的时间内，驱动器能从光盘上读出并传送给主机的数据量。一般来说，数据传输速率反映了驱动器读取大量连续数据流的能力。

在工业界，标准的计量单位是每秒千字节，通常缩写成Kbps，而现代快速光驱，则用每秒兆字节(Mbps)。假设一个制造商声称某光驱的传输速率为150Kbps，则表示在该光驱达到正常转速后，能从光盘上以150Kbps的速度读取连续的数据流。注意，这是对单个大文件持续、顺序地读，而不是读盘片中不同部位的数据。显然，数据传输速率规格反映的是驱动器读取数据的峰值能力。有一个高速的数据传输率固然好，但是还有许多其他因素对性能来说也很重要。

标准的CD格式规定，每秒传输75块(或扇区)数据，每块包含2048字节。这样，光驱的数据传输速率正好为50Kbps。这是CD-DA(数字音频)驱动器的标准，在CD-ROM驱动器中，此速率称为单倍速。"单倍速"一词来源于最初的150Kbps驱动器，因为CD是以恒定线速度的格式记录数据的，这意味着光盘的旋转速度必须变化，以保持恒定的轨道速度。这也是音乐CD在任何速度的CD-ROM光驱中的播放速度。双倍速(或用2x表示)驱动器的数据传输速率为300Kbps，是单倍速驱动器的两倍。

由于CD-ROM光驱并不需要像音频播放机那样实时地读和播放数据，这就有可能让光驱以一个更高的线速度旋转光盘，从而提高数据传输速率。近年来，CD-ROM驱动器的速度得到了很大的提高，现在有各种速度的光驱，它们的速度都是单倍速光驱的若干倍。表 7-1 列出了 CD-ROM 驱动器的工作速度。

表 7-1 光驱速度及数据传输速率

光驱速度	传输速率/bps	传输速率/Kbps
单倍速	153 600	150
2 倍速(2x)	307 200	130
8 倍速(8x)	1 228 800	1200
16 倍速(16x)	2 457 600	2400
24 倍速(24x)	3 686 400	3600
32 倍速(32x)	4 915 200	4800
48 倍速(48x)	7 372 800	7200
52 倍速(52x)	7 987 200	7500

注意：从 16 倍速驱动器开始往上，常规驱动器的额定速率是最大速率。例如，一个所谓的 32xCD-ROM 驱动器，仅仅是当在读取 CD-ROM 光盘的外道信息时才能达到 32 倍速度。根据驱动器的型号，大多数 CD 盘的读出速度为 12～16 倍速。由于光盘能容纳 650MB 信息，而大多数光盘又存不满，光盘上的数据又是从内向外存放的，因此多数情况下达不到这个最高速率。

2. 访问时间

CD-ROM 驱动器访问时间的测量方法与 PC 硬盘驱动器相同。访问时间是指驱动器从接到读取命令后到实际读出第一个数据位之间的时间延迟。这个时间以毫秒为单位，对 24 倍速光驱，标称的访问时间一般为 75ms。这里指的是平均访问速率，实际的访问速率主要取决于数据在盘上的位置。当读取机构被定位在盘中心附近时，其访问速率要比被定位在外道附近快。许多制造商标称的访问速率是通过一系列的随机读取操作后统计出来的平均值。

很显然，较快的平均访问速率总是所希望的，特别是当指望驱动器能快速地定位和读取数据的时候。CD ROM 驱动器的访问时间在稳步地改进，但这些平均访问时间与 PC 的硬盘相比是很慢的，其范围为 100～200ms。而典型的硬盘访问时间为 8ms，这主要归咎于两类驱动器的结构不同。硬盘拥有多个磁头，每个磁头只在一个较小的介质表面区域内移动，而 CD-ROM 光驱只有一个读激光束，必须到整个盘面的范围内去读数据。此外，CD 盘上的数据是存储在单个很长的螺旋线上，当驱动器定位激光头去读一个轨道上的数据时，必须评估出距离，并向前或向后跳到螺旋线上适当的数据点。读外道的数据需要的访问时间比读内道长，除非采用恒定角速度技术的驱动器，能以恒定的速度旋转，使外道与内道的访问时间相同。

自从最初的单倍速驱动器问世以来，访问时间已在逐步减少。随着每次数据传输速率的提高，通常也能见到访问时间的加快。但是，正如在表 7-2 中列出的那样，这些提高都不大，因为受到单激光束的物理限制。

表 7-2 典型 CD-ROM 驱动器访问时间

驱动器速度	访问时间/ms	驱动器速度	访问时间/ms
单倍速(1x)	400	十六倍速(16x)	90
双倍速(2x)	300	二十四倍速(24x)	90
八倍速(8x)	100	四十八倍速(48x)	75

3. 缓存/高速缓存

大多数 CD-ROM 驱动器中，都在板上装有内部缓存或存储器的高速缓存。这些缓存其实就是安装在驱动器电路板上的存储器芯片，使在将数据发送给 PC 以前先在这里积累成一个较大的段。虽然 CD-ROM 驱动器的缓存数量有多有少，但典型数量为 256KB。通常，较快的驱动器使用较多的缓存来处理较高的数据传输速率。但是，许多低价 CD-ROM 驱动器只有 128KB 缓存，虽然节省了成本，但却牺牲了性能。

带缓存或高速缓存的 CD-ROM 驱动器有许多优点。当应用程序从 CD-ROM 上请求数据时，而这些数据分散在盘中不同的区段上，使用缓存能确保 PC 以一个恒速来接收数据。由于驱动器的访问时间相对较慢，读数据过程中的停顿将导致数据断断续续地发往 PC。在典型的文本型应用中一般不会引起注意，但在一个没有缓存的较慢访问速率驱动器上，这种现象十分显眼，尤其是在播放视频或音频节目时，可能会出现断续。

4. CPU 利用率

CPU 利用率是指为了帮助硬件或软件正常工作，占用 CPU 资源时间的多少。当然希望有较低的 CPU 利用率，因为节省下来的 CPU 时间可用于其他任务，从而提高整个系统的性能。在 CD-ROM 驱动器中，有 3 个因素影响 CPU 利用率：驱动器的速度和记录方式、驱动器缓存大小及接口类型。

光驱缓存的大小也影响 CPU 的利用率。对同样性能等级的光驱，缓存越多，要求的 CPU 时间越少(较低的 CPU 利用率)。

第三个影响 CPU 利用率的因素是驱动器接口类型。以相同倍速的条件比较，SCSI 接口驱动器的 CPU 利用率远低于 IDE/ATAPI 接口的驱动器。

5. DMA(直接存储器访问)

目前，在主流计算机的主板上，都采用 DMA 传输方式来提高性能并降低 CPU 的利用率。所以，只要系统允许，就应该让光盘驱动器以 DMA 方式工作。

7.3.7 CD 光盘与 DVD 光盘的区别

DVD-ROM 技术类似于 CD-ROM 技术，但是可以提供更高的存储容量。从表面上看，DVD 盘与 CD/VCD 盘也很相似，其直径为 80mm 或 120mm，厚度为 1.2mm。但实质上，两者之间有本质的差别。

1. 容量

按单/双面与单/双层结构的各种组合，DVD 可以分为单面单层、单面双层、双面单层和双面双层 4 种物理结构。相对于 CD-ROM 光碟只有单面单层，存储容量为 650MB 左右，而 DVD-ROM 光碟的存储容量可达到 17GB。

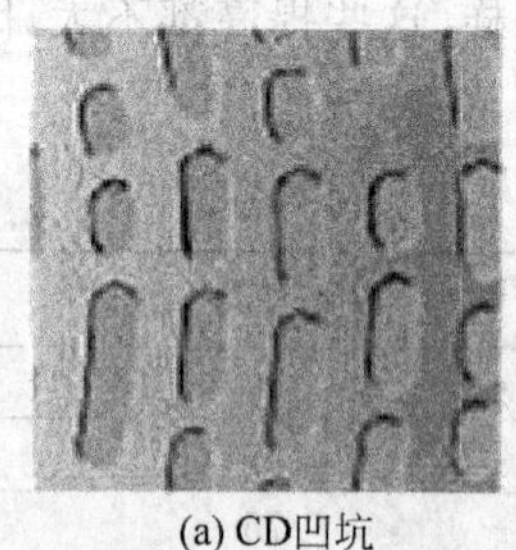

(a) CD凹坑　　(b) DVD凹坑

图 7-13　CD 与 DVD 凹坑比较

2. 最小凹坑长度

CD 的最小凹坑长度为 0.834μm，道间距为 1.6μm，采用波长为 780～790nm 的红外激光器读取数据，而 DVD 的最小凹坑长度仅为 0.4μm，道间距为 0.74μm，采用波长为 635～650nm 的红外激光器读取数据，图 7-13 为 DVD 与 CD 凹坑比较。

3. 单速传输速率

CD-ROM 的单速传输速率是 150Kbps，而 DVD-ROM 的 1x 则是 1358Kbps。相比较而言 DVD-ROM 的 1x 就等于 CD-ROM 9.053x。如果只是单纯看 DVD 影碟，其实 1x 的 DVD 速度就够了。

DVD 与 CD 的主要技术参数比较如表 7-3 所示。

表 7-3 CD 与 DVD 的主要技术参数比较

参　数	CD	DVD
光盘直径	12cm	12cm
记录层数	1	1 或 2
读取面数	1	1 或 2
基板厚度	1.2mm	0.6mm
每面记录层数	1	2
标准容量	0.68GB	4.7～17GB
旋转模式	CLV	CLV
数据轨道间距	1.6μm	0.74μm
最小记录点长度	0.83μm	0.4μm
最低线速度(M/s)	1.3	3.49
激光波长	780	635/650
物镜 NA	0.45	0.6
信号调制	EFM	EFMplus
错误纠正	CIRC	RSPC
第三层 ECC	CD-ROM	不需要
子代码/轨道	需要	不需要

DVD 的存储容量远高于 CD-ROM 的存储容量的原因在于：现在的 CD 光盘(包括 CD、VCD、CD-ROM 等)厚度是 1.2mm，而单层的 DVD 盘片是 0.6mm，这样使得从盘片表面到存放信息的物理坑点的距离大大减少，读取信息的激光束不用再穿越 CD-ROM 那么厚的塑料体，而是在更小的区域聚焦，所以存放信息的物理坑点能做得更小，排布得更加紧密，从而提高了存储量。

不过这么高密度的盘片可不是一般的激光头能读的，读 DVD 盘片的激光波长要短一些，这样它每次能识别的坑点就更多，也不至于误认坑点内的信息。所以 CD-ROM 是不能读 DVD 盘片的，同时为了让 DVD 和 CD-ROM 盘片兼容，DVD 的激光头也要特别的设计。另外，DVD 采用的纠错方式也比较特殊，比以往的 CD 方式要强数十倍，即使 DVD 盘片很差也可以毫不费力地读取。

7.4 移动硬盘

在本章的硬盘部分已经提到过移动硬盘，作为硬盘技术的进一步发展和延伸，移动硬盘技术本身在某些方面(如数据存储格式、技术指标)与硬盘有着相同或相近的地方，对于这些将不再重复介绍，本章侧重于介绍移动硬盘独有的特点。

7.4.1 移动硬盘的发展及分类

随着多媒体技术和宽带网络的发展，人们对移动存储的需求越来越高。在日益兴起的移动存储市场上，U盘和移动硬盘是两类主要产品。

1. U盘(小容量移动硬盘，俗称U盘)

特点：袖珍型产品、容量小、体积小、携带方便，常用于个人日常工作文档的存储。目前常见的规格有64MB、128MB、256MB等。

2. 移动硬盘(大容量)

移动硬盘主要指采用计算机标准接口的硬盘，就是用硬盘加上特制的配套硬盘盒构成的一个便携的大容量存储系统。通常与个人计算机硬盘容量的存储级别相同，可用于存储和传输大量信息，常见的规格有40GB、60GB等。

按照采用硬盘的类型又分为2.5英寸的移动硬盘和3.5英寸的移动硬盘，前者较后者质量轻，体积小。

移动硬盘从接口类型上大致可分为4种：并行接口、PCMCIA接口、USB接口和IEEE1394接口。

PCMCIA是英文"Personal Computer Memory Card International Association"的缩写，是专门用在笔记本或PDA、数码相机等便携设备上的一种接口规范(总线结构)，也就是笔记本网卡通常都支持PCMCIA规范，而台式机网卡则不支持此规范。

早期的移动硬盘多是并行接口和PCMCIA接口，现已基本从市场上消失。

并行接口移动硬盘是最早的移动硬盘的接口方式，比串行接口速度要快一些，通常为115Kbps，因为最早没有更好的接口方案，虽然速度慢些，以及需要外接电源等不便之处，但还是存在一定的市场需求，现在已基本淘汰。

USB接口和IEEE1394接口的移动硬盘以大容量、传输速度快和良好的兼容性逐渐成为市场的主导。

USB移动硬盘得益于USB接口的广泛普及，它各方面的性能都比以前的移动硬盘要好许多，尤其是其对操作系统、机型的全面适应，为其迅速流行提供了很好的条件。

7.4.2 移动硬盘的组成

1. U盘的构成

(1) IC控制芯片。IC控制芯片是整个U盘的核心，关系到U盘是否能够当做驱动盘使用，是否可以实现附加功能(如加密功能)等。目前厂商通常使用的控制芯片(IC)有3S、PEOLIFIC、CYPRESS、OTI等，打开U盘外壳就可以看到。

(2) 存储器。U盘的存储器是一种半导体存储器Flash ROM，具有掉电后仍可以保留信息、在线写入等优点，并且它的读写速度比EEPROM更快且成本更低。但是，由于现在各个厂商之间所使用的技术不同，存储器的类型也有很多。

U盘之所以称为盘，并非其中真有盘，而是因为：①其功能胜似盘；②其存储组织仿效盘结构，即盘分磁道，道分扇区，实质为二维数据结构。

(3) PCB板和元器件。PCB板和元器件是U盘的辅助部分，但是它们对U盘的质量也有着决定性的影响。

2. 大容量移动硬盘的构成

大容量移动硬盘由普通硬盘、硬盘盒和连接线组成。

(1) 移动硬盘盒。移动硬盘盒内部安置一块普通硬盘,正是这种类型的硬盘,使其存储能力轻而易举地达到了“G”级水平,同时,由于国际和国内的硬盘市场产品价格的不断下滑,假如以单位存储容量的价格来计算,它也将大大超越 U 盘,可见大容量移动硬盘的潜在发展动力是相当强大的。

(2) 移动硬盘接口及连接线。移动硬盘盒通过移动硬盘连接线连接到计算机,根据移动盒接口的不同,主要分为 IEEE-1394 连接线、USB 连接线。IEEE-1394 连接线如图 7-14 所示,USB 连接线如图 7-15 所示。

图 7-14 IEEE-1394 连接线

图 7-15 USB 连接线

IEEE-1394 也称为 Fire wire(火线),它是苹果公司在 20 世纪 80 年代中期提出的,是苹果计算机标准接口。其数据传输速度理论上可达 400Mbps,并支持热插拔。但只有一些高端 PC 主板才配有 IEEE-1394 接口,所以普及性较差。

USB 接口的移动硬盘盒是目前市场的主流接口,支持热插拔。USB 有 USB1.1 和 USB2.0 两种标准。USB2.0 传输速度高达 480Mbps,是 USB1.1 接口的 40 倍,USB2.0 需要主板的支持,可向下兼容。同品牌 USB2.0 移动硬盘盒比 USB1.1 移动硬盘盒要贵 30～50 元,但考虑到其速度巨大差异和 USB2.0 已成为市场的主流,所以推荐购买支持 USB2.0 的移动硬盘盒。

现在市场上出现不少 USB2.0 与 IEEE-1394 双接口的移动硬盘盒,配置较为灵活,但价格也相对较高。

7.4.3 移动硬盘的主要技术指标

1. 移动硬盘盒的尺寸

移动硬盘盒分为 2.5 英寸和 3.5 英寸两种。2.5 英寸移动硬盘盒被用于笔记本电脑硬盘,2.5 英寸移动硬盘盒体积小、质量轻、便于携带,一般没有外置电源。2.5 英寸移动硬盘盒如图 7-16 所示。

3.5 英寸的硬盘盒被用于台式计算机硬盘,3.5 英寸移动硬盘盒体积较大,便携性相对较差。3.5 英寸的硬盘盒内一般都自带外置电源和散热风扇,价格也相对较高。3.5 英寸移动硬盘盒如图 7-17 所示。

此外还有 5.25 英寸移动硬盘盒,不仅可以装台式计算机硬盘还能装光驱来组成外置光驱,但它的体积实在难与“便携”扯上关系,推荐选购更符合便携性要求的 2.5 英寸移动硬盘盒。

图 7-16　2.5 英寸移动硬盘盒

图 7-17　3.5 英寸移动硬盘盒

2. 供电

2.5 英寸 USB 移动硬盘工作时，硬盘和数据接口由计算机 USB 接口供电。USB 接口可提供 0.5A 电流，而笔记本电脑硬盘的工作电流为 0.7～1A，一般的数据复制不会出现问题。但如果硬盘容量较大或移动文件较大时很容易出现供电不足，而且若 USB 接口同时给多个 USB 设备供电时也容易出现供电不足的现象，造成数据丢失甚至硬盘损坏。为加强供电，目前 2.5 英寸 USB 硬盘盒一般会提供两接头的 USB 连接线。所以在移动较大文件时就需要同时接上两个接头(同时接在主机上)。

3.5 英寸的硬盘盒一般都自带外置电源，所以供电基本不存在问题。IEEE-1394 接口最大可提供 1.5A 电流，所以也无须外接电源。

3. 移动硬盘盒的材料、散热及防震问题

移动硬盘盒的材料主要有铝合金和塑料两种。铝合金散热较好，而且可以有效屏蔽电磁干扰。震动是影响硬盘质量的最大问题，设计良好的移动硬盘盒一般都在易于磕碰的边角覆盖橡胶等弹性材料或做圆角处理，以减少外来冲击的影响，确保硬盘盒内数据的安全可靠。一些一味追求轻巧便携的移动硬盘盒是以牺牲安全为代价的。所以选购时请务必注意，因为硬盘有价数据无价。

习　题　7

一、选择题

1. 下列不属于外存储器的是(　　)。

   A. 硬盘　　B. 软盘　　C. 内存　　D. 光盘

2. 一张 CD-ROM 盘片可存放字节数是(　　)。

   A. 640KB　　B. 680MB　　C. 1024MB　　D. 512GB

3. 常用的外部存储器包括(　　)。

   A. 硬盘　　B. 软盘　　C. 软盘　　D. 以上都是

4. 在下列存储设备中，信息保存时间最长的是(　　)。

   A. 硬盘　　B. 光盘　　C. ROM　　D. RAM

二、问答题

1. 硬盘由哪几部分组成，各部分的作用是什么？
2. 简述硬盘的接口标准。
3. 硬盘容量如何计算，它与哪些因素有关？

4. 简述硬盘存储数据的原理。

5. 软盘由哪几部分组成，每部分的作用是什么？

6. 软盘容量如何计算，它与哪些因素有关？

7. 光盘主要由哪几种产品，试举出每种产品的典型代表？

8. 光驱有哪几种接口标准？

9. 简述光盘存储数据的原理。

10. 移动硬盘有哪些主要技术指标？

11. 一张双面软磁盘有 80 个磁道，18 个扇区，每扇区 512 个字节，该磁盘的容量为多少？

第8章 总线与主板技术

本章首先介绍总线的基本概念、分类及总线的层次结构，以及几种常见系统总线，然后系统地介绍主板的组成及主板芯片组。

学习目标

(1) 了解总线、主板的概念、结构、分类，主板的新技术。

(2) 理解常见系统总线的工作方式、主板的各组成部分的功能。

(3) 掌握常见系统总线的性能指标、主板的组成。

8.1 总线技术

8.1.1 总线的基本概念

1. 总线概述

总线是计算机系统各功能部件之间进行信息传送的公共通道，它由一组导线和相关的控制、驱动电路组成。构成计算机系统的各功能部件/模块(如主板、存储器、I/O接口板等)通过总线来互联和通信，总线以分时的方法来为这些部件服务。总线结构很大程度上决定了计算机系统硬件的组成结构，是计算机系统总体结构的支柱，目前在计算机系统中常把总线作为一个独立的功能部件来看待。

总线技术之所以能够得到迅速发展，是由于采用总线结构在系统设计、生产有很多优越性，概括起来有以下几点。

(1) 便于采用模块结构设计方法，简化了系统设计。

(2) 标准总线可以得到多个厂商的广泛支持，便于生产与之兼容的硬件板卡和软件。

(3) 模块结构方式便于系统的扩充和升级。

(4) 便于故障诊断和维修，同时也降低了成本。

早期的传统总线实际上是CPU芯片引脚的延伸，按功能可分为3类：地址总线、数据总线和控制总线。传统总线存在以下不足。

(1) CPU是总线上唯一的主控者。

(2) 总线结构与CPU紧密相关，通用性较差。

现代总线都是标准总线，与结构、CPU、技术等无关，系统中允许有多个处理器模块，总线控制器完成几个总线请求者之间的协调与仲裁。现代总线可分为以下4个部分。

(1) 数据传送总线：由地址线、数据线、控制线组成。

(2) 仲裁总线：包括总线请求线和总线授权线。

(3) 中断和同步总线：包括中断请求线和中断认可线。

(4) 公用线：时钟信号、电源等。

随着计算机技术的发展，总线技术得到了广泛的应用和发展，许多性能优良的总线得到了广泛的应用，有的总线仍在发展、完善，有的在衰亡、被淘汰，同时也会不断出现新的概念和新的总线。

2. 总线的分类

总线从不同角度有多种分类方法。

(1) 按相对于CPU与其他芯片的位置，可分为片内总线和片外总线。

片内总线即芯片内部总线，是指在CPU内部，各寄存器、算术逻辑部件ALU、控制部件之间传输数据所用的总线；而通常所说的总线是指片外总线，是CPU、内存、I/O设备接口之间进行通信的总线。

(2) 按总线传送信息的类别，可分为地址总线、数据总线和控制总线。

地址总线(Address Bus，AB)用于传送存储器地址码或I/O设备地址码；数据总线(Data Bus，DB)用于传送指令或数据；控制总线(Control Bus，CB)用于传送各种控制信号，通常所说的总线都包括这3个组成部分。

(3) 按照总线传送信息的方向，可分为单向总线和双向总线。

单向总线是指挂在总线上的一些部件将信息有选择地传向另一些部件，而不能反向传送；双向总线是指任何挂在总线上的部件之间可以互相传送信息。

(4) 按总线在微机系统中的位置，可分为机内总线和外设总线。

上面介绍的各类总线都属于机内总线；外设总线(Peripheral Bus)是指用来连接外部设备的总线，实际上是一种外设的接口标准。

(5) 按总线的层次结构可分为CPU总线、存储总线、系统总线和外部总线。

这是总线最常用的分类方法。CPU总线又称为处理器总线，它用来连接CPU和控制芯片；存储总线用来连接存储控制器和DRAM；系统总线也称为I/O通道总线，用来与主板扩充插槽上的各板卡相连，系统总线有多种标准以适用于各种系统；外部总线用来连接外设控制芯片，如主板上的I/O控制器和键盘控制器。

3. 总线系统的主要技术参数

总线的技术参数主要有以下3个方面。

(1) 总线的带宽。总线的带宽是指单位时间内总线上可传送的数据量，一般用每秒钟传送字节数来表示。与总线带宽密切相关的两个概念是总线的位宽和总线的工作频率。

(2) 总线的位宽。总线的位宽是指总线能同时传送的数据位数，即总线宽度，如16位、32位、64位等。在工作频率一定的条件下，总线的带宽与总线的位宽成正比。

(3) 总线的工作频率。总线的工作频率也称为总线的时钟频率，是指用于协调总线上各种操作时钟信号的频率，单位为MHz。工作频率越高，总线工作速度越快，总线带宽也越宽。

总线带宽的计算公式为：

总线带宽(Mbps)＝(总线位宽/8)×总线工作频率(MHz)

例如，32位总线，工作频率66MHz，则总线带宽＝(32/8)×66(MHz)＝264(Mbps)

8.1.2 总线层次结构

计算机的总线系统是由处于计算机系统不同层次上的若干总线组成的，一般可分为以下几个层次。

1. CPU 总线

CPU 总线又称为处理器总线,是 CPU 与主板芯片组特别是北桥芯片之间进行通信的通道。CPU 总线包括地址总线、数据总线和控制总线三部分,其中地址总线是单向输出的,数据总线是双向输入/输出的,控制总线包括很多具体的控制线,从总体上来看,控制总线是双向的,但具体到某个控制线则是单向的。

CPU 总线作为 CPU 与外界的公共通道,实现了 CPU 与主存储器、I/O 接口以及多个 CPU 之间的连接并提供了与系统总线的接口。CPU 总线一般是生产厂家针对其具体的处理器而设计的,与处理器密切相关,无法实现标准化,因此还没有统一的规范。

2. 存储总线

存储总线是在 CPU 和主存之间设置的一组高速专用总线,CPU 可以通过存储总线直接与存储器交换信息,减轻了系统总线的负担。在现代总线结构中,存储总线并不是直接和 CPU 相连,而是通过主板芯片组的北桥芯片和 CPU 总线相连。

3. 系统总线

系统总线是指模块式计算机机箱内的底板总线,用来连接作为计算机子系统的插件板。在计算机主板上,系统总线表现为与扩展插槽相连接的一组逻辑电路和导线,I/O 插槽中可以插入各种扩充板卡,作为各种外设的适配器与外设连接,因而系统总线也称为 I/O 通道总线。

系统总线必须有统一的标准,以便按照这些标准设计各类适配器。各种总线标准主要是指系统总线的标准,包括与系统总线相连的插槽的标准。系统总线一般不针对某一处理器开发,标准化程度较高。

随着微型计算机结构的不断改进,系统总线也不断发展,目前系统总线已制定了若干标准,如 ISA 总线、EISA 总线、VESA 总线、AGP 总线、MCA 总线、PCI 总线等,其中 ISA 总线、PCI 总线和 AGP 总线是当前计算机中最流行、最常见的系统总线。主板上的系统总线插槽外形图如图 8-1 所示。

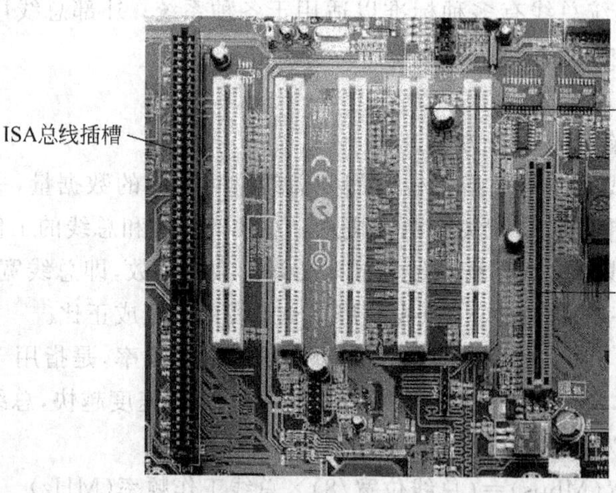

图 8-1　主板系统总线插槽外形图

4. 外部总线

外部总线是输入/输出设备与系统中其他部件间的公共通路,标准化程度最高。常用的标准外部总线有小型计算机系统互联总线 SCSI、通用串行总线 USB 和 IEEE-1394 等,这些外部总线实际上是主机与外设的接口。

5. 多总线结构

目前计算机通常采用多总线结构，即系统中拥有两个以上的总线，如 Pentium 系统中的总线有 CPU 总线、PCI 总线、ISA 总线、AGP 总线、USB 总线等，系统中各部件分别连接在不同的总线上。

多总线结构将不同类型的设备划分到不同的总线层次中，这样做的目的是兼顾速度和成本的要求。连接高速部件的总线对带宽要求高，其生产成本也很高；反之，用于连接速度较低部件的总线对带宽的要求较低，其生产成本也低。

8.1.3 系统总线的标准化

系统总线用来连接各子系统的插件板，为使各插件板的插槽之间具有通用性，使一个系统中的各插件板可以插在任何一个插槽上，方便用户的安装和使用，并且不同厂家的插件板可以互联、互换，这就要求有一个规范化的可通用的系统总线，即系统总线必须有统一的标准。为了兼容，还要求插件的几何尺寸相同，插槽的针数相同，插槽中各针的定义相同，信号的电平和工作的时序相同。

系统总线中的信号线可分为以下 5 个主要类型。

(1) 数据线：决定数据宽度。

(2) 地址线：决定直接寻址范围。

(3) 控制线：包括控制、时序和中断线，决定总线功能和适应性的好坏。

(4) 电源线和地线：决定电源的种类及地线的分布和用法。

(5) 备用线：留给厂家或用户自己定义。

有关这些信号线的标准主要涉及如下几个方面。

① 信号的名称。

② 信号的定时关系。

③ 信号的电平。

④ 连接插件的几何尺寸。

⑤ 连接插件的电气参数。

⑥ 引脚的定义、名称和序号。

⑦ 引脚的个数。

⑧ 引脚的位置。

⑨ 电源及地线。

8.2 常见的系统总线

随着微型计算机的发展，为了适应数据宽度的增加和系统性能的提高，依次推出了多种标准的系统总线，下面主要介绍现在常用的 ISA 总线、PCI 总线、AGP 总线和新型总线 PCI Express。

8.2.1 ISA 总线

ISA(Industry Standard Architecture，工业标准体系结构)总线，也称为 AT 总线，它是

IBM-PC/XT、AT 及其兼容机所使用的总线，其总线带宽为 8Mbps 或 16Mbps，支持 8 位或 16 位数据传送。

ISA 总线是在早期的 PC 总线的基础上扩展而成的，ISA 总线的插座结构是在原 PC 总线 62 线插座的基础上又增加了一个 36 线的插座，即在同一轴线的总线插座分 62 线插座和 36 线插座两部分，共 98 根线。这种 I/O 插槽既可支持 8 位的插卡，也可支持 16 位的插卡，其中的 62 线插座用于插入 8 位的插卡，其引脚排列、信号定义与 PC 总线基本相同，以保证与 PC 总线兼容。

ISA 总线的主要性能指标如下。

(1) 62+36 引脚。

(2) 最大位宽 16 位。

(3) 最高时钟频率 8MHz。

(4) 最大稳态数据传输率 16Mbps。

(5) 8/16 位数据线。

(6) 24 位地址线，可直接寻址的内存容量为 16MB。

(7) I/O 地址空间为 0100H～03FFH。

(8) 中断功能。

(9) DMA 通道功能。

(10) 开放式总线结构，允许多个 CPU 共享系统资源。

ISA 总线插槽外形图如图 8-2 所示。

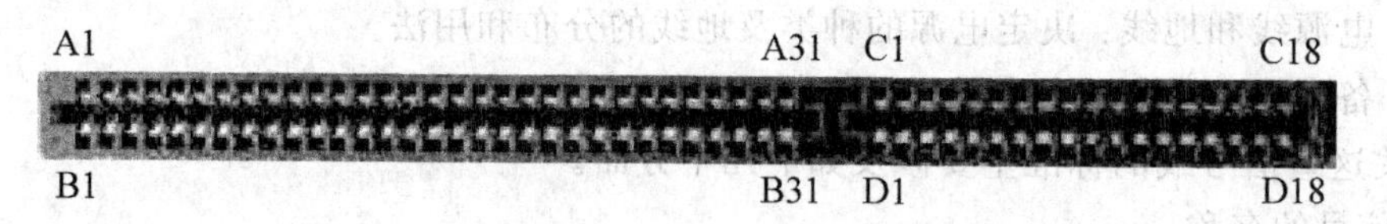

图 8-2　ISA 总线插槽外形图

ISA 总线插槽中标有 A1～A31 及 B1～B31 的 62 线插槽用于插入 8 位数据宽度的插卡。8 位 ISA 总线的信号全部连接到 62 线插座上，分成 A、B 两排，每排 31 线，其中数据线 8 根，地址线 20 根，可接收 6 路中断请求及 3 路 DMA 请求，此外还包括时钟、电源线和地线。C1～C18 及 D1～D18 为 16 位 ISA 总线增加的 36 线插槽，它和 62 线插槽一起供 16 位插卡使用。16 位 ISA 总线在 8 位 ISA 总线的基础上将数据线扩充到 16 根，地址线扩充到 24 根，可支持 15 级中断和 7 个 DMA 通道。

在早期的 PC 中，ISA 总线应用非常广泛，大多数计算机主板上只提供 ISA 插槽，随着技术的进步，ISA 总线已逐渐被淘汰，现在大多数主板上只保留了一个 ISA 插槽，有些新型的主板上已不再提供 ISA 插槽。

80386 微处理器推出后，为了改进 ISA 总线的性能，曾设计了 EISA(Extend Industry Standard Architecture，扩展工业标准体系结构)总线，它在 ISA 总线的基础上又增加了 100 线，其中数据线增加到 32 位。EISA 总线插槽的尺寸大小与 ISA 插槽大致相同，所不同的是 EISA 插头和插槽都分成两层：上层为 ISA 连接点，其结构和引脚信号定义均与 ISA 总线完全兼容，下层为 EISA 连接点，用于扩展方式，它与上层联合起来构成 32 位 EISA 总线。EISA 总线数据位增加，最高数据传输速率可达 33Mbps，但由于其结构比较复杂，成本高，并未得到广泛的推广。

8.2.2 PCI 总线

随着图形处理技术和多媒体技术的广泛应用，计算机处理的信息除了传统的文字、图形信息外，还包括了音频和视频信息。与文字信息相比，音频与视频的信息量要大得多，这就对总线的速度提出了新的要求，原有的 ISA、EISA 总线已远不能适应要求，而成为整个系统的主要瓶颈。在这种情况下，由 Intel 公司首先提出的 PCI 总线标准。

PCI 是 Peripheral Component Interconnect(外设部件互联标准)的缩写，它是个人计算机中使用最为广泛的接口，几乎所有的主板产品上都带有这种插槽。PCI 总线是以 Intel 公司为首的 PCI 集团于 1992 年推出的一种高性能系统总线，它采用同步时序协议和集中式仲裁策略并具有自动配置能力，是目前流行的 PC 扩展总线标准，其总线插槽的外形图如图 8-3 所示。

1. PCI 总线的主要性能和特点

(1) 总线时钟频率 33.3MHz/66MHz；总线宽度 32 位(5V)/64 位(3.3V)；最大数据传输速率 133Mbps 或 266Mbps。

(2) 与 CPU 及时钟频率无关。PCI 总线是一种不依附于某个具体处理器的系统总线，即 PCI 总线不受处理器的限制，总线结构与处理器无关，在更改处理器品种或设计时，只要更换 PCI 总线控制器即可。

图 8-3 PCI 总线插槽外形图

(3) 能自动识别外设(即插即用功能)。当外设或外设接口卡与系统连接时，能自动为其分配系统资源，如决定中断号、端口地址等配置及软件默认配置，这种技术主要是通过在扩展卡中存储有关 PCI 外设的权限信息来完成的。

(4) 高性能的突发数据传输模式。在突发数据传输方式下，PCI 能在一瞬间发送大量数据，因而能满足多媒体和互联网络的传输要求。

(5) 支持 10 台外设。由于 PCI 总线在 CPU 和外设之间插入了一个复杂的管理层，可以协调数据传输并提供一个一致的总线接口和信号的缓存，因此使 PCI 总线最多可支持 10 台外设，即在主板上最多可安排 10 个 PCI 总线插槽，可以同时插入 10 块 PCI 插卡。

(6) 采用多路复用方式减少了引脚数。PCI 总线采用了多路复用技术，即其地址线和数据线引脚共用，这样可以减少引脚数量。

(7) 时钟同步方式。

(8) 具有与处理器和存储器子系统完全并行操作的能力；支持 32 位和 64 位寻址能力；完全的多总线主控能力。

(9) 具有隐含的中央仲裁系统。

(10) PCI 总线特别适合与 Intel 的 CPU 协同工作。

2. PCI 总线结构

PCI 总线的基本连接方式如图 8-4 所示。CPU 总线和 PCI 总线由 PCI 总线控制器相连。PCI 总线控制器又称为 PCI 桥，习惯上称为北桥芯片，用来实现驱动 PCI 总线所需的全部控制，北桥芯片中除了含有桥接电路外，还有 Cache 控制器和 DRAM 控制器等其他控制电路。PCI 总线上挂接高速设备，如图形控制器、IDE 设备或 SCSI 设备、网络控制器等。PCI 总线和 ISA/EISA 总线之间也通过标准总线(ISA、EISA 等)控制器相连，ISA 总线控制器习惯上称为南桥芯片，它将 PCI 总线转换成其他标准总线，如 ISA、EISA 总线等，ISA/EISA 总线上挂接传统的慢速设备，如打印机、调制解调器、传真机、扫描仪等。除图 8-4 中的基本连接方式外，PCI 总线还有其他一些连接方式，如双 PCI 总线方式、PCI 到 PCI 方式、多处理器服务器方式等。

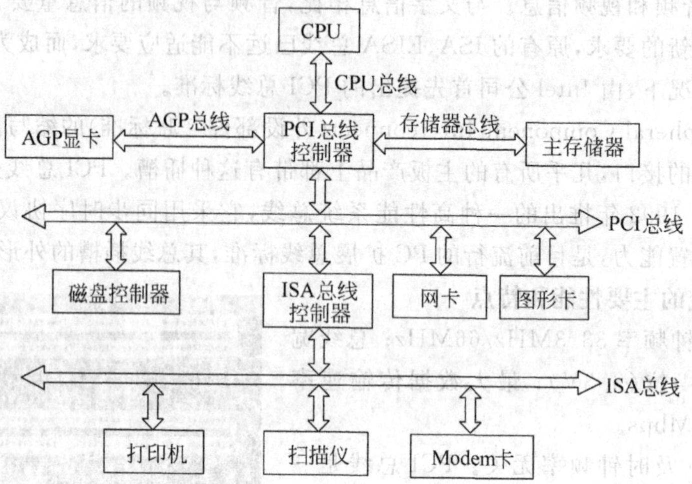

图 8-4　PCI 总线的连接方式

PCI 总线结构中的桥芯片起着重要作用，它连接两条总线，使两条总线能够相互通信。桥芯片又是一个总线转换部件，可以把一条总线的地址空间映射到另一条总线的地址空间上，从而使系统中任意一个总线、主设备都能看到同样一组地址表。另外，利用桥芯片可以实现总线间的猝发式传送。

3. PCI 总线信号引脚

(1) 引脚总数：49×2(长槽部分)＋11×2(短槽部分)＝120。

(2) 主要引脚：主设备 49 条，目标设备 47 条。

PCI 总线标准定义了两种设备：主设备和目标设备。主设备是智能化的，能独立于总线和其他设备引导运行，目标设备接收主设备的命令和响应主设备的请求。总线主设备、处理器和目标设备可以共享总线，主设备也能成为其他设备的目标设备。

(3) 可选引脚：51 条，主要用于 64 位扩展、中断请求、高速缓存支持等。

4. 总线的仲裁、定时和数据传送模式

1) 总线的仲裁

PCI 总线采用独立请求的集中式仲裁方式，每个 PCI 主设备都有一对独立的总线仲裁线(总线请求线 REQ# 和总线授权线 GNT#)与中央仲裁器相连。总线上的任一个主设备要想获得对总线的控制权，必须向中央仲裁器发出总线请求信号 REQ#。如果此刻该设备有权控制总线，总线仲裁器就使该设备的总线授权信号 GNT# 有效，进而获得总线的使用权。当有多个主设备同时发出总线请求时，就必须由仲裁器根据一定的算法对各主设备的总线请求进行仲裁，决定把总线使用权授予哪一个主设备。另外，PCI 总线只支持隐蔽式仲裁，即进行一次数据传送的同时进行下一次仲裁操作，提高了总线的利用率。

2) 总线的定时

总线主设备在获得总线使用权后，就开始在主设备和目标设备间进行数据传送，为了同步双方的操作，实现主设备和目标设备的协调和配合，必须制定定时协议。所谓定时，是指事件出现在总线上的时序关系，定时方式通常有同步定时和异步定时两种。PCI 总线使用同步定时方式。

同步定时是指总线上的设备通过总线进行的数据传输都是在统一的时钟信号控制下进行的，从而实现整个系统工作的同步。由于采用了统一的时钟，每个设备什么时候发送或接收数据都由统一的时钟规定，因而同步定时具有较高的传输频率。

在同步定时协议中，事件出现在总线上的时刻由总线时钟信号来确定。PCI 的总线时钟为方波信号，频率为 33.3MHz/66MHz，总线上所有事件都出现在时钟信号的下降沿时刻，对信号的采样发生在时钟信号的上升沿时刻。

3）总线数据的传送模式

PCI 总线的基本数据传送模式是猝发式传送，只需给出数据块的起始地址，然后对固定长度的数据一个接一个地读出或写入。利用桥芯片可以实现总线间的猝发式传送。

PCI 除支持主设备和目标设备之间点到点的对等访问外，还支持某些主设备的广播读写一个主设备对多个目标设备进行读写操作。

8.2.3 AGP 总线

1. AGP 总线概述

AGP 是 Accelerated Graphics Port（图形加速端口）的缩写，它是一种显示卡专用的局部总线，是为提高视频带宽而设计的总线规范。

随着计算机的图形处理能力越来越强，显卡处理的数据越来越多，PCI 总线越来越无法满足其需求。Intel 公司于 1996 年 7 月正式推出了 AGP 接口，推出 AGP 的主要目的就是要大幅提高 PC 的图形尤其是 3D 图形的处理能力。

AGP 总线完全独立于 PCI 总线之外，在主存和显卡之间提供了一条直接的通道，使 3D 图形数据可以不经过 PCI 总线，而直接送入显示子系统，这样就能突破由 PCI 总线形成的系统瓶颈，增加 3D 图形的数据传输速度。严格地说，AGP 不能称为总线，它与 PCI 总线不同，因为它是点对点连接，即连接控制芯片和 AGP 显示卡，但在习惯上依然称其为 AGP 总线。采用 AGP 总线的系统结构如图 8-5 所示。

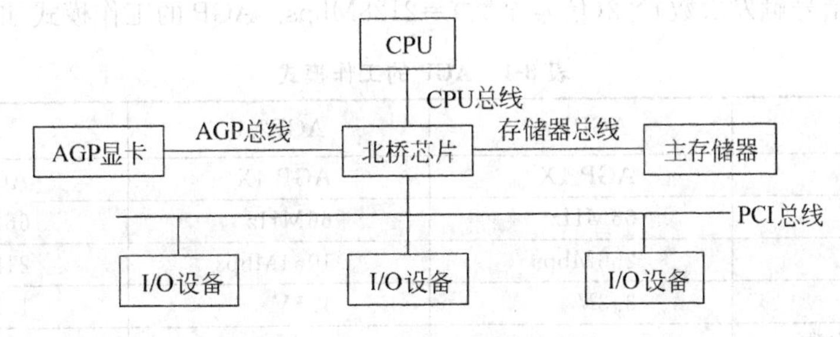

图 8-5　AGP 总线的系统结构

AGP 插槽外形图如图 8-6 所示。AGP 插槽和 AGP 插卡的插脚都采用了与 EISA 相似的上下两层结构，因此减小了 AGP 插槽的尺寸。

2. AGP 总线的性能特点

AGP 以 66MHz PCI Revision 2.1 规范为基础，在此基础上扩充了以下主要功能。

图 8-6　AGP 插槽外形图

(1) 数据读写的流水线操作。流水线(Pipelining)操作是AGP提供的仅针对主存的增强协议,由于采用了流水线操作,减少了内存等待时间,数据传输速度有了很大提高。

(2) 具有133MHz的数据传输频率。AGP1.0使用了32位数据总线和双时钟技术的66MHz时钟。双时钟技术允许AGP在一个时钟周期内传输双倍的数据,即在工作脉冲波形的两边沿(即上升沿和下降沿)都传输数据而达到133MHz的传输速率,即532Mbps(133M×4bps)的突发数据传输率。

(3) 直接内存执行DIME。AGP允许3D纹理数据不存入拥挤的帧缓冲区(即图形控制器内存),而将其存入系统内存,从而让出帧缓冲区和带宽供其他功能使用,这种允许显示卡直接操作主存的技术称为DIME(Direct Memory Execute)。

(4) 地址信号与数据信号分离。采用多路信号分离技术(Demulfiplexing)并通过使用边带寻址SBA(Side Band Address)总线来提高随机内存访问的速度。

(5) 并行操作。在CPU访问系统RAM的同时允许AGP显示卡访问AGP内存总线带宽,从而进一步提高了系统性能。

3. AGP的工作模式

AGP标准分为AGP1.0(AGP 1X和AGP 2X)、AGP2.0(AGP 4X)、AGP3.0(AGP 8X)。不同AGP接口模式的传输方式不同,1X模式的AGP,工作频率达到了PCI总线的两倍——66MHz,传输带宽理论上可达到266Mbps。AGP 2X工作频率同样为66MHz,但是它使用了正负沿(一个时钟周期的上升沿和下降沿)触发的工作方式。在这种触发方式中,在一个时钟周期的上升沿和下降沿各传送一次数据,从而使得一个工作周期先后被触发两次,使传输带宽达到了加倍的目的,而这种触发信号的工作频率为133MHz,这样AGP 2X的传输带宽就达到了266Mbps×2(触发次数)=532Mbps。AGP 4X仍使用了这种信号触发方式,只是利用两个触发信号,在每个时钟周期的下降沿分别引起两次触发,从而达到了在一个时钟周期中触发4次的目的,这样在理论上它就可以达到266Mbps×2(单信号触发次数)×2(信号个数)=1064Mbps的带宽。在AGP 8X规范中,这种触发模式仍然使用,只是触发信号的工作频率变成266MHz,两个信号触发点也变成了每个时钟周期的上升沿,单信号触发次数为4次,这样它在一个时钟周期所能传输的数据就从AGP 4X的4倍变成了8倍,理论传输带宽将可达到266Mbps×4(单信号触发次数)×2(信号个数)=2128Mbps。AGP的工作模式如表8-1所示。

表8-1 AGP的工作模式

AGP标准	AGP1.0	AGP2.0	AGP3.0
接口速率	AGP 1X	AGP 4X	AGP 8X
工作频率	66MHz	66MHz	66MHz
传输带宽	266Mbps	1064Mbps	2128Mbps
工作电压	3.3V	1.5V	1.5V
单信号触发次数	1	4	4
数据传输位宽	32b	32b	32b
触发信号频率	66MHz	133MHz	266MHz

8.2.4 新型总线PCI Express

1. PCI Express的发展历程

随着计算机技术的不断发展,处理器的主频越来越高,显卡的速度越来越快,存储系统和网络的性能也越来越好，已经在PC系统中使用了许多年的PCI总线面对现在巨大的数据吞吐量，已经显得不堪重负，它已逐渐成为计算机性能的瓶颈。

AGP总线的出现解放了图形芯片，南北桥芯片之间也陆续地采用了专用的互联总线，如Intel Hub Link架构、VIA V-Link和SiS MuTIOL-Link。服务器和工作站也陆续地在20世纪90年代末期开始采用66MHz/64b PCI总线，后来升级为PCI-X总线技术。然而这些改变只是局部的，真正要彻底解决PCI的瓶颈问题，必须从根本上改变总线设计，采用一种新的总线来彻底取代PCI。

由Intel等开发的PCI Express(原名3GIO，第3代I/O总线)就是为满足这一需求而推出的一种新型的高速串行I/O互联总线，2002年7月，PCI Express 1.0版规范正式发布。

2. PCI Express技术概要

PCI Express是一种串行总线，其最大数据传输速率可以达到8～10Gbps，导线数量与PCI相比减少了近75%，而它提供的速度却几乎达到PCI-X 2.0的两倍，并且容易扩充。PCI Express采用了点到点的连接技术，也就是说每个设备都有自己专用的连接，不需要向共享总线请求带宽。

最基本的PCI Express连接利用4根连线和低电压差分信号技术实现连接，两根一组，分别负责接收和发送。利用PCI Express可以让采用4层PCB板和标准接头设计的设备的连接距离达到20cm以上。另外，PCI Express还采用了内嵌时钟编码技术，从而使得其信号串扰、电磁干扰和电容性问题都明显降低。

PCI Express系统以Root Complex(根联合体)为中心枢纽，各种端点设备直接或者通过交换器组合而成。通过PCI桥接设备可以实现对旧的PCI设备的支持，在进行对等通信的时候，一个端点可以直接经过Root Complex同另外一个端点通信，也可以通过Switch(交换器)向另外一个端点通信。

3. PCI Express的系统结构

PCI Express的系统结构采用分层结构模型，自上而下共分为5层：软件层、会话层、事务处理层、数据链路层和物理层，如图8-7所示。软件层产生读/写请求；事务处理层负责拆分和组装数据包、发送读写请求和处理连接设置和控制信号；数据链路层为这些数据包增加顺序号和CRC校验码，以实现高度可靠的数据传输机制，保证数据完整地从一端传输到另外一端；物理层实现数据编码/解码和多个通道数据拆分/解拆分操作，每个通道都是全双工的，可提供2.5Gbps的传输速率。

软件层	PCI PnP模型(中断、枚举、设置)
会话层	PCI软件/驱动模型
事务处理层	数据包封装
数据链路层	数据完整性
物理层	点对点、串行化、异步、热插拔、可控带宽、编/解码

图8-7　PCI Express的分层结构模型

4. 展望PCI Express

总体来说，PCI Express不仅在基本性能上有了显著的提升，还能对现有的PCI设备提供软件层的兼容功能，提供了平滑升级的可能。Intel计划让PCI Express成为未来10年PC系统中的标准化I/O连接，业内普遍认为PCI Express最先取代的很可能是AGP总线，预计这种新的连接规范会逐步地淘汰现有的PCI总线系统。

8.3 主 板

主板又称系统板(或称为母板),是位于机箱内底部的一块多层印刷电路板。主板是微机硬件系统集中管理的核心载体,是PC的核心部件。

主板是一台PC的主体所在,要完成计算机系统的管理和协调,支持各种CPU、功能卡和各总线接口的正常运行。主板不仅是用来承载计算机关键设备的基础平台,而且还起着硬件资源调度中心的作用,担负各种配件之间的通信、控制和传输任务。可以说,主板是一台计算机的灵魂,它对于整个系统的稳定性、兼容性及性能起着举足轻重的作用。

本节先介绍主板的结构与分类及其控制芯片组,然后介绍主板的主要组成部件,最后介绍主板采用的新技术。

8.3.1 主板的结构与分类

1. 主板的结构

主板是一块矩形印刷电路板,它采用开放式结构,主要有CPU插槽、内存插槽、控制芯片组、BIOS及CMOS芯片、各类标准I/O插槽等组成部件,如图8-8所示。

图8-8 主板结构

1) CPU插槽

CPU插槽用于插入CPU芯片,目前主流的CPU插槽主要有Socket 478和Socket A两种。

Socket 478插槽是Pentium 4系列处理器所采用的接口类型,插孔数为478,如图8-9所示。采用Socket 478插槽的主板产品数量众多,是目前应用最为广泛的插槽类型。Socket A接口也称为Socket 462,是目前AMD公司AthBnXP和Duron处理器的插座标准。Socket A接口具有462个插孔,可以支持133MHz外频。Socket A插槽如图8-10所示。

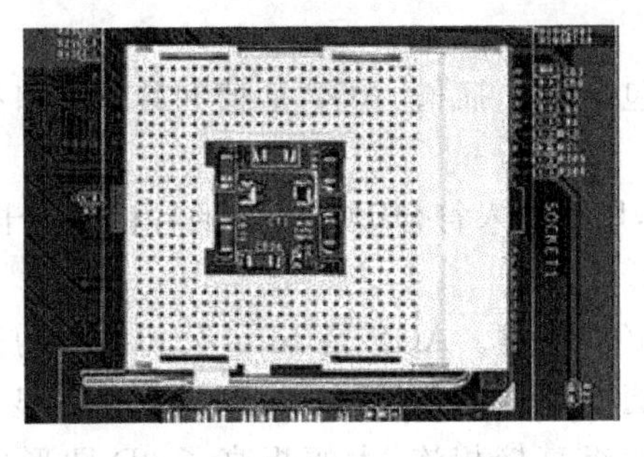

图 8-9　Socket 478 插槽

图 8-10　Socket A 插槽

2）控制芯片组

控制芯片组是主板的关键部件，由一组超大规模集成电路构成，芯片组固定在主板上，不能更换，芯片组一旦确定，整个系统所用的组件范围随即确定。除 CPU 外，主板上的所有控制功能几乎都集成在芯片组内，芯片组是 CPU 与其他周边设备沟通的桥梁，它的性能决定了主板性能的好坏与级别的高低。

3）内存插槽

内存插槽用于插入内存条。内存条通过正反两面都带有的金手指与主板连接。金手指可以在两面提供不同的信号，也可以提供相同的信号。SIMM 就是一种两侧金手指都提供相同信号的内存结构，它多用于早期的 FPM 和 EDO DRAM，在内存发展进入 SDRAM 时代后，SIMM 逐渐被 DIMM 技术取代。

DIMM 与 SIMM 类似，不同的只是 DIMM 的金手指两端各自独立传输信号，因此可以满足更多数据信号的传送需要。同样采用 DIMM，SDRAM 的接口与 DDR 内存的接口也略有不同，SDRAM DIMM 为 168Pin DIMM 结构，金手指每面为 84Pin，其上有两个卡口，用来避免插入插槽时，将内存反向插入而导致烧毁，如图 8-11 所示；DDR DIMM 则采用 184Pin DIMM 结构，金手指每面有 92Pin，其上只有一个卡口，如图 8-12 所示。

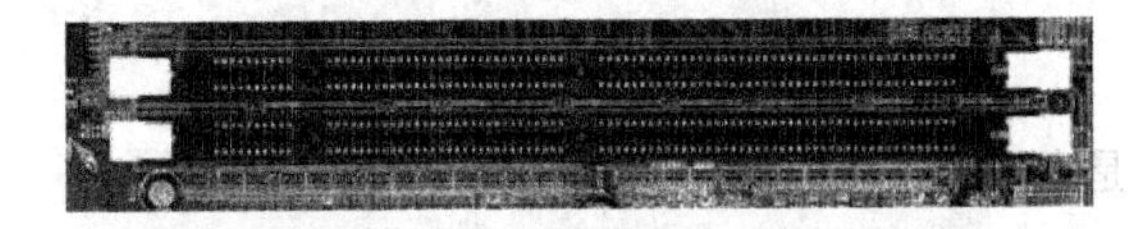

图 8-11　168 针的 SDRAM DIMM 插槽

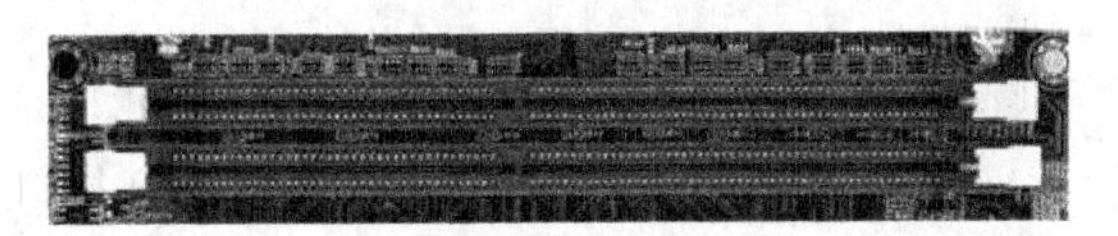

图 8-12　184 针的 DDR DIMM 插槽

4）BIOS 及 CMOS 芯片

（1）BIOS 芯片。BIOS(Basic Input Output System，基本输入/输出系统）芯片是主板上存放计算机基本输入/输出程序的只读存储器，其功能是负责计算机的上电自检、开机引导、基本外设 I/O 及系统 CMOS 设置。

BIOS 主要对硬件进行管理，是开机后首先自动调入内存执行的程序，它对硬件进行检测并初始化系统，然后启动磁盘上的系统程序，最终完成系统的启动。

常见的 BIOS 芯片有 AMI、Award、Phoenix 等。

（2）CMOS 芯片。CMOS 芯片是一块专用的静态存储器芯片，靠一块 3.5V 的锂电池和主板上的电源共同供电，用来保存系统配置和设置程序。新型主板已把 CMOS 集成到南桥芯片中，清除 CMOS 数据只要把主板上 CMOS 插针的 1、2 脚拔下，短接到 2、3 脚即可。

5）标准 I/O 插槽

I/O 插槽用来插入各种标准总线接口卡，包括 PCI 插槽、AGP 插槽和其他接口插座。新型主板上不再配置 ISA 插槽。

(1) PCI 插槽。PCI 总线插槽一般为白色，用来插入符合 PCI 接口的各种适配卡，主流主板上一般有 3～5 条 PCI 扩展槽，如图 8-3 所示。

图 8-13　AGP 插槽

(2) AGP 插槽。AGP 是 Intel 公司推出的图形显示专用数据通道，只能安装 AGP 显示卡。它将显示卡同主板内存芯片组直接相连，大幅提高了 3D 图形的处理速度。主板上只有一个 AGP 插槽，长度比 PCI 插槽略短，一般为棕色，如图 8-13 所示。

(3) IDE 接口插槽和 FDD 插槽。IDE 接口是为连接硬盘和光驱等设备而设的，主板上一般有两个 IDE 接口插座(IDE1、IDE2)，每个插座可串接两台设备，共可接 4 台设备。FDD 插槽是 34 芯的软驱接口，主板上只有一个 FDD 插槽。IDE 插槽和 FDD 插槽如图 8-14 所示。

(4) AMR、CNR 和 NCR 插槽。AMR 总线插槽用来插入 AMR 规范的声卡和 Modem 卡等。现在的新型主板上一般有 CNR 和 NCR 插槽，NCR 是 Intel 发布的用来替代 AMR 的技术标准，它扩展了网络应用功能，但与 AMR 不兼容；CNR 是 AMD 和 VIA 等厂家推出的网络通信接口标准，它与 AMR 卡完全兼容。CNR 插槽如图 8-15 所示。

图 8-14　IDE 插槽和 FDD 插槽

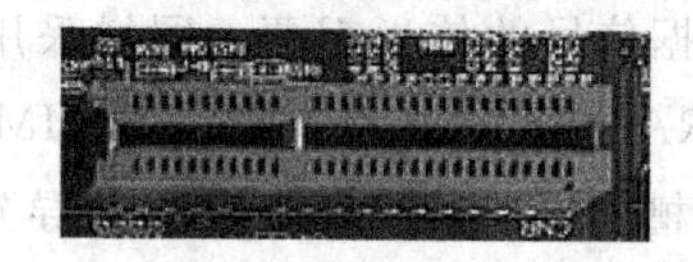

图 8-15　CNR 插槽

(5) 各种外部设备的输入/输出接口。

外部设备的输入/输出接口简称 I/O 接口，是各种主板接口。一个打印机接口、两个串行接口(COM1、COM2)、两个 USB 接口、一个 PS/2 鼠标接口和一个 PS/2 键盘接口，另外主板上还有电源输入插座，如图 8-16 所示。

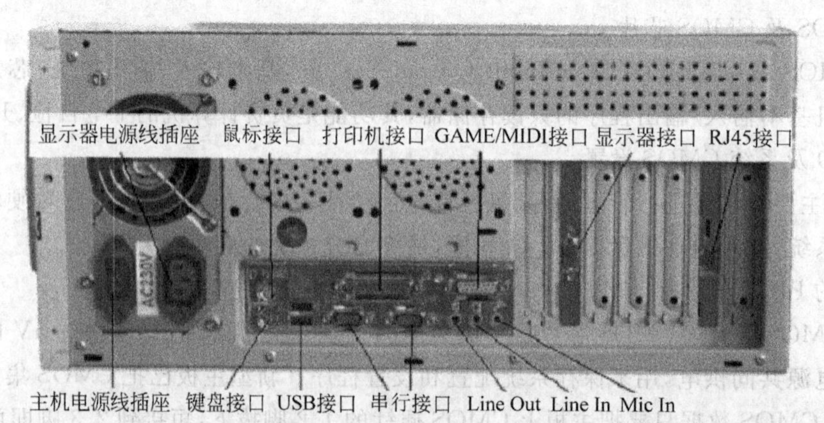

图 8-16　各种外部设备的输入/输出接口

2. 主板的分类

根据主板的大小不同或者所采用的相关芯片和 CPU 的不同,主板有不同的分类,下面是几种常见的分类。

1) 根据主板结构的不同分类

主板按其结构可分为 AT 主板、ATX 主板、一体化主板和 NLX 主板等类型。

(1) AT 主板是"竖"板设计,即短边位于机箱后面板。它最初应用于 IBMPC/AT 机上。AT 主板大小为 13×12 英寸。AT 板型是最基本的板型,一般应用在 586 以前的主板上。AT 主板包括标准 AT 主板和 Baby AT 主板两种。它们都使用 AT 电源。AT 电源是通过两条形状相似的排线与主板相连,AT 主板上连接外设的接口只有键盘接口、串口和并口,部分的 AT 主板也支持 USB 接口。目前,ATX 结构的主板已取代了 AT 结构的主板。Baby AT 大小为 13.5×8.5 英寸。Baby AT 主板是 AT 主板的改良型,比 AT 主板略长,而宽度大大窄于 AT 主板。Baby AT 主板沿袭了 AT 主板的 I/O 扩展插槽、键盘插座等外设接口及元器件的摆放位置,而对内存槽等内部元器件结构进行紧缩,再加上大规模集成电路使内部元器件减少,使 Baby AT 主板比 AT 主板布局更合理些,Baby AT 主板是袖珍型的主板,多用于品牌机上。

(2) ATX 主板布局是"横"板设计,就像把 Baby-AT 板型放倒了过来,这样做增加了主板引出端口的空间,使主板可以集成更多的扩展功能。ATX 主板在 Baby AT 的基础上逆时针旋转了 90°,这使主板的长边紧贴机箱后部,外设接口可以直接集成到主板上。在 ATX 结构中具有标准的 I/O 面板插座,提供有两个串行口、一个并行口、一个 PS/2 鼠标接口和一个 PS/2 键盘接口,其尺寸为 159mm×44.5mm。这些 I/O 接口信号直接从主板上引出,取消了连接线缆,使得主板上可以集成更多的功能,也就消除了电磁辐射、争用空间等弊端,进一步提高了系统的稳定性和可维护性。另外在主板设计上,由于横向宽度加宽,内存插槽可以紧挨最右边的 I/O 插槽设计,CPU 插槽也设计在内存插槽的右侧或下部,使 I/O 插槽上插全长板卡不再受限,内存条更换也更加方便快捷。软驱接口与硬盘接口的排列位置,更是节省数据线,方便安装。ATX 主板也有 Micro ATX 和 Mini ATX 两种。Micro ATX 比 ATX 版型小,因为省去了很多插槽,所以其扩展性能差,主要用于小机箱。

(3) 一体化主板一般集成了声卡、显卡、网卡等,不需要再安装其他插槽,其集成度高、节约空间,但维修和升级困难,主要用于品牌机。

(4) NLX 主板多用于原装机和品牌机。

2) 根据主板上 I/O 总线的类型分类

主板按 I/O 总线的类型分为 ISA、EISA、MCA、VESA、PCI 几种。ISA(Industry Standard Architecture)为工业标准体系结构总线; EISA(Extension Industry Standard Architecture)为扩展标准体系结构总线; MCA(Micro Channel)为微通道总线。此外,为了解决 CPU 与高速外设之间传输速度慢的"瓶颈"问题,出现了两种局部总线:视频电子标准协会局部总线 VESA(Video Electronic Standards Association),简称 VL 总线;外围部件互联局部总线 PCI(Peripheral Component Interconnect),简称 PCI 总线。486 级的主板多采用 VL 总线,而奔腾主板多采用 PCI 总线。目前,继 PCI 之后又开发了更多外围的接口总线,如通用串行总线 USB(Universal Serial Bus)。

3) 根据主板上使用的 CPU 分类

根据主板上使用的 CPU 可分为 386 主板、486 主板、奔腾(Pentium,即 586)主板、高能奔腾(Pentium Pro,即 686)主板。同一级的 CPU 往往还有进一步的划分,如奔腾主板,就有是否支持多能奔腾(P55C,MMX要求主板内建双电压)、是否支持Cyrix 6x86与AMD 5k86(都是奔腾级的CPU,要求主板有更好的散热性)等区别。

除此以外,主板还有其他的分类方法,如按印制电路板的工艺分类,又可分为双层结构板、四层结构板、六层结构板等;还可以按功能、芯片组等分类方式。

8.3.2 主板上的主流芯片组简介

芯片组(Chipset)是主板的关键部件,是构成主板控制电路的核心。除CPU外,主板上的所有控制功能几乎都集成在芯片组内,芯片组是CPU与其他周边设备沟通的桥梁,它的性能决定了主板性能的好坏与级别的高低。

目前主板所用的芯片组主要由Intel、VIA、SiS、Ali、AMD等公司生产,其中以Intel的芯片组最为常见。芯片组与CPU有着密切的关系,每一代CPU都有与其配套的芯片组,例如,Pentium主要使用的芯片组有Intel的430FX/VX/HX/T系列芯片组以及VIA的VP1、VP2、VP3、VP4、MVP4系列芯片组;PentiumⅡ主要使用的芯片组有Intel的440FX/LX/BX/GX/EX/ZX以及VIA的Apollo pro133/133A芯片组系列;PentiumⅢ主要使用的芯片组有Intel的i810、i820、i815芯片组以及VIA的693/694等;Pentium 4主要使用的芯片组有i850芯片组等。

1. 主板架构

芯片组是主板的核心部件,以它为中心的主板有两种架构,首先通过了解这两种架构来了解芯片组的功能。

1) 传统南/北桥架构(South Bridge/North Bridge)

传统南/北桥架构的主板芯片组由南桥、北桥两块芯片构成,连接不同速率的三组总线,如图8-17所示。其中北桥芯片控制的是CPU总线、L_2 Cache、AGP总线、内存以及PCI总线,决定着支持内存的类型及最大容量,是否支持AGP高速图形接口及ECC数据纠错等。南桥芯片则是负责对USB、Ultra DMA/33/66 EIDE传输和大部分I/O设备的控制和支持。Intel的440FX/LX/BX/GX/EX/ZX系列芯片组和VIA的Apollo pro 133A芯片组所采用的就是这种南北桥架构。

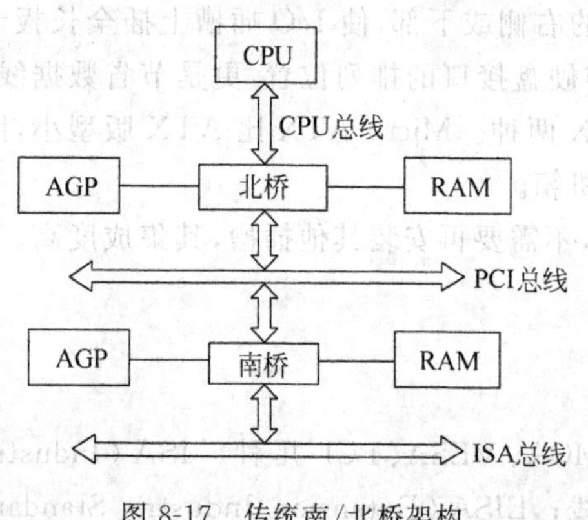

图 8-17 传统南/北桥架构

2) 加速集线架构AHA(Accelerated Hub Architecture)

在南北桥架构中,南北桥之间通过PCI总线进行沟通,PCI总线由北桥控制,而南桥控制的器件必须和整个PCI总线共享带宽,这样就导致了数据传输的瓶颈。为了让主板芯片的结构更加明确,Intel在开发i8xx芯片组的时候,超越过去传统的南北桥架构,提出了加速集线架构。

加速集线架构AHA由GMCH、ICH和FWH三块芯片构成。GMCH(Graphic Memory Controller Hub)相当于传统北桥芯片,ICH(I/O Controller Hub,I/O主控器)相当于传统南桥芯片,新增的FWH(Firmware Hub,固件主控器)相当于传统南北桥架构中的BIOS ROM,如图8-18所示。

AHA架构的变化并不是简单地加入了一块FWH芯片,最重要的变化在于GMCH和

ICH 之间的连接总线。两块芯片不是通过 PCI 总线进行连接，而是利用能提供两倍于 PCI 总线带宽的专用总线连接。这样，各子系统都直接和芯片组相连，整个系统呈放射性的网状结构，每种设备包括 PCI 总线都可以与 CPU 直接通信，很好地解决了南北桥结构中的瓶颈问题。Intel 的 i8xx 芯片组所采用的就是这种架构。

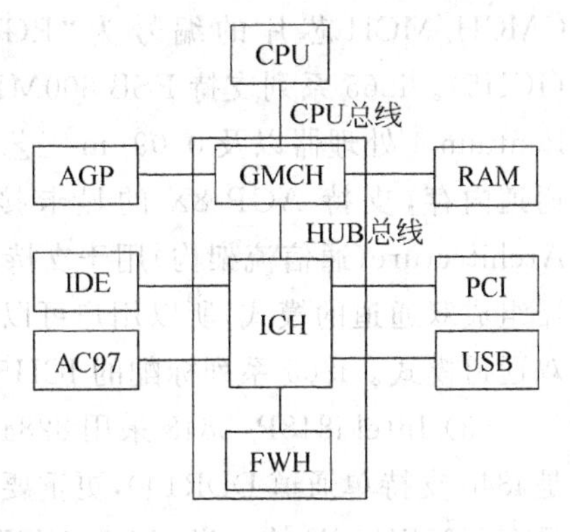

图 8-18 加速集线架构

2. 主流芯片组简介

芯片组目前有两大阵营：一方是 Intel 阵营，Intel 在生产 CPU 的同时也为自己的 CPU 设计相应的控制芯片组；另一方是以 VIA、SIS 及 AMD 为代表的非 Intel 阵营，他们开发的芯片组有与 Intel 芯片组相近或者更高的性能，在价格上却比 Intel 芯片组便宜，因此也占领了相当一部分市场。

1) Intel 芯片组

Intel 从 Pentium 时代起就提供了性能优越的芯片组系列，其型号最为齐全。其中，支持 Pentium 系列的芯片组有 430FX/VX/HX/TX，支持 PentinmⅡ系列的芯片组有 440FX/LX/BX/GX/EX/ZX，支持 Pentium Ⅲ 系列的芯片组有 i810、i820、i815、i840 等。目前支持 Pentium 4 系列的主流 Intel 芯片组主要有 i845 系列、i848 系列、i865 系列及 i875 系列等，各个系列都有不少型号相近的产品。

(1) Intel i845D/G/GL/GV/GE/PE：i845 系列可以分为集成有 Intel Extreme Graphics 图形芯片的 i845G/GL/GV/GE 系列和未集成图形芯片的 i845D/E/PE 系列两大派系(带有 G 的都是集成图形芯片的)。

i845D 由 MCH（Memory Controller Hub，内存控制中心）和 ICH2（Input/Output Controller Hub，输入/输出控制中心）两个芯片组成，两个芯片之间采用 32 位、66MHz 的 Hub Link 技术连接，连接速度为 266Mbps。在内存控制部分，i845D MCH 集成了“写入缓存”和 12 级深度的“顺序列队”数据缓冲单元，以保证 CPU 与 DDR 内存之间数据传输的连贯性，支持 DDR 200/266。i845G 是集成了 Intel Extreme Graphics 图形芯片的 i845D，在 i845G 的基础上再去掉对 AGP 的支持，就是 i845GL。i845D 的缺点是不支持 ATA/133、USB2.0。

Intel 随后推出了 533FSB(Front Side Bus，前端总线，是将 CPU 连接到北桥芯片的总线。计算机的前端总线频率是由 CPU 和北桥芯片共同决定的)的 Pentium 4，并推出了与之配套的 i845E 芯片组，i845E 除增加了对 533MHz FSB 的支持外，同时由配套的 ICH4 提供了对 USB 2.0 的支持，但 i845E 仍然只支持 DDR200/266，内存的瓶颈问题严重。

i845GE/GV/PE 的 ICH4 芯片基本架构和 i845E 相同，新的 GMCH 改进了内存管理器，使 i845GE/GV/PE 正式支持 DDR333 内存规范，内存与 GMCH 之间的带宽由原来的 2.1Mbps(266MHz×8B)提升至 2.7Mbps(333MHz×8B)，而 Pentium 4 处理器与 GMCH 之间的带宽为 3.2Mbps(400MHz×8B)并支持 USB2.0。三款芯片的区别在于：i845GE 集成了频率提升到 266MHz 的 Extreme Graphics 显示核心，同时还提供了 AGP 4X 插槽供升级用，i845GV 是去掉了 AGP 插槽的 i845GE，适合对图形性能要求不太高的场合；i845PE 则是屏蔽了显示核心的 i845GE。

(2) Intel i865P/PE/G：Intel 865 由 GMCH/MCH(Graphics/Memory Controller Hub,

图形/存储控制中心)和ICH(I/O Controller Hub,I/O控制中心)两块芯片组成。其中,GMCH/MCH芯片的编号为"RG82865PE/G/P",而ICH芯片的编号为"Fwg2801EB"(ICH5)。i865系列支持FSB 800MHz的Pentium 4处理器,同时支持旧版533MHz FSB的Pentium 4处理器以及0.09μm工艺的Prescott处理器。内存方面支持DDR266/333/400双通道内存,支持AGP 8X的显卡接口,并且还有Intel全新的Communications Streaming Architecture(通信流架构)用于支持千兆以太网。同时由于i865内部由两个不同的内存控制器组成双通道的模式,所以用户可以选择用一条内存,使用单通道模式,或者用两条内存,使用双通道模式。i865系列标配的ICH5支持SATA和最多8个USB2.0接口。

(3) Intel i848P:i848采用82848+ICH5的组合,与支持双通道DDR333的i865P不同的是i848支持单通道DDR400,更重要的是支持800MHz的Pentium 4。虽然i848P的理论带宽只有i865PE/GE的一半,和800FSB的Pentium 4实际需求相差甚远,但其实际性能只和i865PE相差不到5%,而848P搭配单通道的成本和865PE搭配双通道相比,却廉价许多。

(4) Intel i875P:在推出i865系列的同时,Intel推出了i875P,i875P与i865的架构基本相同。相对于i865系列,i875P最大的不同在于提供了PAT技术(Performance Acceleration TechnOlogy,性能加速技术),性能可以提升5%左右。同时,i875P标配ICH5-R在ICH5的基础上增加了对SATA Raid的支持。

2) VIA芯片组

VIA是一家以生产主板芯片组为主的高科技企业,从Pentium时代的VP1、VP2、VP3、MVP3、MVP4,到PentiumⅡ时代的Apollo pro 133、Apollo pro 133A,直到支持K7的Apollo KT133,VIA一直紧跟时代潮流。目前VIA的主流芯片组既有支持Pentium 4处理器的产品,也有支持AMD处理器的产品。

VIA支持Pentium 4处理器的芯片组主要包括如下两种。

(1) P4X266A:是P4X266的改进版本。P4X266A可以同时支持SDRAM和DDR SDRAM,可以支持内存异步运行方式,支持133MHz的外频,使用8位带宽的V-Link总线,使得南北桥芯片之间的数据传输速率能够达到266Mbps。和P4X266相比,P4X266A芯片组内加入了一项名为Enhanced Memory Controller With Performance Driven Design的技术,其作用是在内存控制器上做了改进以增进性能,包括对S2K系统前端总线的紧凑重新排列、对指令和数据的更深层次排列和每时钟周期并发传输8个Quad Word的数据传输能力。

(2) P4X400:支持DDR200/266/333 SDRAM,支持200/266/333MHz前端总线,同时加入了对AGP8X的支持,提供了1.1Mbps的AGP总线带宽,是目前支持Pentium 4处理器功能比较全面的芯片组。

VIA支持AMD处理器的芯片组包括如下几种。

(1) KT266A:是KT266的改进版本,由北桥VT8653和南桥VT8233组成,虽然采用南北桥的命名,但KT266A中的南北桥并不是传统的南北桥结构,实质上属于加速集线结构。KT266A加入了增强型内存控制器(Enhanced Memory Controller With Performance Driven Design),支持200/266MHz前端总线,支持DDR200和DDR266标准的内存和PC100/133的SDRAM,显示方面不但支持AGP2/4X的显卡,还支持AGP PRO显卡。

(2) KT333:与KT266A的结构基本相同。KT333与KT266A 4相比最大的改进就是提供了对DDR333的支持,另外提供了333MHz外频的支持,其他方面和KT266A基本没有区别。

(3) KT400:相对于KT266A到KT333来说,KT333到KT400的进步非常大。KT400

芯片组支持 DDR200/266/333 内存，支持 200/266/333MHz 前端总线，并且提供了对 AGP8X 的支持，AGP 总线带宽提高到了 2.1Mbps，同时采用了第 2 代 533Mbps 的 8x V-link 连接标配的 VT8235 南桥芯片。

3）SIS 芯片组

SIS 是我国台湾一家高科技公司，以生产主板控制芯片组而闻名。从早期的 SIS5598 到 SIS530、SIS620、SIS630，一直占据了 PC 市场低端应用的半壁江山。目前 SIS 的主流芯片组既有支持 Pentium 4 处理器的产品，也有支持 AMD 处理器的产品。

SIS 支持 Pentium 4 处理器的芯片组包括如下几种。

（1）SIS645：SIS645 芯片组不同于以往 SIS 采用单芯片的做法，将其重新分离，北桥芯片为 SIS645，南桥芯片则是 SIS961，支持 400/533MHz 外频，在内存方面支持 DDR333 规格，同时也支持 SDRAM，Muti IO 技术提供了南北桥之间高达 533Mbps 的带宽。

（2）SIS648：SIS648 芯片组的北桥芯片为 SIS648，支持 DDR400；南桥芯片为 SIS963，支持 USB2.0、IEEE-1394A、ATA133，而其他方面，SIS963 和 SIS961 基本相同。

（3）SIS655：SIS655FX 支持双通道 DDR400 内存及 800MHz 前端总线，支持 Pentium 4 处理器超线程技术（Hyper-Threading Technology），同时提供 DDR 双通道功能，处理器、北桥芯片与内存之间的传输带宽高达 6.4Mbps。南桥芯片 SIS964 整合 SerialATA 高速传输接口，将存储设备的传输速度大幅提高，同时还可支持 RAID 磁盘阵列功能，提高系统运算速度，提供资料备份处理。

SIS 支持 AMD 处理器的芯片组包括如下几种。

（1）SIS735：SIS735 芯片组将传统的南、北桥芯片同时整合进单一芯片内部，可支持 PC100/133 SDRAM 以及 PC1600/2100（200/266MHz）规格的 DDR SDRAM，采用了独有的芯片内部总线传输技术“Multi-threaded I/O Link”。SIS735 芯片内部北桥部分与南桥部分的数据传输频宽因此而加大，可超过 1GB，这也是 SIS 芯片组相对于 VIA 芯片组更具优势的地方。SIS735 芯片组并没有内置显示核心 SIS300，而直接提供了一个 AGP4X 插槽。PCI 插槽也已提供多达 6 个 PCI 设备的支持，并且整合带有 S/PDIF 输出接口的软声卡、调制解调器控制器以及 2 组 4 个 ATA/100 硬盘、6 个 USB 接口，支持 AMR、CNR、ACR 插槽等功能。

（2）SIS745：是 SIS735 的升级版本，SIS745 支持目前 AMD Athlon/Duron 全系列处理器和 Palomino 核心处理器。SIS745 芯片组提供了对 ACR 插槽的支持，并且 SIS745 在 SIS735 的基础上正式提供了对 DDR 333（PC2700）的支持，同时兼顾原有的 SDRAM（PC133 规格）内存，支持 3 个 DIMM 插槽最大 1.5GB 内存（DDR333），支持 AGP4X 和 ATA100。SIS745 芯片组最大的改进就是芯片内部提供了对 IEEE-l394A 的支持。

4）AMD 芯片组

（1）AMD750：AMD750 芯片组由北桥芯片 AMD751 和南桥芯片 AMD756 构成，能够在 K7 所支持的 200MHz 的 EV6 总线上提供 1.6Gbps 的带宽。AMD750 芯片组支持 AGP2X、PC100、SDRAM、ECC 内存、Ultra ATA/66、4 个 USB 接口和 PCI2.2 规范。

（2）AMD761：AMD761 支持全系列 AMD 处理器并率先支持 DDR 内存，AMD761 在内存方面可以支持到最高 4GB，同时提供了对 AGP4X 的支持。

（3）AMD762/768：AMD762 是 AMD 推出的面对于服务器市场支持双处理器的芯片组，支持 AthlonMP 双处理器的运行，支持 4GB 的 DDR 内存，与 AMD762 芯片配合的南桥是来自 AMD 的 768 芯片，除了提供一般南桥的功能外，768 还可以支持 64 位的 PCI 设备。

8.3.3 主板的新技术

1. 超线程技术

超线程技术是指一个物理处理器能够同时执行两个独立的代码流(称为线程)。从体系结构上讲,一个具有超线程技术的IA-32处理器包含两个逻辑处理器,其中每个逻辑处理器都有自己的IA-32架构中心。在加电初始化后,每个逻辑处理器都可单独被停止、中断或安排执行某一特定线程,而不会影响芯片上另一逻辑处理器的性能。与传统双路(DP)配置不同,在具有超线程技术的处理器中,两个逻辑处理器共享处理器内核的执行资源,其中包括执行引擎、高速缓存、系统总线接口和固件等。这种配置可使每个逻辑处理器都执行一个线程,来自两个线程的指令被同时发送到处理器内核来执行,处理器内核并发执行这两个线程,使用乱序指令调度,以求在每个时钟周期内使尽可能多的执行单元投入运行。

2. PAT

PAT(Performance Acceleration Technology)即性能加速技术,这种技术主要被用来改进芯片组的性能。简单来说,对芯片组性能的提升并非通过超频处理器、芯片组或内存来实现,而是采用了减少芯片组内部FSB和系统内存之间延迟的技术。其实PAT技术是用来解决CPU与高带宽DUALDDR 400内存架构之间的响应速度问题,使得系统内存的效率得到提高,来提升整体的系统效能。Intel 865PE和i875P芯片组采用了PAT技术,i865PE芯片组已经提供了相当出色的性能,i875P芯片组则是为那些要求更高的用户提供附加的性能。i875P芯片组在相同的配置下会比i865芯片组的性能提升2%~5%。另外,PAT模式只能在800MHz FSB和双通道DDR400的情况下才能实现。

3. 双通道DDR

双通道DDR技术是一种内存控制技术,是在现有的DDR内存技术上,通过扩展内存子系统位宽,使得内存子系统的带宽在频率不变的情况下提高了一倍,即通过两个64位内存控制器来获得128位内存总线所达到的带宽,且两个64位内存所提供的带宽比一个128位内存所提供的带宽效果好得多。双通道体系包含了两个独立的、具备互补性的智能内存控制器,两个内存控制器都能够在彼此间零等待时间的情况下同时运作。当控制器A准备进行下一次存取内存的时候,控制器B就在读/写主内存。反过来也一样,B在准备的时候,A又在读/写主内存。这样的内存控制模式可以使有效等待时间减少50%。双通道技术使内存的带宽翻了一番。在支持双通道DDR的主板上安装内存时,只有按照主板DIMM插槽上面的颜色标志来正确地安装,才能让两个内存控制器同时工作,实现双通道DDR功能。

4. PCI Express

PCI Express是一种新的总线标准,PCI Express x16使用16对线路,单向传输速率最高达到4Gbps,双向传输速率可达8Gbps。相对于目前的PCI总线,PCI Express将从根本上超越AGP4X/8X,突破数据传输的瓶颈。在Intel发布的新主板芯片组中,Intel加入了对PCI Express总线的支持,而显卡芯片厂商也纷纷支持PCI Express总线。

5. Serial ATA

Serial ATA即串行ATA,它是一种完全不同于并行ATA的新型硬盘接口类型。相对于并行ATA来说,串行ATA具有很多优势。首先,Serial ATA以连续串行的方式传送数据,一次只会传送一位数据。这样能减少SATA接口的针脚数目,使连接电缆数目变少,效率也会更高。实际上,Serial ATA仅用4支针脚就能完成所有的工作,分别用于连接电源、连接地线、发送数据和接收数据，同时这样的架构还能降低系统能耗和减小系统复杂性。其次，Serial ATA 的起点更高、发展潜力更大。

6. USB2.0

USB2.0（通用串行总线）是一种计算机外设连接规范，由 PC 业的一系列著名 IT 企业联合制定，它在现行的 USB1.1 规格上增加了高速数据传输模式。由于增加了高速模式，将会使 USB 的应用范围得到进一步扩大。由于总线的整体传输速度提高，即使同时使用多个设备也不会导致各设备的传输速度减慢。

7. 四相供电电路技术

单相是指在一个开关脉冲周期中只有一组脉冲方波形成，而四相即一个开关脉冲周期中有 4 组脉冲方波，这四相的关系是并联同时供电，所以相数越多其供电推挽能力越强。四相供电可以看做 4 个单相电源结合周围的 MOSFET（这里每相两个）、电容（包括高频 SMD 电容）等构成的新型供电电路。

习　题　8

一、选择题

1. 计算机使用总线结构的主要优点是便于实现积木化，同时（　　）。
   A. 减少了信息传输量
   B. 提高了信息传输的速度
   C. 减少了信息传输线的条数
2. 系统总线中地址线的功能是（　　）。
   A. 用于选择主存单元
   B. 用于选择进行信息传输的设备
   C. 用于指定主存单元和 I/O 设备接口电路的地址
   D. 用于传送主存物理地址和逻辑地址
3. 描述当代流行总线结构的基本概念中，正确的选项是（　　）。
   A. 当代流行的总线结构不是标准总线
   B. 在总线结构中，CPU 和它私有的 Cache 一起作为一个模块与总线相连
   C. 系统中只允许有一个这样的 CPU 模块
4. 描述 PCI 总线的基本概念中，正确的选项是（　　）。
   A. PCI 总线是一个与处理器无关的高速外围总线
   B. 以桥连接实现的 PCI 总线结构不允许多条总线并行工作
   C. PCI 设备一定是主设备
   D. 系统中只允许有一条 PCI 总线

二、问答题

1. 什么是总线，它的基本功能是什么，什么是系统总线？
2. 总线主要有哪些技术参数？
3. 计算机的总线系统可分为哪几个层次？试分别简单说明。
4. 简述 PCI 总线的特点，画出其结构框图并说明其中各总线的功能。
5. 什么是 AGP 总线，它的主要用途是什么？

6. 简述主板的功能及其分类。

7. 简述芯片组的作用及其在主板中的地位。

8. 目前流行的芯片组主要有哪些？

9. 试比较Hub结构的芯片组与南北桥结构的芯片组在系统结构上的变化做了哪些改进？

10. 主板由哪些主要部件组成？说出每个部件的用途。

11. 当前的计算机主板上采用了哪些新技术？

第9章 输入/输出系统

随着计算机技术的不断发展和计算机应用的不断扩展，需要送入计算机进行处理数据的不断增加，对计算机的输入/输出设备的要求不断提高，使得计算机输入/输出设备在计算机系统中的影响日益显著。本章在介绍计算机输入/输出系统的同时，还将介绍数据的输入/输出控制方式和常见的输入/输出设备。

学习目标

(1) 了解输入/输出系统的功能及组成、接口的分类，以及常见外围设备的组成、工作方式、分类及其性能指标。

(2) 理解接口的基本功能、外围设备的编码方式。

(3) 掌握数据传输的控制方式。

9.1 输入/输出系统概述

1. 输入/输出系统的功能

输入/输出系统就是指CPU与除主存以外的其他部件之间传输数据的软硬件机构，简称I/O系统。I/O系统的基本功能如下。

(1) 完成计算机内部二进制信息与外部多种信息形式间的交流。

(2) CPU正确选择输入/输出设备并实现对其控制，传输大量数据、避免数据出错。

(3) 利用数据缓冲、选择合适的数据传送方式等，实现主机与外设间速度的匹配。

2. 接口的功能与类型

I/O设备在结构和工作原理上与主机有很大的差异，它们都有各自单独的时钟，独立的时序控制和状态标准。主机与外部设备工作在不同速度下，它们速度之间的差别一般能够达到几个数量级。同时主机与外设在数据格式上也不相同：主机采用二进制编码表示数据，而外部设备一般采用ASCII编码。因此在主机与外设进行数据交换时必须引入相应的逻辑部件解决两者之间的同步与协调、数据格式转换等问题，这些逻辑部件就称为输入/输出接口，简称I/O接口。I/O接口与CPU、外设的连接示意图，如图9-1所示。计算机接口大致分布如图9-2所示。

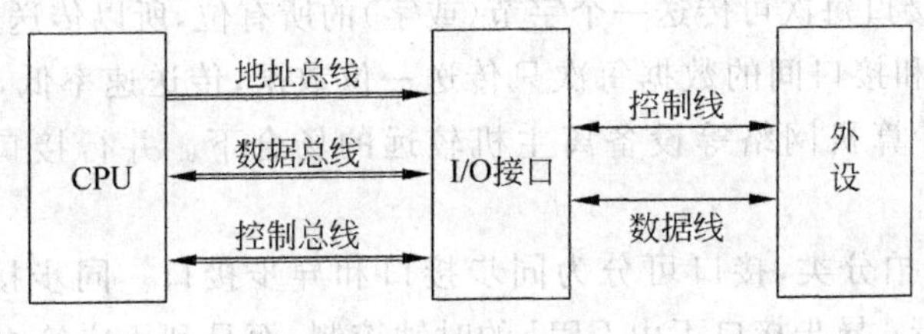

图9-1 接口连接示意图

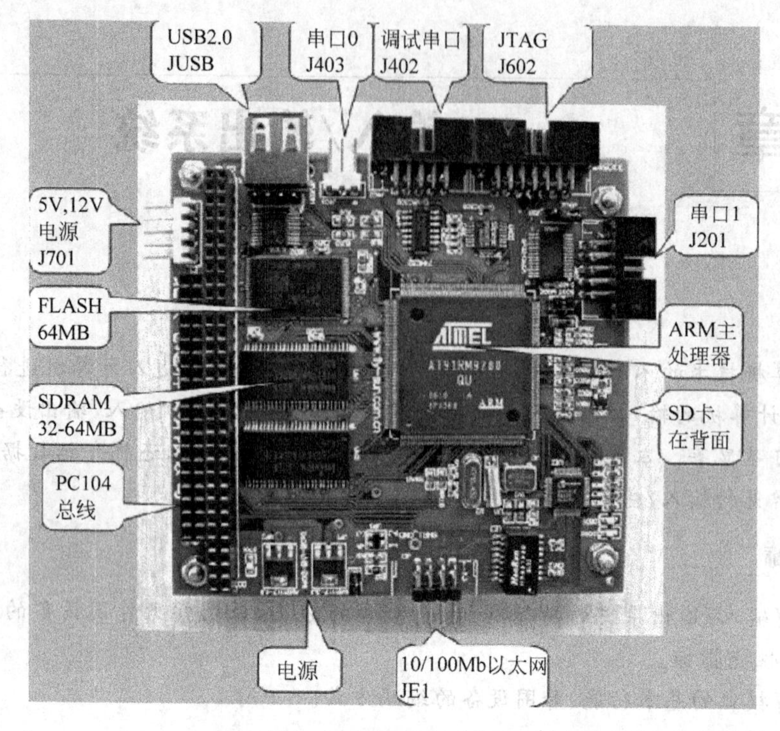

图 9-2 计算机接口分布

1）接口的基本功能

一般来说，接口的基本功能如下。

（1）利用内部的缓冲寄存器实现数据缓冲，使主机与外设在工作速度上达到匹配，避免数据丢失和错乱。

（2）实现数据格式的转换。主机与接口间传输的数据是数字信号，但接口与外设间传输的数据格式却因外设而异，为满足各种外设的要求，接口电路中必须实现各种数据格式的相互转换，如并—串转换、串—并转换、模—数转换、数—模转换等。

（3）实现主机和外设的通信联络控制。接口为 CPU 提供外设状态，传递 CPU 控制命令，使 CPU 更好地控制各种外设。

（4）进行地址译码和设备选择。CPU 向接口送出地址信息，由接口中的地址译码电路译码后，选定唯一的外设。

2）接口的分类

接口的类型与 I/O 设备的类型、I/O 设备对接口的特殊要求、CPU 与接口（或 I/O 设备）之间信息交换的方式等因素有关。

（1）按数据传输的宽度分类，接口分为并行接口与串行接口。在主机和接口一侧，数据总是并行传送的，并行接口每次可传送一个字节（或字）的所有位，所以传送速率高，但传输线宽。在串行接口中，外设和接口间的数据每次只传送一位数据，传送速率低，但只需一根数据线。常用在远程终端和计算机网络等设备离主机较远的场合下。并行接口和串行接口分别如图 9-3 和图 9-4 所示。

（2）按操作的节拍分类，接口可分为同步接口和异步接口。同步接口的数据传送按照 CPU 的控制节拍进行；异步接口不由 CPU 的时钟控制，而是利用应答方式实现 CPU 与 I/O

设备之间的信息交换。

图 9-3　并行接口

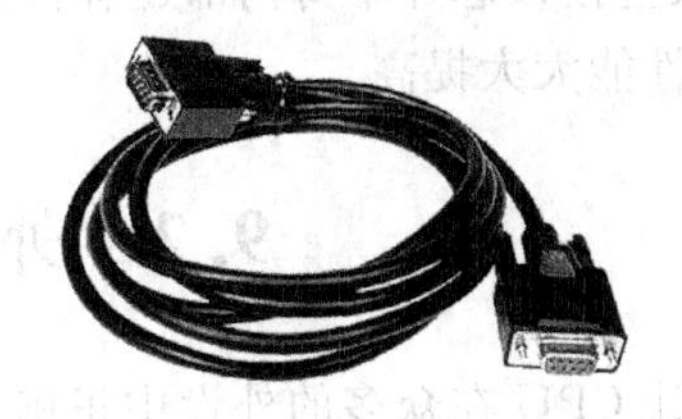

图 9-4　串行接口

(3) 按主机访问 I/O 设备的控制方式分类，接口可分为程序控制的输入/输出接口、程序中断输入/输出接口和直接存储器存取(DMA)接口，以及更复杂一些的通道控制器、I/O 处理机。

(4) 按功能选择的灵活性分类，接口又分为可编程接口和不可编程接口。可编程接口的功能及操作方式可以由程序来改变或选择，用编程的手段可使一块接口芯片执行多种不同的功能。不可编程接口则不能由程序来改变其功能，只能用硬连线逻辑来实现不同的功能。

(5) 按通用性分类，接口分为通用接口和专用接口。通用接口是可供多种外设使用的标准接口；专用接口是为某类外设或某种用途专门设计的接口。

(6) 按输入/输出的信号分类，接口可分为数字接口和模拟接口。数字接口的输入/输出全为数字信号，并行接口与串行接口都是数字信号接口；而模/数转换器和数/模转换器是模拟信号接口。

(7) 按应用来分类，接口可分为运行辅助接口、用户交互接口、传感接口、控制接口。

① 运行辅助接口。运行辅助接口是计算机日常工作所必需的接口器件，包括数据总线、地址总线和控制总线的驱动器和接收器、时钟电路、磁盘接口和磁带接口等。

② 用户交互接口。这类接口包括计算机终端接口、键盘接口、图形显示器接口及语音识别与合成接口等。

③ 传感接口。如温度传感接口、压力传感接口和流量传感接口。

④ 控制接口。这类接口用于计算机控制系统中。

3) 接口技术的发展

微机接口技术的发展过程是微机接口电路及相关编程技术的发展过程。早期的计算机系统设计是包括接口电路本身设计在内的，当时的接口电路是非标准的。进入 20 世纪 70 年代后，由于微电子技术的发展和微处理器的诞生，产生了微型计算机。在微机系统设计过程中，微处理器与存储器、微处理器与输入/输出设备之间的信息交换，都属于微机系统内部的信息交换，这类信息交换，都要通过相应的接口来实现，由此可见接口技术的重要性。微型计算机的诞生和发展，促进了接口技术的发展，使接口电路进入了标准化时代。

除了通用的系统控制器、内存分配器、DMA 控制器、总线驱动器、优先中断控制器、输入/输出接口控制器等设备外，还发展了一系列的专用外部设备控制器，如 USB 控制器、显示器控制器、键盘控制器，打印机控制器，以及数/模、模/数转换器等。

近年来，外围接口电路已向组合化方向发展，发展成为接口电路芯片组。简化了系统设计，提高了微机系统的可靠性，使外围接口电路进入了一个新的时期，其特点是：出现了大量专用化的专用接口芯片组，接口芯片的集成度和复杂程度不亚于微处理器芯片，并且许多外围接口芯片不但可以承担基本的接口功能，而且还具有更高的“智能”，可以替代微处理器的某些功能，甚至某些接口芯片本身内部还有自身的微处理器，从而大大减轻了主微处理器的负担，使微机系统性能大大提高。

9.2 外设的编址方式

为了能让CPU在众多的外设中正确寻找出要与主机进行信息交换的外设，就必须对外设进行编址。外设识别是通过地址总线和接口电路中的外设识别电路来实现的，I/O端口地址就是主机与外设直接通信的地址。CPU通过端口向外设发送命令、读取状态和传送数据。但一个微机系统中端口很多，要实现对这些端口的正确访问，必须对其进行编址，这就是I/O端口的寻址方式。

I/O端口寻址方式有两种：一种是存储器映射方式，即把端口地址与存储器地址统一编址；另一种是I/O映射方式，即把I/O端口地址与存储器地址分别进行独立的编址。CPU对输入/输出设备的访问采用按地址访问的形式，即先送地址码，以确定访问的具体设备，然后进行信息交换。因此，各种外设都要进行编址。

1. 独立编址

独立编址方式又称为单独编址方式，给外部设备分配专用的端口地址，进行独立编址，与内存编址无关。例如，在8086中，其内存地址范围为00000H～FFFFFH连续的1MB，其I/O端口地址范围为0000H～FFFFH，它们互相独立，互不影响。单独编址需要CPU用不同于内存读写/操作的命令控制外部设备，因此在单独编址方式中有专门的外部设备输入/输出指令，它们与访问内存指令是不一样的，很容易辨认。CPU需要访问内存时，由内存读写控制线路控制；CPU需要访问I/O设备时，由I/O读写控制线路控制。

2. 存储器统一编址

统一编址方式又称为存储器映射方式。它是将输入/输出设备和内存统一进行编址，将I/O端口地址作为内存的一部分。在这种方式的I/O系统中，把I/O接口中的端口作为内存单元一样进行访问，不设置专门的I/O指令。利用存储器的读/写指令就可以实现I/O之间的数据传送，用比较指令可以比较I/O设备中状态寄存器的值，判断输入/输出操作的执行情况，以及完成算术逻辑运算、移位比较等操作，比较灵活，方便了用户，但这种编址方式中，由于I/O端口地址占用了内存地址的一部分，所以减少了内存储器的存储空间。

3. 输入/输出指令

对于统一编址方式的计算机不需要专门的I/O指令，可以利用内存的读/写命令来完成I/O的操作。对于单独编址的计算机则需要专门的I/O操作命令，通过执行这些命令，来完成主机与外设的数据传输，如常见的IBM-PC中的输入(IN)和输出(OUT)指令。I/O指令一般具有如下功能。

(1) 启动、关闭外设的功能。使接口中控制寄存器的某些位置“1”或置“0”，以控制外设实现启动、关闭等动作。

(2) 获取外设状态的功能。I/O指令可实现从外设状态寄存器中取出其内容，以判别外设当前的状态，如打印机是否“忙”，是否“准备就绪”等，以便决定下一步的操作。

(3) 传送数据的功能。

使用I/O指令，可实现外设数据寄存器中的数据与CPU寄存器中数据的相互传输。

9.3 数据传送控制方式

主机和外设间信息的传送控制方式，经历了由低级到高级、由简单到复杂、由集中管理到各部件分散管理的发展过程，它们之间信息传送的方式有程序直接控制方式、程序中断方式、DMA 输入/输出方式、I/O 处理机方式等。

9.3.1 程序直接控制方式

由 CPU 执行一段输入/输出程序来实现主机与外设之间的数据传送的方式称为程序控制方式，是早期的一种比较低级的传送数据的控制方式。程序控制方式分为无条件传送方式和程序查询传送方式两种。

1. 无条件传送方式

无条件传送方式是在程序的适当位置直接安排 IN/OUT 指令，当程序执行到这些输入/输出指令时，CPU 默认外设始终是准备就绪的（I/O 端口总是准备好接收 CPU 的输出数据，或总是准备好向 CPU 输入数据），无须检查端口的状态，就进行数据的传输。

无条件传送方式的硬件接口电路和软件控制程序都比较简单，接口有锁存能力，使数据在设备接口电路中能保持一段时间。但要求时序配合精确，输入时，必须确保 CPU 执行 IN 指令读取数据时外设已将数据准备好；输出时，CPU 执行 OUT 指令，必须确保外部设备的数据锁存器为空，即外设已将上次的数据取走，等待接收新的数据，否则会导致数据传送出错，但一般的外设难以满足这种要求。

2. 程序查询传送方式

与无条件传送方式不同的是，程序查询方式的接口电路中设有设备状态标志端口（占用一个端口地址）。在 CPU 传送数据前，CPU 首先要查询外设的状态，即读入设备状态端口中的标志信息位，再根据读入的信息标志位进行判断，若信息位表示端口未准备好，CPU 就继续查询并等待外设准备数据。若数据准备好了，则执行数据传送的 I/O 指令，开始传送数据，直到数据传送完毕后，CPU 才可以转去执行其他的操作。

查询方式的优点是：能较好地协调高速 CPU 与慢速外设之间的速度匹配问题；缺点是：CPU 要不断地去查询外设的状态，外设没有准备好时，CPU 循环查询等待，不能执行其他程序，降低了 CPU 的效率。

1）程序查询方式的工作过程

程序查询方式的工作过程如下。

(1) 向外设接口发出命令字，请求数据传送。当 CPU 选中某台外设时，执行输出指令向外设接口发出命令字启动外设，让外设为接收数据或发送数据做应有的操作准备。

(2) 从外设状态字寄存器中读入状态字。CPU 执行输入指令，从外设接口中取回状态字并进行状态字分析，确定数据传送是否可以进行。

(3) 分析状态标志位的不同，执行不同的操作

CPU 查询状态标志位，如果外设没有准备就绪，CPU 就等待，不断重复(2)、(3) 两步一直到这个外设准备就绪，状态标志位为外设准备就绪，则进行数据传送。

(4) 传送数据。外设准备就绪，主机与外设间就实现一次数据传送。输入时，CPU 执行输入指令，从外设接口的数据缓冲寄存器中接收数据；输出时，CPU 执行输出指令，将数据写

入外设接口的数据缓冲寄存器中。

2）查询方式的工作流程

查询方式的工作流程如图 9-5 所示。

3）多台外设的程序查询过程

当计算机系统带有多台外设时，越重要的外设越要首先查询，称为优先级排队。可用软件实现多台外设的查询过程，如图 9-6 所示。

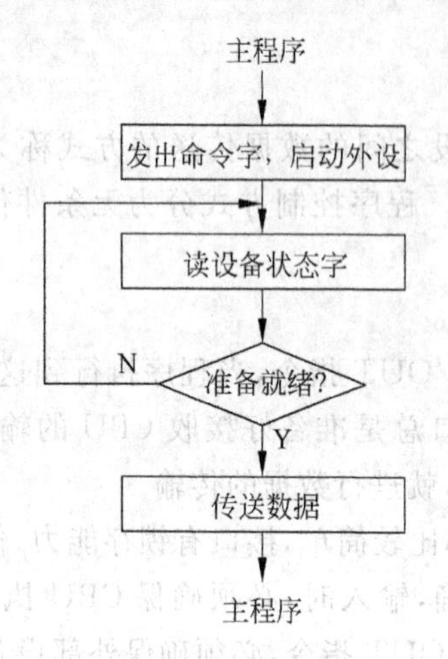

图 9-5　查询方式流程图

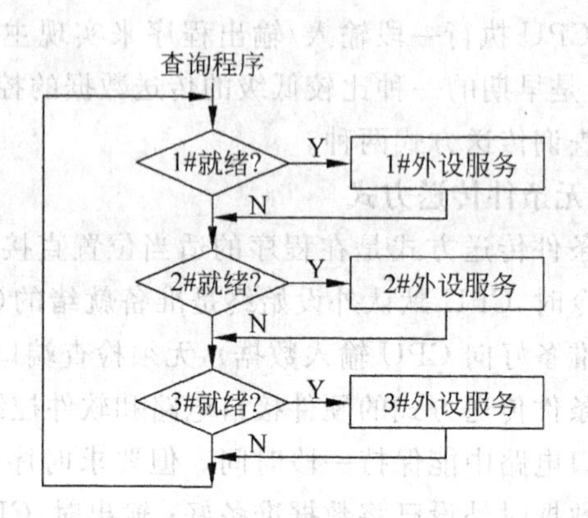

图 9-6　多合外设查询流程图

9.3.2　程序中断方式

在查询方式下，CPU 主动查询，外设处于被动位置。而在一般实时系统中，外设要求 CPU 为其服务的时间是随机的，这就要求外设有主动申请 CPU 为其服务的主动地位，因此采用了中断传送方式。此外，在查询方式下，外设数据没有准备就绪时，CPU 循环等待，造成 CPU 资源的浪费。中断传送方式很好地解决了这个问题，在外设没有做好数据传送准备时，CPU 可以运行于传送数据无关的其他指令；外设做好数据传送准备后，主动向 CPU 提出申请，若 CPU 响应这一申请，则暂停正在运行的程序，转去执行数据输入/输出操作的指令，数据传送完后返回，CPU 继续执行原来运行的程序，这样使外设与 CPU 可以并行工作，提高了系统的效率。如今中断技术已经是现代计算机普遍采用的一项技术。

1. 中断的概念

中断是指计算机中 CPU 正在执行的程序被打断，而转去执行相应的中断服务程序，在中断服务程序执行完毕后，再返回到原程序继续执行的情形。

2. 中断源和中断请求信号

中断源是指引起计算机中断事件发生的原因，它包括软件、硬件两方面造成中断的原因来源。

一台计算机可以有多个中断源，中断源向中断系统发出请求中断的申请，多数具有随机性，计算机为记录中断源的来源，对应每个中断源有一个具有存储功能的中断请求触发器(INTR)，当某一个中断源有中断请求时，它对应的中断请求触发器置“1”状态，表示向 CPU 发出了中断请求信号。在中断接口电路中，多个中断触发器构成中断寄存器，其内容称为中断字，记录中断源的来源。

3. 开中断与关中断

CPU 在处理一些紧要事件时不允许中断，因为这类事件执行过程中一旦被中断，将会引起严重后果，为避免中断请求信号的干扰，设置了开中断/关中断触发器 INH，当 INH 置“0”，中断源的中断请求信号被允许进入排队，称为“开中断”；当 INH 置“1”时，所有中断源发出的中断请求被禁止，称为“关中断”。

4. 中断系统

实现中断的硬件和软件所组成的系统，称为中断系统。计算机正是依靠中断系统实现了分时处理、故障处理、实时处理等实际问题。

中断系统的组成包括：微处理器内特有的中断的相关硬件电路，用来接收中断请求、响应请求、保护现场、转向中断服务程序、处理完返回等；外围有与该处理器匹配的中断控制器，即中断接口，实现管理多个中断源、完成优先级裁决、中断源屏蔽等功能。此外还包括依据处理器、控制器的结构编写的中断处理程序，系统初始化程序等实现中断管理的软件。

中断系统的功能包括：中断源的识别、多个中断源请求时，软件可禁止与允许每个请求，优先级的确定、中断现场的保存、对中断请求的分析和处理、中断返回等。

5. 中断的分类

(1) 简单中断与程序中断。简单中断是指只用硬件不用软件即可实现的中断，也称为硬中断。又由于这类中断一般都是输入/输出设备通过向 CPU 提出中断申请，CPU 响应后才能进行的中断，故也称为 I/O 中断。程序中断是指由软件实现的中断，也称为软中断，一般是由中断指令来完成的。

(2) 内中断与外中断。由 CPU 内部软、硬件原因引起的中断，称为内中断，如单步中断。外中断是指由 CPU 以外的部件引起的中断，称为外中断。

(3) 向量中断和非向量中断。中断服务程序的中断入口地址由中断向量表事先提供的中断，称为向量中断；非向量中断的中断事件不能提供中断服务入口地址。

9.3.3 DMA 输入/输出方式

DMA 是在存储器和 I/O 设备之间建立数据通路，让 I/O 设备和内存通过该数据通路直接交换数据，不经过 CPU 的干预，实现内存与外设，或外设与外设之间的快速数据传送。这种数据传输的方式称为直接存储器存取方式。DMAC 是为这种工作方式而设计的专用接口电路，称为 DMA 控制器，它与处理器配合实现系统的 DMA 功能。

1. DMA 系统组成结构

DMA 系统组成结构如图 9-7 所示。

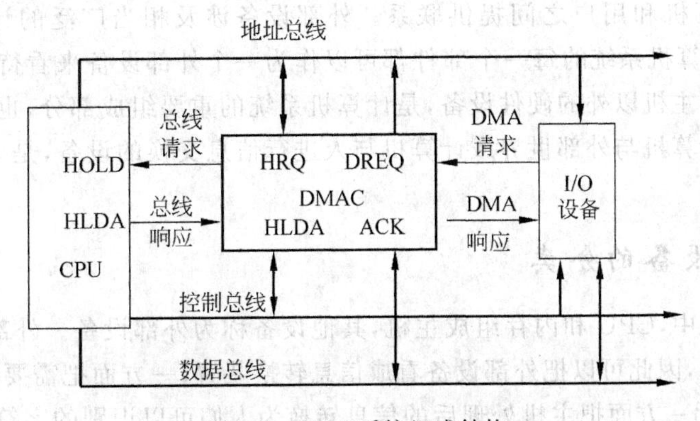

图 9-7　DMA 系统组成结构

(1) HOLD(HRQ)：DMA 控制器向 CPU 发出的总线请求信号 HRQ。

(2) HLDA：CPU 向 DMA 控制器发出的总线响应信号。

(3) DREQ：I/O 设备向 DMA 控制器发出的 DMA 请求信号。

(4) ACK：DMA 控制器向外设发出的 DMA 响应信号。

2. DMA 的工作过程

DMA 的工作过程如图 9-8 所示。

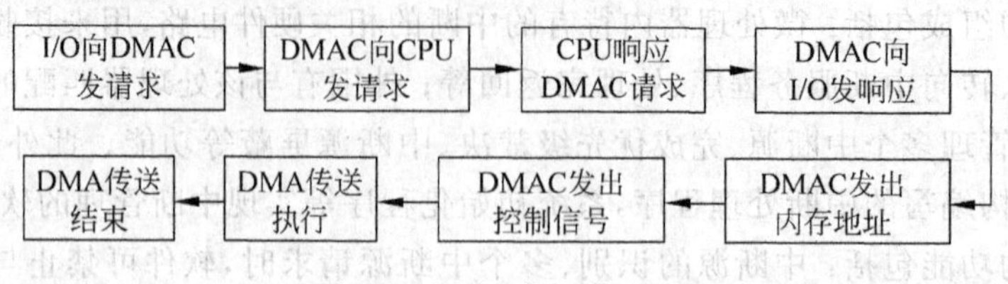

图 9-8　DMA 的工作过程

(1) 外设发出 DMA 请求，DMA 控制器接到请求后，便把该请求送到 CPU。

(2) CPU 在适当的时候响应 DMA 请求，其工作方式变为 DMA 操作方式，同时 DMA 控制器从 CPU 接管总线控制权。

(3) DMA 控制器接到 CPU 响应信号后，对现有外设 DMA 请求中优先权最高的请求给予 DMA 响应；由 DMA 控制器对内存寻址，进行数据传送，直到数据块传送完毕。

(4) 向 CPU 报告 DMA 结束。

9.3.4　I/O 处理机方式

引入 DMA 方式后，数据的传送速度和响应速度均有很大提高，但对于有大量 I/O 设备的微机系统，DMA 方式也不能满足需要，而且数据输入之后或输出之前的运算和处理，如装配、拆卸和数码的校验等，还是要由 CPU 来完成。为了使 CPU 完全摆脱输入/输出信息的负担，又出现了 I/O 处理机方式，由 I/O 处理机(IOP)专门执行输入/输出操作。I/O 处理机是与主 CPU 不同的微处理器，它有自己的指令系统，可以通过执行程序来实现对数据的处理。

9.4　外围设备

外部设备是计算机系统中不可缺少的重要组成部分。外部设备的功能是在计算机和其他机器之间以及计算机和用户之间提供联系。外部设备涉及相当广泛的计算机部件。除了 CPU 和主存外，计算机系统的每一个部件都可以作为一个外部设备来看待。所以，外部设备是指计算机系统中主机以外的硬件设备，是计算机系统的重要组成部分，也称为输入/输出设备。外部设备是计算机与外部世界或计算机与人进行信息交换的设备，是人机联系的界面和桥梁。

9.4.1　外围设备的分类

在计算机系统中，CPU 和内存组成主机，其他设备称为外部设备。外部设备要把各种各样的信息进行转换，因此可以把外部设备看成信息转换装置，一方面把需要处理的信息转换成电脉冲输入主机，另一方面把主机处理后的信息转换为人们可以识别的字符、图形等，如图 9-9 所示。从信息的转换和控制来看，外部设备是关键的，决定着信息处理的可靠性和准确性。信息化社会中的信息种类繁多，多种媒体信息必须借助于多种外部设备才能与计算机主机打交道，使用者也只有通过外部设备才能知道信息处理的结果。现在外部设备的种类越来越多，功能越来越强，在计算机系统中所占的比重越来越大，其产值已占信息产业中硬件产值的70%左右。从某种意义上说，外部设备影响着计算机系统的性能价格比和扩展应用。

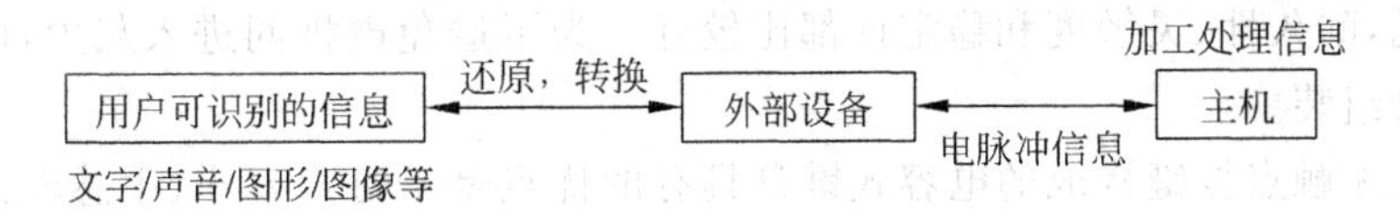

图 9-9　外部设备所处的位置

外围设备通常分为输入设备、输出设备、外存设备、通信设备、过程控制设备等。

(1) 输入设备：如键盘、鼠标、扫描仪、触摸屏等。

(2) 输出设备：如显示器、触摸屏、打印机、投影仪、绘图仪、音箱等。

(3) 外存设备：如硬盘、光盘、磁盘等。

(4) 通信设备：终端设备、数据通信设备等。

(5) 过程控制设备：A/D 转换器、D/A 转换器等。

9.4.2　常用输入设备

1. 键盘

键盘是计算机中使用最普遍的输入设备，由键开关、编码器、盘架及接口电路组成。键盘可分为外壳、按键和电路板三部分。平时只能看到键盘的外壳和所有的按键，电路板安装在键盘内部，用户一般是看不到的。键盘及其内部结构如图 9-10 和图 9-11 所示。

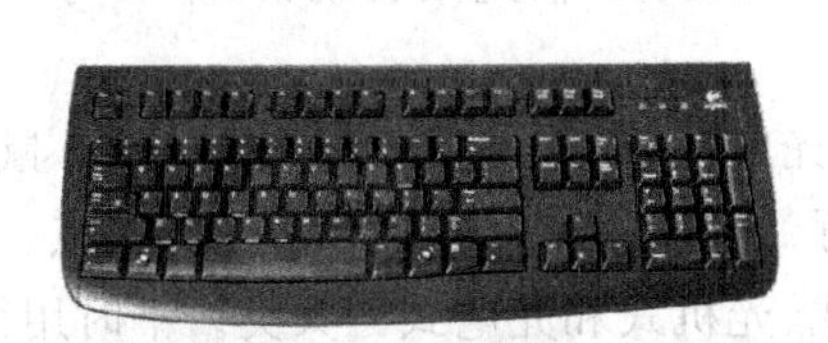

图 9-10　键盘

图 9-11　键盘内部结构

键盘的控制由一个以单片机芯片(Intel 8048)为核心组成，芯片 ROM 中存储有键盘控制程序，键盘上的每一个键与开关矩阵电路的开关点相连接，每按下一键，接通矩阵 X 行 Y 列交点处的开关，通过译码电路形成此键的代码。信号代码再由 Intel 8048 芯片转换成为扫描码传输给主机。

键盘外壳主要用来支撑电路板并给操作者一个方便的工作环境。多数键盘外壳有可以调节键盘与操作者角度的装置，通过这个装置，用户可以使键盘的角度改变以方便使用。键盘外壳与工作台的接触面上装有防滑的橡胶垫。键盘外壳上还有一些工作指示灯，用来指示键盘或者某些按键的工作状态。

从用途上看，键盘可分为台式机键盘、笔记本电脑键盘和工控机键盘三大类；其中台式机键盘从按键结构上又可分为机械键盘和电容键盘两类。机械键盘存在着一些缺点，如开关容易损坏、易污染、易老化，现在已经基本被淘汰了。电容键盘在可靠性上比前者有质的飞跃，且使用寿命较长，所以目前大多为电容键盘。下面以电容键盘为例进行介绍。

它是基于电容式开关的键盘，原理是通过按键改变电极间的距离产生电容量的变化，暂时形成振荡脉冲允许通过的条件。由于电容器无接触，因此这种键在工作过程中不存在磨损、接触不良等问题，耐久性、灵敏度和稳定性都比较好。为了避免电极间进入灰尘，电容式按键开关采用了密封组装。

由电容式无触点按键构成的电容式键盘具有的优点是击键声音小、手感较好、寿命较长；缺点是维修起来比较麻烦。

2. 鼠标

1968 年 12 月 9 日，鼠标诞生于美国加州斯坦福大学，它的发明者是 Douglas Englebart 博士。他设计鼠标的初衷就是为了使计算机的操作更加简便。他制作的鼠标当时很简陋，只是一个木头盒子。其工作原理是由它底部的小球带动枢轴转动，并带动变阻器改变阻值来产生移位信号，信号经过计算机处理，屏幕上的光标就可以移动。鼠标及其内部结构如图 9-12 和图 9-13 所示。

图 9-12　鼠标

1—激动开关
2—为滚轮服务的二极管
3—光电传感器
4—固定夹
5—隐藏在固定夹下的二极管
6—接口控制器芯片

图 9-13　光电鼠标内部结构

现代鼠标的工作原理是：由滚球的移动带动 X 轴及 Y 轴光圈转动，产生 0 与 1 的信号，再将相对坐标值传回计算机并反映在屏幕上。

鼠标的种类比较多，如常见的有机械鼠标、半光电鼠标、光电鼠标、3D 鼠标、4D 鼠标、轨迹球鼠标等，这些都是按照不同的类型对鼠标的称呼。下面介绍鼠标的种类及其特点。

从内部原理和结构来分，鼠标又可分为机械式、光机式和光电式三大类。平时用得最多的是光电式鼠标。

(1) 机械式鼠标价格便宜，维修方便，所以用这种鼠标的人最多。把这种鼠标拆开，可以看到其中有一个橡胶球，紧贴着橡胶球的有两个互相垂直的转动轴，轴上分别有一个光栅轮，光栅轮的两边对应着发光二极管和光敏三极管。当鼠标移动时，橡胶球带动两个转动轴旋转，从而带动光栅轮旋转，光敏三极管在接收发光二极管发出的光时被光栅轮间隔地阻挡，从而产生脉冲信号，通过鼠标内部的芯片处理之后被计算机接收。信号的数量和频率对应着屏幕上的距离和速度。由于电刷直接接触译码轮以及鼠标小球与桌面直接摩擦，因此精度有限。同时由于电刷和译码轮的磨损也比较厉害，直接影响机械鼠标的使用寿命。

(2) 所谓光机式鼠标，顾名思义就是一种光电与机械相结合的鼠标，是目前市场上最常见的一种鼠标。光机鼠标的外形与机械鼠标没有区别，不打开鼠标的外壳很难分辨。光机鼠标是在机械鼠标的基础上，将磨损最厉害的接触式电刷和译码轮改进成为非接触式的 LED 对射光路元件(主要是一个发光二极管和一个光栅轮)，在转动时可以间隔地通过光束来产生脉冲信号。由于采用的是非接触部件使得磨损率大大降低，从而显著地提高了鼠标的使用寿命，还在一定范围内提高了精度。虽然市面上绝大多数的鼠标都采用了光机结构，但习惯上还有人把它称为机械式鼠标。

(3) 与机械鼠标不同，光电鼠标没有机械装置部分，内部只有两对相互垂直的光电检测器，光敏三极管通过接收发光二极管照射到光电板反射的光进行工作，光电板上印有许多黑白相间的小格子，光照射到黑色的格子上时，由于光被黑色吸收，因此光敏三极管接收不到反射光；相反，光若照射到白色的格子上，光敏三极管接收到反射光。如此往复，形成脉冲信号。在过去，光电鼠标在使用时相对于光电板的位置一定要正，稍微有一点偏斜就会造成鼠标不能正常工作，但是现在由于技术的改进，新型的光电鼠标已经不再需要光电板了，可以直接在普通桌面上使用，只是要求桌面不透明即可。

3. 扫描仪

扫描仪是一种捕获影像的装置，可将影像转换为计算机可以显示、编辑、储存和输出的数字格式。扫描仪的应用范围很广泛，例如将美术图形和照片扫描到文件中；将印刷文字扫描输入到文字处理软件中，避免再重新打字；将传真文件扫描输入到数据库软件或文字处理软件中储存；以及在多媒体中加入影像等。扫描仪如图 9-14 所示。

1884 年，德国工程师尼普科夫(Paul Gottlieb Nipkow)利用硒光电池发明了一种机械扫描装置，这种装置在后来的早期电视系统中得到了应用，到 1939 年机械扫描系统被淘汰。虽然跟后来利用计算机来操作的扫描仪没有必然的联系，但从历史的角度来说，这算是人类历史上最早使用的扫描技术。

图 9-14　扫描仪

扫描仪是由扫描头、控制电路和机械部件组成的。采取逐行扫描，得到的数字信号以点阵的形式保存，再使用文件编辑软件将它编辑成标准格式的文本储存在磁盘上。从诞生到现在扫描仪产品种类纷繁复杂。

扫描仪通过光源照射到被扫描的材料上来获得材料的图像。被扫描材料将光线反射到称为 CCD(Change Coupled Device，电荷耦合器件)的光敏元件上，利用不同位置字符、图形和图像在纸面上反射的光线强弱不同，CCD 器件将光线转换成数字信号，并传送到计算机中，获得材料中的图像。如果要将纸张上的文字扫描到计算机中，可以通过 OCR(光学字符识别)软件将图像转换成文字，以减轻录入工作。目前的扫描仪已经从单色、小幅面、几百 dpi(dot per inch，点/英寸)低分辨率发展到彩色、大幅面、几千 dpi 的高分辨率。

1) 扫描仪的分类

按扫描工作原理，扫描仪分为平板式扫描仪、手持式扫描仪和滚筒式扫描仪，家用一般采用平板式扫描仪。按可扫描幅面不同，可分为小幅面的手持式扫描仪、中等幅面的台式扫描仪和大幅面的工程图扫描仪。按接口方式，可分为 SCSI 接口、EPP 接口、USB 接口。按扫描图稿的介质，可分为反射式扫描仪和透射式扫描仪，以及既可以反射又可以透射的多用途扫描仪；按用途，可分为通用型扫描仪和专用型扫描仪(如条形码读入器和卡片阅读机等)。按色彩方式，可分为单色扫描仪和彩色扫描仪，单色扫描仪又可分为黑白扫描仪和灰度扫描仪，一般的灰度扫描仪均可以兼容黑白扫描仪的工作方式。

2) 扫描仪的工作原理

扫描仪主要由光电传感器、机电同步机构、数据传输电路三部分组成。扫描仪结构如

图 9-15 所示。

光电传感器由光源、光电接收器、放大器和 A/D 转换器等电路组成。光源照射到被扫描的图片上后，光电传感器把图片上某点或某一排点的亮度及色彩信号转换成为电信号，该信号一般比较弱，经放大器放大后，再经过 A/D 转换器把这些模拟电信号转换成计算机能够识别的数字信号。

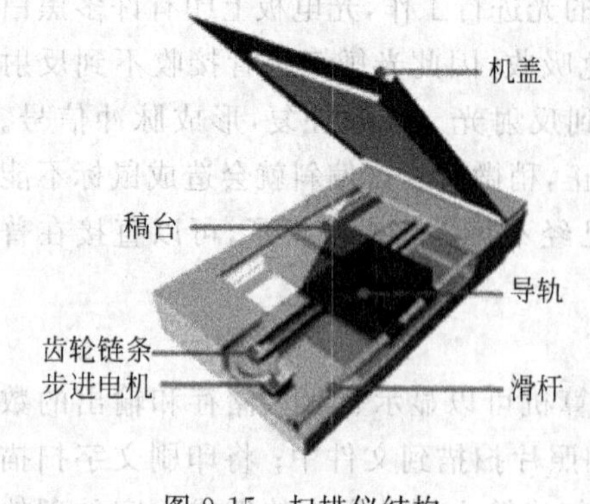

图 9-15　扫描仪结构

3）扫描仪的技术参数

分辨率通常是指图像每一英寸中有多少个像素(Pixel)。分辨率对图像的质量有很大的影响，扫描仪的分辨率又分为光学分辨率和最大分辨率两种。

（1）光学分辨率。光学分辨率是扫描仪最重要的性能指标之一，是扫描仪的光学系统可采集的实际信号量，也就是在一英寸上它所能扫描的光学点数，直接决定了扫描图像的清晰程度，由光学感应元件 CCD 的性能决定，用 dpi 表示。分辨率越高，扫描输入的时间就越长。通常低档的扫描仪的光学分辨率为(300×600)dpi，其中水平分辨率为 300dpi，垂直分辨率为 600dpi。中高档扫描仪的光学分辨率为(600×1200)dpi。

（2）最大分辨率。最大分辨率又称为软件分辨率或内插分辨率，通常是指利用插值补点的技术模拟出来的分辨率。光学分辨率为(300×600)dpi 的扫描仪一般最大分辨率可以达到 4800dpi，而(600×1200)dpi 的扫描仪则更高，可达 9600dpi。这实际上是通过软件在真实的像素点之间插入经过计算得出的额外像素而获得的分辨率。

（3）色彩分辨率。色彩分辨率又称为色彩位数、色彩深度、色彩模式、色阶等，用“位(bit)”表示，是指扫描仪识别色彩能力的大小。扫描仪是利用 R(红)、G(绿)、B(蓝)三色来读取数据的，如果每一个原色用 8 位数据来表示，总共就有 24 位，即扫描仪有 24 位色阶，可表示 $2^{24}=$ 16M 种颜色，即真彩色图像。如果每一种原色以 12 位数据表示，总共就有 36 位，即扫描仪有 36 位色阶，它所能表现出的色彩就有 $2^{36}\approx680$ 亿种颜色以上。色彩位数越高，图像色彩越丰富。扫描仪的色彩深度值一般为 24 位、30 位、32 位、36 位几种，一般光学分辨率为(300×600)dpi 的扫描仪其色彩深度为 24 位或者 30 位，而(600×1200)dpi 的扫描仪其色彩深度为 36 位，最高的色彩深度有 48 位。对于一般用户来说，30 位色彩的扫描仪就够用了。

4. 触摸屏

在许多公共场合查询信息，采用触摸屏技术可以直接在屏幕上指点以代替键盘或者鼠标来操作计算机。触摸屏一般分为电阻式和电容式两种。

电阻式触摸屏的结构是在原有屏幕前增加一个有双层透明金属层组成的玻璃罩，金属层之间有一定厚度的绝缘支点隔开，在金属层外增加一层塑料片加以保护。用户触摸塑料片时，两片金属层相互接触，根据电阻的大小可感知用户触摸的位置。这种触摸屏防尘、防潮、允许用户戴手套操作。

电容式触摸屏是在原有屏幕上加上一个内层涂有金属导电层的玻璃罩。当用户触摸表面时，产生由触摸点向四角传输的电流，可以根据电流的大小判断触摸的位置。电容式触摸屏可以防潮、防尘、透光性比电阻式好，但不允许用户戴手套操作。同时电容式触摸屏会因为温度和湿度的变化产生位置的飘移，从而影响触摸屏的使用精度。

9.4.3 常用输出设备

输出设备(Output Device)是人与计算机交互的一种部件,用于数据的输出。它把各种计算结果数据或信息以数字、字符、图像、声音等形式表示出来。常见的有显示器、打印机、绘图仪、影像输出系统、语音输出系统、磁记录设备等。

下面简要介绍显示器和打印机的基本工作原理及有关知识。

1. 显示器

显示器(Display)是计算机必备的输出设备,常用的有阴极射线管显示器、液晶显示器和等离子显示器。阴极射线管显示器(简称 CRT)制造工艺成熟,性能价格比高,随着液晶显示器(简称 LCD)技术的逐步成熟,开始占据显示器市场的主导地位。

阴极射线管显示器可分为字符显示器和图形显示器。字符显示器只能显示字符,不能显示图形,一般只有两种颜色。图形显示器不仅可以显示字符,而且可以显示图形和图像。图形是指工程图,即由点、线、面、体组成的图形;图像是指景物图。不论图形还是图像在显示器上都是由像素(光点)所组成的。显示器屏幕上的光点是由阴极电子枪发射的电子束打击荧光粉薄膜而产生的。彩色显示器的显像管的屏幕内侧是由红、绿、蓝三色磷光点构成的小三角形(像素)发光薄膜。由于接收的电子束强弱不同,像素的三原色发光强弱就不同,就可以产生一个不同亮度和颜色的像素。当电子束从左向右、从上而下地逐行扫描荧光屏,每扫描一遍,就显示一屏,称为刷新一次,只要两次刷新的时间间隔少于 0.01s,则人眼在屏幕上看到的就是一个稳定的画面。

CRT(阴极射线管)显示器的核心部件是 CRT 显像管,其工作原理和人们家中电视机的显像管基本一样,可以把它看做是一个图像更加精细的电视机。经典的 CRT 显像管使用电子枪发射高速电子,经过垂直和水平的偏转线圈控制高速电子的偏转角度,最后高速电子击打屏幕上的磷光物质使其发光,通过电压来调节电子束的功率,就会在屏幕上出现明暗不同的光点形成各种图案和文字,如图 9-16 所示。

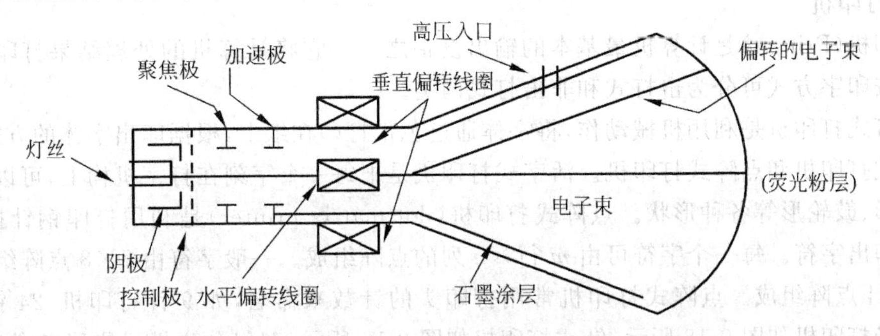

图 9-16 CRT 显示器原理

彩色显像管屏幕上的每一个像素点都由红、绿、蓝 3 种涂料组合而成,由三束电子束分别激活这 3 种颜色的磷光涂料,以不同强度的电子束调节 3 种颜色的明暗程度就可得到所需的颜色,这非常类似于绘画时的调色过程。倘若电子束瞄准得不够精确,就可能会打到邻近的磷光涂层,这样就会产生不正确的颜色或轻微的重像,因此必须对电子束进行更加精确的控制。

最经典的解决方法就是在显像管内侧,磷光涂料表面的前方加装荫罩(Shadow Mask)。这个荫罩只是一层凿有许多小洞的金属薄板(一般是使用一种热膨胀率很低的钢板),只有正确瞄准的电子束才能穿过每个磷光涂层光点相对应的屏蔽孔,荫罩会拦下任何散乱的电子束以避免其打到错误的磷光涂层，这就是荫罩式显像管，如图 9-17 所示。

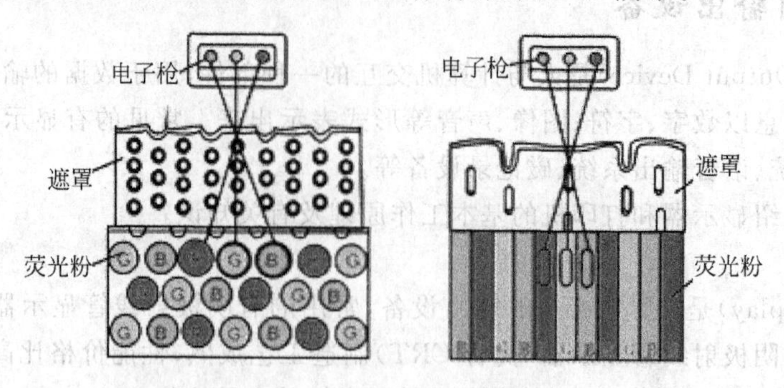

图 9-17　荫罩式显像管原理

相对的，有些公司开发荫栅式显像管，它不像以往把磷光材料分布为点状，而是以垂直线的方式进行涂布，并在磷光涂料的前方加上相当细的金属线用以取代荫罩，金属线用来阻挡散射的电子束，原理和荫罩相同。

荫罩和荫栅这两种技术都有其利弊得失，一般来说，荫罩式显像管的图像和文字较锐利，但亮度较低；荫栅式显像管较鲜艳，但在屏幕的 1/3 和 2/3 处有水平的阻尼线阴影（阻尼线是用来减少栅状荫罩振动的一条横向金属线）横过。

LCD 液晶显示器：早在 19 世纪末，奥地利植物学家就发现了液晶，即液态的晶体，也就是说一种物质同时具备了液体的流动性和类似晶体的某种排列特性。在电场的作用下，液晶分子的排列会产生变化。从而影响到它的光学性质，这种现象称为电光效应。利用液晶的电光效应，英国科学家制造了第一块液晶显示器，即 LCD。今天的液晶显示器中广泛采用的是定线状液晶，如果从微观去观察它，会发现它特像棉花棒。与传统的 CRT 相比，LCD 不但体积小，厚度薄，质量轻、耗能少（$1\sim10\mu W/cm^2$）、工作电压低（1.5～6V）且无辐射、无闪烁并能直接与 CMOS 集成电路匹配。由于优点众多，LCD 已大量进入台式机应用领域。

2. 打印机

打印机（Printer）是计算机最基本的输出设备之一。它将计算机的处理结果打印在纸上。打印机按印字方式可分为击打式和非击打式两类。

击打式打印机是利用机械动作，将字体通过色带打印在纸上，根据印出字体的方式又可分为活字式打印机和点阵式打印机。活字式打印机是把每一个字刻在打字机构上，可以是球形、菊花瓣形、鼓轮形等各种形状。点阵式打印机（dot matrix printer）是利用打印钢针按字符的点阵打印出字符。每一个字符可由 m 行×n 列的点阵组成。一般字符由 7×8 点阵组成，汉字由 24×24 点阵组成。点阵式打印机常用打印头的针数来命名，如 9 针打印机、24 针打印机等。激光打印机如图 9-18 所示，针式打印机如图 9-19 所示，双组分磁性显影彩色激光打印机结构示意图如图 9-20 所示。

图 9-18　激光打印机

图 9-19　针式打印机

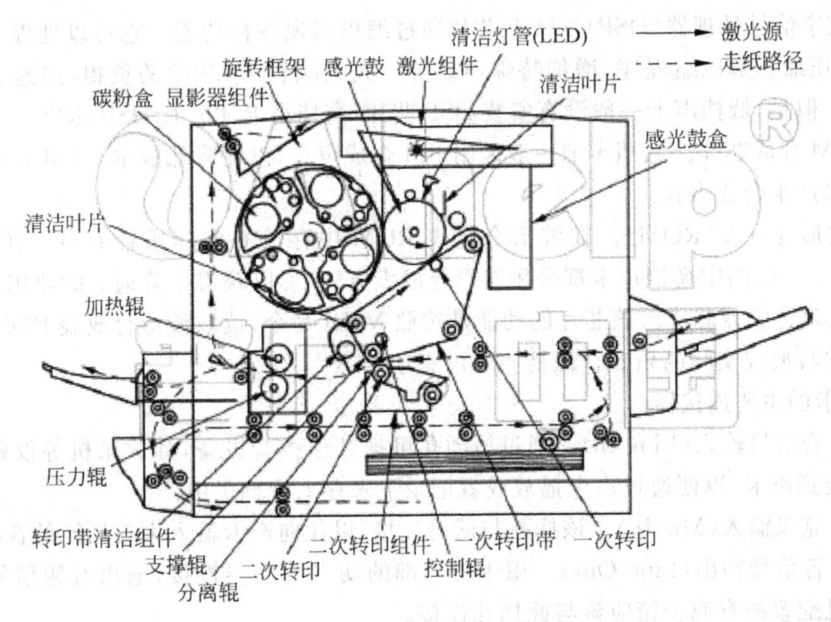

图 9-20　双组分磁性显影彩色激光打印机结构示意图

非击打式打印机是用各种物理或化学的方法印刷字符的，如静电感应，电灼、热敏效应，激光扫描和喷墨等。其中激光打印机(Laser Printer)和喷墨式打印机(Inkjet Printer)是目前最流行的两种打印机，它们都是以点阵的形式组成字符和各种图形。激光打印机接收来自 CPU 的信息，然后进行激光扫描，将要输出的信息在磁鼓上形成静电潜像，并转换成磁信号，使碳粉吸附到纸上，加热定影后输出。喷墨式打印机是将墨水通过精制的喷头喷到纸面上形成字符和图形的。

9.4.4　计算机声卡

声卡(Sound Card)也称为音频卡，声卡是多媒体技术中最基本的组成部分，是实现声波/数字信号相互转换的一种硬件。声卡的基本功能是把来自话筒、磁带、光盘的原始声音信号加以转换，输出到耳机、扬声器、扩音机、录音机等声响设备，或通过音乐设备数字接口(MIDI)使乐器发出美妙的声音。常见的声卡如图 9-21 所示。

1. 声卡的基本结构

声卡由各种电子器件和连接器组成。电子器件包括集成电路芯片、晶体管和阻容元件，用来完成各种特定的功能。连接器一般有插座和圆形插孔两种，用来连接输入/输出信号。

图 9-21　声卡

1) 声卡上使用的主要芯片

(1) 声音控制芯片。它的功能是从话筒或其他输入设备中获取声音模拟信号，通过模/数转换器(ADC)，将声波振幅信号转换成一串数字信号，然后采样存储到计算机中。当重放声音时，这些数字信号送到一个数/模转换器(DAC)，以同样的采样速率还原为模拟波形，放大后送到扬声器发声，这一技术也称为脉冲编码调制技术(PCM)。PCM 技术的两个要素就是采样频率和样本量(位数)。

(2) 数字信号处理器(DSP)。DSP 芯片通过编程实现各种功能。它可以处理有关声音的命令、执行压缩和解压缩程序、增加特殊声效等。大大减轻了 CPU 的负担,加速了多媒体软件的执行。但是,低档声卡一般没有安装 DSP 芯片,高档声卡才配有 DSP 芯片。

(3) FM 合成芯片。低档声卡一般采用 FM 合成声音,以便降低成本。FM 合成芯片的作用就是用来产生合成声音。

(4) 波形合成表(ROM)。在波形合成表 ROM 中存放有实际乐音的声音样本,供播放 MIDI 使用。一般的中高档声卡都采用波形合成表方式,可以获得十分逼真的使用效果。

(5) 波表合成器芯片。该芯片的功能是按照 MIDI 命令,读取波形合成表 ROM 中的样本声音合成并转换成实际的乐音。低档声卡没有这个芯片。

2) 声卡的主要连接器

(1) 声音信号输入(Line In)。通过该插孔可把其他声音设备,如收录机等设备的音频输出信号连接到声卡,以便通过声卡播放或者记录下来存入计算机中。

(2) 麦克风输入(Mic In)。该插孔与话筒连接,以便向声卡输入来自话筒的音频信号。

(3) 声音信号输出(Line Out)。用于与外部的功率放大器连接,输出音频信号。目前多媒体计算机配置的有源音箱应该与此插孔连接。

(4) 喇叭输出(Spk Out)。用于与无源音箱或者喇叭连接,一般有 2～4W 的输出功率。

(5) MIDI/操纵杆连接器。用于与操纵杆或 MIDI 设备连接。

(6) 喇叭连接器。通过这个连接器,可以把送往 PC 内部喇叭的信号送到外接音箱。

(7) CD 输入连接器。与 CD-ROM 的音频信号线相连接,以便播放 CD 唱盘的音乐。

(8) CD-ROM 驱动器接口。可用于与 CD-ROM 驱动器连接。有的声卡没有这个连接器,采用 IDE 接口的 CD-ROM 驱动器可以直接插入主板上的 IDE 接口,不必使用这个连接器。

2. 声卡的工作原理

声卡从话筒中获取声音模拟信号,通过模/数转换器(ADC),将声波振幅信号采样转换成一串数字信号,存储到计算机中。当重放声音时,这些数字信号送到数/模转换器(DAC),以同样的采样速度还原为模拟波形,放大后送到扬声器发声。

3. 声卡的主要作用

(1) 录制数字声音文件。通过声卡及相应的驱动程序的控制,采集来自话筒、收录机等音源的信号,压缩后被存放在计算机系统的内存或硬盘中。

(2) 将硬盘或激光盘压缩的数字化声音文件还原成高质量的声音信号,放大后通过扬声器放出。

(3) 对数字化的声音文件进行加工,以达到某一特定的音频效果。

(4) 控制音源的音量,对各种音源进行组合,实现混响器的功能。

(5) 利用语言合成技术,通过声卡朗读文本信息,如读英语单词和句子、奏音乐等。

(6) 具有初步的音频识别功能,让操作者用口令指挥计算机工作。

(7) 提供 MIDI 功能,使计算机可以控制多台具有 MIDI 接口的电子乐器。

另外,在驱动程序的作用下,声卡可以将 MIDI 格式存放的文件输出到相应的电子乐器中,发出相应的声音,使电子乐器受声卡的指挥。

4. 声卡的分类

声卡发展至今,主要分为板卡式、集成式和外置式 3 种接口类型,以适用不同用户的需求,

3 种类型的产品各有优缺点。

(1) 板卡式声卡。卡式产品是现今市场上的中坚力量,产品涵盖低、中、高各档次,售价从几十元至上千元不等。早期的板卡式产品多为 ISA 接口,由于此接口总线带宽较低、功能单一、占用系统资源过多,目前已被淘汰;PCI 则取代了 ISA 接口成为目前的主流,它们拥有更好的性能及兼容性,支持即插即用,安装使用都很方便。

(2) 集成式声卡。集成式声卡只会影响到计算机的音质,较敏感的系统性能变化对计算机用户来讲变化不大。因此,大多用户对声卡的要求都满足于能用就行,更愿将资金投入到能增强系统性能的部分。虽然板卡式产品的兼容性、易用性及性能都能满足市场需求,但为了追求更为廉价与简便,集成式声卡更容易被使用者接收。此类产品集成在主板上,具有不占用 PCI 接口、成本更为低廉、兼容性更好等优势,能够满足普通用户的绝大多数音频需求,自然就受到市场青睐。而且集成声卡的技术也在不断进步,PCI 声卡具有的多声道、低 CPU 占有率等优势也相继出现在集成声卡上,它也由此占据了主导地位。

(3) 外置式声卡。外置式声卡是创新公司独家推出的一个新兴事物,它通过 USB 接口与 PC 连接,具有使用方便、便于移动等优势。但这类产品主要应用于特殊环境,如连接笔记本实现更好的音质等。目前市场上的外置声卡并不多,常见的有创新的 Extigy、Digital Music 两款,以及 MAYA EX、MAYA 5.1 USB 等。

5. 声卡的性能指标

(1) 复音数量。声卡中"32"、"64"的含义是指声卡的复音数,而不是声卡上的 DAC(数/模变换)和 ADC(数/模变换)的转换位数(bit)。它代表了声卡能够同时发出多少种声音。复音数越大,音色就越好,播放 MIDI 时可以听到的声部越多、越细腻。如果一首 MIDI 乐曲中的复音数超过了声卡的复音数,则将丢失某些声部,但一般不会丢失主旋律。目前声卡的硬件复音数都不超过 64 位。

(2) 采样位数。采样位数是将声音从模拟信号转化为数字信号的二进制位数,即进行 A/D、D/A 转换的精度。目前有 8 位、12 位、16 位和 24 位 4 种,位数越高,采样精度越高。

(3) 采样频率。采样频率即每秒采集声音样本的数量。标准的采样频率有 11.025kHz(语音)、22.05kHz(音乐)和 44.1kHz(高保真)3 种,有些高档声卡能提供 5~48kHz 的连续采样频率。采样频率越高,记录声音的波形就越准确,保真度就越高,但采样产生的数据量也越大,要求的存储空间也越多。

(4) 波表合成方式和波表库容量。早期高档的 ISA 声卡主要采用硬件波表合成方式,中、低档声卡主要采用软件波表。而现在的 PCI 声卡则大量采用更加先进的 DSL 波表合成方式,其波表库容量通常是 2MB、4MB、8MB。声卡甚至可以扩展到 32MB。波表库容量的大小和 3 种波表合成方式的优劣不能一概而论,这同波表库声音样本的质量和音效芯片采用的声音合成技术还有很大关系,同时还要注意在进行 MIDI 音乐播放时的 CPU 占用率。

(5) 三维效果。在众多的 PCI 声卡 3D 效果中,最好的还是 A3D 和 EAX 两种。A3D 技术一般为帝盟所独用。不少声卡都标榜支持 EAX 技术,其实只是一种软件上的部分模拟,这些声卡只是模拟 EAX 的 3D 定位效果,不能够完全模拟它的效果,因此该技术一般以创新为最佳。三维效果可以通过仔细分辨声音与程序之间的互动效果得出。此外,声卡是否支持多音箱也是值得考虑的问题。

(6) 驱动程序。驱动程序的作用不容小视。使用者要查看驱动程序的功能是否完全、版本是否最新、语言界面是否有中文版、是否能较好地在 DOS 和 Windows 环境下工作,还有生产厂家是否有能力继续开发新的驱动程序。另外，主板上集成的声卡多为低档声卡，因此建议对声音效果要求较高的用户最好不选择集成声卡的主板。

9.4.5 计算机显卡

显卡全称显示接口卡(Video card,Graphics card)，又称为显示适配器(Video adapter)，显示器配置卡简称显卡，是个人计算机最基本组成部分之一。显卡的用途是将计算机系统所需要的显示信息进行转换驱动，并向显示器提供行扫描信号，控制显示器的正确显示，是连接显示器和主板的重要元件，是“人机对话”的重要设备之一。显卡作为计算机主机中的一个重要组成部分，承担输出显示图形的任务，对于从事专业图形设计的人来说显卡非常重要。常见的显卡如图 9-22 所示。

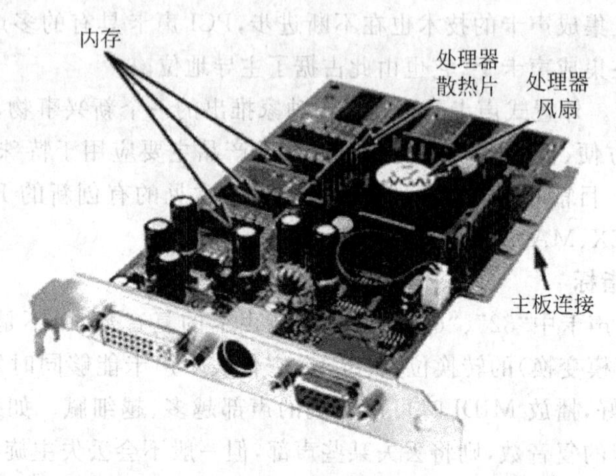

图 9-22　显卡

1. 显卡的基本组成

显卡主要由线路板、显示芯片(即图形处理芯片 Graphic Processing Unit)、显存、数/模转换器、VGA BIOS、接口等几部分组成。

(1) 线路板。目前显卡的线路板一般采用的是 6 层或 4 层 PCB 线路板。显卡的线路板是显卡载体，显卡上的所有元器件都是集成在这上面的，所以 PCB 板也影响着显卡的质量。目前显卡主要采用黄色和绿色 PCB 板，而蓝色、黑色、红色等也有出现，虽然颜色并不影响性能，但它们在一定程度上会影响到显卡出厂检验时的误差率。显卡的下端有一组“金手指”(显卡接口)，它可以插入主板上的显卡插槽，有 ISA/PCI/AGP 等规范。为了让显卡更好地固定，显卡上需要有一块固定片；为了让显卡和显示器及电视等输入/输出设备相连，各种信号输出/输入接口也是必不可少的。

(2) 显示芯片。一般来说，显卡上最大的芯片就是显示芯片，它往往被散热片和风扇遮住本来面目。作为处理数据的核心部件，显示芯片可以说是显示卡上的 CPU，一般的显示卡大多采用单芯片设计，而专业显卡则往往采用多个显示芯片，如 ATI RAGE MAXX 和 3dfx Voodoo5 系列显卡。目前常见的显卡显示芯片主要有 nVidia 系列及 ATI 系列等，如 Geforce2 GTS,Geforce2 MX,Geforce3,ATI Radeon 等。

显示芯片按照功能来说主要分为“2D”(如 S3 64v+)、“3D”(如 3dfx Voodoo)和“2D+3D”(如 Geforce MX)几种，目前流行的主要是 2D+3D 的显示芯片。

现在流行的显示芯片多为 128 位和 256 位，也有一小部分 64 位芯片显卡。位(bit)是指显示芯片支持的显存数据宽度，较大的带宽可以使芯片在一个周期内传送更多的信息，从而提高显卡的性能。"位"是显示芯片性能的一项重要指标，但并不能按照数字倍数简单判定速度差异。

(3) 数/模转换器。RAMDAC(数/模转换器)作用是将显存中的数字信号转换成显示器能够识别的模拟信号，速度用"MHz"表示，速度越快，图像越稳定，它决定了显卡能够支持的最高刷新频率。为了降低成本，大多数厂商都将RAMDAC整合到显示芯片中，不过仍有部分高档显卡采用了独立的RAMDAC芯片。

(4) 显存。显存是用来存储等待处理的图形数据信息的，显存容量决定了显卡支持的分辨率、色深。屏幕分辨率越高，屏幕上显示的像素点也越多，相应所需显存容量也较大。对于目前的3D加速卡来说，需要更多的显存来存储Z-Buffer数据或材质数据等。显存可以分为两大类：单端口显存和双端口显存。前者从显示芯片读取数据及向RAMDAC传输数据经过同一端口，数据的读写和传输无法同时进行；后者则可以同时进行数据的读写与传输。目前主要流行的显存有SDRAM、SGRAM、DDR RAM、VRAM、WRAM等。

(5) 电容电阻。显卡采用的常见的电容类型有电解电容、钽电容等，前者发热量较大，特别是一些伪劣电解电容更是如此，它们对显卡性能影响较大，故许多名牌显卡纷纷抛弃直立的电解电容，而采用小巧的钽电容来获得性能上的提升。电阻也是如此，以前常见的金属膜电阻、碳膜电阻越来越多的让位于贴片电阻。

(6) 供电电路。供电电路的作用是调整来自主板的电流以供显卡更稳定地工作。由于显示芯片越造越精密，对显卡的供电电路的要求也越来越高，在供电电路中各种优良的稳压电路元器件是少不了的。

(7) Flash ROM。VGA BIOS存在于Flash ROM中，包含了显示芯片和驱动程序的控制程序、产品标识等信息。常见的Flash ROM编号有29、39和49开头3种，这几种芯片都可以通过专用程序进行升级，改善显卡性能。

(8) 其他。显卡上还有向显卡内部提供数/模转换时钟频率的晶振等小元器件。此外，由于现在的显卡频率越来越高，工作时发热量也越来越大，显卡上都会有一个散热风扇。

2. 显卡的工作原理

人们看到的图像都是模拟信号，而计算机所处理的都是数字信号。数据一旦离开CPU，必须通过以下4个步骤，最后才会到达显示器显示图像。

(1) 经过总线(Bus)进入显卡芯片。将CPU送来的数据送到显卡芯片里面进行处理。(数字信号)

(2) 从显示芯片进入显存。将显示芯片处理完的资料送到显存。(数字信号)

(3) 从显存进入RAMDAC(数/模转换器)。从显存读取出资料送到RAMDAC进行数据转换。(将数字信号转换为模拟信号)

(4) 从RAMDAC进入显示器。将转换完的模拟信号送到显示器。(模拟信号)

人们所看到的显示效果最后处理的结果，系统效能的高低由以上4个步骤共同决定，它与显示卡的效能不同，如要严格区分，显示卡的效能只决定了中间两步：第一步是由CPU进入到显示卡里面，最后一步是由显示卡直接送资料到显示屏上。

3. 显卡的分类

显卡可分为集成显卡、独立显卡、核心显卡等。

1) 集成显卡

集成显卡是将显示芯片、显存及其相关电路都做在主板上，与主板融为一体；集成显卡的显示芯片有单独的,但大部分都集成在主板的北桥芯片中;一些主板集成的显卡也在主板上单独安装了显存,但其容量较小,集成显卡的显示效果与处理性能相对较弱,不能对显卡进行硬件升级,但可以通过CMOS调节频率或刷入新BIOS文件实现软件升级来挖掘显示芯片的潜能。

集成显卡的优点:功耗低、发热量小、部分集成显卡的性能已经可以媲美入门级的独立显卡,所以不用花费额外的资金购买显卡。

集成显卡的缺点:不能换新显卡,要说必须换,就只能和主板、CPU一次性地更换。

2) 独立显卡

独立显卡是指将显示芯片、显存及其相关电路单独做在一块电路板上,自成一体而作为一块独立的板卡存在,它需占用主板的扩展插槽(ISA、PCI、AGP或PCI-E)。

独立显卡的优点:单独安装显存,一般不占用系统内存,在技术上也较集成显卡先进得多,比集成显卡能够得到更好的显示效果和性能,容易进行显卡的硬件升级。

独立显卡的缺点:系统功耗有所加大,发热量也较大,需额外花费购买显卡的资金。

3) 核心显卡

核心显卡是Intel新一代图形处理核心,和以往的显卡设计不同,Intel凭借其在处理器制程上的先进工艺以及新的架构设计,将图形核心与处理核心整合在同一块基板上,构成一颗完整的处理器。智能处理器架构这种设计上的整合大大缩减了处理核心、图形核心、内存及内存控制器间的数据周转时间,有效提升处理效能并大幅降低芯片组整体功耗,有助于缩小核心组件的尺寸,为笔记本、一体机等产品的设计提供了更大选择空间。

需要注意的是,核心显卡和传统意义上的集成显卡并不相同。目前笔记本平台采用的图形解决方案主要有"独立"和"集成"两种,前者拥有单独的图形核心和独立的显存,能够满足复杂庞大的图形处理需求,并提供高效的视频编码应用;集成显卡则将图形核心以单独芯片的方式集成在主板上,并且动态共享部分系统内存作为显存使用,因此能够提供简单的图形处理能力,以及较为流畅的编码应用。相对于前两者,核心显卡则将图形核心整合在处理器中,进一步加强了图形处理的效率,并把集成显卡中的"处理器+南桥+北桥(图形核心+内存控制+显示输出)"三芯片解决方案精简为"处理器(处理核心+图形核心+内存控制)+主板芯片(显示输出)"的双芯片模式,有效降低了核心组件的整体功耗,更利于延长笔记本的续航时间。

核心显卡的优点:低功耗是核心显卡的最主要优势,由于新的精简架构及整合设计,核心显卡对整体能耗的控制更加优异,高效的处理性能大幅缩短了运算时间,进一步缩减了系统平台的能耗。高性能也是它的主要优势:核心显卡拥有诸多优势技术,可以带来充足的图形处理能力,相较前一代产品其性能的进步十分明显。核心显卡可支持DX10、SM4.0、OpenGL2.0,以及全高清Full HD MPEG2/H.264/VC-1格式解码等技术,加入的性能动态调节更可大幅提升核心显卡的处理能力,令其完全满足于普通用户的需求。

核心显卡的缺点:它的价格较昂贵。

显卡除了以上分类外,还可以按其接口分为ISA显卡、PCI显卡、AGP显卡、PCI-E显卡等类型,ISA显卡、PCI显卡已淘汰,AGP显卡也面临淘汰,PCI-E显卡是最新型的显卡。

4. 显卡的性能指标

显卡的主要性能指标包括以下几个方面。

(1) 刷新频率。刷新频率是指图像在屏幕上更新的速度,即屏幕上每秒钟显示全画面的次数,其单位是Hz。75Hz以上的刷新频率带来的闪烁感一般人眼不容易察觉,因此为了保护眼睛,最好将显示刷新频率调到 75Hz 以上。但并非所有的显卡都能够在最大分辨率下达到 75Hz 以上的刷新频率(这个性能取决于显卡上 RAM-DAC 的速度),而且显示器也可能因为带宽不够而不能达到要求。一些低端显示卡在高分辨率下只能设置刷新频率为 60Hz。

(2) 色彩位数(彩色深度)。图形中每一个像素的颜色是用一组二进制数来描述的,这组描述颜色信息的二进制数长度(位数)就称为色彩位数。色彩位数越高,显示图形的色彩越丰富。通常所说的标准 VGA 显示模式是 8 位显示模式,即在该模式下能显示 256 种颜色;增强色(16 位)能显示 65 536 种颜色,也称为 64K 色;24 位真彩色能显示 1677 万种颜色,也称为 16M 色。该模式下能看到真彩色图像的色彩已和高清晰度照片没什么差别了。另外,还有 32 位、36 位和 42 位色彩位数。

(3) 显示分辨率(ResaLution)。显示分辨率是指组成一幅图像(在显示屏上显示出图像)的水平像素和垂直像素的乘积。显示分辨率越高,屏幕上显示的图像像素越多,则图像显示也就越清晰。显示分辨率和显示器、显卡有密切的关系。

显示分辨率通常以"横向点数×纵向点数"表示,如 1024×768。最大分辨率是指显卡或显示器能显示的最高分辨率,在最高分辨率下,显示器的一个发光点对应一个像素。如果设置的显示分辨率低于显示器的最高分辨率,则一个像素可能由多个发光点组成。显卡支持的分辨率越高,安装的显存越多,显卡的功能就越强,但价格也必然越高。

(4) 显存容量。与内存容量同理,其实这个参数对显卡的性能影响是最小的,因为 GPU 处理的速度是有限的,就算显存足够大把数据放在那里也没用。

9.4.6 计算机网卡

计算机与外界局域网的连接是通过主机箱内插入一块网络接口板(或者是在笔记本电脑中插入一块 PCMCIA 卡)。网络接口板又称为通信适配器、网络适配器(Adapter)或网络接口卡 NIC(Network Interface Card)。常见的网卡如图 9-23 和图 9-24 所示。

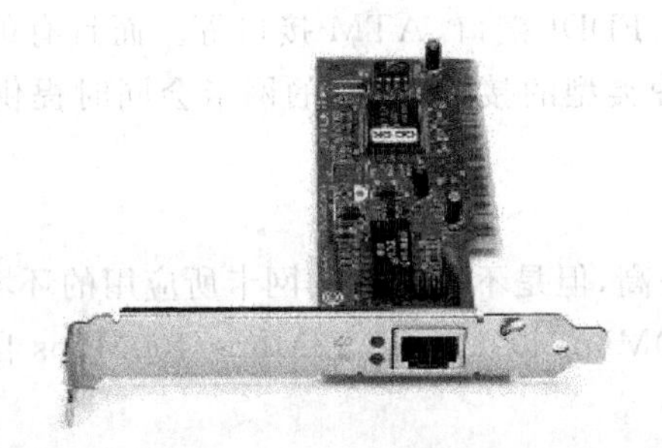

图 9-23　RJ-45 网卡

图 9-24　USB 无线网卡

网卡是工作在数据链路层的网络组件,是局域网中连接计算机和传输介质的接口,不仅能实现与局域网传输介质之间的物理连接和电信号匹配,还涉及帧的发送与接收、帧的封装与拆封、介质访问控制、数据的编码与解码及数据缓存等功能。

(1) 数据的封装与解封。发送时将上一层传输过来的数据加上首部和尾部,成为以太网的帧。接收时将以太网的帧剥去首部和尾部,然后发送到上一层。

(2) 链路管理。主要是 CSMA/CD(Carrier Sense Multiple Access with Collision Detection,带冲突检测的载波监听多路访问)协议的实现。

(3) 编码与译码。即曼彻斯特编码与译码。

网卡上面装有处理器和存储器(包括 RAM 和 ROM)。网卡和局域网之间的通信是通过电缆或双绞线以串行传输方式进行的。而网卡和计算机之间的通信则是通过计算机主板上的 I/O 总线以并行传输方式进行。因此,网卡的一个重要功能就是要进行串行/并行转换。由于网络上的数据率和计算机总线上的数据率并不相同,因此在网卡中必须装有对数据进行缓存的存储芯片。

在安装网卡时必须将管理网卡的设备驱动程序安装在计算机的操作系统中。这个驱动程序以后就会告诉网卡,应当从存储器的什么位置上将局域网传送过来的数据块存储下来。网卡还要能够实现以太网协议。

网卡并不是独立的自治单元,因为网卡本身不带电源而是必须使用所插入的计算机的电源,并受该计算机的控制。因此网卡可看成为一个半自治的单元。当网卡收到一个有差错的帧时,它就将这个帧丢弃而不必通知它所插入的计算机。当网卡收到一个正确的帧时,它就使用中断来通知该计算机并交付给协议栈中的网络层。当计算机要发送一个 IP 数据包时,它就由协议栈向下交给网卡组装成帧后发送到局域网。

随着集成度的不断提高,网卡上的芯片的个数不断地减少,虽然现在各个厂家生产的网卡种类繁多,但其功能大同小异。

1. 网卡的分类

1) 按总线接口类型分类

按网卡的总线接口类型来分,一般可分为 ISA 接口网卡、PCI 接口网卡及在服务器上使用的 PCI-X 总线接口类型的网卡,笔记本电脑所使用的网卡是 PCMCIA 接口类型。

2) 按网络接口分类

除了可以按网卡的总线接口类型划分外,还可以按网卡的网络接口类型来划分。网卡最终是要与网络进行连接,所以也就必须有一个接口使网线通过它与其他计算机网络设备连接起来。不同的网络接口适用于不同的网络类型,目前常见的接口主要有以太网的 RJ-45 接口、细同轴电缆的 BNC 接口和粗同轴电 AUI 接口、FDDI 接口、ATM 接口等。而且有的网卡为了适用于更广泛的应用环境,提供了两种或多种类型的接口,如有的网卡会同时提供 RJ-45、BNC 接口或 AUI 接口。

3) 按带宽分类

随着网络技术的发展,网络带宽也在不断提高,但是不同带宽的网卡所应用的环境也有所不同,目前主流的网卡主要有 10Mbps 网卡、100Mbps 以太网卡、10Mbps/100Mbps 自适应网卡、1000Mbps 千兆以太网卡 4 种。

4) 按应用领域分类

按使用的用途,可以将网卡分为工作站网卡和服务器网卡。由于服务器担当着为整个网络提供服务的重任,无论从传输速率方面,还是从稳定性和容错性等方面都对网卡有着较高的要求,如同服务器不同于普通计算机一样,服务器所使用的网卡也不同于普通计算机所使用的网卡。现在工作站使用的网卡以 PCI 总线的 10/100Mbps 自适应网卡为主。

5) 按网卡连接对象分类

按网卡连接对象,可分为普通网卡、笔记本网卡、服务器网卡和无线网卡。

(1) 普通网卡是大多数计算机使用的一种网卡,具有价格便宜、工作稳定等特点。

(2) 笔记本网卡是针对笔记本而设计,具有体积小、功耗低等特点。

(3) 无线网卡是依靠无线传输介质(如红外线)等进行信号传输，避免了网络布线，但价格偏高。

2. 网卡的构成

以最常见的 PCI 接口的网卡为例，一块网卡主要由 PCB 线路板、主芯片、数据汞、金手指(总线插槽接口)、BOOTROM、EEPROM、晶振、RJ45 接口、指示灯、固定片，以及一些二极管、电阻电容等组成。

网卡的主控制芯片是网卡的核心元件，一块网卡性能的好坏和功能的强弱，主要就是看这块芯片的质量。特别是对与主板板载(LOM)的网卡芯片来说更是如此。

BOOTROM 插座也就是常说的无盘启动 ROM 接口，是用来通过远程启动服务构造无盘工作站的。远程启动服务(Remoteboot，通常也称为 RPL)使通过使用服务器硬盘上的软件来代替工作站硬盘引导一台网络上的工作站成为可能。网卡上必须装有一个 RPL(Remote Program Load 远程初始程序加载)ROM 芯片才能实现无盘启动。

LED 指示灯：一般来讲，每块网卡都具有一个以上的 LED(Light Emitting Diode，发光二极管)指示灯，用来表示网卡的不同工作状态，以方便人们查看网卡是否工作正常。典型的 LED 指示灯有 Link/Act、Full、Power 等。

Link/Act 表示连接活动状态，Full 表示是否全双工(Full Duplex)，而 Power 是电源指示(主要用在 USB 或 PCMCIA 网卡上)灯。

网络唤醒接口：早期网卡上还有一个专门的 3 芯插座网络唤醒(WOL)接口(PCI2.1 标准网卡)，Wake OnLAN(网络唤醒)提供了远程唤醒计算机的功能，它可以让管理员在非工作时间远程唤醒计算机，并使它们自动完成一些管理服务，如软件的更新或者病毒扫描。它也是 Wired for Management 基本规范中的一部分。网络唤醒的工作原理是先由一个管理软件包发出一个基于 Magic Packet 标准的唤醒帧，支持网络唤醒的网卡收到唤醒帧后对其进行分析并确定该帧是否包含本网卡的 MAC 地址。

数据汞是消费级 PCI 网卡上都具备的设备，数据汞也被称为网络变压器或网络隔离变压器。它把 PHY 送出来的差分信号用差模耦合的线圈耦合滤波以增强信号，并且通过电磁场的转换耦合到不同电平的连接网线的另外一端；隔离网线连接的不同网络设备间的不同电平，以防止不同电压通过网线传输损坏设备。除此而外，数据汞还能对设备起到一定的防雷保护作用。

晶振是石英振荡器的简称，英文名为 Crystal，它是时钟电路中最重要的部件。它的作用是向显卡、网卡、主板等配件的各部分提供基准频率。

3. 网卡的工作原理

网卡发送数据时，计算机把要传输的数据并行写到网卡的缓存中，网卡对要传输的数据进行编码(10M 以太网使用曼彻斯特编码，100M 以太网使用差分曼彻斯特编码)，串行发到传输介质上；接收数据时，则相反。对于网卡而言，每块网卡都有一个唯一的网络结点地址，它是网卡生产厂家在生产时烧入 ROM(只读存储芯片)中的，人们把它称为 MAC 地址(物理地址)，且保证绝对不会重复。MAC 为 48 位，前 24 位由 IEEE 分配，后 24 位由网卡生产厂家自行分配。人们日常使用的网卡都是以太网网卡。

无线网卡的工作原理：当物理层接收到信号并确认无错后提交给 MAC-PHY 子层，经过拆包后把数据上交 MAC 层，然后判断是否是发给本网卡的数据。若是，则上交；否则，丢弃。如果物理层接收到的发给本网卡的信号有错，则需要通知发送端重发此包信息。当网卡有数据需要发送时，首先要判断信道是否空闲。若空，随机退避一段时间后发送，否则，暂不发送。由于网卡为时分双工工作，因此，发送时不能接收，接收时不能发送。

4. 网卡的性能指标

1）网卡速度

网卡的首要性能指标就是它的速度，也就是它所能提供的带宽了。若采用的是百兆以太网，就要选能够达到100Mbps的网卡。现在100Mbps速度的网卡能够自动识别端口速度是10Mbps的还是100Mbps的，这种特性称为“10M/100M自适应”，如TCL N1820P网卡就是一款10M/100M自适应网卡。

现在市场上大部分的网卡都是10M/100M自适应的，并且是PCI总线的，如全向的QN-409、实达的STAR-902、TP-Link的TF-3239，而且价格也比较便宜。

2）是否支持全双工

半双工的意思是两台计算机之间不能同时向对方发送信息，只有其中一台计算机传送完之后，另一台计算机才能传送信息；而全双工就可以双方同时进行信息数据传送。由此可见，同样带宽下，全双工的网卡要比半双工的网卡快一倍，在购买时当然要选择全双工模式。若不知道网卡是否支持全双工，可以询问销售商或观察其包装上是否有标识，英文写法是“Full-Duplex”。现在的网卡，如全向、实达、TP-Link、TCL、长城、紫光等厂家的产品，一般都支持全双工。

3）对多操作系统的支持

虽然局域网操作系统以Windows为主，但是如果一旦你想用Linux，总不能换一块网卡。现在的大部分网卡的驱动程序比较完善，除了能支持Windows操作系统之外，也能支持Linux和UNIX操作系统，TP-Link的TF-3239网卡还支持FreeBSD操作系统。

4）是否支持远程唤醒

远程唤醒就是在一台计算机上通过网络启动另一台已经处于关机状态的计算机。虽然处于关机状态，计算机内置的可管理网卡仍然始终处于监控状态，不断收集网络唤醒数据包，一旦接收到该数据包，网卡就激活计算机电源使得计算机系统启动。这种功能特别适合机房管理人员使用。如果希望实现远程唤醒功能，就必须购买支持远程唤醒的网卡。全向、TP-Link、TCL等品牌的网卡型号都支持此项功能。神州数码D-Link DFE-530TX就是一款支持远程唤醒的网卡。

9.4.7 计算机电源

计算机内部各部件的工作电压比较低，一般为－12～＋12V，并且是直流电。而普通的市电为220V交流电，不能直接在计算机部件上使用。因此计算机和很多家电一样需要一个电源部分，负责将普通市电转换为计算机可以使用的电压，一般安装在计算机内部。计算机的核心部件工作电压非常低，并且由于计算机工作频率非常高，因此对电源的要求比较高。目前，计算机的电源多为开关电路，将普通交流电转为直流电，再通过斩波控制电压，将不同的电压分别输出给主板、硬盘、光驱等计算机部件。常见计算机电源如图9-25所示。

图9-25 计算机电源

1. 计算机电源的分类

计算机的电源主要分为AT电源、ATX电源和Micro ATX电源。

1) AT电源

AT电源功率一般为150～220W,共有四路输出(±5V、±12V),另向主板提供一个P.G.信号。输出线为两个六芯插座和几个四芯插头,两个六芯插座给主板供电。AT电源采用切断交流电网的方式关机。在ATX电源未出现之前,从286到586计算机以AT电源为主。随着ATX电源的普及,AT电源如今渐渐淡出市场。

2) ATX电源

Intel 1997年2月推出ATX 2.01标准。和AT电源相比,其外形尺寸没有变化,主要增加了+3.3V和+5V StandBy两路输出和一个PS-ON信号,输出线改用一个20芯线给主板供电。随着CPU工作频率的不断提高,为了降低CPU的功耗以减少发热量,需要降低芯片的工作电压,所以由电源直接提供3.3V输出电压成为必须。+5V StandBy也称为辅助+5V,只要插上220V交流电它就有电压输出。PS-ON信号是主板向电源提供的电平信号,低电平时电源启动,高电平时电源关闭。利用+5V SB和PS-ON信号,就可以实现软件开关机器、键盘开机、网络唤醒等功能。辅助+5V始终是工作的,有些ATX电源在输出插座的下面加了一个开关,可切断交流电源输入,彻底关机。

3) Micro ATX电源

Micro ATX是Intel在ATX电源之后推出的标准,主要目的是降低成本。其与ATX的显著变化是体积和功率减小了。ATX的体积是150mm×140mm×86mm,Micro ATX的体积是125mm×100mm×63.51mm;ATX的功率为220W左右,Micro ATX的功率为90～145W。

2. 计算机电源的组成

当前计算机电源使用最多的是开关电源。开关电源具有体积小、质量轻、功耗小、效率高等特点。

以开关电源为例,计算机电源主要包括输入电网滤波器、输入整流滤波器、变换器、输出整流滤波器、控制电路、保护电路。

(1) 输入电网滤波器。输入电网滤波器用于消除来自电网,如电动机的启动、电器的开关、雷击等产生的干扰,同时也防止开关电源产生的高频噪声向电网扩散。

(2) 输入整流滤波器。输入整流滤波器用于将电网输入电压进行整流滤波,为变换器提供直流电压。

(3) 变换器。变换器是开关电源的关键部分,它把直流电压变换成高频交流电压,并且起到将输出部分与输入电网隔离的作用。

(4) 输出整流滤波器。输出整流滤波器将变换器输出的高频交流电压整流滤波得到需要的直流电压,同时还防止高频噪声对负载的干扰。

(5) 控制电路。控制电路用于检测输出直流电压,并将其与基准电压比较,进行放大。调制振荡器的脉冲宽度,从而控制变换器以保持输出电压的稳定。

(6) 保护电路。保护电路用于当开关电源发生过电压、过电流短路时,保护电路使开关电源停止工作以保护负载和电源本身。

3. 计算机电源的技术指标

1) 输出电压的稳定性

电压太低计算机无法工作,电压太高会烧坏主板及附属设备。

2）输出电压的纹波

计算机工作要的是纯净的直流电，交流成分（纹波电压）越小越好，纹波电压高会产生数字电路中不能容忍的杂信号，会让电路做出误动作甚至不工作。

3）Power Good 信号和 Power Fail 信号

Power Good 信号简称 P. G. 或 P. OK 信号。该信号是直流输出电压检测信号和交流输入电压检测信号的逻辑，与 TTL 信号兼容。当电源接通之后，如果交流输入电压在额定工作范围之内，且各路直流输出电压也已达到它们的最低检测电平（+5V 输出为 4.75V 以上），那么经过 100～500ms 的延时，P. G. 电路发出“电源正常”的信号(P. OK 为高电平)。

Power Fail 信号简称 P. F 信号。当电源交流输入电压降至安全工作范围以下或+5V 电压低于 4.75V 时，电源送出“电源故障”信号。Power Fail 应在 5V 下降至 4.75V 之前至少 1ms 降为小于 0.3V 的低电平，且下降沿的波形应陡峭，无自激振荡现象发生。

P. G. 信号非常重要，即使电源的各路直流输出都正常，如果没有 P. G. 信号，主板还是没法工作。如果 P.G. 信号的时序不对，可能会造成开不了机。

4）电源的功率

电源的功率不是越大越好。经测试，一台带 Modem 卡、网卡、声卡、光驱、硬盘的 Pentium Ⅱ多媒体主机实际功率不足 150W，所以不能盲目追求大功率，关键在于电源总体性能和质量，对于普通用户，300W 的电源绰绰有余。但随着计算机的迅速发展以及硬件的快速更新及性能升级，电源的功率要求也越来越高。双核乃至 4 核计算机的电源性能以及功率远不是单核计算机所能比的，如市面上比较流行的低端双核 E5300，供电时 65W 左右，而 4 核新宠 Intel I5 750 供电则达到了 95W，加上游戏不断提高的画面以及高负荷的运算，有些显卡的功率甚至超过了 CPU。

一般来说，高端的计算机所需要的电源应在 450W 以上，而入门级的计算机也应该提升到 350W 以上，如果外设增多或者还要加装风扇，那么应该多留出空余功率，以防计算机出现故障。

5）输入技术指标

输入技术指标有输入电源相数、额定输入电压、电压的变化范围、频率、输入电流等。输入电源的额定电压因各国或地区不同而异，我国为 220V。开关电源的电压范围比较宽，一般为 180～260V，但是一般的计算机电源都带有 115/230V 转换开关，以适应不同国家/地区的交流电压。交流输入功率为 50Hz 或 60Hz，在频率变化范围影响开关电源的特性时多为 47～63Hz。

开关电源最大输入电流是指输入电压为下限值和输出电压及电流为上限值的输入电流。

额定输入电流是指输入电压、输出电压和输出电流为额定值时的输入电流。

冲击电流是指以规定的时间间隔对输入电压进行通断操作时，输入电流达到稳定状态之前流经的最大瞬时电流。对于开关电源，冲击电流是输入电源接通和其后输出电压上升时流经的电流。它受输入开关能力的限制，峰值电流一般为 30～50A。

随着计算机的普及，作为主机心脏的计算机电源也日益被人们所重视。但现阶段一些电源商家为了寻找卖点，不时抛出一些误导性言论，如“电源功率越大越好、版本越新越好”等，从而形成了一个选购误区。

6）电源的安全认证

电源是计算机的心脏，品质不好的电源不但会损坏主板、硬盘等部件，还会缩短计算机的正常使用寿命。当然一款品质优良的电源的售价必定不会便宜，所以有些商家往往会采用便宜电源来蒙骗消费者，而有些用户自己对此并不十分了解，但区区几十元的差价可能会招致上千元的损失，这确实有些不值得，所以在选购时要特别注意电源的品质是否优良。

安全标准以保障用户生命和财产安全为出发点，在原材料的绝缘、阻燃等方面做出了严格的规定。符合安全标准的产品，不仅要求产品本身符合安全标准，而且对于制作厂家也要求有较完善的安全生产体系。在这些标准中，以德国基于IEC-380标准制定的VDE-0806标准最为严格。我国的国家标准是GB4943—1995《信息技术设备(包括电气设备)的安全》。电源符合以上标准其安全性就有了保障。电源符合某个国家的安全标准并得到其法定部门颁发的证书，如获得UL机构颁发的证书，就称为取得了UL认证。中国的安全认证机构是CCC(中国强制认证：China Compulsory Certification)。不管是哪国的安全认证，都对爬电距离、抗电强度、漏电流、温度等方面做出了严格规定。

(1) 爬电距离的要求。爬电距离是指沿绝缘表面测得的两个导电器件之间或导电器件与设备界面之间的最短距离。UL、CSA和VDE安全标准强调了爬电距离的安全要求，这是为了防止器件间或器件和地之间打火从而威胁到人身安全。

(2) 抗电强度的要求。在交流输入线之间或交流输入与机壳之间由零电压加到交流1500V或直流2200V时，不击穿或拉电弧即为合格。

(3) 漏电流的要求。UL和CSA均要求暴露的、不带电的金属部分均应与大地相接。漏电流的测量是通过在这些部分与大地之间接一个1.5kΩ的电阻，测其漏电流。开关电源的漏电流在260V交流输入下，不应超过3.5mA。

(4) 温度的要求。安全标准对电器的温度要求很重视，同时要求材料有阻燃性。对开关电源来说，内部温升不应超过65℃，如果环境温度是25℃，电源的元器件的温度应小于90℃。

不符合安全标准的电源在刚开始用时对使用者并没有什么直接的不良影响，但用久了以后，由于潮湿的空气和灰尘的影响可能导致高压区短路，不但造成电源本身损坏，还会对使用者的人身安全造成伤害。

关于电磁兼容(EMC)，国际上通用的标准欧盟89/336/EEC指令(即EMC指令)、美国联邦法典CFR 47/FCC Rules等，我国CCC认证标志后带EMC字母的才表示电磁兼容认证，电源应符合民用标准。开关电源是把工频交流整流为直流后，再通过开关变为高频交流，其后再整流为稳定直流的一种电源，这样就有工频电源的整流波形畸变产生的噪声与开关波形产生的噪声，在输入侧泄漏出去就表现为辐射干扰，在输出侧泄漏出去就表现为纹波。

电磁兼容分为EMI(电磁干扰)和EMS(电磁耐受性)。电磁干扰通过电源线传播，频率为30MHz以下，主要干扰音频频段。由于计算机开关电源用金属壳作屏蔽，因此主要为传导干扰。传导干扰的大小是衡量计算机电源品质的重要标准，它包括两个方面的含义：一是防止电网上电磁干扰通过电源本身产生的电磁干扰进入电网，影响主机系统正常工作；二是防止主机本身产生的电磁干扰进入电网，影响其他电器。在日常工作中可能有这样的经验，在微机开机时，其附近的电器如电视、音响等不能正常使用，这是传导干扰产生的影响。

习 题 9

一、选择题

1. 在下列选项中，既是输入设备又是输出设备的是(　　)。

   A. 触摸屏　　B. 键盘　　C. 显示器　　D. 扫描仪

2. 下列设备中，只能作输出设备的是(　　)。

A. 磁盘存储器　　B. 键盘　　C. 鼠标器　　D. 打印机

3. 计算机系统的输入/输出接口是(　　)之间的交接界面。

A. CPU和存储器　　B. 主机和外围设备

C. 存储器和外围设备　　D. CPU和系统总线

4. 若某个接口与设备之间数据传送是并行传送，则此接口为(　　)接口。

A. 同步　　B. 异步　　C. 串行　　D. 并行

二、填空题

1. ________编址方式，无须专用I/O指令，可用________指令实现I/O操作。

2. ________接口，它与I/O设备之间的数据传送是逐位进行的。

3. ________接口，它与I/O设备之间的数据传送是以一个字或一个字节为单位，各位同时传送。

4. ________接口，它与I/O设备之间的数据传送是按CPU的控制节拍进行的。

5. ________接口，它与I/O设备之间的数据传送是采用应答方式进行的。

6. 在DMA方式下，数据不经过CPU，而是直接在________和外设之间传送。

7. 通常用________来保存中断时的断点和现场信息。

三、问答题

1. 什么是计算机的输入/输出系统？输入/输出设备有哪些编址方式？并有什么特点？

2. 什么是I/O接口？I/O接口有哪些特点和功能？接口有哪些类型？

3. I/O数据传送可以采用哪些方式？它们各有什么特点？

4. 什么是中断？中断分为哪几个阶段？

5. CPU响应中断应具备哪些条件？

6. 简述DMA传送的工作过程。

7. 外部设备有哪些主要功能？外部设备的重要性有哪些？

8. 外设可分为哪几大类？列举各类中的典型设备。

9. 简述常见的输入/输出设备有哪些。

10. 简述串口与并口的区别。

11. 简述打印机可分为哪几类。

12. 简述扫描仪的结构与工作过程。

13. 简述声卡的组成、工作原理、分类和功能。

14. 简述显卡的组成、工作原理、分类和功能。

15. 简述网卡的组成、工作原理、分类和功能。

16. 简述计算机电源的组成、分类和性能指标。

第10章 计算机病毒防治

计算机病毒是普通用户能直接感受到的和接触最多的一种信息安全威胁，每年因计算机病毒而造成的损失非常大，据估计在美国每年因计算机病毒造成的损失高达数千亿美元。计算机病毒的防治显得尤为重要，本章主要介绍计算机病毒的危害以及防治措施。

学习目标

(1) 了解计算机病毒的概念。

(2) 理解计算机病毒的特征。

(3) 掌握计算机病毒的特征、类型、危害、传播途径、防范措施。

10.1 计算机病毒概述

10.1.1 计算机病毒的概念

计算机病毒是当前对计算机信息安全构成危害的一个重要方面，据统计，到2000年底，全世界已经发现的病毒达到了45 000种。计算机病毒在2000年给全球经济造成的损失高达16 000亿美元，超过中国全年的GDP总量。仅在美国就有5万家具有一定规模的公司遭受病毒的袭击，损失为2600亿美元，占美国国内生产总值的2.5%。当然，计算机病毒在军事电子对抗中也可能成为一种有效的武器。

《中华人民共和国计算机信息系统安全保护条例》明确定义，计算机病毒(Computer Virus)是指"编制的或者在计算机程序中插入的破坏计算机功能或者破坏数据，影响计算机使用并且能够自我复制的一组计算机指令或者程序代码"。计算机病毒是一段特殊的计算机程序，可以在瞬间损坏系统文件，使系统陷入瘫痪，导致数据丢失。病毒程序的目标任务就是破坏计算机信息系统程序、毁坏数据、强占系统资源、影响计算机的正常运行。在通常情况下，病毒程序并不是独立存储于计算机中的，而是依附(寄生)于其他的计算机程序或文件中，通过激活的方式运行病毒程序，对计算机系统产生破坏作用。

计算机病毒是一个程序，一段可执行码，对计算机的正常使用进行破坏，使得计算机无法正常使用甚至整个操作系统或者计算机硬盘损坏。就像生物病毒一样，计算机病毒有独特的复制能力。计算机病毒可以很快地蔓延，又常常难以根除。它们能把自身附着在各种类型的文件上。当文件被复制或从一个用户传送到另一个用户时，它们就随同文件一起蔓延开来。这种程序不是独立存在的，它隐蔽在其他可执行的程序中，既有破坏性，又有传染性和潜伏性。轻则影响机器运行速度，使机器不能正常运行；重则使机器处于瘫痪，会给用户带来不可估量的损失。通常就把这种具有破坏作用的程序称为计算机病毒。

除复制能力外,某些计算机病毒还有其他一些共同特性:一个被污染的程序能够传送病毒载体。当用户看到病毒载体似乎仅仅表现在文字和图像上时,它们可能也已毁坏了文件,再格式化用户的硬盘驱动或引发了其他类型的灾害。若是病毒并不寄生于一个污染程序,它仍然能通过占据存储空间给用户带来麻烦,并降低用户的计算机的全部性能。

10.1.2 计算机病毒产生的原因

为什么会产生计算机病毒?它的产生是计算机技术和以计算机为核心的社会信息化进程发展到一定阶段的必然产物。其产生的过程:程序设计→传播→潜伏→触发→运行→实行攻击。究其产生的原因主要有以下几种。

(1) 一些计算机爱好者出于好奇或兴趣,也有的是为了满足自己的表现欲,故意编制出一些特殊的计算机程序,让别人的计算机出现一些动画,或播放声音,或提出问题让使用者回答,以显示自己的才干。而此种程序流传出去就演变成计算机病毒,此类病毒破坏性一般不大。

(2) 产生于个别人的报复心理。如我国台湾的学生陈盈豪,就是出于此种情况;他以前购买了一些杀病毒软件,可拿回家一用,并不如厂家所说的那么好,杀不了什么病毒,于是他就想亲自编写一个能避过各种杀病毒软件的病毒,这样 CIH 就诞生了。此种病毒对计算机用户曾造成一度的灾难。

(3) 来源于软件加密,一些商业软件公司为了不让自己的软件被非法复制和使用,运用加密技术,编写一些特殊程序附在正版软件上,如遇到非法使用,则此类程序自动激活,于是又会产生一些新病毒,如巴基斯坦病毒。

(4) 产生于游戏,编程人员在无聊时互相编制一些程序输入计算机,让程序去销毁对方的程序,如最早的“磁芯大战”,这样另一些病毒也产生了。

(5) 用于研究或实验而设计的“有用”程序,由于某种原因失去控制而扩散出来。

(6) 由于政治、经济和军事等特殊目的,一些组织或个人也会编制一些程序用于进攻对方的计算机,给对方造成灾难或直接性的经济损失。

10.1.3 计算机病毒的特点

计算机病毒随技术的发展也在不断地发展中,其种类繁多,表现形态各异,但一般存在以下一些特点。

1. 计算机病毒的程序性

计算机病毒与其他合法程序一样,是一段可执行程序,但它不是一个完整的程序,而是寄生在其他可执行程序上,因此它享有一切程序所能得到的权力。在病毒运行时,与合法程序争夺系统的控制权。计算机病毒只有当它在计算机内得以运行时,才具有传染性和破坏性等活性。也就是说计算机 CPU 的控制权是关键问题。若计算机在正常程序控制下运行,而不运行带病毒的程序,则这台计算机总是可靠的。在这台计算机上可以查看病毒文件的名称,查看计算机病毒的代码,打印病毒的代码,甚至复制病毒程序,却都不会感染上病毒。反病毒技术人员整天就是在这样的环境下工作。他们的计算机虽也存有各种计算机病毒的代码,但已置这些病毒于控制之下,计算机不会运行病毒程序,整个系统是安全的。相反,计算机病毒一经在计算机上运行,在同一台计算机内病毒程序与正常系统程序,或某种病毒与其他病毒程序争夺系统控制权时往往会造成系统崩溃,导致计算机瘫痪。反病毒技术就是要提前取得计算机系统的控制权,识别出计算机病毒的代码和行为,阻止其取得系统控制权。反病毒技术的优劣就是体现在这一点上。一个好的抗病毒系统应该不仅能可靠地识别出已知计算机病毒的代码，阻止其运行或旁路掉其对系统的控制权（实现安全带毒运行被感染程序），还应该识别出未知计算机病毒在系统内的行为，阻止其传染和破坏系统的行动。

2. 计算机病毒的传染性

传染性是病毒的基本特征。在生物界，病毒通过传染从一个生物体扩散到另一个生物体。在适当的条件下，它可得到大量繁殖，并使被感染的生物体表现出病症甚至死亡。同样，计算机病毒也会通过各种渠道从已被感染的计算机扩散到未被感染的计算机，在某些情况下造成被感染的计算机工作失常甚至瘫痪。与生物病毒不同的是，计算机病毒是一段人为编制的计算机程序代码，这段程序代码一旦进入计算机并得以执行，它就会搜寻其他符合其传染条件的程序或存储介质，确定目标后再将自身代码插入其中，达到自我繁殖的目的。只要一台计算机染毒，如不及时处理，那么病毒会在这台计算机上迅速扩散，其中的大量文件（一般是可执行文件）会被感染，而被感染的文件又成了新的传染源，再与其他计算机进行数据交换或通过网络接触，病毒会继续进行传染。

正常的计算机程序一般是不会将自身的代码强行连接到其他程序之上的。而病毒却能使自身的代码强行传染到一切符合其传染条件的未受到传染的程序之上。计算机病毒可通过各种可能的渠道，如软盘、计算机网络去传染其他的计算机。当用户在一台机器上发现了病毒时，往往曾在这台计算机上用过的软盘已感染上了病毒，而与这台机器相联网的其他计算机也许也被该病毒传染上了。是否具有传染性是判别一个程序是否为计算机病毒的最重要条件。

病毒程序通过修改磁盘扇区信息或文件内容并把自身嵌入到其中的方法达到病毒的传染和扩散。被嵌入的程序称为宿主程序。

3. 计算机病毒的潜伏性

一个编制精巧的计算机病毒程序，进入系统之后一般不会马上发作，可以在几周或者几个月内甚至几年内隐藏在合法文件中，对其他系统进行传染，而不被人发现，潜伏性越好，其在系统中的存在时间就会越长，病毒的传染范围就会越大。

潜伏性的第一种表现是指病毒程序不用专用检测程序是检查不出来的，因此病毒可以静静地躲在磁盘或磁带里待上几天，甚至几年，一旦时机成熟，得到运行机会，就要四处繁殖、扩散，继续为害。潜伏性的第二种表现是指计算机病毒的内部往往有一种触发机制，不满足触发条件时，计算机病毒除了传染外不做什么破坏。触发条件一旦得到满足，有的在屏幕上显示信息、图形或特殊标识，有的则执行破坏系统的操作，如格式化磁盘、删除磁盘文件、对数据文件做加密、封锁键盘以及使系统死锁等。

4. 计算机病毒的可触发性

病毒因某个事件或数值的出现，诱使病毒实施感染或进行攻击的特性称为可触发性。为了隐蔽自己，病毒必须潜伏，少做动作。如果完全不动，一直潜伏的话，病毒既不能感染也不能进行破坏，便失去了杀伤力。病毒既要隐蔽又要维持杀伤力，它必须具有可触发性。病毒的触发机制就是用来控制感染和破坏动作的频率。病毒具有预定的触发条件，这些条件可能是时间、日期、文件类型或某些特定数据等。病毒运行时，触发机制检查预定条件是否满足，如果满足，启动感染或破坏动作，使病毒进行感染或攻击；如果不满足，使病毒继续潜伏。

5. 计算机病毒的破坏性

所有的计算机病毒都是一种可执行程序，而这一可执行程序又必然要运行，所以对系统来讲，所有的计算机病毒都存在一个共同的危害，即降低计算机系统的工作效率，占用系统资源，其具体情况取决于入侵系统的病毒程序。同时计算机病毒的破坏性主要取决于计算机病毒设计者的目的,如果病毒设计者的目的在于彻底破坏系统的正常运行的话,那么这种病毒对于计算机系统进行攻击造成的后果是难以设想的,它可以毁掉系统的部分数据,也可以破坏全部数据并使之无法恢复。但并非所有的病毒都对系统产生极其恶劣的破坏作用。有时几种本没有多大破坏作用的病毒交叉感染,也会导致系统崩溃等重大恶果。

6. 攻击的主动性

病毒对系统的攻击是主动的,不以人的意志为转移的。也就是说,从一定的程度上讲,计算机系统无论采取多么严密的保护措施都不可能彻底地排除病毒对系统的攻击,而保护措施充其量是一种预防的手段而已。

7. 病毒的针对性

计算机病毒是针对特定的计算机和特定的操作系统的。例如,有针对 IBM PC 及其兼容机的,有针对 Apple 公司的 Macintosh 的,还有针对 UNIX 操作系统的。例如,小球病毒是针对 IBM PC 及其兼容机上的 DOS 操作系统的。

8. 病毒的非授权性

病毒未经授权而执行。一般正常的程序是由用户调用,再由系统分配资源,完成用户交给的任务。其目的对用户是可见的、透明的。而病毒具有正常程序的一切特性,它隐藏在正常程序中,当用户调用正常程序时窃取到系统的控制权,先于正常程序执行,病毒的动作、目的对用户是未知的,是未经用户允许的。

9. 病毒的隐蔽性

病毒一般是具有很高编程技巧、短小精悍的程序。通常附在正常程序中或磁盘较隐蔽的地方,也有个别的以隐含文件形式出现。目的是不让用户发现它的存在。如果不经过代码分析,病毒程序与正常程序是不容易区别开来的。一般在没有防护措施的情况下,计算机病毒程序取得系统控制权后,可以在很短的时间里传染大量程序。而且受到传染后,计算机系统通常仍能正常运行,使用户不会感到任何异常,好像不曾在计算机内发生过什么。试想,如果病毒在传染到计算机上之后,机器马上无法正常运行,那么它本身便无法继续进行传染了。正是由于隐蔽性,计算机病毒得以在用户没有察觉的情况下扩散并游荡于世界上百万台计算机中。

大部分的病毒的代码之所以设计得非常短小,也是为了隐藏。病毒一般只有几百或1KB,而 PC 对 DOS 文件的存取速度可达每秒几百千字节以上,所以病毒转瞬之间便可将这短短的几百字节附着到正常程序中,使人非常不易察觉。

计算机病毒的隐蔽性表现在以下两个方面。

一是传染的隐蔽性,大多数病毒在进行传染时速度是极快的,一般不具有外部表现,不易被人发现。试想,如果计算机病毒每当感染一个新的程序时都在屏幕上显示一条信息“我是病毒程序,我要干坏事了”,那么计算机病毒早就被控制住了。确实有些病毒非常“勇于暴露自己”,不断地在屏幕上显示一些图案或信息,或演奏一段乐曲。往往此时那台计算机内已有许多病毒的复制了。许多计算机用户对计算机病毒没有任何概念,更不用说心理上的警惕了。他们见到这些新奇的屏幕显示和音响效果,还以为是来自计算机系统,而没有意识到这些病毒正在损害计算机系统,正在制造灾难。

二是病毒程序存在的隐蔽性,一般的病毒程序都夹在正常程序中,很难被发现,而一旦病毒发作出来,往往已经给计算机系统造成了不同程度的破坏。被病毒感染的计算机在多数情况下仍能维持其部分功能,不会由于一感染上病毒,整台计算机就不能启动了,或者某个程序一旦被病毒所感染，就被损坏得不能运行了，如果出现这种情况，病毒也就不能流传于世了。计算机病毒设计的精巧之处也在这里。正常程序被计算机病毒感染后，其原有功能基本上不受影响，病毒代码附于其上而得以存活，得以不断地得到运行的机会，去传染出更多的复制体，与正常程序争夺系统的控制权和磁盘空间，不断地破坏系统，导致整个系统的瘫痪。

10. 病毒的衍生性

这种特性为一些好事者提供了一种创造新病毒的捷径。分析计算机病毒的结构可知，传染的破坏部分反映了设计者的设计思想和设计目的。但是，这可以被其他掌握原理的人以其个人的企图进行任意改动，从而又衍生出一种不同于原版本的新的计算机病毒（又称为变种）。这就是计算机病毒的衍生性。这种变种病毒造成的后果可能比原版病毒严重得多。

11. 病毒的寄生性

病毒程序嵌入到宿主程序中，依赖于宿主程序的执行而生存，这就是计算机病毒的寄生性。病毒程序在侵入到宿主程序中后，一般对宿主程序进行一定的修改，宿主程序一旦执行，病毒程序就被激活，从而可以进行自我复制和繁衍。

12. 病毒的不可预见性

从对病毒的检测方面来看，病毒还有不可预见性。不同种类的病毒，它们的代码千差万别，但有些操作是共有的（如驻内存、改中断）。有些人利用病毒的这种共性，制作了声称可查所有病毒的程序。这种程序的确可查出一些新病毒，但由于目前的软件种类极其丰富，且某些正常程序也使用了类似病毒的操作甚至借鉴了某些病毒的技术。使用这种方法对病毒进行检测势必会造成较多的误报情况。而且病毒的制作技术也在不断提高，病毒对反病毒软件永远是超前的。新一代计算机病毒甚至连一些基本的特征都隐藏了，有时可通过观察文件长度的变化来判别。然而，更新的病毒也可以在这个问题上蒙蔽用户，它们利用文件中的空隙来存放自身代码，使文件长度不变。许多新病毒则采用变形来逃避检查，这也成为新一代计算机病毒的基本特征。

13. 计算机病毒的欺骗性

计算机病毒行动诡秘，计算机对其反应迟钝，往往把病毒造成的错误当成事实接受下来，故它很容易获得成功。

14. 计算机病毒的持久性

即使在病毒程序被发现以后，数据和程序以至操作系统的恢复都非常困难。特别是在网络操作情况下，由于病毒程序由一个受感染的复制通过网络系统反复传播，使得病毒程序的清除非常复杂。

10.1.4 计算机病毒的分类

1. 计算机病毒类型

目前计算机病毒的主要类型有以下几种。

(1) 系统病毒。系统病毒的前缀为 Win32、PE、Win95、W32、W95 等。这些病毒的一般公有的特性是可以感染 Windows 操作系统的 *.exe 和 *.dll 文件，并通过这些文件进行传播，如 CIH 病毒。

(2) 蠕虫病毒。蠕虫病毒的前缀是 Worm。这种病毒的公有特性是通过网络或者系统漏洞进行传播，很大部分的蠕虫病毒都有向外发送带毒邮件，阻塞网络的特性，如冲击波（阻塞网络）、小邮差（发带毒邮件）等。

(3) 木马病毒、黑客病毒。木马病毒的前缀是 Trojan，黑客病毒前缀名一般为 Hack。木马病毒的公有特性是通过网络或者系统漏洞进入用户的系统并隐藏，然后向外界泄露用户的信息，而黑客病毒则有一个可视的界面，能对用户的计算机进行远程控制。木马、黑客病毒往往是成对出现的，即木马病毒负责侵入用户的计算机，而黑客病毒则会通过该木马病毒来进行控制。现在这两种类型都越来越趋向于整合了。一般的木马如 QQ 消息尾巴木马 Trojan. QQ3344，还有大家可能遇见比较多的针对网络游戏的木马病毒如 Trojan. LMir. PSW. 60。这里补充一点，病毒名中有 PSW 或者什么 PWD 之类的，一般都表示这个病毒有盗取密码的功能(这些字母一般都为"密码"的英文"password"缩写)，如网络枭雄(Hack. Nether. Client)等。

(4) 脚本病毒。脚本病毒的前缀是 Script。脚本病毒的公有特性是使用脚本语言编写，通过网页进行传播的病毒，如红色代码(Script. Redlof)。脚本病毒的前缀还会有 VBS、JS(表明是何种脚本编写的)，如欢乐时光(VBS. Happytime)、十四日(Js. Fortnight. c. s)等。

(5) 宏病毒。其实宏病毒也是脚本病毒的一种，由于它的特殊性，因此在这里单独算成一类。宏病毒的前缀是 Macro，第二前缀是 Word、Word97、Excel、Excel97(也许还有别的)其中之一。凡是只感染 Word97 及以前版本 Word 文档的病毒采用 Word97 作为第二前缀，格式是 Macro. Word97；凡是只感染 Word97 以后版本 Word 文档的病毒采用 Word 作为第二前缀，格式是 Macro. Word；凡是只感染 Excel97 及以前版本 Excel 文档的病毒采用 Excel97 作为第二前缀，格式是 Macro. Excel97；凡是只感染 Excel97 以后版本 Excel 文档的病毒采用 Excel 作为第二前缀，格式是 Macro. Excel，以此类推。该类病毒的公有特性是能感染 Office 系列文档，然后通过 Office 通用模板进行传播，如著名的美丽莎(Macro. Melissa)。

(6) 后门病毒。后门病毒的前缀是 Backdoor。该类病毒的公有特性是通过网络传播，给系统开后门，给用户计算机带来安全隐患，如计算机使用者遇到过的 IRC 后门 Backdoor. IRCBot。

(7) 病毒种植程序病毒。这类病毒的公有特性是运行时会从体内释放出一个或几个新的病毒到系统目录下，由释放出来的新病毒产生破坏，如冰河播种者(Dropper. BingHe2. 2C)、MSN 射手(Dropper. Worm. Smibag)等。

(8) 破坏性程序病毒。破坏性程序病毒的前缀是 Harm。这类病毒的公有特性是本身具有好看的图标来诱惑用户单击，当用户单击这类病毒时，病毒便会直接对用户计算机产生破坏，如格式化 C 盘(Harm. formatC. f)、杀手命令(Harm. Command. Killer)等。

(9) 玩笑病毒。玩笑病毒的前缀是 Joke，也称为恶作剧病毒。这类病毒的公有特性是本身具有好看的图标来诱惑用户单击，当用户单击这类病毒时，病毒会做出各种破坏操作来吓唬用户，其实病毒并没有对用户计算机进行任何破坏，如女鬼(Joke. Girlghost)病毒。

(10) 捆绑机病毒。捆绑机病毒的前缀是 Binder。这类病毒的公有特性是病毒作者会使用特定的捆绑程序将病毒与一些应用程序(如 QQ、IE)捆绑起来，表面上看是一个正常的文件，当用户运行这些捆绑病毒时，会表面上运行这些应用程序，然后隐藏运行捆绑在一起的病毒，从而给用户造成危害，如捆绑 QQ(Binder. QQPass. QQBin)、系统杀手(Binder. killsys)等。

2. 计算机病毒的分类

按照计算机病毒的特点及特性，计算机病毒的分类方法有许多种。因此，同一种病毒可能有多种不同的分法。最常见的分类方法是按照寄生方式和传染途径分类。

1) 计算机病毒按其寄生方式分类

计算机病毒按其寄生方式大致可分为引导型病毒、文件型病毒、混合型病毒。

(1) 引导型病毒会去改写(即一般所说的“感染”)磁盘上的引导扇区(BOOT Sector)的内容,软盘或硬盘都有可能感染病毒,再不然就是改写硬盘上的分区表(FAT)。如果用已感染病毒的软盘来启动,则会感染硬盘。

(2) 文件型病毒主要以感染文件扩展名为.com、.exe和.ovl等可执行程序为主。它的安装必须借助于病毒的载体程序,即要运行病毒的载体程序,方能把文件型病毒引入内存。已感染病毒的文件执行速度会减缓,甚至完全无法执行。有些文件感染后,一执行就会遭到删除。

(3) 混合型病毒综合了引导型病毒和文件型病毒的特性,它的“性情”也就比引导型和文件型病毒更为“凶残”。此种病毒通过这两种方式来感染,更增加了病毒的传染性及存活率。不管以哪种方式传染,只要中毒就会经开机或执行程序而感染其他的磁盘或文件,此种病毒也是最难杀灭的。

随着微软公司Word字处理软件的广泛使用和计算机网络尤其是Internet的推广普及,病毒家族又出现一种新成员,这就是宏病毒。宏病毒是一种寄存于文档或模板的宏中的计算机病毒。一旦打开这样的文档,宏病毒就会被激活,转移到计算机上,并驻留在Normal模板上。从此以后,所有自动保存的文档都会“感染”上这种宏病毒,而且如果其他用户打开了感染病毒的文档,宏病毒又会转移到用户的计算机上。据美国国家计算机安全协会统计,这位“后起之秀”已占目前全部病毒数量的80%以上。另外,宏病毒还可衍生出各种变形变种病毒,这种“父生子,子生孙”的传播方式实在让许多系统防不胜防,这也使宏病毒成为威胁计算机系统的“第一杀手”。

2) 按照病毒的破坏情况分类

(1) 良性病毒。良性病毒是指其不包含立即对计算机系统产生直接破坏作用的代码。这类病毒为了表现其存在,只是不停地进行扩散,从一台计算机传染到另一台计算机,并不破坏计算机内的数据。

(2) 恶性病毒

恶性病毒就是指在其代码中包含有损伤和破坏计算机系统的操作,在其传染或发作时会对系统产生直接的破坏作用。

3) 按照计算机病毒攻击的系统分类

(1) 攻击DOS系统的病毒。这类病毒出现最早。

(2) 攻击Windows系统的病毒。由于Windows的图形用户界面(GUI)和多任务操作系统深受用户的欢迎,因此是病毒最多的一种。

(3) 攻击UNIX系统的病毒。当前UNIX系统应用非常广泛,并且许多大型的操作系统均采用UNIX作为其主要的操作系统,所以UNIX病毒的出现,对人类的信息处理也是一个严重的威胁。

(4) 攻击OS/2系统的病毒。

4) 按照病毒的攻击机型分类

(1) 攻击微型计算机的病毒。这是世界上传染最为广泛的一种病毒。

(2) 攻击小型机的计算机病毒。

(3) 攻击工作站的计算机病毒。

5) 按照计算机病毒的链接方式分类

由于计算机病毒本身必须有一个攻击对象以实现对计算机系统的攻击,计算机病毒所攻击的主要对象是计算机系统的可执行程序。

(1) 源码型病毒。这种病毒攻击高级语言编写的程序,该病毒在高级语言所编写的程序编译前插入到源程序中,经编译成为可执行程序的一部分。

(2) 嵌入型病毒。这种病毒是将自身嵌入到现有程序中,把计算机病毒的主体程序与其攻击的对象以插入的方式链接。这种计算机病毒是难以编写的,一旦侵入程序体后也较难消除。如果同时采用多态性病毒技术、超级病毒技术和隐蔽性病毒技术,将给当前的反病毒技术带来严峻的挑战。

(3) 外壳型病毒。外壳型病毒将其自身包围在主程序的四周,对原来的程序不作修改。这种病毒最为常见,易于编写,也易于发现,只要测试文件的大小即可发现。

(4) 操作系统型病毒。这种病毒用它自己的程序加入或取代操作系统的部分模块进行工作。它们在运行时,用自己的处理逻辑取代操作系统的部分原程序模块,当被取代的操作系统模块被调用时,病毒程序得以运行。操作系统型病毒具有很强的破坏力,可以导致整个系统的瘫痪。

6) 按照计算机病毒的寄生部位或传染对象分类

根据寄生部位或传染对象分类,可分为以下几种。

(1) 磁盘引导区传染的计算机病毒。磁盘引导区传染的病毒主要是用病毒的全部或部分逻辑取代正常的引导记录,而将正常的引导记录隐藏在磁盘的其他地方。由于引导区是磁盘能正常使用的先决条件,因此这种病毒在运行一开始(如系统启动)就能获得控制权,其传染性较大。

(2) 操作系统传染的计算机病毒。操作系统是一个计算机系统得以运行的支持环境,它包括.com、.exe 等许多可执行程序及程序模块。操作系统传染的计算机病毒就是利用操作系统中所提供的一些程序及程序模块寄生并传染的。通常这类病毒作为操作系统的一部分,只要计算机开始工作,病毒就处在随时被触发的状态,而操作系统的开放性和不绝对完善性给这类病毒出现的可能性与传染性提供了方便。操作系统传染的病毒目前广泛存在,“黑色星期五”即为此类病毒。

(3) 可执行程序传染的计算机病毒。可执行程序传染的病毒通常寄生在可执行程序中,一旦程序被执行,病毒也就被激活,病毒程序首先被执行,并将自身驻留内存,然后设置触发条件,进行传染。

7) 按照传播媒介分类

按照计算机病毒的传播媒介分类,可分为单机病毒和网络病毒。

(1) 单机病毒。单机病毒的载体是磁盘,常见的是病毒从软盘或 U 盘传入硬盘,感染系统,然后再传染其他软盘或 U 盘,最后传染其他系统。

(2) 网络病毒。网络病毒的传播媒介不再是移动式载体,而是网络通道,这种病毒的传染能力更强,破坏力更大。

10.1.5 计算机病毒的危害

对计算机病毒的认识经历了一个不断发展和完善的过程。起初认为计算机病毒只能在可执行文件中传播,事实表明计算机病毒也可以在 Word 文档文件、数据文件等文件中传播。资源共享为计算机病毒的扩散提供了必要的条件和环境,计算机网络的互联和普及则加速了病毒的传播速度,使其危害性更大。计算机病毒的破坏性主要表现在以下几个方面。

(1) 破坏计算机主板 BIOS 内容,使计算机无法正确启动。
(2) 攻击硬盘主引导扇区、Boot 扇区、FAT 表、文件目录,影响系统正常引导。
(3) 删除软盘、硬盘或网络上的可执行文件或数据文件,使文件丢失。
(4) 非法格式化整个磁盘。
(5) 修改或破坏文件中的数据,使内容发生变化。
(6) 占用磁盘空间。
(7) 抢占系统资源,如内存空间、CPU 运行时间等,使运行效率降低。
(8) 干扰打印机正常打印。
(9) 破坏屏幕正常显示。
(10) 破坏键盘等的正常输入。
(11) 使计算机喇叭发出异常响声。

10.2 计算机感染病毒的特征

从目前发现的病毒来看,计算机感染病毒的主要特征有以下几种。
(1) 计算机系统运行速度减慢。
(2) 计算机系统经常无故发生死机。
(3) 计算机系统中的文件长度发生变化。
(4) 计算机存储的容量异常减少。
(5) 系统引导速度减慢。
(6) 丢失文件或文件损坏。
(7) 计算机屏幕上出现异常显示。
(8) 计算机系统的蜂鸣器出现异常声响。
(9) 磁盘卷标发生变化。
(10) 系统不识别硬盘。
(11) 对存储系统异常访问。
(12) 键盘输入异常。
(13) 文件的日期、时间、属性等发生变化。
(14) 文件无法正确读取、复制或打开。
(15) 命令执行出现错误。
(16) 虚假报警。
(17) 切换当前盘。有些病毒会将当前盘切换到 C 盘。
(18) 时钟倒转。有些病毒会命名系统时间倒转,逆向计时。
(19) Windows 操作系统无故频繁出现错误。
(20) 系统异常重新启动。
(21) 一些外部设备工作异常。
(22) 异常要求用户输入密码。
(23) Word 或 Excel 提示执行“宏”。
(24) 使不应驻留内存的程序驻留内存。

10.3 计算机感染病毒传播途径

计算机病毒的传染性是计算机病毒最基本的特性,病毒的传染性是病毒赖以生存繁殖的条件,如果计算机病毒没有传播渠道,则其破坏性小,扩散面窄,难以造成大面积流行。计算机病毒必须要"搭载"到计算机上才能感染系统,通常它们是附加在某个文件上。

计算机病毒处于潜伏期的病毒在激发之前,不会对计算机内的信息全部进行破坏,即绝大部分磁盘信息没有遭到破坏。因此,只要消除没有发作的计算机病毒,就可保护计算机的信息。病毒的复制与传染过程只能发生在病毒程序代码被执行过后。也就是说,如果有一个带有病毒程序的文件储存在计算机硬盘上,但是用户永远不去执行它,那这个计算机病毒也就是永远不会感染用户的计算机。从用户的角度来说,只要用户能保证所执行的程序是"干净"的,用户的计算机就绝不会染上病毒,但是由于计算机系统自身的复杂性,许多用户是在不清楚所执行程序的可靠性的情况下执行程序,这就使得病毒侵入的机会大大增加,得以传播扩散。

计算机病毒的传播主要通过文件复制、文件传送、文件执行等方式进行,文件复制与文件传送需要传输媒介,文件执行则是病毒感染的必然途径(Word、Excel 等宏病毒通过 Word、Excel 调用间接地执行),因此,病毒传播与文件传输媒体的变化有着直接关系。据有关资料报道,计算机病毒的出现是在 20 世纪 70 年代,那时由于计算机还未普及,所以病毒造成的破坏和对社会公众造成的影响还不是十分大。1986 年巴基斯坦智囊病毒的广泛传播,则把病毒对 PC 的威胁摆在了人们的面前。1987 年黑色星期五大规模肆虐于全世界各国的 IBM PC 及其兼容机中,造成了相当大的病毒恐慌。这些计算机病毒如同其他计算机病毒一样,最基本的特性就是它的传染性。通过认真研究各种计算机病毒的传染途径,有的放矢地采取有效措施,必定能在对抗计算机病毒的斗争中占据有利地位,更好地防治病毒对计算机系统的侵袭。计算机病毒的主要传播途径有以下几种。

1. 软盘

软盘作为最常用的交换媒介,在计算机应用的早期对病毒的传播发挥了巨大的作用,因那时计算机应用比较简单,可执行文件和数据文件系统都较小,许多执行文件均通过软盘相互复制、安装,这样病毒就能通过软盘传播文件型病毒;另外,在软盘列目录或引导机器时,引导区病毒会在软盘与硬盘引导区内互相感染。因此软盘也成了计算机病毒的主要寄生的"温床"。

2. 光盘

光盘因为容量大,存储了大量的可执行文件,大量的病毒就有可能藏身于光盘,对只读式光盘,不能进行写操作,因此光盘上的病毒不能清除。以谋利为目的非法盗版软件的制作过程中,不可能为病毒防护担负专门责任,也绝不会有真正可靠可行的技术保障避免病毒的传入、传染、流行和扩散。当前,盗版光盘的泛滥给病毒的传播带来了极大的便利。甚至有些光盘上杀病毒软件本身就带有病毒,这就给本来"清洁"的计算机平添了灾难。

3. 硬盘

由于带病毒的硬盘在本地或移到其他地方使用、维修等,将干净的软盘传染并再扩散。

4. BBS

电子布告栏(BBS)因为上站容易、投资少,因此深受大众用户的喜爱。BBS 是由计算机爱好者自发组织的通信站点,用户可以在 BBS 上进行文件交换(包括自由软件、游戏、自编程序）。由于 BBS 站一般没有严格的安全管理，也无任何限制，这样就给一些病毒程序编写者提供了传播病毒的场所。各城市 BBS 站间通过中心站间进行传送，传播面较广。随着 BBS 在国内的普及，给病毒的传播又增加了新的介质。

5. 网络

现代通信技术的巨大进步已使空间距离不再遥远，数据、文件、电子邮件可以方便地在各个网络工作站间通过电缆、光纤或电话线路进行传送，工作站的距离可以短至并排摆放的计算机，也可以长达上万公里，正所谓"相隔天涯，如在咫尺"，但也为计算机病毒的传播提供了新的"高速公路"。计算机病毒可以附着在正常文件中，当用户从网络另一端得到一个被感染的程序，并在用户的计算机上未加任何防护措施的情况下运行它，病毒就传染开来了。这种病毒的传染方式在计算机网络连接很普及的国家是很常见的，国内计算机感染一种"进口"病毒已不再是什么大惊小怪的事了。在信息国际化的同时，病毒也在国际化。大量的国外病毒随着互联网络传入国内。

网络病毒的最新趋势有以下几种。

(1) 不法分子或好事之徒制作的匿名个人网页直接提供了下载大批病毒活样本的便利途径。

(2) 用于学术研究的病毒样本提供机构同样可以成为别有用心的人的使用工具。

(3) 由于网络匿名登录才成为可能的专门关于病毒制作研究讨论的学术性质的电子论文、期刊、杂志及相关的网上学术交流活动，如病毒制造协会年会等，都有可能成为国内外任何想成为新的病毒制造者学习、借鉴、盗用、抄袭的目标与对象。

(4) 基于网站上大批病毒制作工具、向导、程序等，使得无编程经验和基础的人制造新病毒成为可能。

(5) 新技术、新病毒使得几乎所有人在不知情时无意中成为病毒扩散的载体或传播者。

上面讨论了计算机病毒的传染渠道，随着各种反病毒技术的发展和人们对病毒各种特性的了解，通过对各条传播途径的严格控制，来自病毒的侵扰会越来越少。

10.4 计算机感染病毒的防治

病毒的侵入必将对系统资源构成威胁，即使是良性病毒，至少也要占用少量的系统空间，影响系统的正常运行。特别是通过网络传播的计算机病毒，能在很短的时间内使整个计算机网络处于瘫痪状态，从而造成巨大的损失。因此，防治病毒的侵入要比病毒入侵后再去发现和消除它更重要。因为没有病毒的入侵，也就没有病毒的传播，更不需要消除病毒。另一方面，现有病毒已有万种，并且还在不断增多。而消毒是被动的，只有在发现病毒后，对其剖析、选取特征串，才能设计出该"已知"病毒的杀毒软件。它不能检测和消除研制者未曾见过的"未知"病毒，甚至对已知病毒的特征串稍做改动，就可能无法检测出这种变种病毒或者在杀毒时出错。这样，发现病毒时，可能该病毒已经流行起来或者已经造成破坏。

10.4.1 计算机病毒的防治原则

交换文件、上网冲浪、收发邮件都有可能感染病毒。遵循以下原则，防患于未然。

(1) 建立正确的防毒观念，学习有关病毒与反病毒知识。

(2) 不要随便下载网上的软件。尤其是不要下载那些来自无名网站的免费软件，因为这些软件无法保证没有被病毒感染。

(3) 不要使用盗版软件。

(4) 不要随便使用别人的软盘或光盘。尽量做到专机专盘专用。

(5) 使用新设备和新软件之前要检查。

(6) 使用反病毒软件。及时升级反病毒软件的病毒库,开启病毒实时监控。

(7) 有规律地制作备份。要养成备份重要文件的习惯。

(8) 制作一张无毒的系统软盘。制作一张无毒的系统盘,将其写保护,妥善保管,以便应急。

(9) 制作应急盘/急救盘/恢复盘。按照反病毒软件的要求制作应急盘/急救盘/恢复盘,以便恢复系统急用。在应急盘/急救盘/恢复盘上存储有关系统的重要信息数据,如硬盘主引导区信息、引导区信息、CMOS 的设备信息等以及 DOS 系统的 Command. com 和两个隐含文件。

(10) 一般不要用软盘启动。如果计算机能从硬盘启动,就不要用软盘启动,因为这是造成硬盘引导区感染病毒的主要原因。

(11) 注意计算机有没有异常症状。

(12) 发现可疑情况及时通报以获取帮助。

(13) 重建硬盘分区,减少损失。若硬盘资料已经遭到破坏,不必急着格式化,因病毒不可能在短时间内将全部硬盘资料破坏,故可利用"灾后重建"程序加以分析和重建。

10.4.2 计算机病毒的防治策略

1. 要采用预防、管理为主,清杀为辅的防治策略

(1) 不使用来历不明的移动存储设备(如软盘、光盘、U 盘等),不浏览一些格调不高的网站、不阅读来历不明的邮件。

(2) 系统备份。要经常备份系统,防治万一被病毒侵害后导致系统崩溃。

(3) 安装防病毒软件。

(4) 经常查毒、杀毒。

2. 杀毒软件

如国外的有 Norton 系列等,国内有瑞星、公安部的 KILL、超级巡警 KV3000、金山毒霸等,其技术在不断更新,版本在不断升级。

杀毒软件一般由查毒、杀毒及病毒防火墙三部分组成。

(1) 查毒过程。反病毒软件对计算机中的所有存储介质进行扫描,若遇某文件中某一部分代码与查毒软件中的某个病毒特征值相同时,就向用户报告发现了某病毒。

由于新的病毒还在不断出现,为保证反病毒程序能不断认识这些新的病毒程序,反病毒软件供应商会及时收集世界上出现的各种病毒,并建立新的病毒特征库向用户发布,用户下载这种病毒特征库才有可能抵御网络上层出不穷的病毒的侵袭。

(2) 杀毒过程。在设计杀毒软件时,按病毒感染文件的相反顺序编写一个程序,以清除感染病毒,恢复文件原样。

(3) 病毒防火墙。当外部进程企图访问防火墙所防护的计算机时,或者直接阻止这样的操作,或者询问用户并等待用户命令。

当然,杀毒软件具有被动性,一般需要先有病毒及其样品才能研制查杀该病毒的程序,不能查杀未知病毒,有些软件声称可以查杀新的病毒,其实也只能查杀一些已知病毒的变种,而不能查杀一种全新的病毒。迄今为止还没有哪种反病毒软件能查杀现存的所有病毒,更无须说新的病毒。

3. 网络病毒的防治

1）基于工作站的防治技术

工作站就像是计算机网络的大门,只有把好这道大门,才能有效防治病毒的侵入。工作站防治病毒的方法有3种：一是软件防治,即定期不定期地用反病毒软件检测工作站的病毒感染情况,软件防治可以不断提高防治能力；二是在工作站上插防病毒卡,防病毒卡可以达到实时检测的目的；三是在网络接口卡上安装防病毒芯片。它将工作站存取控制与病毒防护合二为一,可以更加实时有效地保护工作站及通向服务器的桥梁。实际应用中应根据网络的规模、数据传输负荷等具体情况确定使用哪一种方法。

2）基于服务器的防治技术

网络服务器是计算机网络的中心,是网络的支柱。网络瘫痪的一个重要标志就是网络服务器瘫痪。目前基于服务器的防治病毒的方法大都采用防病毒可装载模块,以提供实时扫描病毒的能力。有时也结合在服务器上安装防毒卡的技术,目的在于保护服务器不受病毒的攻击,从而切断病毒进一步传播的途径。

3）加强计算机网络的管理

计算机网络病毒的防治,单纯依靠技术手段是不可能十分有效地杜绝和防治其蔓延的,只有把技术手段和管理机制紧密结合起来,提高人们的防范意识,才有可能从根本上保护网络系统的安全运行。首先应从硬件设备及软件系统的使用、维护、管理、服务等各个环节制定出严格的规章制度,对网络系统的管理员及用户加强法制教育和职业道德教育,规范工作程序和操作规程,严惩从事非法活动的集体和个人。其次,应有专人负责具体事务,及时检查系统中出现病毒的症状,在网络工作站上经常做好病毒检测的工作。

网络病毒防治最重要的是：应制定严格的管理制度和网络使用制度,提高自身的防毒意识；应跟踪网络病毒防治技术的发展,尽可能采用行之有效的新技术、新手段,建立“防杀结合、以防为主、以杀为辅、软硬互补、标本兼治”的最佳网络病毒安全模式。

10.5 木马病毒及其防治

随着计算机和网络的普及,人们的日常生活与它们愈加紧密地联系在了一起。但是木马病毒的出现,使得计算机用户的重要信息遭到破坏或者被盗,造成了无法弥补的损失。因此,要想从根本上预防木马病毒的入侵,必须要深入了解木马病毒的工作原理。

1. 木马病毒的概念

木马病毒(Trojan)这个名字由古希腊传说“木马计”的故事而来。“木马”与病毒不同,它不会自我繁殖,也并不“刻意”地去感染其他文件。它采用各种方法将自身伪装起来,一旦用户下载执行,“木马”即植入成功。此时,受害主机的门户已经对施种者敞开。施种者可以“窥视”到受害主机中的所有文件、盗取重要的口令、信息、破坏系统资源,甚至远程操控受害主机。

2. 木马病毒的工作原理

特洛伊木马通常包含两个部分：服务端和客户端。服务端植入受害主机,而施种者利用客户端侵入运行了服务端的主机。木马的服务端一旦启动,受害主机的一个或几个端口即对施种者敞开，使得施种者可以利用这些端口进入受害主机，开始执行入侵操作。

木马服务端和客户端首先要建立连接，然后才能进行信息交换。建立连接又包含首次握手和建立通道两个步骤。首次握手的主要目的是客户端获得服务端的IP地址。这主要通过两种方法实现：信息反馈和端口扫描。信息反馈是指服务端一旦登录互联网，可通过邮件、UDP通知等方式将IP地址发送给控制端，如广外女生。端口扫描是指控制端扫描IP地址，一旦发现特定端口开发的IP就认定其为服务端，首次握手成功。当服务端与控制端实现首次握手后，控制端给服务端木马传送通道的配置参数，配置成功后，服务端返回相应参数给控制端。至此，木马通道成功建立。

3. 木马病毒的性质

现在，一种网络病毒被人们称为木马，它是指通过一段特定的程序(木马程序)来控制另一台计算机。这种病毒不会直接对计算机产生危害，而是以控制为主。木马通常有两个可执行程序：一个是客户端，即控制端；另一个是服务端，即被控制端。木马的设计者为了防止木马被发现，而采用多种手段隐藏木马。木马的服务一旦运行并被控制端连接，其控制端将享有服务端的大部分操作权限，如给计算机增加口令，浏览、移动、复制、删除文件，修改注册表，更改计算机配置等。

4. 木马病毒的传播方式

木马病毒的传播方式主要有以下几种。

(1) 通过邮件附件传播。

(2) 通过QQ传播。

(3) 通过下载软件传播。

(4) 通过有较强传播能力的病毒传播。

(5) 通过带有木马的光盘和磁盘进行传播。

5. 木马病毒的危害

木马中毒后，计算机往往不由自主地激活木马，于是木马运行，计算机信息泄露，计算机被连接，甚至被远程控制，许多密码、数据因此被监视、盗窃，或者计算机被毁坏。随着病毒编写技术的发展，木马程序对用户的威胁越来越大，尤其是一些木马程序采用了极其狡猾的手段来隐蔽自己，使普通用户很难在中毒后发觉。

6. 木马病毒的伪装方式

(1) 修改图标。当在E-mail的附件中看到这个图标时，是否会认为这是个文本文件呢？但是这也有可能是个木马程序，现在已经有木马可以将木马服务端程序的图标改成HTML、TXT、ZIP等各种文件的图标，这有相当大的迷惑性，但是目前提供这种功能的木马还不多见，并且这种伪装也不是无懈可击的，所以不必过于担心。

(2) 捆绑文件。这种伪装手段是将木马捆绑到一个安装程序上，当安装程序运行时，木马在用户毫无察觉的情况下，偷偷地进入了系统。至于被捆绑的文件一般是可执行文件(即EXE、COM一类的文件)。

(3) 出错显示。有一定木马知识的人都知道，如果打开一个文件，没有任何反应，这很可能就是一个木马程序，木马的设计者也意识到了这个缺陷，所以已经有木马提供了一个叫做出错显示的功能。当服务端用户打开木马程序时，会弹出一个错误提示框(这当然是假的)，错误内容可自由定义，大多会定制成一些诸如“文件已破坏，无法打开的！”之类的信息，当服务端用户信以为真时，木马却悄悄侵入了系统。

(4) 定制端口。很多木马端口都是固定的,这给判断是否感染了木马带来了方便,只要查一下特定的端口就知道感染了什么木马,所以现在很多新式的木马都加入了定制端口的功能,控制端用户可以在 1024~65 535 之间任选一个端口作为木马端口(一般不选 1024 以下的端口),这样就给判断所感染木马类型带来了麻烦。

(5) 自我销毁。这项功能是为了弥补木马的一个缺陷。大家知道当服务端用户打开含有木马的文件后,木马会将自己复制到 Windows 的系统文件夹中(C:WINDOWS 或 C:WINDOWSSYSTEM 目录下),一般来说原木马文件和系统文件夹中的木马文件的大小是一样的(捆绑文件的木马除外),那么中了木马的用户只要在近来收到的信件和下载的软件中找到原木马文件,然后根据原木马的大小去系统文件夹找相同大小的文件,判断一下哪个是木马就行了。而木马的自我销毁功能是指安装完木马后,原木马文件将自动销毁,这样服务端用户就很难找到木马的来源,在没有查杀木马的工具帮助下,就很难删除木马了。

(6) 木马更名。安装到系统文件夹中的木马的文件名一般是固定的,那么只要根据一些查杀木马的文章,按图索骥在系统文件夹查找特定的文件,就可以断定中了什么木马。所以现在有很多木马都允许控制端用户自由定制安装后的木马文件名,这样很难判断所感染的木马类型了。

7. 木马病毒的预防措施

木马有着如此多的传播方式,为了避免中毒,应该注意以下几点。

(1) 安装杀毒软件和个人防火墙,并及时升级。

(2) 把个人防火墙设置好安全等级,防止未知程序向外传送数据。

(3) 可以考虑使用安全性比较好的浏览器和电子邮件客户端工具。

(4) 如果使用 IE 浏览器,应该安装卡卡上网安全助手,防止恶意网站在自己计算机上安装不明软件和浏览器插件,以免被木马趁机侵入。

(5) 不要执行任何来历不明的软件。一些黑客将木马程序捆绑在某些免费的软件安装程序上。因此在下载软件的时候需要特别注意,推荐去一些信誉比较高的站点。在安装软件之前用专门查杀木马的软件进行检查,确定无毒后再使用。

(6) 不要随意打开邮件附件。现在绝大部分木马病毒都是通过邮件来传递的,将木马程序伪装成常用工具软件,或者将木马程序隐藏在某个有意思的视频短片中,然后将该木马程序添加到附件中发送出去。只要收件人打开附件就会感染木马。因此对邮件附件的运行尤其需要注意。

(7) 不要因为对方是好友,就轻易接收他发过来的文件。在 QQ 聊天时,通过文件传送功能发送给对方伪装过的木马程序。一旦接收,就会感染木马。

(8) 将资源管理器设置成显示已知文件扩展名。在资源管理器中设置显示已知文件的扩展名。因为木马病毒的特征文件的扩展名为 vbs、pif、shs,一旦碰到这些可疑的文件扩展名就应引起注意。

(9) 运行反木马实时监控程序。上网时开启反木马实时监控程序能够有效地防范木马。一般的反木马软件都能够实时显示当前运行的所有程序及其详细描述信息。再加上实时升级的专业杀毒软件和个人防火墙进行监控基本上就安全了。

8. 木马病毒的清除方法

虽然有多种方法预防木马入侵,但不能够完全避免。一旦计算机中了木马,用户应该做到以下几点。

(1) 端口扫描。检查远程计算机是否中了木马的最好办法就是端口扫描。其原理很简单：尝试用扫描程序连接某个端口，若成功，则端口开放，中了某种木马；若失败或超过特定的时间，则端口关闭，没有中木马。

(2) 查看进程/内存模块。借助PS进程/内存模块查看工具，可以看到当前系统中的所有进程及其详细信息。通过对信息的比较可以发现DLL木马，同时该软件也可以自动查找可疑模块。

(3) 查找文件。查找木马特定的文件也是常用的方法之一。上面几种方法都是用手工方式来检测、清除木马，但实际操作中木马不会那么容易就被发现。好在一些反木马软件可以帮助用户。

比较有效的木马查杀软件有以下几类。

(1) 常用的杀毒工具软件。从某种意义上来说木马也是一种病毒。常用的杀毒软件如瑞星、金山等，也可以实现对木马的检查，但不能够彻底清除。因为木马在计算机启动时都会自动加载，而杀毒软件不能完全清除木马文件。

(2) 常用的网络防火墙软件。现在网络防火墙软件比较多，如金山网镖等。防火墙启动后，一旦有木马或可疑的网络连接要控制计算机，防火墙就会立即报警，同时显示接入端口、对方的IP地址等信息。利用防火墙只能发现木马并预防其攻击，但不能彻底清除它。

(3) 专门的木马查杀软件。对木马不能只采用防范手段，还要想办法将其斩草除根。一些专用的木马查杀软件带有这些特性，如木马终结者、木马克星、木马清道夫等。

10.6 防治黑客攻击

随着互联网黑客技术的飞速发展，网络世界的安全性不断受到挑战。对于黑客自身来说，要闯入大部分人的计算机实在是太容易了。

“黑客”一词曾经是指那些聪明的编程人员。但今天，黑客是指利用计算机安全漏洞，入侵计算机系统的人。可以把黑客攻击想象成电子入室盗窃。黑客不仅会入侵个人计算机，还会入侵那些大型网络。一旦入侵系统成功，黑客会在系统上安装恶意程序、盗取机密数据或利用被控制的计算机大肆发送垃圾邮件。所以必须对黑客的攻击方法、攻击原理、攻击过程有深入的、详细的了解，只有这样才能更有效、更具有针对性地进行主动防护。可以通过对黑客攻击方法的特征分析，来研究如何对黑客攻击行为进行检测与防御。

1. 黑客攻击的手段

黑客攻击手段可分为非破坏性攻击和破坏性攻击两类。

非破坏性攻击一般是为了扰乱系统的运行，并不盗窃系统资料，通常采用拒绝服务攻击或信息炸弹；破坏性攻击是以侵入他人计算机系统、盗窃系统保密信息、破坏目标系统的数据为目的。以下几种是黑客常用的攻击手段。

1) 获取口令

这种方式有3种方法：一是默认的登录界面(Shell Scripts)攻击法。在被攻击主机上启动一个可执行程序，该程序显示一个伪造的登录界面。当用户在这个伪装的界面上输入登录信息(用户名、密码等)后，程序将用户输入的信息传送到攻击者主机，然后关闭界面给出提示信息“系统故障”，要求用户重新登录。此后，才会出现真正的登录界面。二是通过网络监听非法得到用户口令，这类方法有一定的局限性，但危害性极大，监听者往往能够获得其所在网段的所有用户账号和口令,对局域网安全威胁巨大。三是在知道用户的账号后(如电子邮件“@”前面的部分)利用一些专门软件强行破解用户口令,这种方法不受网段限制,但黑客要有足够的耐心和时间;尤其对那些口令安全系数极低的用户,只要短短的一两分钟,甚至几十秒内就可以将其破解。

2) 电子邮件攻击

这种方式一般是采用电子邮件炸弹(E-mail Bomb),是黑客常用的一种攻击手段,是指用伪造的IP地址和电子邮件地址向同一信箱发送数以千计、万计甚至无穷多次的内容相同的恶意邮件,也可称为大容量的垃圾邮件。由于每个人的邮件信箱是有限的,当庞大的邮件垃圾到达信箱的时候,就会挤满信箱,把正常的邮件给冲掉。同时,因为它占用了大量的网络资源,常常导致网络塞车,使用户不能正常地工作,严重者可能会给电子邮件服务器操作系统带来危险,甚至瘫痪。

3) 特洛伊木马攻击

“特洛伊木马程序”技术是黑客常用的攻击手段。它通过在用户的计算机系统隐藏一个会在Windows启动时运行的程序,采用服务器/客户机的运行方式,从而达到在上网时控制计算机的目的。黑客利用它窃取用户的口令、浏览用户的驱动器、修改用户的文件、登录注册表等,如流传极广的冰河木马,现在流行的很多病毒也都带有黑客性质,如影响面极广的“Nimda”、“求职信”和“红色代码”及“红色代码Ⅱ”等。攻击者可以佯称自己为系统管理员(邮件地址和系统管理员完全相同),将这些东西通过电子邮件的方式发送给用户。如某些单位的网络管理员会定期给用户免费发送防火墙升级程序,这些程序多为可执行程序,这就为黑客提供了可乘之机,很多用户稍不注意就可能在不知不觉中遗失重要信息。

4) 诱入法

黑客编写一些看起来“合法”的程序,上传到一些FTP站点或是提供给某些个人主页,诱导用户下载。当一个用户下载软件时,黑客的软件一起下载到用户的机器上。该软件会跟踪用户的计算机操作,它静静地记录着用户输入的每个口令,然后把它们发送给黑客指定的Internet信箱。例如,有人发送给用户电子邮件,声称为“确定我们的用户需要”而进行调查。作为对填写表格的回报,允许用户免费使用多少小时。但是,该程序实际上却是搜集用户的口令,并把它们发送给某个远方的“黑客”。

5) 寻找系统漏洞

许多系统都有这样那样的安全漏洞(Bugs),其中某些是操作系统或应用软件本身具有的,如Sendmail漏洞,Windows 98中的共享目录密码验证漏洞和IE5漏洞等,这些漏洞在补丁未被开发出来之前一般很难防御黑客的破坏,除非用户不上网。还有就是有些程序员设计一些功能复杂的程序时,一般采用模块化的程序设计思想,将整个项目分割为多个功能模块,分别进行设计、调试,这时的后门就是一个模块的秘密入口。在程序开发阶段,后门便于测试、更改和增强模块功能。正常情况下,完成设计之后需要去掉各个模块的后门,不过有时由于疏忽或者其他原因(如将其留在程序中,便于日后访问、测试或维护)后门没有去掉,一些别有用心的人会利用专门的扫描工具发现并利用这些后门,然后进入系统并发动攻击。

2. 黑客攻击的危害

1) 进程的执行

攻击者在登录上了目标主机后,或许只是运行了一些简单的程序,也可能这些程序是无伤大雅的,仅仅只是消耗了一些系统的CPU时间。

但是事情并不如此简单,有些程序只能在一种系统中运行,到了另一个系统将无法运行。一个特殊的例子就是一些扫描只能在UNIX系统中运行,在这种情况下,攻击者为了攻击的需要,往往就会找一个中间站点来运行所需要的程序,并且这样也可以避免暴露自己的真实目的所在。即使被发现了,也只能找到中间的站点地址。

在另外一些情况下,假使有一个站点能够访问另一个严格受控的站点或网络,为了攻击这个站点或网络,入侵者可能就会先攻击这个中间的站点。这种情况对被攻击的站点或网络本身可能不会造成破坏,但是潜在的危险已经存在。首先,它占有了大量的处理器的时间,尤其在运行一个网络监听软件时,使得一个主机的响应时间变得非常的长。另外,从另一个角度来说,将严重影响目标主机的信任度,因为入侵者借助于目标主机对严格受控的站点进行攻击。当造成损失时,责任会转嫁到目标主机的管理员身上,后果是难以估计的。

2) 获取文件和传输中的数据

攻击者的目标就是系统中的重要数据,因此攻击者通过登录目标主机或是使用网络监听进行攻击。在一般情况下,攻击者会将当前用户目录下的文件系统中的/etc/hosts或/etc/passwd复制过去。

3) 获取超级用户的权限

具有超级用户的权限,意味着可以做任何事情,这对入侵者无疑是一个莫大的诱惑。在UNIX操作系统中支持网络监听程序必须有这种权限,因此在一个局域网中,拥有了一台主机的超级用户权限,就等于拥有了整个子网。

4) 对系统的非法访问

有许多的系统是不允许其他的用户访问的,如一个公司、组织的网络。因此,必须以一种非常的行为来得到访问的权限。在一个有许多Windows操作系统的用户网络中,常常有许多的用户把自己的目录共享出去,于是攻击者就可以利用这些共享目录进行入侵。

5) 进行不许可的操作

有时用户被允许访问某些资源,但通常受到许多的限制。在一个UNIX操作系统中没有超级用户的权限,许多事情将无法做,于是有了一个普通的账号,总想得到一个更大权限。系统中隐藏的秘密太多了,人们总经不起诱惑,如网关对一些站点的访问进行严格控制等。许多的用户都有意无意地去尝试尽量获取超出允许的一些权限,或者去找一些工具来突破系统的安全防线,如特洛伊木马。

6) 拒绝服务

拒绝服务是一种有目的的破坏行为了。拒绝服务的方式很多,如将连接局域网的电缆接地;向域名服务器发送大量的无意义的请求,使得它无法完成从其他的主机发送的请求;制造网络风暴,让网络中充斥大量的封包,占据网络的带宽,延缓网络的传输。

7) 涂改信息

涂改信息包括对重要文件的修改、更换、删除,是一种很恶劣的攻击行为。不真实的或者错误的信息都将对用户造成很大的损失。

8) 暴露信息

入侵的站点有许多重要的信息和数据可以用。攻击者若使用一些系统工具往往会被系统记录下来,如果直接发给自己的站点也会暴露自己的身份和地址,于是窃取信息时,攻击者往往将这些信息和数据送到一个公开的FTP站点,或者利用电子邮件寄往一个可以拿到的地方,等以后再从这些地方取走。这样做可以很好地隐藏自己。将这些重要的信息发往公开的站点造成了信息的扩散，由于那些公开的站点常常会有许多人访问，其他的用户完全有可能得到这些信息，并再次扩散出去。

3. 黑客攻击使用的工具

黑客很聪明，但是他们并不都是天才，他们经常利用别人在安全领域广泛使用的工具和技术。一般来说，他们如果不自己设计工具，就必须利用现成的工具。在网上，这种工具很多，从SATAN、ISS到非常短小实用的各种网络监听工具。

在一个UNIX操作系统中，当入侵完成后，入侵者会在系统中设置大大小小的漏洞，完全清理这些漏洞是很困难的，这时只能重装系统了。当攻击者在网络中进行监听，得到一些用户的口令以后，只要有一个口令没有改变，那么系统仍然是不安全的，攻击者在任何时候都可以重新访问这个网络。

对一个网络，困难在于登上目标主机，当登上去以后有许多的办法可以使用。例如，将系统中的Hosts文件发散出去。严重的情况是攻击者将得到的口令文件放在网络上进行交流。每个工具由于其特定的设计都有各自独特的限制，因此从使用者的角度来看，所有使用这种工具进行的攻击基本相同。例如，目标主机是一台运行SunOS4.1.3的SAPRC工作站，那么所有用Strobe工具进行的攻击，管理员观察到现象是一样的。

对一个新的入侵者来说，他可能会按这些指导生硬地进行攻击，但结果经常令他失望。因为一些攻击方法已经过时了，而且这些攻击会留下攻击者的痕迹。事实上，管理员可以使用一些工具或者一些脚本程序，让它们从系统日志中抽取有关入侵者的信息。这些程序只需具备很强的搜索功能即可。当然这种情况下，要求系统日志没有遭到入侵。随着攻击者经验的增长，他们开始研究一整套攻击的特殊方法，其中一些方法与攻击者的习惯有关。在这些攻击中使用一种或多种技术来达到目的，这种类型的攻击称为混合攻击。

攻击工具不局限于专用工具，系统常用的网络工具也可以成为攻击的工具，如要登上目标主机，便要用到telnet与rlogin等命令，对目标主机进行监听，系统中有许多可以作为监听的工具，如finger和showmount。甚至自己可以编写一些工具，这并不是一件很难的事。如当服务器询问用户名时，黑客输入分号。这是一个UNIX命令，意思是发送一个命令，一些HTTP服务器就会将用户使用的分号过滤掉。入侵者将监听程序安装在UNIX服务器上，对登录进行监听，如监听23、21等端口。

通过用户登录，把所监听到的用户名和口令保存起来，于是黑客就得到了账号和口令，在系统中有大量的监听程序可以用，甚至自己可以编写一个监听程序。

除了这些工具以外，入侵者还可以利用特洛伊木马程序。例如，攻击者运行了一个监听程序，但有时不想让别人从ps命令中看到这个程序在执行(即使给这个程序改名，它的特殊的运行参数也能使系统管理员发现这是一个网络监听程序)。

4. 防治黑客攻击的措施

现在网上黑客猖獗，黑客工具随处可见，它们可以对网上的计算机进行恶意攻击。所以上网时一定要注意以下安全防范措施，这才能最有效地保护自己的隐私。

1) 不要随便下载软件

不要在网上随便下载软件，特别是一些来历不明的软件，也不要浏览一些不安全的个人或者不健康网站。别人发送的网络链接，在没有确认之前，不要随便单击，很可能是用于网络钓鱼的网站。

相对而言，可以去一些知名的网站下载需要的软件，如天极、新浪等。

2）恶意网页的攻击

恶意网页成了当今的最大威胁之一。要避免恶意网页的攻击只要禁止这些恶意代码的运行就可以了。

在IE浏览器中单击“工具→Internet选项→安全→自定义级别”，将安全级别定义为“安全级-高”，对“ActiveX控件和插件”中第2、3项设置为“禁用”，其他项设置为“提示”，然后单击“确定”按钮。这样设置后，当用户使用IE浏览网页时，就能有效避免多数恶意网页中恶意代码的攻击。

3）防止木马程序

不要随意运行别人给的程序，因为有些程序可能是木马程序，如果安装了这些程序，它们就会在用户不知情的情况下更改用户的系统或者连接到远程的服务器。这样，黑客就可以很容易进入用户的计算机。

4）设置强大的密码

前面已经讲过，设置一个好的密码对用户安全有很大的帮助，所以密码最好不要设置自己的生日、电话号码或一些简单的字符组合，因为别人可能通过穷举法进行破解并入侵。设置密码一定要采用大小写字母、特殊符号、数字相结合的方式，确保密码长度在8位以上，而且每隔一段时间更改一下密码。

5）不要轻易使用摄像头

通过摄像头泄露个人隐私的事件非常得多，黑客入侵计算机后，可以轻易打开用户的摄像头，所以拔掉与计算机的连接线，或者对准墙壁是不错的防范方法。

6）防范间谍软件

间谍软件附着共享文件、可执行图像以及各种免费软件中，在用户不知情的情况下，悄悄潜入用户的系统。间谍软件可以跟踪上网习惯，记录键盘操作，捕捉并传送屏幕图像。如果间谍程序进入Windows操作系统，往往会成为不法分子手中的危险工具。

清除间谍软件的方法如下。

① 使用杀毒软件对计算机硬盘进行全面扫描。有些杀毒软件可以发现和删除间谍软件。但是，杀毒软件在实时监控计算机的时候可能不会发现间谍软件，设置杀毒软件对计算机硬盘定期进行扫描。

② 运行专门为清除间谍软件设计的合法产品。许多厂商提供的产品都能查找和删除间谍软件，如Lavasoft公司的Ad-Aware、Webroot公司的SpySweeper、PestPatrol以及Spybot Search和Destroy等。

习　题　10

1. 什么是计算机病毒？
2. 计算机病毒有哪些特点？
3. 常见的计算机病毒有哪些？
4. 计算机病毒有哪些危害？
5. 计算机病毒有哪些传播途径？
6. 计算机感染病毒有哪些特征？
7. 防治计算机病毒有哪些措施？

8. 列举出你知道的杀毒软件。
9. 什么是木马病毒？
10. 木马病毒的危害有哪些？
11. 列举木马病毒的传播途径。
12. 简述木马病毒的防治措施。
13. 什么是黑客攻击？
14. 黑客攻击的手段有哪些？
15. 黑客攻击的危害有哪些？
16. 如何预防黑客攻击？

第11章 计算机常见故障维修

任何一台计算机都会出现故障,平时越不注意维护,计算机出现问题的机会就越多。大多数故障都是比较容易排除的,为了避免影响使用者正常工作,掌握计算机常见故障的处理方法显得尤为重要,本章主要介绍计算机的一些常见故障的处理方法。

学习目标

(1) 了解计算机故障的类型、维修原则、维修步骤、维修注意事项。

(2) 理解计算机故障的处理方法。

(3) 掌握计算机常见故障的处理方法、步骤及注意事项。

11.1 计算机故障的分类

计算机的故障多种多样,有的故障无法严格进行分类,不过一般可以根据故障产生的原因将计算机故障分为硬件故障和软件故障。

1. 硬件故障

硬件故障是指用户使用不当或者由于电子元件故障而引起计算机硬件不能正常运行的故障。硬件故障中又有“真故障”和“假故障”之分。

(1) “真故障”是指各种板卡、外设等出现电气故障或者机械故障等物理故障,这些故障可能导致所在板卡或外设的功能丧失,甚至出现计算机系统无法启动,造成这些故障的原因多数与外界环境、使用操作等有关。

(2) “假故障”是指计算机系统中的各部件和外设完好,但由于在硬件安装与设置,外界因素影响(如电压不稳,超频处理等)下,造成计算机系统不能正常工作。

“真故障”常见的现象有以下几种现象。

① 计算机无法启动,加电启动时主板报警。产生此类故障的原因很多,需要根据不同的报警声音进行综合分析。

② 屏幕出现花屏现象。这类故障多是由于显卡发生故障而造成的。

③ 计算机频繁死机。这类故障可能是由于某些硬件不兼容造成的。

④ 计算机无故重启。这类故障可能是由于电源工作不稳定或者当地电压不稳造成的。

⑤ 显示器显示故障。这类故障可能是由受潮或者被磁化引起的。

2. 软件故障

软件故障是指与操作系统和应用程序相关的故障,这类故障不用对硬件设备进行操作,常见的现象有以下几种。

(1) 计算机自检后无法初始化系统。这一般是由于系统启动相关的文件被破坏所致。

(2) 计算机的设备驱动程序安装不当造成设备运行不正常。

(3) 系统由于长期运行产生了大量的垃圾文件造成系统运行缓慢或瘫痪。

(4) 由于病毒破坏使系统运行不正常。

(5) 安装双系统后无法进入以前安装的操作系统。

(6) 由于软件的安装、设置和使用不当造成某个程序运行不正常。

(7) 系统中所使用的部分软件与硬件设备不能兼容。

(8) CMOS 参数设置不当。

(9) 系统中有关内存等设备管理的设置不当。

11.2 计算机故障维修的基本原则

在进行计算机故障维修过程中应当遵循以下一些原则,以使得用户节省时间的同时保护计算机硬件,避免带来不必要的损失。

1. 观察

观察是计算机故障维修的第一步,观察一般包含以下几个步骤。

1) 观察计算机周围的环境

(1) 观察电源环境、其他高功率电器、电磁场状况、机器的布局、网络硬件环境、温湿度、环境的洁净程度。

(2) 观察安放计算机的台面是否稳定。

(3) 观察周围设备是否存在变形、变色、异味等异常现象。

2) 观察硬件环境

(1) 观察机箱内的清洁度、湿度,部件上的跳线设置、颜色、形状、气味等,部件或设备间的连线是否正确。

(2) 观察有无错插或错误、缺针/断针等现象。

(3) 观察计算机内部的环境情况。

(4) 观察用户加装的与计算机运行有关的其他硬件设备、设施。

3) 观察软件环境

(1) 观察系统中加载了哪些软件,它们与其他软件、硬件间是否有冲突或不匹配的地方。

(2) 除标配软件与设置外,还要观察设备、主板及系统等驱动和补丁,看它们安装是否合适。

(3) 观察要处理的故障是否为 BUG 或兼容问题。

(4) 观察计算机软、硬件配置。

(5) 观察使用的是哪种操作系统,安装了哪些应用程序。

(6) 观察硬件的驱动程序版本等。

2. 先想后做

先想后做,包括以下几个方面。

(1) 先想好怎样做、从何处入手,再实际动手。也可以说是先分析判断,再进行维修。

(2) 对于所观察到的现象,尽可能地先查阅相关的资料,看有无相应的技术要求、使用特点等,然后根据查阅到的资料,结合下面要谈到的内容,再着手维修。

(3) 在分析判断的过程中,要根据自身已有的知识、经验来进行判断,对于自己不太了解或根本不了解的，一定要先向有经验的同事或技术支持工程师咨询，寻求帮助。

3. 先软后硬

即从整个维修判断的过程看，总是先判断是否为软件故障，先检查软件问题，当可判断软件环境是正常时，如果故障不能消失，再从硬件方面着手检查。

4. 抓主要矛盾

在复现故障现象时，有时可能会看到一台故障机不止有一个故障现象，而是有两个或两个以上的故障现象（如启动过程中无显，但机器也在启动，同时启动完后，有死机的现象等），此时，应该先判断、维修主要的故障现象，当主要故障修复后，再维修次要故障现象，有时可能次要故障现象已不需要维修了。

5. 注意安全

做好安全措施，计算机需要接电源运行，因此在拆机检修的时候千万要记得检查电源是否切断；此外，静电的预防与绝缘也很重要，所以做好安全防范措施，是为了保护自己，同时也是保障计算机部件的安全。

11.3 计算机故障维修的基本方法

计算机故障维修需要一定的基本方法，具体方法如下。

1. 观察法

观察是维修判断过程中第一要法，它贯穿于整个维修过程中。观察不仅要认真，而且要全面。要观察的内容包括以下几个方面。

(1) 周围的环境。

(2) 硬件环境，包括接插头、座和槽等。

(3) 软件环境。

(4) 用户操作的习惯、过程。

2. 最小系统法

最小系统是指从维修判断的角度能使计算机开机或运行的最基本的硬件和软件环境。最小系统有以下两种形式。

1) 硬件最小系统

硬件最小系统由电源、主板和CPU组成，在这个系统中，没有任何信号线的连接，只有电源到主板的电源连接。在判断过程中是通过声音来判断这一核心组成部分是否正常工作。

2) 软件最小系统

软件最小系统由电源、主板、CPU、内存、显示卡/显示器、键盘和硬盘组成。这个最小系统主要用来判断系统是否完成正常的启动与运行。

对于软件最小环境，就“软件”有以下几点说明。

(1) 硬盘中的软件环境，保留着原先的软件环境，只是在分析判断时，根据需要进行隔离（如卸载、屏蔽等）。保留原有的软件环境，主要是用来分析判断应用软件方面的问题。

(2) 硬盘中的软件环境，只有一个基本的操作系统环境（可能是卸载掉所有应用或是重新安装一个干净的操作系统），然后根据分析判断的需要，加载需要的应用。需要使用一个干净的操作系统环境，是要判断系统问题、软件冲突或软硬件间的冲突问题。

(3) 在软件最小系统下，可根据需要添加或更改适当的硬件。例如，在判断启动故障时，由于硬盘不能启动，想检查一下能否从其他驱动器启动。这时，可在软件最小系统下加入一个软驱或干脆用软驱替换硬盘来检查。又如，在判断音视频方面的故障时，应需要在软件最小系统中加入声卡；在判断网络问题时，就应在软件最小系统中加入网卡等。

最小系统法主要是要先判断在最基本的软、硬件环境中，系统是否正常工作。如果不能正常工作，即可判定最基本的软、硬件有故障，从而起到故障隔离的作用。

最小系统法与逐步添加法结合，能较快速地定位发生在其他板软件的故障，提高维修效率。

3. 逐步添加或去除法

逐步添加法是以最小系统为基础，每次只向系统添加一个硬件/设备或软件，来检查故障现象是否消失或发生变化，以此来判断并定位故障部位。

逐步去除法，正好与逐步添加法的操作相反。

逐步添加/去除法一般要与替换法配合，才能较为准确地定位故障部位。

4. 隔离法

隔离法是将可能妨碍故障判断的硬件或软件屏蔽起来的一种判断方法。它也可用来将怀疑相互冲突的硬件、软件隔离开以判断故障是否发生变化的一种方法。

软硬件屏蔽，对于软件来说，即是停止其运行或者是卸载；对于硬件来说，是在设备管理器中，禁用、卸载其驱动，或干脆将硬件从系统中去除。

5. 替换法

替换法是用好的硬件去代替可能有故障的硬件，以判断故障现象是否消失的一种维修方法。好的硬件可以是同型号的，也可能是不同型号的。替换按以下顺序进行。

(1) 根据故障的现象或第二部分中的故障类别来考虑需要进行替换的硬件或设备。

(2) 按先简单后复杂的顺序进行替换。如先内存、CPU，后主板，又如要判断打印故障时，可先考虑打印驱动是否有问题，再考虑打印电缆是否有故障，最后考虑打印机或并口是否有故障等。

(3) 最先替换怀疑有故障的硬件相连接的连接线、信号线等，然后替换怀疑有故障的硬件，再替换供电硬件，最后是与之相关的其他硬件。

(4) 从硬件的故障率高低来考虑最先替换的硬件，故障率高的硬件先进行替换。

6. 比较法

比较法与替换法类似，即用好的硬件与怀疑有故障的硬件进行外观、配置、运行现象等方面的比较，也可在两台计算机间进行比较，以判断故障计算机在环境设置、硬件配置方面的不同，从而找出故障部位。

7. 升降温法

升降温法是通过设法降低计算机的通风能力，依靠计算机自身的发热来升温。降温的方法有：一般选择环境温度较低的时段，如清晨或深夜；使计算机停机12～24小时等方法实现；用电风扇对着故障机吹，以加快降温速度。

8. 敲打法

敲打法一般用在怀疑计算机中的某硬件有接触不良的故障时，通过振动、适当的扭曲，甚至用橡胶锤敲打硬件或设备的特定硬件来使故障复现，从而判断故障硬件的一种维修方法。

11.4 计算机故障维修的基本步骤

对计算机进行维修时，需要遵循一定的步骤。其具体步骤如下。

1. 明确问题所在

在计算机出现故障时，必须了解所出现的问题是哪一方面的，到底是内存，或是显卡，还是整机的兼容性。这就需要维修人员有一个清晰的判断，一步一步地观察才能找到问题的所在，然后正确处理。

2. 收集资料

根据所明确的问题，接着应该收集相应的资料。例如，主板的型号、BIOS的版本、显卡的型号、操作系统版本等。

3. 提出解决的方法

根据计算机出现的故障现象结合自己平时掌握的有关硬件处理知识，提出一个合理的解决方法。

11.5 计算机故障维修的注意事项

在进行计算机故障检测、维修时必须要注意以下几点。

1. 拔去电源

在任何拆装零部件的过程中，一定要将电源拔去，不要进行热插拔，以免烧坏计算机。

2. 准备好工具

在开始维修前先准备好工具(包括螺丝刀、尖嘴钳、清洁工具)，不要等到维修中途才发现少了某种工具而无法继续维修步骤。

3. 准备好替换部件

想要维修一台坏的计算机，最好能准备一台好的计算机，以便提供替换部件来测试，这样对于发现故障会比较容易。

4. 小心静电

维修计算机时需要小心触电，以免烧坏计算机元件，尤其是干燥的冬天，手经常带有静电，请勿直接用手触摸计算机部件。

5. 准备好小空盒

维修计算机难免要拆下一些小螺丝，请将这些螺丝放到一个小空盒中，最好用有一些小隔间且可以存放下不同大小的螺丝空盒，维修完毕再将螺丝放回原位。

11.6 计算机典型故障分析实例

11.6.1 主板故障分析实例

1. 更换芯片解决主板故障

故障现象：一台兼容机的主板集成了显卡。某天开机后发生故障，具体表现为：显示器无显示，主机箱内的扬声器在发出了“嘀嘀”声。

故障分析与处理：由于是扬声器报警，证明故障与硬件有关。打开机箱，取出主板仔细观察，与部件相关的接口安装正确，排除了接触不好的可能性。再仔细观察发现，主板有一块标有 BIOS 的芯片，由于显卡属于基本输入/输出系统，因此这块芯片的"嫌疑"最大，更换一块相同型号的正常芯片，故障排除。

2. 主板电池电量不足导致开机故障

故障现象：一台计算机使用华硕主板，开机后显示器不亮，从光驱和硬盘的启动声音和指示灯可以判断出计算机在不停地反复重启，扬声器发出"嘟嘟"的报警声。

故障分析与处理：首先用排除法，拔掉了光驱、硬盘等设备的电源线，再次开机，扬声器还是报警，表明并非它们的问题。再用替换法，将 CPU、内存、显卡换到别的计算机上试验，结果使用正常。于是将目标锁定在主板上，根据分析，怀疑是主板复位键的地方有短路现象，造成了反复重启，通过万用表测量发现没有短路现象。最后更换了主板电池后，故障排除。

3. 不能安装 Windows 2000

故障现象：一台计算机无法安装 Windows 2000，安装时计算机提示 ACPI 有问题，要求升级 BIOS。

故障分析与处理：ACPI 是指高级电源管理功能，它必须由计算机主板 BIOS 和操作系统同时支持才能正常工作，这台计算机的提示说明当前版本的 BIOS 的 ACPI 功能不完善，与 Windows 2000 不兼容。解决的方法是通过升级新版 BIOS 来排除故障，如果暂时找不到更新版本的 BIOS 升级文件，将 BIOS 中的 ACPI Function 一项设置为 Disabled 即可。

4. 主板故障导致死机

故障现象：一台计算机使用微星 850Pro2 主板，安装 Windows 2000 后经常死机。

故障分析与处理：如果在微星 850Pro2 主板上使用 ATA66/ATA100 硬盘，而硬盘线是 40 针的硬盘线，或者 80 针硬盘线接错误时，就会出现这种故障。只需将 BIOS 升级到最新版本即可排除故障。

5. 主机前置 USB 连线不兼容造成鼠标故障

故障现象：鼠标接口连接在机箱的前置 USB 接口上，在开机后，光电鼠标底部感应灯不亮，进入系统后无法移动光标。

故障分析与处理：将鼠标连接到主机后面的 USB 接口后，故障排除。机箱的前置 USB 接口最近比较流行，但不同的厂商间的 USB 产品的兼容性存在着不足，容易造成产品之间的冲突，从而影响产品的正常使用。

6. 硕泰克主板电容故障

故障现象：一台计算机配置的硕泰克主板，最近发生如下故障：打开电源开关后，电源风扇、CPU 风扇正常转动，但 CDROM、硬盘没有反应，等上几分钟后计算机才能加电启动，启动后运行一切正常。在通电情况下重启也没问题，但冷启动后又会出现上述故障。

故障分析与处理：从故障现象看，首先认为是电源有问题，于是替换电源，但故障依旧。转而将目标指向主板，由于加电后主板可以正常工作，证明主板芯片没有问题，于是将目标集中在主板的电源部分，由于电源风扇和 CPU 风扇转动正常，由此可以推断供电正常。将计算机运行几分钟后关闭并切断电源，用手摸主板电源部件，发现 CPU 旁的几个电容温度很高，于是初步断定是电容有问题，用相同型号的新电容重新焊上后，故障排除。

7. 主板故障导致开机无显示

故障现象：一台计算机由于主板故障导致开机无显示。

故障分析与处理：由于主板故障导致开机无显示的情况有以下几种。

(1) 主板扩展槽或扩展卡有问题，使得插上声卡等扩展卡后主板没有响应，导致开机无显示，这时可更换扩展卡或将主板送修。

(2) 如果 BIOS 中设置的 CPU 频率不对，也可能会引发不显示故障。解决方法很简单，只需通过对电池放电清除 CMOS 的相应信息即可。

(3) 主板损坏。这种情况可能是因为主板用得过久，电池漏液导致电路板发霉，使得主板无法正常工作，可以清洗主板，以排除故障。

(4) 主板 BIOS 被病毒破坏。一般情况下，BIOS 被破坏时硬盘里的数据也会被破坏，因此可以通过检测硬盘数据是否完好来判断 BIOS 是否被破坏。如果 BIOS 确实被破坏了，可按如下方法处理：插上 ISA 显卡看有无显示，如果还无显示，可以重新刷新 BIOS。

8. 计算机频繁死机

故障现象：一台计算机频繁死机，即使进入 BIOS 设置时也会出现死机现象。

故障分析与处理：进入 BIOS 时发生死机现象，可初步判断主板或 CPU 有问题，一般是由于 CPU 的缓存有问题，则进入 BIOS 设置，将 Cache 禁止即可顺利解决问题。如果还不能解决故障，那就只有更换 CPU；在死机后触摸 CPU 周围主板元件，如果发现元件温度较高，说明是由于主板散热不良引起，只需更换大功率风扇即可排除死机故障。

9. 不能启动计算机

故障现象：一台计算机不能正常启动。

故障分析与处理：计算机不能正常启动的原因较多，下面分别介绍并提出解决办法。

(1) 兼容性的问题。主板与 CPU、主板与其他板卡、板卡与板卡之间如果出现了不兼容的问题，计算机不会启动。

(2) CPU、显卡、内存中任何一部分出现了故障，计算机都不会启动。可用排除法测试以上部件是否有问题。

(3) BIOS 设置错误或 BIOS 被损坏也会导致计算机不启动，这种现象多是由 CH 等病毒破坏引起的，这时只能送往主板厂商处维修。

(4) 如果网卡、Modem 等板卡本身有故障，将其插在主板上会造成主板短路，导致计算机不能启动甚至烧毁主机内的硬件。

10. 引导系统错误

故障现象：一台计算机，开机可以完成自检，并显示相关的配置信息，但就是不能从硬盘引导系统。

故障分析与处理：能完成自检却不能从硬盘引导系统，首先想到是硬盘有故障，于是将一张软盘插入软驱，打算从 A 驱来引导系统，但是计算机提示软驱不读盘，重启计算机并按 Delete 键进入 BIOS，发现引导顺序和硬盘参数项完全正确，再检查其他参数时，发现在 BIOS 中设置了从盘，但计算机只连接了一块硬盘，于是将从盘项改为“NONE”并存盘后重启，故障排除。

11. 系统时间变慢

故障现象：一台计算机已使用较长时间，最近出现系统时间变慢的现象，重新设置好时间后，隔几天又会慢下来。

故障分析与处理：由于系统时间变慢，估计应该是主板电池没电了，更换新电池后，故障依旧。取出主板仔细观察，发现主板电池旁边的电容有损坏的迹象，而该电容恰好是主板计时电路上的一个元件,计时电路依靠石英晶体的振荡来计算时间,因此估计故障就在这里。处理方法为:先用无水酒精棉清洁计时电路附近的电路板,仍不能排除故障,更换电容和石英晶体后故障排除。

12. 主板串口损坏

故障现象:一台计算机安装的是 Windows 2000 操作系统,一日启动计算机后发现接在 COM1 上的机械鼠标无法使用。

故障分析与处理:先以为是鼠标内部过脏,导致其无法使用。在清洁鼠标后,还是不能使用,但将鼠标连接到其他计算机上则使用正常。由此判定问题不在鼠标上,而在计算机串口或操作系统的设置上,先检查操作系统"设备管理器"中的端口设置,发现没有设置错误,看来是计算机的串口损坏,将鼠标连接到另外一个端口后,故障排除。

13. 主板电池无电

故障现象:一台计算机如果隔一段时间不使用,再次开机时屏幕无任何显示,并一直发出"嘀! 嘀! ……"声。

故障分析与处理:首先怀疑是内存故障,将内存条放入另一台计算机上,使用无任何问题,于是怀疑问题出在主板上,取出主板仔细观察,未发现任何问题,最后怀疑主板的 CMOS 电池没电,在更换一块电池后,故障排除。

14. 主板不识内存条

故障现象:一台计算机使用的是现代 256MB 内存条,开机后主板不识内存条。

故障分析与处理:首先用替换法检查,将其他内存条插在该主板上,存在相同故障,于是怀疑主板上内存插槽的引脚有问题。用万用表进行测量,发现主板上有一只引脚与其对应的芯片断路,将其焊上后故障排除。

15. 按下电源开关不能关机

故障现象:在关机时按下主机上的电源开关后并没有执行关机操作,而是进入了休眠状态,用操作系统实现软关机则一切正常。

故障分析与处理:对于 ATX 架构的计算机,在主板 BIOS 设置中,有一项是对主机电源开关的设定,可以设定单击主机电源开关按键关机或进入休眠状态。如果设置为进入休眠状态,要使用主机电源开关关机,则需要按住该键不放至 4 秒钟以上才能关机。

11.6.2 BIOS 故障分析实例

1. 如何进入笔记本 BIOS

故障现象:一台二手的 COMPAQ 笔记本,需进入 BIOS 进行一些设置,可是不知道快捷键。

故障分析与处理:大多数笔记本进入 BIOS 的方式都不同于台式机,笔记本大多是按 F1、F2、F10 或 Ctrl+Alt+Esc 键等。另外很多笔记本还可以通过专用的程序来设置主板 BIOS。

2. 清除 CMOS 后无法启动

故障现象:在 BIOS 中修改了硬盘的参数设置,保存后重新启动,在系统自检时,扬声器发出报警声,启动失败。关闭计算机,将主板上面的跳线短接后清除 CMOS,再将跳线设置为默认状态后开机,电源指示灯不亮,CPU 风扇不转,计算机无法启动。

故障分析与处理:估计是在关闭计算机及插座的开关以后,计算机电源插头因插座质量的问题,仍处于带电状态,导致清除 CMOS 不成功。在拔下了计算机电源的插座后重新插上,再打开计算机电源开关，即可清除故障。

3. 开机时内存检测很长时间

故障现象：在换过一次主板后，每次开机内存都要检测很长时间才能进入操作系统。

故障分析与处理：内存检测是计算机启动的必须过程。估计是在BIOS中没有把Quick Power On Self Test项设置成Enabled，这样内存就会自检3次。将其设置为Disabled，然后保存退出，这样启动时就可以快速地进行内存检测了。

4. BIOS不能设置

故障现象：计算机开机后进入BIOS设置程序，除了可以设置"用户口令"、"保存修改退出"和"不保存退出"3项外，其余各项均无法进入。

故障分析与处理：出现这种现象估计是CMOS被破坏了，可以尝试放电处理，如果CMOS放电后故障还不能解决，也可尝试升级BIOS。如果故障仍然存在，则可能是CMOS存储器有问题，将其更换后即可。

5. 刷新BIOS后计算机不正常

故障现象：一台计算机在刷新BIOS后可以启动，但有时还没有完就死机了，或在进入操作系统的时候就会死机。

故障分析与处理：出现问题的原因应该是刷新BIOS后引起的，估计是BIOS版本不对。由于主板厂商往往在推出一款芯片组的主板后，会陆续推出升级和改良的版本，这样可以加入一些新的功能。对于这引起升级和改良的版本，在功能上并没有大的改变，所以硬件设计的变化很小，BIOS程序也很相近。所以，即使是刷错了BIOS有时也可以启动。由于计算机还可以启动，可以尝试进入DOS实模式把原来的BIOS程序刷回去，应该就可以解决问题了。

6. 升级BIOS后USB出现故障

故障现象：升级完BIOS后重启计算机，在进行自检时CPU、内存、键盘通过，但在检测IDE接口时死机。

故障分析与处理：复位启动后不能进入BIOS进行设置，在拔下电池清除BIOS中设置的参数后，重新启动，再次进入BIOS的设置界面，经检查后发现Intergrated Peripherals项中的USB Controller被设置为Disabled，将其设为Enabled后一切正常。

7. 自动关机后无法再开机

故障现象：一台计算机在使用中突然关机，按主机电源后无法开机，屏幕总是显示黑色，但电源对主板供电正常。

故障分析与处理：估计是内存松脱，打开机箱后，将内存重新拔插，开机后故障依旧，但主机并没有发出任何声音，可排除内存出现故障。再重新拔插显示器和更换一块有问题的CPU后，故障照旧，于是怀疑BIOS出现了问题，将CMOS中的电放掉后，再重新开机，一切正常。造成这种情况可能是由于电压不稳造成主板BIOS中数据出现错误，重新恢复BIOS后的数据即可。

8. 温度过高引起计算机运行速度变慢

故障现象：一台计算机在使用几个小时后，速度就会自动慢下来。

故障分析与处理：首先怀疑有病毒，用最新版本的瑞星杀毒软件检测并没有发现病毒。于是认为是操作系统的问题，可重新安装操作系统在使用一段时间后计算机运行速度还是变慢，后来准备打开机箱替换硬件，发现机箱内温度较高，因此怀疑是机箱内温度过高，导致BIOS监控程序将CPU频率降低运行，引起计算机运行速度变慢。进入BIOS中检查时，发现

CPU 的警戒温度设置得过低。将 CPU 警戒温度调高一点后故障消失。

9. BIOS 设置错误无法读取硬盘数据

故障现象：在一次修改了计算机的 BIOS 设置后发现无法访问硬盘。

故障分析与处理：BIOS 中有很多参数都可以设置硬盘的工作状况，如果设置不当，将影响硬盘的工作。目前的 IDE 都支持逻辑参数类型，硬盘可采用 Nomal、LBA、Large 等，如果在一般的模式下安装了数据，而又在 BIOS 中改为其他的模式，则会发生硬盘读写错误，现在计算机的 BIOS 都支持 IDE Auto Detect 的功能，可自动检测硬盘的类型，如果不能访问硬盘，可在 BIOS 中将硬盘选项设置为 Auto，系统自动找到硬盘并能正常访问。

10. BIOS 设置导致 3D 故障

故障现象：一台计算机在用 3DS Max 软件进行三维动画设计和渲染时经常产生黑屏、死机等现象。

故障分析与处理：首先估计是操作系统原因，格式化重装操作系统后故障依旧，经过替换检查，主机内的部件都是好的，后来发现将 BIOS Features Setup 项中的 CPU 内部缓存项 CPU Internals Cache 由 Enabled 改为 Disabled 后，再次使用 3DS Max 软件时再也没有出现黑屏死机等现象。

11. 停电后计算机无法启动

故障现象：在使用计算机的过程中突然停电，当来电后再次启动计算机时无法进入操作系统。

故障分析与处理：以为是停电时导致操作系统损坏，所以重装操作系统。用 Windows 光盘启动后覆盖安装，在进行第二次启动时提示“内存不足，请退出部分运行的程序”信息后，安装程序中止。于是格式化硬盘后重装，还是出现此问题，最后将 BIOS 清空后再重新设置，故障排除。

12. CMOS 设置与内存条参数不符

故障现象：计算机升级时保留了原来 64MB 的内存，又添加了一根无奇偶校验的 256MB 内存，开机时屏幕显示内存总数为 320MB，接着提示奇偶出错，随后死机，并且无法进入 BIOS 设置。

故障分析与处理：估计是 BIOS 中将内存设置为奇偶校验状态，又使用了不带奇偶校验功能的内存条造成的。在更换为带奇偶校验功能的内存条之后，自检通过，能顺利进入 BIOS 设置。关闭奇偶校验功能后，将原来升级的内存条再次插入主板，也能进入 BIOS 设置，但在退出 BIOS 之后便死机。仔细检查 BIOS 中的各个设置项，并没有发现什么设置错误。于是准备重装系统，在尝试用软驱启动时，却发现软驱的指示灯不亮，估计是内存条与 BIOS 设置有冲突。将内存读等待状态(Memory Read Wait State)和内存(Memory Write Wait State)写等待状态都由“0W/S”改为“1W/S”后，保存并退出 BIOS 后没有发生死机现象。

13. 无法修改 BIOS 中的数据

故障现象：在进入 BIOS 设置后无法修改其中的数据。

故障分析与处理：出现此现象的情况有多种，各种情况处理方法也不同：①BIOS 芯片损坏，这种情况需将主板返修；②CMOS 存储器问题，可以通过放电或对 BIOS 程序进行升级处理；③主板上的 BIOS 数据被病毒破坏，这种情况可对 CMOS 作放电处理，放电后再重新设置 BIOS 即可；④计算机的 BIOS 中设置了“用户密码”和“超级用户密码”，这两个用户的权限不同，当使用用户密码进入 CMOS 时就无法修改，只有用超级用户密码来登录才能修改。

11.6.3 CPU 故障分析实例

1. 机箱的噪声

故障现象：计算机在升级 CPU 后，每次开机时噪声特别大。但使用一会后，声音恢复正常。

故障分析与处理：首先检查 CPU 风扇是否固定好，有些劣质机箱做工和结构不好，容易在开机工作时造成共振，增大噪声，另外可以给 CPU 风扇、机箱风扇的电机加点油试试。如果是因为机箱的箱体太簿造成的，最好更换机箱。

2. 温度上升太快

故障现象：一台计算机在运行时 CPU 温度上升很快，开机才几分钟左右温度就由 31℃上升到 51℃，然而到了 53℃就稳定下来了，不再上升。

故障分析与处理：一般情况下，CPU 表面温度不能超过 50℃，否则会出现电子迁移现象，从而缩短 CPU 寿命。根据现象分析，升温太快，稳定温度太高应该是 CPU 风扇的问题，只需更换一个质量较好的 CPU 风扇即可。

3. 夏日里灰尘引发的死机故障

故障现象：计算机出现故障，现象为平均每 20 分钟就会死机一次，重新开机后过几分钟又会再次死机。

故障分析与处理：开始估计是机箱内 CPU 温度过高造成死机，在 BIOS 中检查 CPU 的温度，发现显示温度只有 33℃。后来发现这台计算机开机时 BIOS 中检查的温度也就只有 31℃，开机使用 1 小时后，温度仅仅上升 2℃，当时室温在 35℃左右。看来测得的 CPU 温度不准确。打开机箱发现散热片上的风扇因为上面积的灰尘太多，已经转不动了，于是更换了 CPU 风扇，这时再开机，计算机运行了数个小时的游戏也没有发生死机现象。后来发现这块主板的温度探针是靠粘胶粘在散热片上来测量 CPU 温度的，而现在这个探针并没有和散热片紧密地接触，分开有很大的距离，散热片的热量无法直接传到温度探针上，测到的温度自然误差很大。更换 CPU 风扇时，把探针和散热片贴在一起固定牢固，这样在开机 20 分钟以后，在 BIOS 中测得的温度是 45℃，之后使用一切正常。

4. CPU 针脚接触不良导致计算机无法启动

故障现象：一台 Intel CPU 的计算机，平时使用一直正常，近段时间出现问题。

故障分析与处理：首先估计是显卡出现故障。用替换法检查后，但有时又正常。最后拔下插在主板上的 CPU，仔细观察并无烧毁痕迹，但发现 CPU 的针脚均发黑、发绿，有氧化的痕迹和锈迹(CPU 的针脚为铜材料制造，外层镀金)，对 CPU 针脚做了清除工作，计算机又可以加电工作了。

5. CPU 引起的死机

故障现象：一台计算机开机后在内存自检通过后便死机。

故障分析与处理：按 Delete 键进入 BIOS 设置，仔细检查各项设置均无问题，然后读取预设的 BIOS 参数，重启后死机现象依然存在。用替换法检测硬盘和各种板卡，结果所有硬件都正常。估计问题可能出在主板和 CPU 上，将 CPU 的工作频率降低一点后再次启动计算机，一切正常。

6. CPU 风扇导致的死机

故障现象：一台计算机的 CPU 风扇在转动时忽快忽慢，使用计算机一会儿就会死机。

故障分析与处理：由于现在的普通风扇大多是使用的滚珠风扇，需要润滑油来润滑滚珠和轴承，这种现象估计是CPU风扇的滚珠和轴承之间的润滑油没有了，造成风扇转动阻力增加，转动困难，使其忽快忽慢。由于CPU风扇不能持续给CPU提供强风进行散热，使CPU温度上升最终导致死机。在给CPU风扇加了润滑油后CPU风扇转动正常，死机现象消失。

7. CPU的频率显示不固定

故障现象：一台计算机在每次启动的时候显示的CPU频率时高时低。

故障分析与处理：很可能是主板上的电池无电造成的。只要更换同类型的电池后，再重新设置BIOS中的参数，CPU的频率显示即可恢复正常。

8. CPU超屏引起显示器黑屏

故障现象：一台计算机将CPU超频后，开机出现显示器黑屏现象。

故障分析与处理：这种故障应该是典型的超频引起的故障。由于CPU频率设置太高，造成CPU无法正常工作，并造成显示器点不亮且无法进入BIOS中进行设置。这种情况需要将CMOS电池放电，并重新设置后即可正常使用。还有种情况就是开机自检正常，但无法进入到操作系统，在进入操作系统的时候死机，这种情况只需复位启动并进入BIOS将CPU改回原来的频率即可。

11.6.4 内存故障分析实例

1. 升级内存后出现问题

故障现象：给计算机升级内存，在原有一条64MB内存的基础上，又添加了一条64MB的内存，但是自检时仍然只显示64MB，甚至有时连主机都无法点亮，但是拔出一条内存后一切正常。

故障分析与处理：估计是主板对安装的内存有要求，如有些主板只支持双面内存，而部分采用815/815E芯片组的主板的DIMM3槽则要求只能插单面内存。另外主板与内存之间、内存与内存之间也可能出现兼容性问题导致无法使用。遇到这种情况，先仔细阅读主板说明书，看主板对内存的要求，如果不符合就更换符合规格的内存。如果仍有问题，可以将内存调换不同的插槽来尝试。最后也可以升级主板的BIOS。

2. 内存质量导致不能安装操作系统

故障现象：新配置的一台Pentium 4计算机，在硬盘分区后开始安装Windows操作系统，但是在安装过程中复制系统文件时出错，不能继续进行安装。

故障分析与处理：首先估计是安装光盘的问题，在格式化了硬盘并更换了Windows安装光盘后重新安装，依然出现此现象。在更换了硬盘后故障依然存在。后来仔细检查时发现，计算机配置的内存为一杂牌内存条，将其更换为一名牌内存后，故障现象消失。

3. 内存故障造成硬盘故障的假象

故障现象：一台计算机在一次非法关机后重新开机时无法进入Windows操作系统，而且每次开机磁盘扫描程序在运行到盘的80%左右时停止。

故障分析与处理：首先估计是硬盘出现了坏道，但能顺利地格式化硬盘，在重新分区以后又提示D盘有坏道，并且重新安装操作系统也不行。在更换硬盘后，安装操作系统扫描磁盘时，自检到D盘的85%就停止了。看来应该不是硬盘的原因。在更换了一条内存之后，故障现象消失。

4. 计算机不能识别128MB以上内存

故障现象：计算机原有一根64MB的内存条，在新添加了一根128MB的内存条之后，总共内存应该有192MB。可是开机时只检测到128MB内存。

故障分析与处理：估计是主板的最大内存容量限制问题，一般的限制是256MB，高的是512MB，而比较低档的主板可能是128MB。因此更换内存后还应更换主板和CPU。

5. 不能使用双内存

故障现象：一台计算机主板是联胜815E，CPU是赛扬Ⅱ900MHz，安装了一根128MB SDRAM。最近新购买了一条512MB SDRAM，想与原来的内存一同使用，但当两条内存一同使用时，系统只能检测到512MB。

故障分析与处理：其实这不是内存条的原因，而是因为主板芯片组最大只能支持512MB SDRAM内存。

6. 内存规格不同导致无法启动系统

故障现象：一根128MB的内存条，一根64MB的内存条，将两根内存条插在同一块主板上开机的时候不能进入操作系统。若单独插上这两根内存条的一根则无问题。

故障分析与处理：由于内存的规格不同，很可能导致不同规格的内存条同时插在主板上会出现兼容性问题。若要在同一块主板上使用两条以上的内存条，最好是选择同一品牌、同一规格的内存条，这样出现兼容性问题的概率将减小。

7. Windows经常自动进入安全模式

故障现象：一台计算机经常在开机后自动进入安全模式，重装系统后故障依旧。

故障分析与处理：估计是由于主板与内存条不兼容或内存工作不稳定引起的。可以尝试在BIOS设置内将内存读取速度降低。如果不行就只有更换内存条。

8. 运行软件时经常提示内存不足

故障现象：计算机在运行时经常提示"内存不足"。

故障分析与处理：估计是系统盘剩余空间不足，交换区容量太小，导致某些程序无法正常运行而提示内存不足。只需要将交换区的一些临时文件删除，增大交换区的剩余空间即可。

9. 内存插槽损坏引发启动故障

故障现象：一台采用Intel 810芯片组主板的计算机，启动后出现故障。表现为：显示器黑屏，主机电源灯、硬盘灯长亮，扬声器不断发出"嘟嘟"的报警声。

故障分析与处理：在更换了CPU和内存条后，故障依然存在。表明不是CPU和内存条的问题。将其他板卡拆下并清洁后再插上，还是不能开机。后来将内存条换了一个插槽，可以正常开机。为了证明是否是内存插槽损坏，又拿来另一根内存条分别插在不同的内存插槽上，证明确实有一根内存插槽损坏。

10. 内存条金手指氧化导致的不能开机

故障现象：一台计算机之前使用一切正常，但突然有一天不能开机，现象为开机时黑屏，扬声器发出报警声。

故障分析与处理：由扬声器的报警声判断，故障应该出在内存上。将内存更换插槽后，还是不能开机。更换成另一条内存后故障消失。仔细检查内存时才发现，金手指上有污垢，并且有氧化痕迹。用橡皮擦将金手指部分擦干净后重新插回主板，故障消失。

11. 升级操作系统后系统运行不稳定

故障现象：将 Windows 98 操作系统升级到 Windows XP 操作系统后，系统运行极不稳定。

故障分析与处理：由于原来使用 Windows 98 操作系统都没有任何问题，以为是安装过程中出现了问题导致 Windows XP 操作系统运行不稳定，在格式化硬盘并更换了安装光盘后重新安装，无法完成安装程序了。最后将内存换成 KingMax 之后，安装过程非常顺利，运行 Windows XP 操作系统也十分稳定。

12. 内存引起系统蓝屏死机

故障现象：计算机的操作系统为 Windows XP，在使用一段时间后便会出现蓝屏死机现象。

故障分析与处理：由于 Windows XP 操作系统的保护机制，不会轻易出现蓝屏死机现象，因此可能是操作系统出现了致命错误或硬件(特别是内存)工作不稳定造成的。先用杀毒软件检测无病毒后，格式化硬盘重新安装了操作系统，但故障依然存在。当更换了内存条后故障消失，看来故障确实是由内存条质量问题引起的蓝屏死机。

13. 内存条质量原因引起死机

故障现象：对计算机升级时增加了一条 256MB 的内存，但使用一段时间后运行应用程序时，提示程序出错并且立即死机。

故障分析与处理：先怀疑是病毒引起的，查杀病毒后未发现任何病毒。进入 BIOS 设置后，仔细检查各选项设置，也没发现设置不稳妥的地方。最后用替换法替换了增加的内存条后，计算机恢复正常。

14. 内存位置引起的开机花屏故障

故障现象：若将内存插在主板的第一个内存插槽上计算机运行正常，但将内存插在其他插槽上则会出现花屏现象。

故障分析与处理：大部分主板都对第一根内存的插放位置要求比较严格。一般来说，都要求插在主板的第一根内存插槽里。如果不是则容易出现检测不到内存或内存工作不稳定等情况。

15. 运行软件时显示内存不足

故障现象：一台计算机配置了 256MB 内存，但是在运行 Office 或 Photoshop 等大型程序时，系统提示"内存不足"。

故障分析与处理：相对现在的应用程序来说，256MB 内存基本能够满足要求，所以运行上述程序一般不应该出现内存不足的现象，估计是因为磁盘空间不足造成系统的虚拟内存不足，而这些应用程序又相当耗费内存，所以系统提示内存不足。一般来说，系统的虚拟内存空间都是设置在 Windows 安装的硬盘根目录，只需要清理该键盘根目录下的一些临时文件，或者将 Windows 的交换文件设置在其他盘上就可以解决问题。

16. CPU 风扇引起内存过热死机

故障现象：为了更好地散热，将 CPU 风扇更换为超大的散热风扇，结果经常使用一段时间后就死机。格式化并重新安装操作系统后故障还是存在。

故障分析与处理：由于重新安装操作系统后故障依旧，估计不是软件方面的原因，打开机箱后发现，由于 CPU 风扇离内存太近，其吹出的热风直接吹向了内存条。造成内存条工作环境温度太高，导致内存不稳定，结果造成系统死机。将内存重新插在离 CPU 风扇较远的插槽上再开机,死机现象消失。

17. 两条128MB内存和一条256MB内存谁更好

故障现象:想为计算机更换内存,使用两条128MB的内存和一条256MB的内存,谁更好。

故障分析与处理:一般来说,一条256MB内存更好一些。因为在理论上,两条128MB内存需要占用两个内存插槽,这样会对日后的升级带来一定的影响。另外,如果两条内存的品牌或芯片型号不同,它们之间可能会存在不同步或兼容性的问题。但是两条内存一起坏掉的概率比一条内存坏掉的概率小很多,为了保险也可以使用两条品牌、频率、规格一样的内存。

18. 内存奇偶校验错

故障现象:一计算机启动后在出现墙纸后马上蓝屏,并提示"Memory parity Error detected. System halted"信息。

故障分析与处理:这是内存奇偶校验出错导致的系统故障,可能是在BIOS中打开内存奇偶校检的功能,而内存条并不支持奇偶校验功能。只需进入BIOS关闭该功能即可。

19. PCI插槽短路引起内存条损坏

故障现象:在对计算机清洁后再重新开机,发现软驱灯长亮,同时扬声器发出"嘟嘟"的连续短声。

故障分析与处理:怀疑是碰松了板卡,将其取下重插了一遍后,故障依旧。再用万用表测量电源的各输出电压,也完全正常。仔细检查主板后发现,主板的一个PCI插槽里落入了一小块金属片,将其取出后再开机,还是不能启动。在用替换法更换了内存条后,计算机能正常启动了。后检查该内存条,证明因PCI插槽短路已将该内存烧坏。

20. 内存无法自检

故障现象:计算机在升级了内存条之后,开机时内存无法自检。

故障分析与处理:估计是内存与主板不兼容造成的。可以升级主板的BIOS看能否解决,否则只有更换内存条。

11.6.5 硬盘故障分析实例

1. 更换硬盘导致无法启动

故障现象:升级硬盘时为硬盘分好区后,再将原硬盘的数据复制到新硬盘中,这个过程一直正常,但是取下原硬盘后,新硬盘无法启动计算机,系统提示"PRESS A KEY RESTART"信息。

故障分析与处理:估计分区是没有激活新硬盘的主分区,造成的硬盘无法引导的故障。只需要利用Windows启动盘启动到DOS操作系统,重新运行FDISK,激活硬盘的主分区即可。

2. 解决大容量硬盘的分区问题

故障现象:将新购买的120GB硬盘连接到计算机上时,BIOS能够检测到硬盘并正确识别硬盘的容量,但在使用FDISK分区时FDISK检测到的硬盘容量不对。

故障分析与处理:对于FDISK不能进行的分区,可使用DM软件或DISKGEN等软件来对硬盘进行分区。因为FDISK不支持大容量硬盘,而DM软件或DISKGEN等软件则没有这种容量限制。

3. 硬盘有坏道无法分区

故障现象：一块硬盘无法进行分区，进行磁盘扫描程序时也不能通过。

故障分析与处理：估计应该是硬盘存在坏道造成的。如果坏道现象不严重，可通过 Partition Magic 软件将其屏蔽，如果坏道较多，建议更换硬盘。

4. 未激活硬盘主引导区故障

故障现象：一块硬盘在进行分区，使用“format C:/S”命令格式化硬盘后，用硬盘启动计算机时出现 Invalid Specification 的提示。

故障分析与处理：应该是对硬盘进行分区时没有激活硬盘的主分区造成的。只需要使用 DOS 系统盘启动计算机后，重新运行 FDISK 命令，激活硬盘的主分区即可。

5. 解决硬盘引导区损坏的故障

故障现象：一台计算机无法正常启动，无论是通过软驱、光驱还是硬盘，在启动时硬盘灯都是长亮状态。

故障分析与处理：进入 BIOS 后发现，BIOS 可正确检测到硬盘的参数，估计硬盘应该没有损坏，将硬盘作为从盘连接到其他计算机上后，启动计算机进入到 DOS 操作系统，用 dir 命令可查看到故障硬盘的目录和文件，看来硬盘的分区表也没有损坏，估计不能引导操作系统是因为硬盘的引导区遭破坏造成的。用 sys 命令向故障硬盘的 C 盘传送引导文件后，再将故障硬盘单独接在计算机上。重新开机后系统能正常进入操作系统，故障排除。

6. 硬盘零磁道损坏故障

故障现象：计算机在启动时出现故障，无法引导操作系统，系统提示 TRACK 0 BAD(零磁道损坏)。

故障分析与处理：由于硬盘的零磁道包含了许多信息，如果零磁道损坏，硬盘就会无法正常使用。遇到这种情况可将硬盘的零磁道变成其他的磁道来代替使用。如通过诺顿工具包 DOS 下的中文 PUN8.0 工具来修复硬盘的零磁道，然后格式化硬盘即可正常使用。

7. 处理硬盘的坏道

故障现象：系统运行磁盘扫描程序后，提示发现有坏道。

故障分析与处理：磁盘出现的坏道只有两种，一种是逻辑坏道，也就是非正常关机或运行一些程序时出错导致系统将某个扇区标识出来，这样的坏道由于是软件因素造成的且可以通过软件方式进行修复，因此称为逻辑坏道；另一种是物理坏道，是由于硬盘盘面上有杂点或磁头将磁盘表面划伤造成的坏道，由于这种坏道是硬件因素造成的且不可修复，因此称为物理坏道。对于硬盘的逻辑坏道，在一般情况下通过 Windows 操作系统的 Scandisk 命令修复，也可以利用其他工具软件来对硬盘进行扫描，甚至可用低级格式化的方式来修复硬盘的逻辑坏道，清除引导区病毒等。对于硬盘的物理坏道，一般是通过分区软件将硬盘的物理坏道分在一个区中，并将这个区域屏蔽，以防止磁头再次读写这个区域，造成坏道扩散。不过对于有物理损伤的硬盘，建议将其更换。

8. 解决硬盘的物理坏道

故障现象：一块 20GB 的硬盘分为 3 个区，C 盘 4 个 G，D 盘 6 个 G，剩余的空间分配为 E 盘。最近出现故障，每次在启动计算机的时候都会运行磁盘扫描程序扫描 D 盘，而且在扫描到 10%时就停止，跳过磁盘扫描程序后计算机能正常使用。

故障分析与处理：应该是硬盘有物理坏道造成的。由于硬盘的物理坏道一般不能修复，因此处理硬盘物理坏道最好将其屏蔽。可用 Windows 系统启动盘启动计算机，运行 fdisk 命令对硬盘重新进行分区，还是将C盘分为4个G，并划分1.4个G的空间为D盘(由于磁盘扫描程序是检测到原来D盘的10%左右时不能通过的，所以可大概计算出坏扇区的位置在硬盘的4+(20-4)×10%=5.6GB处)，然后划分500MB空间为E盘(为了将整个坏扇区都包括在一个单独的分区中，所以将坏扇区的空间分得大一点)。将F盘划分为4GB，最后将剩余的空间划分为G盘。空间划分好后，将划分出来的500MB空间所在E盘删除掉，以后硬盘的磁头就不会再访问这个区域了。对硬盘的分区完成后，重新启动计算机对硬盘进行格式化操作后，就可以安装操作系统了。在安装好Windows操作系统后，可通过Partition Magic软件将原来划分的D盘和F盘合并成一个分区。这样，硬盘的物理坏道就被软件屏蔽了。

9. 修复被恶意代码损坏的硬盘

故障现象：浏览网页时不幸中了恶意代码，计算机在死机后重新启动时就不能找到硬盘了，重新分区也不行。

故障分析与处理：估计是恶意代码破坏了硬盘的Firmware或硬盘分区表。这类问题一般需要用另一块硬盘来引导，看能否对其进行分区等操作。如果不行的话看能否刷新硬盘的Firmware，如果能刷新建议更新硬盘的Firmware。如果还不能修复最好维修硬盘。

10. 进行磁盘碎片整理时出错

故障现象：在对硬盘进行磁盘碎片整理时系统提示出错。

故障分析与处理：文件存储在硬盘的位置实际上是不连续的，特别是对文件进行多次读取操作后，这样操作系统在找寻文件的时候会浪费更多时间，导致系统性能下降。而磁盘碎片整理实际上是把存储在硬盘的文件通过移动调整位置等使操作系统在找寻文件时更快速，从而提升系统性能，如果硬盘有坏簇或坏扇区，在进行磁盘碎片整理时就会提示出错，解决方法就是在此之前对硬盘进行一次完整的磁盘扫描，以修复硬盘的逻辑错误或标明硬盘的坏道。对硬盘进行磁盘碎片整理的时间不宜频繁，因为进行整理操作时，系统会频繁读取硬盘并耗费相当长时间，如果整理次数过频，很可能导致硬盘损伤。一般以两个月左右一次为宜。

11. 整理磁盘碎片时出错

故障现象：对计算机进行磁盘碎片整理时，系统提示“因为出错，Windows无法完成驱动器的整理操作……”。

故障分析与处理：估计原因是硬盘上存在着错误造成的，而且一般是逻辑错误。只需要在整理硬盘之前对其进行磁盘扫描即可。

11.6.6 移动存储故障分析实例

1. 取出光驱中的光盘

故障现象：停电后光驱中的光盘无法取出。

故障分析与处理：在光驱面板上有一个小孔，叫做紧急弹出孔。可通过一根很细的金属丝插入孔中往前顶，这样光驱托盘会自动弹出。再往外拉动一下托盘，即可取出光盘。取出光盘后再将托盘轻推回原光驱中即可。

2. 添加光驱后光驱无法使用

故障现象：计算机原先没有配置光驱，但在添加了光驱后光驱无法使用。

故障分析与处理：①检查光驱是否连接正确。检查光驱的数据线和电源线是否连接好，跳线有无设置错误。如果是和其他IDE设备连接在一根数据线上，还需要注意主从盘的设置问题。②BIOS中是否设置正确。检查BIOS中是否关闭了光驱所在的IDE通道，光驱的传输模式是否设置正确等。③查看计算机的启动信息。在计算机启动时看能否正确检测到光驱，如果以上设置都无问题则可能是光驱有问题。④检查光驱驱动程序。一般来说，Windows操作系统会自动识别光驱并安装好光驱的驱动程序，只是在使用DOS操作系统时需要加载光驱的驱动，另外应检查光驱和其他设备有无冲突。

3. 光盘在光驱中不转动

故障现象：一台光驱原来使用时一切正常，现在突然发生不能读盘的故障。

故障分析与处理：拆开光驱，放入光盘发现光盘在光驱中不转动。看来是光驱的机械部分的问题。这时可观察光驱的主轴电机是否正常转动，如不转动则需要检查主轴电机的电源供给是否正常，检查电机的传动皮带是否存在打滑、断裂等情况，另外需要检查光驱的其他机械部分是否有故障，如传动机构灰尘太多或润滑不良也会造成光盘在光驱中不转动。如果实在还不能解决最好将光驱送修。

4. CD光盘无法自动播放

故障现象：计算机使用的是Windows操作系统，以前都能够自动播放CD，现在放入CD光盘后不能自动播放CD，但可以浏览CD光盘中的文件。

故障分析与处理：估计是关闭了光驱的自动播放属性，要注意应该是选择"音乐CD"项而不是"音乐文件"选项。正确设置后应该可以实现音乐CD光盘的自动播放功能。

5. 播放DVD影碟造成计算机死机

故障现象：一款DVD光驱在播放DVD光盘时很短时间内便会死机，但是播放VCD时不会出现此现象。

故障分析与处理：如果是播放个别DVD光盘时死机，则估计是DVD光盘的质量问题。若死机现象经常存在，则应该是DVD光驱或系统方面的问题。可按以下步骤来检查。

(1) DVD光驱是否单独接在下个IDE接口上。由于DVD光驱传输的数据量大，最好不要将其和其他设备连接在一根数据线上，应该单独占据一个IDE接口。

(2) 系统兼容性问题或系统设置错误。可检查系统中光驱的传输模式，由于DVD光盘的数据量比VCD光盘数据量大得多，如果传输模式较低，有可能因数据缓存欠载而导致死机。

(3) DVD光驱的质量问题。有时也需要注意DVD光驱的散热问题，若散热不良也可能造成播放DVD影碟时死机。

6. 光盘旋转速度很慢

故障现象：一台光驱在放入光盘后感觉光盘旋转速度很慢。

故障分析与处理：估计是光驱的机械部分有故障，也可能是传动机构太脏或润滑不好。可以尝试将光驱拆开后进行清洁，如果是光驱主轴控制器坏了则需要将其送修。

7. 不能读出光盘上的数据

故障现象：在放入光盘后，光驱刚开始读取数据就出现了蓝屏现象。

故障分析与处理：如果是光盘脏了，只需将光盘擦干净再放入光驱重新读取即可。如果光盘有刮痕或其他损伤时还能读取出来，最好就将光盘中的内容复制到硬盘上，再重新刻录一张光盘。如果光盘没有质量问题则很可能是光驱的问题，建议将光驱送修。

8. 光盘在光驱中爆炸

故障现象：放入光盘在光驱中，光驱读了一会光盘就在光驱中发生爆炸。

故障分析与处理：由于光驱转速过高，光盘需要承受巨大的离心力，有些劣质盘质量不过关，存在着裂痕、不平整的问题。在高速旋转时，可能会因为震动和巨大的离心力导致光盘爆碎,甚至有可能将光驱炸毁。建议选购光盘时最好选购正品光盘。

9. 光驱挑盘的处理

故障现象:一台光驱不能够读取某些数据盘,而将不能读取的数据盘拿到其他光驱上都能正常读取。

故障分析与处理:光盘在光驱中运行时是夹紧在主轴上的,随着主轴电机高速旋转。而固定光盘的主轴由上夹盘和下夹盘两部分组成,如果这两部分其中一个有问题,都可能导致光驱在随主轴电机旋转时出现问题,导致不能正常读盘。只需要观察这两个部分的工作状态,并适当调整其位置即可。另外,一些光盘存在着厚度不同的问题,这类光盘在某些光驱中也无法正常读取。

10. 光驱无法读取一些光盘

故障现象:光驱使用一段时间后出现了无法读取某些光盘的现象。

故障分析与处理:可能是激光头灰尘过多造成读盘能力下降或激光头老化造成的,可通过清洗激光头和调高激光头发射功率来解决。清洗激光头最好采用专用清洁剂,不要使用无水酒精。如果是因为激光头老化,可通过调整激光头旁的旋钮来增大激光头的发射功率。

11. 光驱读光盘时提示错误信息

故障现象:使用光驱时系统提示出错且不能使用。

故障分析与处理:估计是由以下原因造成的:①光驱的夹盘装置夹盘不紧;②光盘没有就位;③光驱故障;④电源负载能力差;⑤光驱缓存太小;⑥环境温度影响光驱读盘;⑦光驱激光头问题;⑧光盘质量问题。

12. 光驱自动退出光盘

故障现象:在光驱中放入光盘后,光驱会尝试读取一下,接着光驱托盘自动弹出。

故障分析与处理:估计此问题应该是光驱内机械部分故障所致。拆开光驱后发现,光驱压盘处有异物卡在其中,造成光盘在光驱中转动时受阻。将异物取出后故障消失。

13. 光盘不能自动播放

故障现象:使用优化软件自动优化系统后,放入光盘时不能自动播放。

故障分析与处理:估计是优化软件取消了光盘的自动播放功能,可在"设备管理器"中选择光驱"属性",在"设置"选项卡中选中"自动插入通告"复选框即可。

14. 不能使用闪存的写保护功能

故障现象:在向闪存复制数据时,在没有将闪存拔出的情况下打开闪存的写保护开关,结果还能继续对闪存进行写操作。

故障分析与处理:如果要禁止对闪存进行写操作,必须在将闪存从 USB 接口拔出来后改变闪存的写状态后才行。如果在与计算机连接状态下切换了写保护开关,也需要重新插拔一次闪存,才能使写保护生效。

15. 解决闪存不能使用的故障

故障现象:计算机安装的是 Windows 98 操作系统,在安装好闪存驱动再插上闪存后,系统能认出闪存但不能使用(USB 接口没有损坏)。

故障分析与处理:估计是闪存与主板的兼容性不好造成的,也可能是闪存驱动的问题。可重新安装驱动程序或安装 Windows 2000 操作系统。

16. 无法访问软盘

故障现象:计算机的软驱出现故障,现象为无法正常访问软盘。

故障分析与处理：根据故障现象判断有3种可能的原因：①软驱损坏，只能通过维修或更换软驱解决；②软驱数据信号线接反或脱落了。只需要打开机箱后将其插好即可正常使用；③软盘控制器损坏。这种损坏也意味着主板上芯片损坏。

17. 灰尘引起的不能格式化软盘

故障现象：软驱能够正常读写软盘，但不能格式化软盘。

故障分析与处理：软驱能够正常读写软盘，说明软驱没有损坏，能够正常工作。由于软驱中对软盘的写保护检测口是通过光电信号来识别的，估计是发光二极管发出的光不能照到光敏三极管上，而发光二极管和光敏三极管损坏的可能性不大，估计是表面被灰尘覆盖而造成的，用无水酒精将灰尘清除后故障消失。

18. 恢复被磁化的软盘

故障现象：刚使用正常的软盘在靠近音箱放置了几分钟后不能使用。

故障分析与处理：估计原因是软盘被磁化了，需要进行消磁。可使用消磁器直接对软盘进行消磁处理即可。如果没有消磁器，可尝试通过外加磁场对软盘进行消磁处理，如用磁铁在磁盘上缓慢均匀地按相同方向移动几次。

19. 解救物理损坏的软盘中的文件

故障现象：磁盘扫描程序检测到软盘中有坏道，但软盘上重要的数据需要保存。

故障分析与处理：首先可尝试在Windows操作系统中能否读出软盘中的文件，如能则将其复制到硬盘上，如不能则进行下面的恢复操作。

(1) 在"安全模式"下恢复：将计算机启动到"安全模式"下，并将软盘中的文件尝试复制到硬盘，这种方法可使大部分文件恢复。

(2) 在DOS操作系统中恢复：可通过HD-Copy软件在DOS操作系统下尝试将软盘中的数据读取到内存，然后再用一张软盘将数据写入，如果HD-Copy能够正确读出软盘中的数据，则一般能够恢复。

11.6.7 显卡、声卡、网卡故障分析实例

1. BIOS设置不当导致显卡不能使用

故障现象：显卡在Windows 98操作系统下使用一切正常，升级到Windows 2000操作系统，安装了显卡的驱动程序后，显示颜色只有16色。

故障分析与处理：显卡For Windows 2000的驱动安装后，故障依然如此。于是重新上网下载了主板的BIOS，并顺利的升级，可是故障依旧。最后在BIOS中，将ASSIGN IRQ FOR VGA项(分配一个中断地址给显卡)由Disabled改为Enabled后故障消失。

2. "硬件加速"导致的故障

故障现象：一台计算机配置的是杂牌的显卡，升级操作系统后，经常出现黑屏现象。

故障分析与处理：先怀疑是升级操作系统后出现硬件冲突，但在"设备管理器"中没有发现有冲突的设备。又以为是驱动程序不兼容，升级为通过Microsoft认证的公版驱动后依然出现黑屏现象。反复检查各种设置后，最后将"硬件加速"由全部加速功能调整为基本加速后，故障解决。

3. 灰尘引起的黑屏

故障现象：计算机最近出现故障，现象为开机后显示器黑屏，主机无报警声。

故障分析与处理：首先估计是主机内电源松动造成的，拆开机箱后发现，主机内布满灰

尘，插拔电源线后故障依旧。将显示卡拔下后主机报警，看来故障是由显示卡引起的。将这块显示卡连接到其他计算机上工作正常。再看显卡插槽，发现里面布满灰尘，并且部分针脚已经氧化。用棉签蘸无水酒精小心擦拭，待里面完全风干以后，再插上显卡。计算机正常启动。显卡出现故障的主要原因：①超频导致显卡故障；②显卡本身设计制造的缺陷；③显卡 BIOS 设置不当或者驱动未正确安装；④显卡 BIOS 设置不当或者驱动未正确安装；⑤显卡 BIOS 导致的问题；⑥显卡驱动方面的问题。

4. 重插显卡才可重新启动

故障现象：计算机最近在启动时出现故障，现象为每次在启动时需要将显卡重新插拔一次后才能正常启动。

故障分析与处理：估计是因为显卡的金手指有氧化，或者是显卡插槽里有灰尘，造成接触不良影响开机。清洗显卡的金手指和显卡插槽后一般可以解决问题。

5. AGP 插槽损坏引起显示器花屏

故障现象：开机时因为显卡没有插好发出报警声，在没有断开电源的情况下将显卡按紧插牢，按下复位启动键后，自检时显示的字母混乱，自检完成后无法进入 Windows 操作系统，在 DOS 下用 dir 命令查看，显示的文件和目录名全部是乱码。

故障分析与处理：首先估计是显卡损坏，将显卡更换到另一台计算机上使用，没有任何问题。换另一块显卡插上使用也没有任何问题。但只要将这两样和在一起使用就会出现问题。后来仔细检查发现，由于 AGP 插槽的质量不太好，插拔时把里面的针脚损伤了，而且这块显卡的金手指比较薄，插上以后没有完全和插槽内的针脚接触好，造成了奇怪的花屏故障。在更换主板后解决。

6. 显卡散热不良引起的显示器花屏

故障现象：计算机在刚开机时使用正常，过一段时间后显示器就会出现花屏现象。

故障分析与处理：先怀疑是病毒引起的，查杀病毒后没有发现任何病毒。用其他的显卡替换后没有再出现花屏现象。再次检查显卡时发现，显卡上没有使用散热风扇，而是使用一块散热片来进行散热，估计这样造成显卡工作一段时间后发热量增大导致显卡工作不稳定，使显示器出现花屏。通过给显卡加装散热风扇后显示器花屏现象消失。

7. 声卡安装故障

故障现象：将声卡插在主板的第 1 条或第 2 条插槽上时，在 Windows 操作系统下总是无法安装好声卡的驱动程序，但将声卡安装在其他插槽上就没有问题，用 PCI 显卡安装在第 1 条或第 2 条插槽上使用也没有任何问题。

故障分析与处理：在某些硬件环境下，Windows 操作系统无法识别安装在主板第 1 条或第 2 条插槽上的 PCI 声卡。确认声卡没有故障，主板插槽也没有故障，而声卡安装后不能安装驱动，或驱动安装后声卡不能正常工作，多半都是这种问题。遇到这种情况可以将声卡安装在其他插槽上，或升级操作系统。

8. 病毒也会造成声卡故障

故障现象：计算机在开机后，音箱里不断地发出杂音。

故障分析与处理：首先估计是音箱损坏，用耳机连接后，同样发出杂音。看来应该是声卡或声卡驱动程序方面的问题。由于声卡是主板集成的，因此检查声卡驱动，发现安装正确并无任何冲突。进入 BIOS 也未发现任何设置不对的地方。最后怀疑是病毒感染造成的，用瑞星杀毒软件查杀，发现一大堆病毒。再次使用瑞星杀毒软件的软盘启动杀干净后，重新启动计算机音箱再没有发出杂音。

9. 声卡的双工模式影响IP通话

故障现象：通过Internet网络上的拨号软件拨打IP电话时能听见对方的声音，但对方不能听见任何声音。

故障分析与处理：在换用其他的拨号软件后故障仍未得到解决，于是怀疑声卡不是全双工的声卡，在更换为全双工的声卡后，故障排除。

10. 内置Modem上网容易掉线

故障现象：通过内置Modem拨号上网，但是很容易掉线。

故障分析与处理：内置Modem容易掉线的原因有很多，可参考以下步骤来分析解决。

(1) Modem质量不好。某些劣质Modem抗干扰能力不强，在机箱中受到其他电磁设备的干扰后容易掉线。

(2) 电话线路质量不好。如电话线上并联太多分机或电话线连接过长，都可能造成Modem容易掉线。

(3) BIOS设置不正确。如果BIOS中没设置好Modem和其他设备占用的端口，则可能发生冲突，导致Modem不能正常工作或容易掉线。

(4) 驱动程序不完善。最好安装厂家提供的在相应操作系统版本下的驱动程序，这样可使Modem工作在最佳状态。

11.6.8 显示器故障分析实例

1. 显示器图像不清文字模糊

故障现象：一台较旧的计算机，在使用时，显示器会出现图像不清文字模糊的情况。

故障分析与处理：估计是因为显卡方面接触不良或显示器有老化现象造成的。可仔细观察显卡的金手指和主板AGP插槽是否接触良好，有无氧化痕迹，检查显存芯片是否有损坏，可以尝试将显示颜色从"32位真彩色"降到"16位增强色"看是否能解决问题，如果确认显卡没有问题则可能是显示器老化所致。

2. 显示器开机时图像模糊

故障现象：显示器在初次开机时显示的图像模糊，使用一段时间后显示才恢复正常，在重新启动计算机后显示也正常。

故障分析与处理：估计原因是显像管尾部插座受潮，部分铜电路氧化造成的，可使用无水酒精来清洗。如果还不能解决，最好送到专业维修点进行维修。

3. 调整显示器的刷新频率

故障现象：计算机在Windows操作系统下，在1280×1024分辨率下只能达到65Hz的分辨率，感觉屏幕有闪烁感。

故障分析与处理：首先确认显卡和显示器是否支持如此高的分辨率和刷新频率，再检查是否正确安装了显卡驱动和显示器驱动，最好安装显示器生产厂家所带的驱动程序。

4. 液晶显示屏黑屏且指示灯显示正常

故障现象：笔记本出现显示故障，表现为开机后液晶显示屏一直黑屏，而笔记本上的指示灯显示正常。

故障分析与处理：估计可能有以下几个原因引起显示器黑屏。

(1) 液晶显示屏内部的高压灯管或高压板损坏，这样会造成显示器完全黑屏，但计算机可以正常启动。

(2) 连接液晶显示屏的信号线断裂或接触不良,在这种情况下计算机也可以正常启动,可能显示屏也会有一些显示或显示图像闪烁等,这时应该送修。

(3) 笔记本显卡损坏。这种情况下计算机一般不能正常启动,需要进行维修。

5. 调整液晶显示屏的分辨率

故障现象:液晶显示器不能任意调整显示分辨率,在 800×600 的分辨率下显示效果最好,而在其他分辨率下显示效果很差。

故障分析与处理:传统的 CTR 显示器是通过电子束打到显示屏上发光显示的,通过偏转线圈可以随意调整显示器的分辨率和刷新频率(在一定的范围内),这样就感觉到 CRT 显示器在不同的分辨率下显示效果都很好,而液晶显示器的原理和普通 CRT 显示器不同,它是通过液晶闪电场的驱动来发光的,其屏幕分辨率有一个固定值,不能随意调整,如果调整为其他分辨率,就有可能出现显示不正常,或显示效果不好的问题。

6. 显示器驱动程序错误导致的故障

故障现象:显示器显示的图像中央部分显示正常,边缘会出现闪烁现象,但在安全模式下此现象消失。

故障分析与处理:估计是显示器驱动程序不正确造成的,只需要重新安装对应的显示器驱动程序即可。

7. 显示器偏色

故障现象:显示器显示的颜色和真实颜色有很大的偏差,并且有些部分显示的是色块。

故障分析与处理:估计是显示器被磁化造成的,可使用显示器自带的消磁功能或使用消磁棒对其进行消磁,如果问题还不能解决,则应该是显示器的质量问题。

8. 显示器在使用时经常黑屏

故障现象:显示器在使用时经常出现黑屏。

故障分析与处理:对于显示器黑屏现象的故障判断可以采取以下方法进行分析和排队。

(1) 显示器电源是否接好。检查显示器电源是否连接好市电,电源连接线是否有断路。

(2) 显示器亮度、对比度和显示位置旋钮是否调整在正常位置。是否将显示器的亮度、对比度等调整到最小状态。

(3) 显示器在使用中出现黑屏,先检查是否使用了屏幕保护程序,是否开启了显示器的电源管理。

(4) 检查显示器内所使用的保险丝是否熔断。如果保险丝熔断,更换相同规格大小的保险丝即可。

(5) 如果其他一切都正常,可能是显卡出现了故障,需要更换一块显卡。

9. 兼容性问题导致显示器花屏

故障现象:计算机在使用一段时间后出现严重的花屏现象。

故障分析与处理:估计此问题应该和显卡或显示器有关。将显卡安装到另外一台计算机上使用正常,再将显示器接到另一台计算机上也使用正常。最后用另一块显卡接在故障计算机上,显示正常。证明是显卡和显示器之间的兼容性问题。

10. 显示器老化造成开机时变色

故障现象:计算机在开机时屏幕显示颜色为深色,使用一会后显示恢复正常。

故障分析与处理:估计应该是显示器老化造成的,建议更换显示器。

11. 电压不稳定导致显示器出现不规则横线

故障现象：计算机在使用过程中显示器出现不规则横线，严重时整个画面抖动。

故障分析与处理：替换显卡后故障依旧，将显示器连接到其他计算机上工作也正常，检查其他设置也没有发现问题。用万用表测量电源电压后发现电压偏低且不稳定，加装 UPS 后故障现象消失。

12. 内存导致的显示故障

故障现象：计算机在开机使用一会后，显示器的屏幕上就会显示一条横线。

故障分析与处理：经过检测，发现显卡和显示器均无任何问题，证明问题不是因为显卡和显示器引起的。替换掉多个硬件，最后替换掉内存后故障消失。证明问题是由于内存引起的，估计是主板与内存不兼容的现象，而集成显卡是使用内存作为显存的，对内存的要求比较高，如果内存达不到规范或有其他问题，则可能导致显示故障，只需要将内存更换为更高质量的内存即可。

13. CRT 显示器偏色

故障现象：计算机在启动时屏幕本应该是白色的字符全部变色，进入 Windows 操作系统的桌面后整个桌面也变色。

故障分析与处理：估计是因为显示信号传输的原因引起的。仔细检查发现显示信号线与显卡接触的一端已经有一根针脚弯曲，与显卡没有接触，用镊子将其扶直后再小心插入显卡，故障消失。

14. 电源故障导致显示器出现水波纹

故障现象：显示器的电源线连接在主机的电源插座上，在使用计算机时，显示器屏幕上有水波纹。

故障分析与处理：估计是主机内的电源质量不过关，不能有效地滤掉电源中的杂波。最好是将显示器单独接上电源插座。

11.6.9 电源故障分析实例

1. 要重启计算机才能进入系统

故障现象：一台计算机开机不能进入系统，但按 Reset 按钮重新启动一次后又能进入系统。

故障分析与处理：首先怀疑是电源坏了，因为计算机在按 Power 按钮接通电源时，首先会向主板发送一个 PG 信号，接着 CPU 会产生一个复位信号开始自检，自检通过后再引导硬盘中的操作系统完成计算机启动过程。而 PG 信号相对于+5V 供电电压有大约 4ms 的延时，待电压稳定以后再启动计算机。如果 PG 信号延时过短，会造成供电不稳，CPU 不能产生复位信号，导致计算机无法启动。随后重启时提供电压已经稳定，于是计算机启动正常。看来故障源于电源，换一个电源后重新开机测试，故障排除。

2. 电源故障导致硬盘电路板被烧毁

故障现象：一台计算机，在更换硬盘后只使用了三四个月，硬盘电路板就被烧毁了，再换一块新硬盘，不到两个月，硬盘电路板又被烧毁了。

故障分析与处理：因为连换两个硬盘，电路板都被烧毁了，因此不可能是硬盘问题，首先怀疑是主板的问题，打开机箱，仔细观察主板，没发现异常现象，再找来一块使用正常的硬盘。重新启动系统，系统无法识别硬盘。而不接硬盘时启动电源，用万用表测试，发现电源电压输出正常。于是将一块新硬盘接入计算机，开始安装操作系统，安装到一半时，显示器突然黑屏。用万用表检测，发现＋5V 电源输出仅为＋4.6V，而＋12V 电源输出高达＋14.8V。立即关机，打开电源外壳，发现上面积满灰尘，扫除干净后仔细检查，发现在＋5V 电源输出部分的电路中，有一只二极管的一只引脚有虚焊现象，重新补焊之后，换上新硬盘，启动计算机，故障排除。

3. 电源供电不足导致系统不稳定

故障现象：一台计算机配置为 Pentium Ⅲ 1.2GHz CPU，128MB 内存，技嘉主板，最近将旧硬盘更换为 80GB 的新硬盘后就出现系统不稳定，无故自动重启的故障，而且使用时可明显感觉到风扇的风很热，转动很吃力。

故障分析与处理：这个故障很明显地表明电源已经不堪重负，供电不足了，在更换新电源后，故障排除。

4. 升级后计算机经常重启

故障现象：一台计算机在使用 3 年后对其主板升级，升级后计算机就经常莫明其妙地重新启动。

故障分析与处理：由于升级后才出现计算机故障，很明显是升级导致了硬件之间不配匹。最大的嫌疑就是电源，因为配置较老的电源一般实际功率都很低，而现在的各主板都是比较耗电的，电源的实际功率过低就无法提供足够的能源给主板，只需要换一个功率较大的电源即可。

5. 机箱带电

故障现象：一台计算机机箱带电，一触碰机箱就有被电的麻刺感。

故障分析与处理：这种故障大多是由电源造成的。仔细检查电源插座，发现中线与相线位置接反，而且三孔插座中间的地线没有接地，只需将插座正确对接后即可排除故障。

6. 硬盘出现“啪、啪”声

故障现象：为一台计算机安装了双硬盘后，硬盘就经常出现“啪、啪”的声响。

故障分析与处理：出现这种故障是因为电源功率不足引起的硬盘磁头连续复位，如果长时间这样运行，硬盘可能出现错误甚至损坏，建议更换一个质量可靠的大功率电源。

7. 笔记本的电池导致系统故障

故障现象：一台联想笔记本开机不能正常进入 Windows 操作系统，屏幕提示找不到系统文件，也无法进入安全模式。

故障分析与处理：该故障的处理过程如下。

(1) 开始认为有病毒，于是用杀毒软件杀毒，但一无所获，故障依旧。

(2) 又认为是操作系统被损坏了，于是重新安装系统，但计算机提示出现错误，无法继续安装，后来计算机就无法开机了。

(3) 仔细检查笔记本，发现电源灯和所有指示灯都不亮。检查外接电源，没有任何问题，去掉外接电源，计算机指示灯仍然不亮，看来是计算机本身的问题。

(4) 最后还是将笔记本的电池取掉，然后接上外接电源，笔记本电源的指示灯才亮，故障彻底排除。

8. 电源故障造成计算机烧毁

故障现象：一台计算机已经使用很长时间了，在不久前对该计算机进行了升级。有一天在刚打开计算机时就听到内部芯片爆裂，检查发现该计算机的所有部件全部烧毁，只有软驱和显示器还能工作。

故障分析与处理：正常计算机在开机时是不可能造成如此大面积的部件烧毁，很明显，这是高压对计算机造成的。用万用表测量各组电源没发现电压有何异常。仔细观察电源内部的通气孔，发现上面已堆积了一层灰尘，于是对其进行彻底打扫。如果空气很潮湿，潮湿的灰尘会使电源高压窜入输出端，全面烧毁计算机部件。

11.6.10 键盘与鼠标故障分析实例

1. 某些按键无法输入

故障现象：一个键盘已使用了一年多，最近在按某些按键时不能正常输入，而其余按键正常。

故障分析与处理：这是典型的由于键盘太脏而导致的按键失灵故障，通常只需清洗一下键盘内部即可。清洗键盘的方法为：关机并拔掉电源后拔下键盘接口，将键盘翻转用螺丝刀旋开螺丝，打开底盘，用棉球蘸无水酒精将按键与键帽相接的部分擦洗干净即可。

2. 按键显示不稳定

故障现象：最近使用键盘输入文字时，有时某一排键都没有反应。

故障分析与处理：该故障很可能是因为键盘内的线路有断路现象。处理方法为：拆开键盘，找到断路点并焊接好即可。

3. 键盘不灵敏

故障现象：使用键盘时有个别按键轻轻敲击无反应，必须使劲才有反应。

故障分析与处理：由于用力按下键盘能输入字符，看来键盘接口和电缆均没有问题，很有可能是电路故障造成的，这种故障的处理方法为：拆开键盘仔细检查，发现失灵按键所在列的导电层线条与某引脚相连处有虚焊现象，原来这就是导致故障的原因。立即将虚焊点重新焊好，安装好键盘后接通电源开机检测，故障排除。

4. 电容式键盘连键

故障现象：一个电容式键盘按单键时出现连键现象。

故障分析与处理：当出现这种故障是因为按键的弹性降低了，只需用一张韧性好的纸片垫在塑料键与金属膜片之间，增加按键的弹性即可解决连键现象。

5. 按键不能弹起

故障现象：有时开机时键盘指示灯闪烁一下后，显示器就黑屏。有时单击鼠标却会选中多个目标。

故障分析与处理：这种现象很有可能是某些按键被按下后不能弹起造成的。按键次数过多、按键用力过大等都有可能造成按键下的弹簧弹性功能减退甚至消失，使按键无法弹起。处理方法为：在关机断电后，打开键盘底盘，找到不能弹起的按键的弹簧，用棉球蘸无水酒精清洗一下，再涂少许润滑油脂，以改善弹性，最后放回原位置；或更换新的弹簧。

6. 键盘和鼠标接反引起黑屏或者死机

故障现象：一台计算机一开机就黑屏，还有一台计算机开机后，进入 Windows 操作系统界面后就死机。

故障分析与处理：这是很典型的键盘和鼠标接反引起的故障。

7. 错误操作导致的键盘或鼠标故障

故障现象：计算机在运行过程中，不小心将键盘连线扯掉了，于是立即把键盘插上，后来键盘就无论如何也不动了。

故障分析与处理：这是典型的操作不当导致的故障。PS/2 接口是带电的，而在计算机运行过程中最忌讳的是热插拔，因为这样极有可能烧毁电路，而这台在计算机运行过程中就热拔插了键盘，可能是已经烧坏了主板上 PS/2 接口附近的电路，这时只能换键盘。

8. 开机检测不到鼠标

故障现象：一台计算机使用一直正常，一日开机时突然检测不到接在串口上的鼠标了。

故障分析与处理：首先怀疑鼠标有问题，但将鼠标连到其他计算机能正常使用，又怀疑计算机有问题，但将其他鼠标连到该计算机上也能正常使用。看来是因为拔插鼠标的次数太多了，使得鼠标接口发生松动，只需更换串口连线即可。

9. 鼠标按键无响应

故障现象：一台计算机使用一直正常，一日使用鼠标时，按下鼠标的按键无响应。

故障分析与处理：根据经验，这种故障是由按键下方接触开关的接触片断裂引起的，只需换一个鼠标即可，也可以从废弃的鼠标上拆卸一个来替换损坏的按键。

10. 鼠标双击无效

故障现象：在一台计算机中双击鼠标只能选中对象却不能打开对象。

故障分析与处理：很明显，这是因为系统双击速度设置得太快引起，只需要在"鼠标属性"对话框中将鼠标的双击速度调慢即可。

11. 光电鼠标的灵敏度变差

故障现象：一台计算机使用光电鼠标，近日移动鼠标时光标反应很迟钝。

故障分析与处理：这是典型的光电鼠标灵敏度变差的故障，引起这种故障的原因及相应的解决办法为：①透镜通路有污染；②光电接收系统偏移，焦距没有对准；③发光管或光敏管老化；④外界光线影响。

11.6.11 外设故障分析实例

1. 每次使用电视卡都需要安装驱动程序

故障现象：一款内置电视卡，在每次使用的时候都需要重新安装驱动程序才行。

故障分析与处理：在"设备管理器"中检查时没有发现硬件冲突，检查占用的中断时发现声卡和电视卡共用一个中断。进入 BIOS 后修改声卡占用的中断后故障排除。

2. 打印色彩与显示色彩不一致

故障现象：喷墨打印机打印出来的彩色图片与显示出来的颜色不大一致。

故障分析与处理：由于屏幕显示的颜色是基于 RGB 混色原理，而彩色打印机是基于 CMYK 减色原理。由于色彩原理的差异，因此打印出来的图像颜色不可能与显示器显示的颜色一致。此外，打印机也存在着偏色现象。另外，使用不同厂家的墨水、使用的纸张不同都可能造成打印颜色存在差异。若打印出来的图像严重偏色，则应该是打印机喷头的问题。

3. 打印方式设置影响打印速度

故障现象：打印机在 Windows 操作系统下进行打印作业时需要较长时间才能进行打印。

故障分析与处理：估计是将打印机设置为后台打印，而不是直接打印到打印机。设置为后台打印时，打印机需要将打印信息写到硬盘的临时文件夹中，然后再将此打印信息发送给打印机，此种打印方法允许计算机在打印文档的同时执行其他应用程序。如果希望计算机能够立即进行打印，可在打印机设置中取消后台打印，并选中"直接打印到打印机"复选框，以后在执行打印作业时发送打印信息后将会立即开始打印。

4. 针式打印机断针

故障现象：使用针式打印机打印文档时，经常出现打印机断针的情况。

故障分析与处理：针式打印机在使用过程中出现断针情况，有以下几方面原因：①色带安装得不合理；②长期打印蜡纸容易引起断针；③打印时强行拉纸容易造成断针；④在打印过程中，人为转动字辊容易引起断针；⑤人为使用不当，使打印头前端与字辊之间的间隙经常发生变化；⑥针式打印机使用的是色带盒或色带，可能使用劣质色带盒或色带；⑦打印时突然关机或断电，使打印针头不能及时归位，容易造成断针；⑧所打印的文件中有大量的制表符，针式打印机在打印表格时，容易造成断针。

5. 刻盘时出现缓冲区欠载的情况

故障现象：在刻录过程中出现 Buffer Under Run(缓冲区欠载)的提示，无法完成刻录过程，导致光盘报废。

故障分析与处理：这个问题应该是使用刻录机过程中出现的最常见的故障。由于刻录过程需要连续不断地进行，因此在刻录过程中数据传输不能中断，为了保证数据传输，刻录机都有一定容量的缓存，如果缓存里没有补充新的数据将会导致刻录失败。发生缓存欠载的原因较多，最常见的就是在刻录软件时进行了其他操作，尤其是那些占用系统资源大的程序。为了保证完整刻录，在刻录之前最好对硬盘进行碎片整理和杀毒操作，在进行刻录时最好关闭后台运行的程序，关闭屏幕保护程序，断开网络连接，不要运行其他应用程序等。

11.6.12 系统故障分析实例

1. Windows 7 无法启动

故障现象：计算机在安装好 Windows 7 操作系统后不能正常启动。

故障分析与处理：在 Windows 7 系统中有一个"Windows 7 启动修复"功能，可以用来解决 Windows 7 启动开机不正常等一般系统问题，很多时候可以通过这个工具修复开机启动问题，免去了重装系统的麻烦。可按下面的方法来处理。

(1) 重启计算机，按 F8 键进入系统高级安全选项，然后找到"系统恢复"选项，选择"启动修复"然后确认，之后即可进入系统启动修复，以上修复完成之后，重新启动计算机，很多时候 Windows 7 无法启动的问题就可以得到解决了。

(2) 若还是无法启动，则按下 F8 键进入系统高级选项菜单，选择进入安全模式。这时候安全模式下系统会自动修复损坏的注册表，如果是注册表的问题的话，进入安全模式之后再重启即可。

当然有些时候可能也会修复失败，这可能是出现系统相关文件丢失导致，这种情况只能选择重新安装系统或者使用原来的系统光盘进行修复了。

2. Windows 7 操作系统不能实现软关机

故障现象：Windows 7 操作系统不能实现软关机。

故障分析与处理：可按以下方法处理。

(1) 当计算机上运行了某个或者某些软件，而且该软件是常驻内存的，那么这些软件运行后就自动出现在系统托盘中，如果在关闭计算机的时候没有将它从系统托盘中退出，就会出现无法关机的现象。解决方法就是：关机前，先退出各种正在执行的程序，再执行关机命令。

(2) 如果将所有执行的程序都关闭了，但是还是无法关机，那么请检查是否有安装安全卫士 360 或讯盘等三方软件，如果有的话，请关闭后进行测试是否可以正常关机。

(3) 如果通过以上两个步骤排查后，依然无法关机，那么请排查下是否最近安装过系统补丁，如果安装过，在“控制面板”→“程序”→“程序和功能”→“已安装更新”内删除，测试问题是否得到解决。

(4) 如果通过以上 3 个步骤排查后，依然无法关机，那么按 F8 键进入安全模式，如果在安全模式下问题没有解决，则排查由第三方软件所引起的故障。如果问题由第三方软件引起，建议用户更新第三方软件、重新安装或者卸载第三方软件。

(5) 如果通过以上 4 个步骤排查后，依然无法关机，那么在键盘上同时按 Win＋R 键，调出“运行”，输入 gpedit. msc 命令按回车，打开组策略，在组策略中的“计算机配置”→“管理模板”→“系统”→“疑难解答和诊断”→“Windows 关机性能诊断”中找到“配置方案执行级别”，双击，选择“已启用”，配置方案执行级别选择“检测，故障排除和解决”，确定完成。按 Win＋R 键，调出“运行”，输入 gpedit. msc 命令按回车，打开组策略，在“计算机配置”→“管理模板”→“系统”→“关机”选项中找到“关闭会阻止或取消关机的应用程序的自动终止功能”，双击，选择“已启用"后退出组策略。

(6) 如果通过以上 5 个步骤排查后，依然无法关机，那么请备份好数据，尝试使用恢复系统的方法来解决。

3. Windows 7 系统只能进入安全模式

故障现象：之前计算机启动都很正常，某天突然发现 Windows 7 系统计算机无法正常启动进入到桌面，可进入到安全模式。

故障分析与处理：按 F8 键的时候可以进入到安全模式后按以下步骤处理。

步骤 1：启动系统配置实用程序

(1) 使用具有管理员权限的账户登录到计算机。

(2) 单击“开始”，在“开始搜索”框中输入 msconfig，然后按 Enter 键。如果系统提示输入管理员密码或进行确认，请输入密码或单击“继续”按钮。

步骤 2：配置“有选择的启动”选项

(1) 在“常规”选项卡上单击“有选择的启动”。

(2) 在“有选择的启动”下取消对“加载启动项”复选框的选中。

(3) 单击“服务”选项卡，选中“隐藏所有 Microsoft 服务”复选框，然后单击“全部禁用”按钮。

(4) 单击“启动”标签卡，然后单击“全部禁用”按钮并确定，然后单击“重新启动”按钮。

步骤 3：登录 Windows

(1) 如果得到提示，请登录 Windows。

(2) 收到消息时选中“在 Windows 启动时不显示此信息或启动系统配置实用程序”复选框后单击“确定”按钮即可。

4. Windows 7 操作系统中的软件无法彻底删除

故障现象：使用程序自带的卸载程序将程序卸载后，在“控制面板”中的“添加/删除程序”选项中仍然存在。

故障分析与处理：估计是这些程序不完善，卸载程序不能将注册表中的信息完全清除，造成在“添加/删除程序”选项中依然能找到该程序。只需启动注册表编辑器，展开“HKEY_LOCAL_MADHINE\Software\Windows\Current Version\Uninstall”项，在右边窗格中选中要删除的应用程序名，然后选择“编辑”中的“删除”菜单命令将其删除即可。

5. 解除注册表中留下的软件安装痕迹

故障现象：操作系统对某软件提示“该程序执行了非法操作，将被关闭”。

故障分析与处理：估计是软件受损造成的，重新安装一次该软件一般就可以正常使用。不过有些软件在安装时会校验注册表中的信息，如已安装或注册表中该软件信息错误将会拒绝再次安装。只需清理注册表中原来软件留下的内容再安装软件即可。在安装应用软件时，安装程序会修改注册表，当不需要一个软件将其卸载时，即使使用的是系统自带的卸载程序，应用程序在注册表中的一些信息也可能并没有被完全清除。所以，应定期对注册表进行清理。

6. 解决多操作系统下的字体安装问题

故障现象：在安装了 Windows 7 和 Windows 2003 双操作系统以后，由于硬盘空间有限，无法在每个操作系统下都安装更多的字体文件。

故障分析与处理：可以通过共用字体的方法来解决这个问题。其方法如下：①将需要安装的字体文件复制到某一个文件夹下；②进入 FONT 字体文件夹，选择“文件”下的“安装新字体”命令；③在出现的对话框中指定字体文件的路径，并取消对“将字体复制到 Fonts 文件夹”复选框的选中；④在另一个操作系统中重复此安装过程。安装完毕后系统会在 Fonts 字体文件夹下建立这些字体文件的快捷方式，以后就可以在不同的操作系统下共享这些字体了。

7. 出现蓝屏

故障现象：在 Windows 7 下经常出现蓝屏故障。

故障分析与处理：此类故障的表现方式多样，有时在 Windows 启动时出现，有时在 Windows 下运行一些软件时出现。此类故障一般是由于用户操作不当促使 Windows 系统损坏造成，具体表现为以安全模式引导时不能正常进入系统，出现蓝屏故障。有时碎片太多也会引发此类故障，在整理碎片后就解决了该故障。除此之外，还有以下几种原因可能引发该故障。

1）内存原因

由于内存原因引发该故障的现象比较常见，此类故障一般是由于芯片质量不佳所造成，但有时我们通过修改 CMOS 设置中的延迟时间 CAS(将其由 3 改为 2)可以解决该问题，如若不行则只有更换内存条。

2）主板原因

由于主板原因引发该故障的概率较内存稍低，一般由于主板原因出现此类故障后，计算机在蓝屏后一般不会死机，而且故障出现频繁，对此唯有更换主板这一个办法。

3）CPU 原因

由于 CPU 原因出现此类故障的现象比较少见，一般常见于 cyrix 的 CPU 上，对此可以降低 CPU 频率，看能否解决，如若不行，则只有更换。

8. 随机性死机

故障现象：计算机经常出现随机性死机。

故障分析与处理：死机故障比较常见，但因其涉及面广，维修比较麻烦。下面逐步予以详解。

1）病毒原因造成计算机频繁死机

由于此类原因造成该故障的现象比较常见，当计算机感染病毒后，主要表现在以下几个方面：

(1) 系统启动时间延长；

(2) 系统启动时自动启动一些不必要的程序；

(3) 无故死机；

(4) 屏幕上出现一些乱码。

其表现形式层出不穷，由于篇幅原因就介绍到此。在此需要一并提出的是，如果因为病毒损坏了一些系统文件，导致系统工作不稳定，可以在安全模式下用系统文件检查器对系统文件予以修复。

2) 由于某些元件热稳定性不良造成此类故障(具体表现在CPU、电源、内存条、主板)

对此，可以让计算机运行一段时间，待其死机后，再用手触摸以上各部件，如果温度太高则说明该部件可能存在问题，可用替换法来诊断。

3) 由于各部件接触不良导致计算机频繁死机

此类现象比较常见，特别是在购买了一段时间的计算机上。由于各部件大多是靠金手指与主板接触，经过一段时间后其金手指部位会出现氧化现象，在拔下各卡后会发现金手指部位已经泛黄，此时，可用橡皮擦来回擦拭其泛黄处予以清洁。

4) 由于硬件之间不兼容造成计算机频繁死机

此类现象常见于显卡与其他部件不兼容或内存条与主板不兼容，例如SIS的显卡，当然其他设备也有可能发生不兼容现象，对此可以将其他不必要的设备如Modem、声卡等设备拆下后予以判断。

5) 软件冲突或损坏引起死机

此类故障一般都会发生在同一点，对此可将该软件卸掉来予以解决。

9. 计算机自动重新启动

故障现象：计算机自动重新启动。

故障分析与处理：此类故障表现在系统启动时或在应用程序运行了一段时间后出现此类故障。引发该故障的原因一般是由于内存条热稳定性不良或电源工作不稳定所造成，还有一种可能就是CPU温度太高引起。还有一种比较特殊的情况，有时由于驱动程序或某些软件有冲突，导致Windows系统在引导时产生该故障。

11.6.13 软件故障分析实例

1. 无法重新安装WPS 2000

故障现象：在一台计算机上按正确的方法卸载WPS 2000后要重新安装，系统提示“WPS 2000已经安装”，无法继续安装。

故障分析与处理：如果没有彻底删除WPS 2000的安装信息就可能引起这种故障，虽然已按正确方法卸载了WPS 2000，但注册表中还存有大量的WPS 2000注册信息没有删除，在安装时系统会检测到这些注册信息，误以为已经安装了WPS 2000。只有将注册表中的注册信息全部删除后才能正常安装，删除注册信息的方法如下。

(1) 运行regedit打开“注册表编辑器”，选择“编辑”中的“查找”命令，打开“查找”对话框。

(2) 在“查找目标”文本框中输入WPS 2000并单击“确定”按钮，搜索到的所有有关WPS 2000的主键删除。

(3) 选择“编辑”中的“查找下一个”命令，并删除查到的数据或文件夹。

(4) 用同样方法删除 WPS 2000 的所有注册信息，然后退出注册表，即可安装 WPS 2000 了。

2. 运行 KV3000 时死机

故障现象：计算机一运行 KV3000 就会死机。

故障分析与处理：处理该故障的过程如下。

(1) 首先确认使用的 KV3000 为正版软件，如果不是正版软件，可能是软件加密引起的故障，只能卸载 KV3000，重新安装其他杀毒软件。

(2) 如果确认使用的为正版 KV3000，则检查是否已将病毒数据库升级到了最新版本，因为如果计算机中存在 KV3000 不能识别的病毒，也会造成计算机死机。

(3) 如果使用以上方法后故障依旧，则可能是硬盘的某个扇区有错误。应运行硬件检测程序进行检测。

3. 安装杀毒软件后死机

故障现象：在一台计算机上安装 KV3000 杀病毒软件时选择了实时监控安装方式，顺利安装完成后重新启动计算机，当出现 Windows 2000 桌面后死机。重新启动故障依旧。

故障分析与处理：初步判断是 KV3000 的实时监控造成了系统死机，解决方法如下。

(1) 重新启动 Windows 2000，当出现桌面时，按 Ctrl＋Alt＋Delete 组合键进入"任务管理器"窗口。

(2) 在其中选择 KV3000 监控程序后单击"结束任务"按钮，即可终止监控程序的运行，故障彻底排除。

4. 软件不能正常运行

故障现象：安装软件能顺利完成，但不能正常运行。

故障分析与处理：导致软件不能正常运行的原因可以从软件和硬件两方面来考虑。软件原因：①病毒感染；②内存不足；③文件只读；④存放位置不正确；⑤文件名错误；⑥软件冲突。硬件原因：有些软件只能在配置较低的计算机上运行。这时只能选择使用更高版本的软件或放弃使用这些软件。

5. 软件不能安装

故障现象：软件不能正常安装。

故障分析与处理：如果在一台计算机上不能正确安装软件，可以从以下几方面来考虑：①病毒；②内存不足；③硬盘空间不够；④软件本身版本有冲突。

6. 不能共享文件夹

故障现象：在 Windows 中用鼠标右键单击文件夹，在弹出的快捷菜单中找不到"共享"命令项，因此无法共享文件夹。

故障分析与处理：无法共享文件夹是因为没有在"网络属性"对话框中设置文件的共享，其解决方法如下。

(1) 用鼠标右键单击桌面上的"网上邻居"图标。在弹出的快捷菜单中选择"属性"命令，打开"属性"对话框。

(2) 单击"文件和打印机共享"按钮，打开"文件及打印共享"对话框。

(3) 选中"允许其他用户访问我的文件"复选框，一直单击"确定"按钮关闭对话框即可。

7. 不能将图片存为 JPG 和 GIF 格式

故障现象：在 Photoshop 中，被修改过的图片不能存为 JPG 和 GIF 等格式。

故障分析与处理：这是因为 Photoshop 默认的格式是 PSD,它可以支持图层。在一幅图片上添加图片或文字后,在产生了新的图层又没有合并图层之前,这些图片都只能保存为 PSD 格式,而不能存为 JPG 和 GIF 等其他格式。如果要将编辑后的图片保存为 JPG 和 GIF 格式,可按如下方法进行。

(1) 选择 Layer 中的 Flatten Image 命令,就可以将其保存为 JPG 格式。

(2) GIF 格式是一种只支持 256 色的文件格式,如果要将编辑过的图片保存为 GIF 格式,必须先通过 Image 中的 Mode 中的 Indexed Color 命令将图片转换为 256 色。

8. 王码五笔不能正常输入汉字

故障现象：使用了王码五笔一段时间后突然失去了词语联想、逐渐提示等功能,查看其属性,发现这几项均已被选中。而且按了第一个键后,就不能再按其他键了,从按第二个键开始就有喇叭报警声。

故障分析与处理：使用王码五笔时状态栏上有一个笔状的图标,单击笔状图标,在弹出的快捷菜单中选中"显示输入法状态"选项,即可显示王码五笔的控制条,这时即可使用词组联想和王码的提示功能。如果"显示输入法状态"选项本身就处于选中状态,而输入法控制条却没有出现,可以先取消该选项的选中状态,然后再次选中它即可。

9. 输出 Fireworks 文件时有空隙

故障现象：输出 Fireworks 文件时,HTML 文件的左边和上边没有紧靠边,总有一定的空隙。

故障分析与处理：处理这种现象的方法为：导出 HTML,在 Dreamweaver 中进行修改,只要将其中的 Marginheight、Marginwidth、Topmargin 和 Leftmargin 都设置为"0"即可。

10. 使用虚拟光驱后经常死机

故障现象：在 Windows 98 中使用虚拟光驱后,经常莫明其妙死机。

故障分析与处理：虚拟光驱可以使系统运行速度加快,因此对系统的要求很高,只要系统稍不稳定,就会经常死机。处理方法为：①打开"系统属性"对话框；②单击"性能"选项卡,在其中单击"文件系统"按钮,打开"文件系统属性"对话框；③单击"CD-ROM"选项卡,在"最佳的访问方式"下拉列表框中选择"不预读"选项。这样计算机使用虚拟光驱后的死机现象将大大减少。

11. 整理硬盘后虚拟光驱不能使用

故障现象：一台计算机使用了虚拟光驱,但整理过硬盘后就不能使用。

故障分析与处理：虚拟光驱不但虚拟了光盘上的数据,还要在硬盘上虚拟光盘的数据分布结构。整理硬盘后,硬盘数据被移位了,虚拟光驱的数据结构也随之改变,系统误认为虚拟光驱受到物理损坏,自然不能使用了。处理方法为：在硬盘上分出一个区来专门放置虚拟文件,整理硬盘时跳过该分区即可。

12. Photoshop 运行不正常

故障现象：计算机安装使用 Photoshop 7.0 一段时间后,就不能正常运行了。

故障分析与处理：估计原因应该是软件冲突造成的。最好先检查最近是否安装了其他的软件,也可能是杀毒软件的实时监控功能造成的。如果是因为软件冲突造成的,将新安装的软件卸载后一般就可正常使用,如果是因为杀毒软件的实时监控功能造成的,只需在使用 Photoshop 时关闭其实时监控即可。如果还不能使用,建议重新安装 Photoshop。

13. Photoshop 的中文字体名称显示为英文

故障现象：计算机安装了中文版 Photoshop 6.0 后，启动时发现所有中文字体的名称都显示为英文。

故障分析与处理：安装 Photoshop 后系统会在 Program Files\Commom Files\Adobe\TypeSpt 文件夹下建立 Adobefnt.1st 文件，这个文件主要用于决定字体栏中中文字体的显示。若要更改中文字体的显示，只需更改该文件即可。其更改方法为：①打开 Program Files\Commom Files\Adobe\TypeSpt 文件夹下的 Adobefnt.1st 文件；②双击 Adobefnt.1st 文件，在打开方式中选择 Word，打开“文件转换”对话框，在其中选中“纯文本”单选按钮，单击“确定”按钮；③利用查找功能找到 FamilyName 关键字；④把所有段落中“WinName：”后面的中文文字及符号粘贴到同段落“FamilyName：”后面，并替换掉原有英文文字及符号；⑤将文档保存为原文件格式并退出 Word，重新启动 Photoshop，这样中文字体即可正常显示了。

11.6.14 网络故障分析实例

1. 清理 IE 的地址列表

故障现象：使用浏览器访问后，在 IE 的地址列表中留下很多网址，无法彻底清除。

故障分析与处理：这是因为浏览过后的地址都保存在了注册表中，只需要清除注册表中的这些地址列表就可以了，也可以利用 3721 网络实名的上网助手来清除这些地址列表。

2. IE 出错

故障现象：计算机安装的是 Windows 2000 操作系统，但打开 IE 浏览器就会提示“IEXPLORER.EXE 出错”或“IEXPLORER.EXE 遇到问题需要关闭”。

故障分析与处理：估计是 IE 浏览器出现了错误。只需要重新安装一次 IE 或者将 IE 升级到更高版本就可以解决了。如果还不能解决，则只能重新安装操作系统。

3. 防止他人获取对 Web 页面的访问信息

故障现象：在公共场所上网，容易泄露自己的私人信息，包括浏览的网页历史记录、输入表单的用户名和密码、窃取 QQ 等聊天工具的密码和游戏账号密码等。

故障分析与处理：由于 Windows 操作系统具有历史记录功能，可以将 IE 访问过的网址和表单的用户名、密码等统统记录下来，使其在公共场所上网具有相当大的隐私泄密性。所以在上网时最好做如下设置：用木马扫描工具和杀毒软件扫描系统，看是否中了木马程序和黑客病毒，否则容易被窃取邮箱、QQ、网络游戏等的账号和密码。上完网后，最好将历史记录清除，清除历史记录的方法是：①启动 Windows 的注册表编辑器，展开 HKEY_CURRENT_USER\Software\Microsoft\InertnetExplorer\TypedURLs 分支；②将该键值中保存的浏览历史删除掉即可。

4. QQ 密码被盗

故障现象：在网吧使用 QQ 聊天后，密码不小心被盗了。

故障分析与处理：这种情况如果在腾讯网站申请了密码保护就可以通过密码保护把 QQ 的密码找回来。如果没有申请密码保护则只好放弃了。防范密码盗窃的方法如下。

(1) 在网吧等公共场合上网时，最好先用木马扫描程序来扫描一下系统，以防有木马或黑客程序盗取 QQ 密码。

(2) 不要轻易打开那些陌生可疑的文件。

(3) 离开时记得删除 QQ 目录下以 QQ 号码命名的文件夹，并清除 QQ 登录对话框中登录的 QQ 号码。

(4) 到腾讯主页去申请密码保护功能，即使别人盗用密码，也可以通过密码保护找回密码。

5. 防止 QQ 被炸

故障现象：在用 QQ 聊天时经常收到许多垃圾信息，使得系统运行速度变慢，而且 QQ 容易掉线。

故障分析与处理：QQ 消息炸弹的原理就是在极短的时间内发给大量的信息给某个 QQ 号码，造成运行该 QQ 号码的计算机速度变慢，直至 QQ 掉线，甚至造成死机。可以通过利用代理服务器的方法来对付消息炸弹，其方法为：①通过"代理猎手"软件搜索出一个合适的代理服务器地址，然后打开 QQ 参数设置；②选择"网络设置"项，选中"使用 Proxy Sock5 防火墙"复选框；③将 IP 地址和端口填入其中，用户名和密码不填；④单击"测试"按钮后显示一切正常即可使用。

6. 浏览网页时提示"非法操作错误"

故障现象：经常在浏览网页时，IE 浏览器出现"非法操作"的提示信息。

故障分析与处理：有可能是 IE 出现了错误导致的这种现象，也可能是 Windows 资源进程的"自我保护"现象。如果是 IE 浏览器本身的问题，则只需要重新安装 IE 浏览器即可，或者是对 Windows 操作系统进行如下设置。①选择"开始"中的"运行"命令，打开"运行"对话框；②输入 Sysedit，单击"确定"按钮，在打开的系统编辑器窗口中将 Win. ini 窗口置为当前；③添加 Dr. Waston 名称，按 Enter 键换行后输入 GPContinue＝9，存盘退出即可。

7. IP 地址被盗用

故障现象：组建了一个局域网，并通过一台服务器连接到 Internet。一天某台计算机开启后提示"IP 地址冲突"。

故障分析与处理：在一个网段内不允许有两个相同的 IP 地址，否则会造成网络冲突，造成两台计算机都不能正常访问网络。对此，网络主机可采取将 IP 地址和网卡的 MAC 地址绑定的方法，并采用网络交换设备来分配和管理 IP 地址，这样它能锁定任何非法 IP 地址的路由出口，并对 IP 冲突、非法 IP 地址的故障能实时性处理。

8. 在网上邻居中连本机都找不到

故障现象：安装好网卡并配置好通信协议后，在网上邻居不能访问其他计算机，甚至看不到自己的计算机。

故障分析与处理：估计是因为本机的网卡未安装好或 IP 地址、网络协议错误造成的。当出现这种情况后可以按照下面的顺序来排除故障。

(1) 检查网卡是否工作正常。在"设备管理器"中查看是否禁用了网卡，并确认网卡驱动安装正确。

(2) 确认是否安装了 TCP/IP 协议，并绑定协议在网卡上。

(3) 如果仍然不能排除故障，请检查是否以用户身份登录。

9. 找不到"网上邻居"中的计算机

故障现象：打开"网上邻居"后，找不到局域网中的计算机。

故障分析与处理：首先确保网络连接正常并且是通畅的，再确定本机中网卡安装正确、无冲突，并且网络协议等设置正确。如果还不行则可以尝试以下方法。

(1) 利用 Windows 操作系统的"搜索"功能来找到计算机。选择"开始"中的"查找"中的

"查找计算机"命令。在打开的对话框的文本框中输入需要查找的计算机的主机名,单击"查找"按钮即可。

(2) 如果不在同一个网段的计算机,需要在相应的工作组中才能找到。

10. 网速过慢的原因

故障现象:计算机配置的是一款金浪内置 Modem,标称速度应该是 56Kbps,上网时连接速率显示的一般只有 25Kbps 左右,有时能达到 72Kbps。

故障分析与处理:①电话线路质量不好;②Modem 有质量问题;③Modem 的驱动程序不正确。

11. 无法浏览国外的网站

故障现象:在局域网中通过服务器不能浏览国外的站点,只能浏览国内站点。

故障分析与处理:①IP 地址被限制了访问国外网站的权限。某些 IP 地址所在的子网段被限制访问国外网站,即子网路由器中没有一条路由线路可以通往国外。②网络所在的路由器有问题或路由器工作不正常。对于这种情况,可通过代理服务器方式访问国外站点。

习　题　11

1. 计算机故障有哪些分类?
2. 简述计算机故障维修的基本方法。
3. 计算机故障维修有哪些原则?
4. 计算机故障维修需要注意什么?
5. 分析下列故障现象,并给出解决方案。

(1) 单位的一台兼容机,采用杂牌主板,芯片组为 Intel 810,CPU 为赛扬 733MHz,不经常使用。重装了系统,使用几天后,突然出现无法开机的现象,按下机箱 Power 按钮后,光驱、硬盘指示灯长亮,光驱不能出仓,硬盘也没有出现读盘的声音,显示器黑屏,而且不能通过 Power 按钮关闭电源,必须拔掉电源插头才能关机。

(2) 一台兼容机,赛扬 1.7GHz 的处理器,使用两年一切正常,最近搬家后,计算机却无法启动了。风扇运转正常,CPU 温度也不高,更换内存条也试过,不能解决问题。

(3) 一台配置为捷波 Pentium 4 MFM 主板、256MB 现代 DDR 内存、40GB 西捷酷鱼硬盘、小影霸 7900Ti 64MB DDR 显卡、长城 300W Pentium 4 电源的计算机,该计算机有时会重启,说不准时间,有时开机就重启,有时使用一天也不重启。

(4) 计算机配置为 815EP 主板、128MB 内存,原本使用正常,后来插上一根 64MB 内存条后,内存总量只认出是 64MB。

(5) 一台毒龙 650 机器,是 2011 年春节装的。一段时间后,开机不正常,经常在第一次开机时全黑无反应,切断电源后再开机则成功,好像系统要"预热"一样。

(6) 一台购买了两年多的 HP 笔记本,大约正常使用三四个小时后,便会莫名其妙地重新启动,启动后再次连续使用一个小时的时间,计算机便会再次自动重启。重启现象还算不错,有时在使用中直接出现蓝屏或死机的现象。

(7) 一台 586 兼容机,配置为 Intel 430VX 主板、Pentium 100MHz CPU、16MB 内存、Trident 9680 显卡、Seagate 1080MB 硬盘。开机后出现两种不同情况:一是屏幕无显示,出现"死机"现象,敲任何键均无反应(显示器、主机电源指示灯亮),也不能听到任何自检声和报警声；二是有时能正常工作，用KV300最新版清杀病毒，发现硬盘无毒，但若关机或者热启动，即出现第一种情况。

(8) 机器启动时发声正常，可是一进入游戏就什么声音也没有了。于是先检查计算机配置：Pentium 4 赛扬 1.4GHz、杂牌 845GL 主板(板载 Realtek AC'97 软声卡)、HY DDR266 128MB内存、ST40GB硬盘、Windows 98 系统。计算机启动正常，速度尚可，系统也比较稳定，再检查驱动设置也正常。再用 Winamp 播放 MP3 音乐也正常。

(9) 一台计算机配置为 Pentium Ⅲ 1.2GHz CPU、128MB内存、技嘉主板，最近将旧硬盘更换为80GB的新硬盘后就出现系统不稳定，无故自动重启的故障，而且使用时可明显感觉到风扇的风很热，转动很吃力。

(10) 录入文字时按一个键同时出现两三个字母，或某一排键无法输出。

(11) 鼠标能显示，但无法移动。

(12) 一台50×光驱，放入光盘后无主轴马达加速及转动声，机器提示找不到光盘。

实 践 篇

项目1　认识计算机主要硬件部件

项目描述

现在计算机的使用已经非常普及了，假设要购买一台兼容计算机用于学习，那么如何选择计算机的硬件？计算机基本的硬件有哪些？下面就来认识计算机主要硬件部件及硬件的功能。

项目分析

一个完整的计算机系统是由硬件系统和软件系统两大部分组成的。而计算机硬件系统就是指计算机中看得见摸得着的硬件，如CPU、内存、主板、硬盘、显卡、鼠标、键盘、电源、机箱等。认识计算机主要硬件是选购与组装一台计算机的基本技能。

项目准备

通常说的计算机即指微型计算机，人们俗称为电脑，它的外观形状随着科技的发展变得多样化，如台式机、一体机、笔记本电脑、平板电脑等。不管计算机的外观形状如何，构成它的硬件主要包括CPU、主板、内存、显卡、硬盘、鼠标、键盘、电源等部件。

1. 台式机

台式机是一种独立相分离的计算机，完全与其他部件无联系，相对于笔记本和一体机体积较大，主机、显示器等设备一般都是相对独立的，一般需要放置在电脑桌或者专门的工作台上。因此命名为台式机。台式机又分为组装机和品牌机，如图1-1所示。

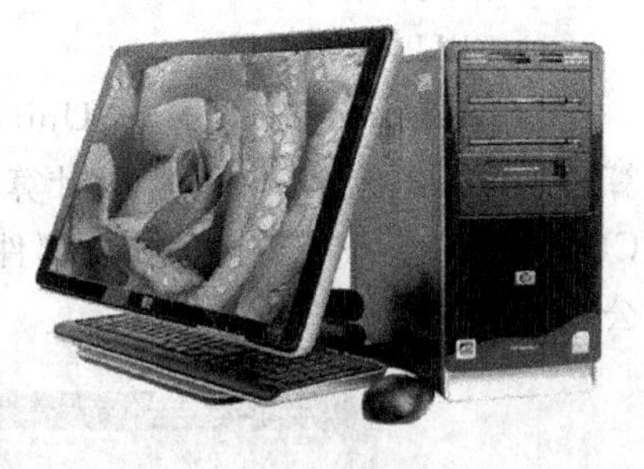

图1-1　台式机

2. 一体机

一体机是台式机和笔记本电脑之间的一个新型的市场产物，它将主机部分、显示器部分整合到一起的新形态计算机，该产品的创新在于内部元件的高度集成。随着无线技术的发展，电脑一体机的键盘、鼠标与显示器可实现无线连接，机器只有一根电源线。这就解决了一直为人诟病的台式机线缆多而杂的问题。在现有和未来的市场，随着台式机的份额逐渐减少，再遇到一体机和笔记本的冲击后肯定会更加岌岌可危。而一体机的优势不断被人们接受，成为客户选择的又一个亮点，如图1-2所示。

3. 笔记本电脑

笔记本电脑(NoteBook Computer),也称笔记型、手提或膝上电脑(Laptop Computer),是一种小型、可方便携带的个人计算机,如图 1-3 所示。笔记本电脑的重量通常为 1～3 公斤。其发展趋势是体积越来越小,重量越来越轻,而功能却越来越强大。笔记本电脑在体积和重量上的优势也是与台式机最大的区别。

图 1-2　一体机

4. 平板电脑

平板电脑也称为便携式计算机(Tablet Personal Computer,简称 Tablet PC、Flat Pc、Tablet、Slates),是一种小型、方便携带的个人计算机,以触摸屏作为基本的输入设备,如图 1-4 所示。它拥有的触摸屏(也称为数位板技术)允许用户通过触控笔或数字笔来进行作业而不是传统的键盘或鼠标。用户可以通过内建的手写识别、屏幕上的软键盘、语音识别或者一个真正的键盘(如果该机型配备的话)实现输入。

图 1-3　笔记本电脑

图 1-4　平板电脑

项目实施

1. 认识 CPU

1) CPU 封装

CPU(Central Precessing Unit)即中央处理器,其功能主要是解释计算机指令以及处理计算机软件中的数据。作为整个计算机系统的核心,CPU 也是整个系统最高的执行单元,因此 CPU 是决定计算机性能的核心部件。目前市面上只有两家公司生产 CPU,即 Intel 和 AMD 公司,如图 1-5 和图 1-6 所示。

图 1-5　Intel CPU 背面

图 1-6　AMD CPU 背面

早期两家公司的CPU都采用PGA封装,底面有针脚。主板一般而言可以支持Intel公司的CPU也可以支持AMD公司的CPU。如今Intel公司的CPU都采用LGA封装,底面用触点取代针脚,如图1-7所示;ADM公司依然采用PGA封装,如图1-8所示。

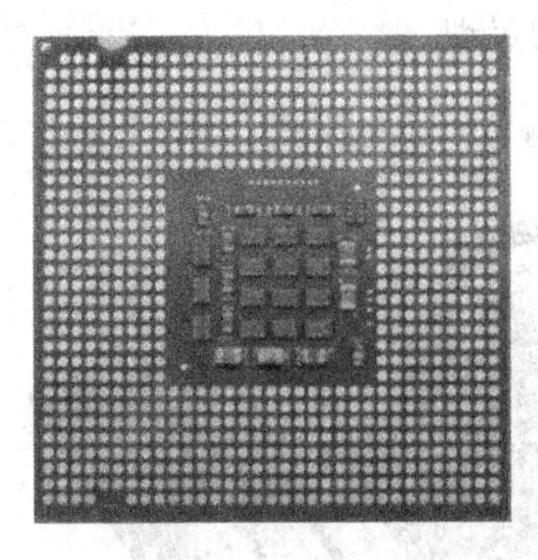

图1-7 Intel CPU底面

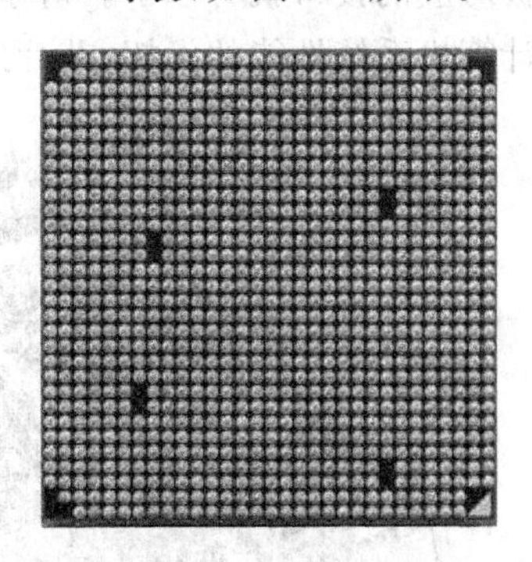

图1-8 AMD CPU底面

2) CPU编号

CPU编号由刻印或印刷在CPU背面的若干字符数字构成,用来标识CPU的型号、参数、生产日期、生产地点等信息,如图1-5与图1-6所示,两种CPU背面均有不同的编号信息。通过对CPU编号的解读,可以了解CPU的参数、查询CPU的真实身份。

Intel公司CPU编号包含以下信息,以图1-5为例。

第1行和第2行表示属于Intel公司注册商标、产品系列为i系列和系列的型号为i5-3450。

第3行:SR0PE 3.10GHz,SR0PE是CPU的S-Spec编号,这是Intel公司为方便用户查询CPU设置的一个规格代码;3.10GHz指CPU的主频。

第4行代表CPU的产地。MALAY表示产地为马来西亚。

第5行L202B797,表示产品的序列号,该序列号是唯一的,每个CPU的序列号都不一样。

AMD公司CPU编号包含以下信息,以图1-6为例。

第1行AMD ACthlon™64表示这款CPU是AMD公司生产的,属于速龙二代系列,64位处理器。

第2行ADA3800DAA4BP是CPU的主要规格定义,又称为OPN码,是AMD CPU最重要的编码。通过这些编码可以掌握CPU的型号、核心数、主频、缓存、功耗等重要信息。

OPN码前3个字母表示CPU隶属于哪一系列,例如,ADA代表AMD Athlon 64桌面处理器;ADA(X2)代表AMD Athlon 64 X2双核处理器;ADAFX代表AMD Athlon 64 FX。第4~7位编码表示该CPU的PR频率,需要注意的是,这并不是CPU的实际频率,而是表示该CPU的性能相当于Intel奔腾处理器的频率值。实际频率=(PR值+500)×2/3。第8位表示CPU的封装形式和接口类型。第9位表示CPU的工作电压,A代表不确定可变电压。第10位表示CPU的最高工作温度,A表示不确定温度。第11位代表CPU二级缓存容量,4表示512KB。最后两位表示步进。

2. 认识主板

主板是计算机中各个部件工作的一个平台,它把计算机的各个部件紧密连接在一起,各个部件通过主板进行数据传输。也就是说,计算机中重要的"交通枢纽"都在主板上,它工作的稳定性影响着整机工作的稳定性。

如果把中央处理器CPU比喻为整个计算机系统的心脏，那么主板上的芯片组就是整个身体的躯干，主板上有各种插座、插槽和接口，如图1-9所示。在组装计算机时，将各种硬件设备安装到主板对应的接口就可以了。对于主板而言，芯片组几乎决定了这块主板的功能，进而影响到整个计算机系统性能的发挥，芯片组是主板的灵魂。

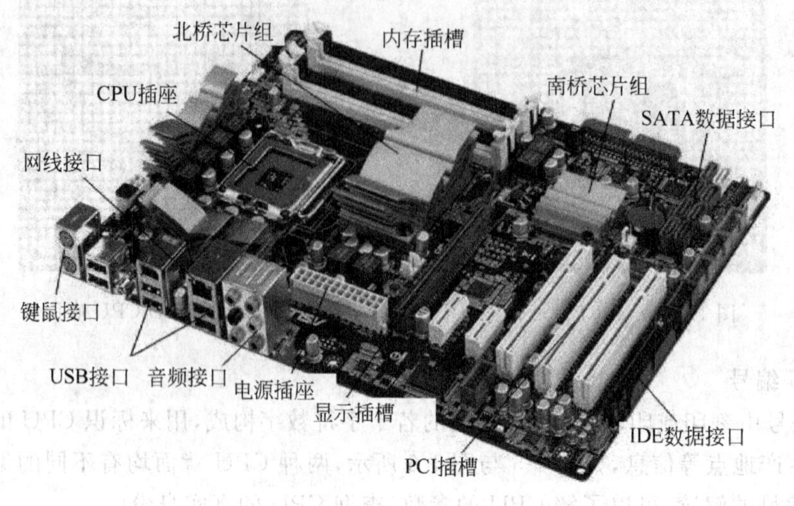

图1-9　主板

芯片组(Chipset)是主板的核心组成部分，按照在主板上的排列位置的不同，通常分为北桥芯片和南桥芯片。北桥芯片提供对CPU的类型和主频、内存的类型和最大容量、AGP插槽、PCI Express X16插槽、ECC纠错等支持。南桥芯片则提供对KBC(键盘控制器)、RTC(实时时钟控制器)、USB(通用串行总线)、Ultra DMA/33(66) EIDE数据传输方式和ACPI(高级能源管理)、PCI插槽、ISA插槽等的支持。其中北桥芯片起着主导性的作用，也称为主桥(Host Bridge)。除了最通用的南北桥结构外，目前芯片组正向更高级的加速集线架构发展，主流芯片组公司有Intel、AMD等。

3. 认识显卡

显卡在工作时与显示器配合输出图形、文字，其作用是负责将CPU送来的数字信号转换成显示器识别的模拟信号，传送到显示器上显示出来。

现今，主板都自带有显卡，称为板载显卡或者集成显卡。一般而言集成显卡的性能要比独立显卡差一些，也不需要独立安装。生产显卡的两大厂商分别是nVidia和ATI。nVidia的Geforce 6200系列、6600系列、6800系列，如图1-10所示；与之对应的ATI的X300系列、X700系列、X800系列，如图1-11所示。

图1-10　Geforce 6800显卡

图1-11　X800显卡

4. 认识内存

内存又称为内部存储器(RAM),属于电子式存储设备,它由电路板和芯片组成,特点是体积小,速度快,有电可存,无电清空,即计算机在开机状态时内存中可存储数据,关机后将自动清空其中的所有数据。

内存条(图 1-12)作为 PC 不可缺少的核心部件,它陪伴着计算机硬件走过了多年进程。从 286 期间的 30pinSIMM 内存、486 期间的 72pinSIMM 内存、Pentium 期间的 EDODRAM 内存、Pentium Ⅱ 期间的 SDRAM 内存数据总线宽度、Pentium 4 期间的 DDR 内存到 9X5 平台的 DDR2 内存 DDR Ⅲ 和 DDR Ⅳ 内存。内存从规格、性能、总线带宽等不断更新换代,细数内存条的发展历程,就是以数据总线宽度满足 CPU 不断攀升的带宽要求。

图 1-12　内存条

5. 认识硬盘

1) 硬盘的分类和外观

硬盘属于外部存储器,由金属磁片制成,而磁片有记忆功能,所以存储到磁片上的数据不论在开机还是关机,都不会丢失。硬盘有固态硬盘(SSD 盘,新式硬盘)、机械硬盘(HDD,传统硬盘)、混合硬盘(HHD,一块基于传统机械硬盘诞生出来的新硬盘)。SSD 采用闪存颗粒来存储,HDD 采用磁性碟片来存储,混合硬盘(Hybrid Hard Disk,HHD)是把磁性硬盘和闪存集成到一起的一种硬盘。混合硬盘是处于磁性硬盘和固态硬盘中间的一种解决方案。

从 1989 年第一款固态硬盘问世以来,由于固态硬盘的技术不够成熟,而且容量小,价格非常高昂,在刚开始的 20 年内发展缓慢,2009 年之后呈现井喷式发展。大多数固态硬盘用于笔记本电脑或者品牌计算机中。

固态混合硬盘(Solid State Hybrid Drive,SSHD)是把磁性硬盘和闪存集成到一起的一种硬盘。

硬盘的背面有硬盘的厂商、硬盘的大小、硬盘的相关参数等信息,而正面则是硬盘的数据接口、电源接口、主轴及磁盘等信息,如图 1-13 和图 1-14 所示。1956 年,IBM 的 IBM 350RAMAC 是现代硬盘的雏形,它相当于两个冰箱的体积,不过其储存容量只有 5MB。1973 年

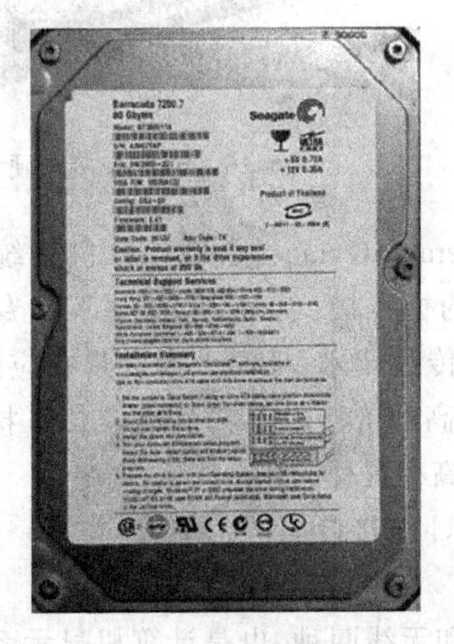

图 1-13　机械硬盘背面

图 1-14　机械硬盘正面

IBM 3340 问世，它拥有“温彻斯特”这个绰号，具有两个 30MB 的储存单元。经过长期的发展，现今机械硬盘的技术已非常成熟，性能稳定，到 2002 年串行 ATA(Serial ATA)技术走向实用。由于机械硬盘容量大，价格相对便宜，性能稳定，被大多数商家和个人采用。

2）硬盘的接口

常用的硬盘接口主要有 IDE、SATA、SCSI、USB 通道 4 种，IDE 和 SATA 接口硬盘多用于家用产品中，也部分应用于服务器，SCSI 接口的硬盘则主要应用于服务器市场，而光纤通道只用于高端服务器上，价格昂贵。

(1) IDE 的英文全称为 Integrated Drive Electronics，即“电子集成驱动器”，它的本意是指把“硬盘控制器”与“盘体”集成在一起的硬盘驱动器。把盘体与控制器集成在一起的做法减少了硬盘接口的电缆数目与长度，数据传输的可靠性得到了增强，硬盘制造起来变得更容易，因为硬盘生产厂商不需要再担心自己的硬盘是否与其他厂商生产的控制器兼容。对用户而言，硬盘安装起来也更为方便。IDE 这一接口技术从诞生至今就一直在不断发展，性能也不断地提高，其拥有的价格低廉、兼容性强的特点，为其造就了其他类型硬盘无法替代的地位。IDE 接口硬盘如图 1-15 所示。

(2) SATA 接口是一种完全不同于并行 ATA 的新型硬盘接口类型，由于采用串行方式传输数据而知名。相对于并行 ATA 来说，就具有非常多的优势。首先，Serial ATA 以连续串行的方式传送数据，一次只会传送一位数据。这样能减少 SATA 接口的针脚数目，使连接电缆数目变少，效率也会更高。实际上，Serial ATA 仅用四支针脚就能完成所有的工作，分别用于连接电缆、连接地线、发送数据和接收数据，同时这样的架构还能降低系统能耗和减小系统复杂性。其次，Serial ATA 的起点更高、发展潜力更大，Serial ATA 1.0 定义的数据传输率可达 150Mbps，这比最新的并行 ATA(即 ATA/133)所能达到 133Mbps 的最高数据传输率还高，而在 Serial ATA 2.0 的数据传输率将达到 300Mbps，最终 SATA 将实现 600Mbps 的最高数据传输率。SATA 接口硬盘如图 1-16 所示。

图 1-15　IDE 接口硬盘

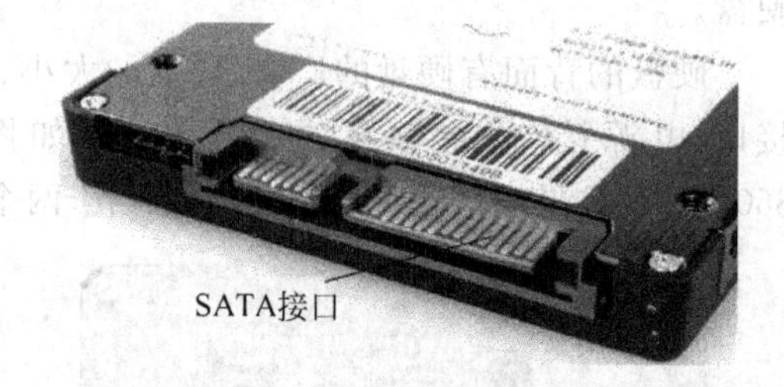

图 1-16　SATA 接口硬盘

(3) SCSI 的英文全称为 Small Computer System Interface(小型计算机系统接口)，是同 IDE(ATA)完全不同的接口，IDE 接口是普通 PC 的标准接口，而 SCSI 并不是专门为硬盘设计的接口，是一种广泛应用于小型机上的高速数据传输技术。SCSI 接口具有应用范围广、多任务、带宽大、CPU 占用率低及热插拔等优点，但较高的价格使得它很难像 IDE 接口硬盘那样普及，因此 SCSI 硬盘主要应用于中、高端服务器和高档工作站中。

(4) USB 接口大多用于移动硬盘中，与普通的 U 盘接口类似。

6. 认识鼠标和键盘

鼠标是计算机最主要的一种输入设备，分有线和无线两种，也是计算机显示系统纵横坐标定位的指示器，因形似老鼠而得名“鼠标”。“鼠标”的标准名称应该是“鼠标器”，英文名

"Mouse",鼠标的使用是为了使计算机的操作更加简便快捷,来代替键盘那烦琐的指令。

键盘也是最主要的输入设备,通过键盘可以将英文字母、数字、标点符号等输入到计算机中,从而向计算机发出命令、输入数据等。起初这类键盘多用于品牌机,如 HP、联想等品牌机都率先采用了这类键盘,受到广泛的好评,并曾一度被视为品牌机的特色。随着时间的推移,市场上也出现独立的具有各种快捷功能的键盘单独出售,并带有专用的驱动和设定软件,在兼容机上也能实现个性化操作。

有线的鼠标和键盘有 PS/2 接口和 USB 接口两种接口模式。PS/2 是传统的(默认的)鼠标和键盘接口,小圆头,紫色为键盘,绿色为鼠标。由于 USB 口支持即插即用,因此现在大多数鼠标和键盘都是 USB 接口的。但主板上还保留着 PS/2 接口,因为 PS/2 接口的鼠标和键盘在 DOS 下能够被识别,在有些时候需要用到 BIOS、CMOS 设置的情况下,PS/2 鼠标键盘就非常有用了。PS/2 键盘和 USB 鼠标如图 1-17 所示。

7. 认识电源

计算机属于弱电产品,也就是说部件的工作电压比较低,一般为 -12～+12V,并且是直流电。而普通的市电为 220V(有些国家为 110V)交流电,不能直接在计算机部件上使用。因此计算机和很多家电一样需要一个电源部分,负责将普通市电转换为计算机可以使用的电压,一般安装在计算机内部。计算机的核心部件工作电压非常低,并且由于计算机工作频率非常高,因此对电源的要求比较高。目前计算机的电源为开关电路,将普通 220V 交流电转为计算机中使用的 5V、12V、3.3V 直流电,再通过斩波控制电压,将不同的电压分别输出给主板、硬盘、光驱等计算机部件,如图 1-18 所示。因此计算机电源其性能的好坏,直接影响到其他设备工作的稳定性,进而会影响整机的稳定性。

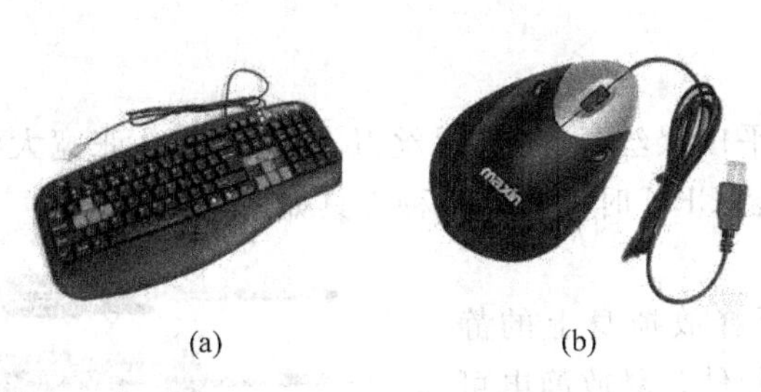

(a) (b)

图 1-17 PS/2 键盘和 USB 鼠标

图 1-18 电源

思考与练习

1. 分析一下市面上的盒装 CPU 和散装 CPU 的区别。
2. 简述主板上各个接口的名称和作用。
3. 在选购计算机机箱和电源时需要注意哪些问题?

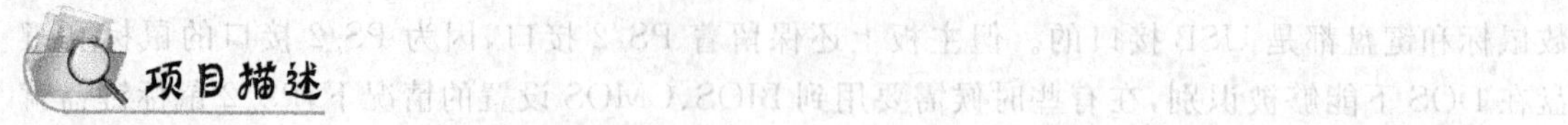

项目2 组装计算机硬件系统

项目描述

计算机硬件系统是由各个硬件部件所组成的。当具备了组装硬件系统的部件之后，就可以开始组装硬件系统了。本项目就计算机硬件系统的组装过程与组装方法进行详细介绍，并且进行加电测试。

项目分析

将计算机硬件系统部件（主板、CPU、内存条、硬盘、鼠标、键盘、显示器、电源）组装在一起，进行加电测试，检验组装的效果。

项目准备

1. 组装工具的准备

组装计算机硬件系统一般来说，需要平口螺丝刀、梅花螺丝刀、尖嘴钳和一张宽大整洁绝缘的工作台，有时也需要散热硅脂用于安装 CPU 时使用。各种工具如图 2-1 所示。

2. 组装注意事项

(1) 防止静电。在组装之前，一定要释放掉身上的静电，保持双手干净、干燥，以防损坏计算机硬件。释放静电可以先用手摸一摸其他金属，如小刀之类的工具。

(2) 组装过程中，各种硬件设备要轻拿轻放，板、卡尽量拿边缘，不要用手指触碰金手指。

(3) 禁止带电拔插设备，以免损坏硬件。

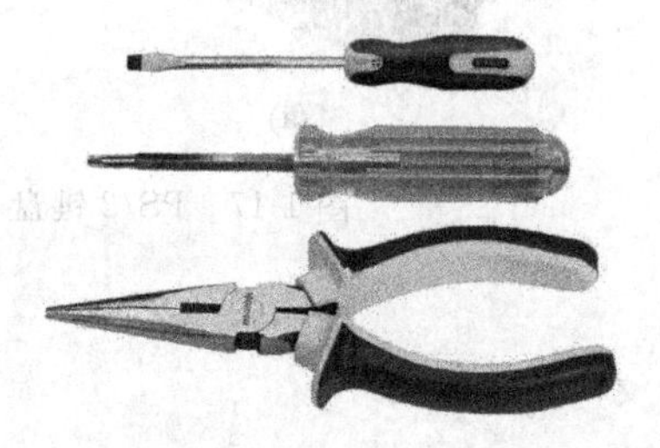

图 2-1　组装工具

(4) 固定螺丝时，不要一次就拧紧了，防止板卡和螺丝变形。待所有螺丝都拧好之后，再逐一拧紧，拧的时候也要注意力度。

项目实施

1. 安装 CPU

(1) 将 CPU 安装到主板 CPU 卡槽里，如图 2-2 所示。安装 CPU 前需要打开锁杆，使锁杆垂直于主板面，安装 CPU 操作如图 2-3 所示。在 CPU 的安装过程中，注意 CPU 卡槽边上有与 CPU 周边对应的缺口，对准缺口，轻轻放下。在安装过程中，要轻拿轻放，以免损坏 CPU

主板插槽的针脚。

图 2-2　CPU 安装位置

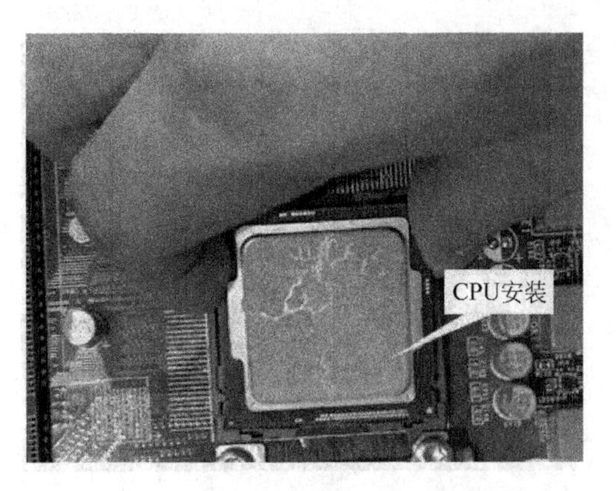

图 2-3　CPU 安装

在安装好 CPU 之后，就要固定 CPU 了。与安装 CPU 时打开锁杆相反，此时需要关闭锁杆。将锁杆垂直压下，让锁杆的前段压到主板上的卡针下，向里压一下，然后松开锁杆，固定好 CPU，如图 2-4 所示。

（2）CPU 风扇的安装。CPU 在工作时，温度是非常高的，CPU 风扇就是给 CPU 降温的，让 CPU 工作在适合的温度下，因此 CPU 风扇也是相当重要的。将 CPU 风扇的 4 个固定螺丝垂直于 CPU 之上，对准 CPU 周围的 4 个螺丝孔，用螺丝刀拧紧 CPU 风扇螺丝。在拧螺丝时不要用力过大以免压碎 CPU。同时稍微拧紧对角螺丝，然后再逐一将螺丝拧紧。CPU 风扇安装如图 2-5 所示。

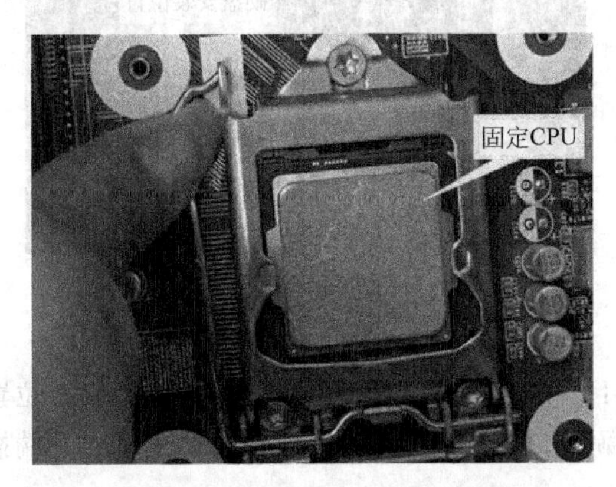

图 2-4　固定 CPU

图 2-5　CPU 风扇安装

将 CPU 风扇固定好之后，CPU 和 CPU 风扇还不能工作，因为 CPU 风扇还需要电源供给，因此还需要将 CPU 风扇的电源接口插入主板的风扇接口。对于新手，这个电源接口很容易被忽视，需要注意一下。CPU 风扇电源安装位置如图 2-6 所示。

2. 安装内存

内存的安装位置位于 CPU 附近，非常接近 CPU，便于 CPU 读取和传送指令，如图 2-7 所示。内存是一根长方形的条子，中间有个缺口。在主板上内存的卡槽上面也有同样的缺口。

内存安装时首先将主板上内存卡槽两边的卡夹搬起来，然后让内存的缺口对齐卡槽的缺口，用力按下去，听到喀的一声（卡槽两边卡夹固定内存时产生的声音），内存就安装好了，如

图 2-8 所示。

图 2-6　CPU 风扇电源安装

图 2-7　内存安装位置

3. 安装硬盘

不同的机箱，硬盘的安装位置是不同的，但是大体都有一块矩形状的区域用于安装硬盘，如图 2-9 所示。

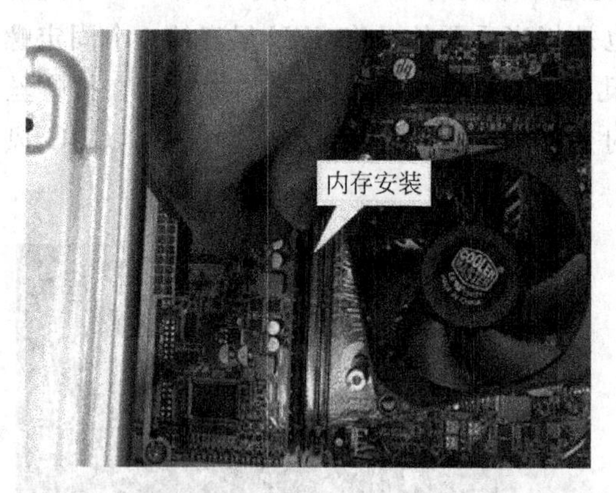

图 2-8　内存安装

图 2-9　硬盘安装位置

安装时将硬盘的正面带有螺丝孔的一面向上，且带有接口的一端朝外，插入硬盘安装位置中，然后通过螺丝固定好硬盘。接着将硬盘电源接口插入，再将连接硬盘数据接口的一端插入，这样硬盘就安装好了，如图 2-10 所示。

安装好硬盘之后，再将硬盘数据线与主板上对应接口并且在主板上标有 SATA1、SATA2 等字样的一端接口相连，一般而言，主板上会有 4 种这样的接口，并行两行排列，分别是 SATA1、SATA2、SATA3、SATA4，如图 2-11 所示。

4. 计算机电源的安装

计算机电源设备是整个计算机系统的供电系统，在安装时将带有电源插头的一端置于机箱外面，机箱里面则留下电源外壳与电源线，如图 2-12 所示。在机箱外面有螺丝固定电源，而机箱里面是电源的各种电源接口线。

在主板上有一块 20 针的电源插座，将计算机电源上最大的一根电源线接口即 20 针插头插入主板上的 20 针插座，如图 2-13 所示。

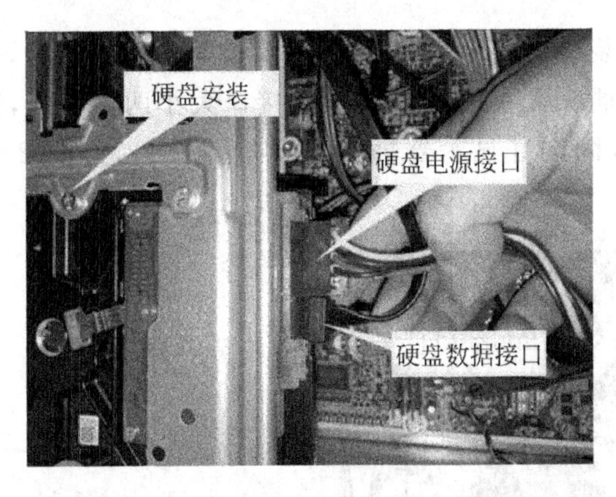

图 2-10　安装硬盘

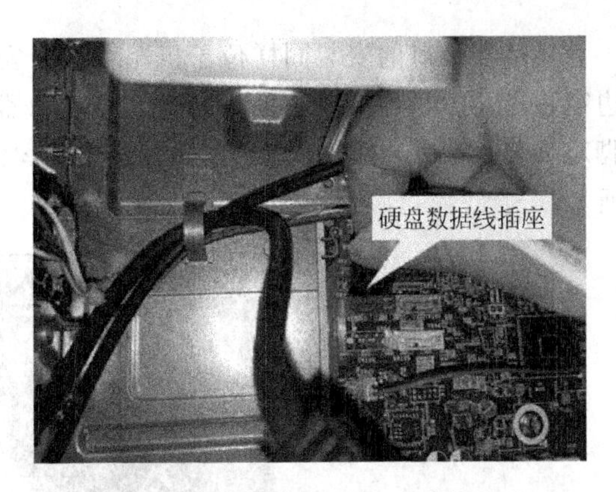

图 2-11　硬盘数据线与主板数据连接

图 2-12　安装计算机电源

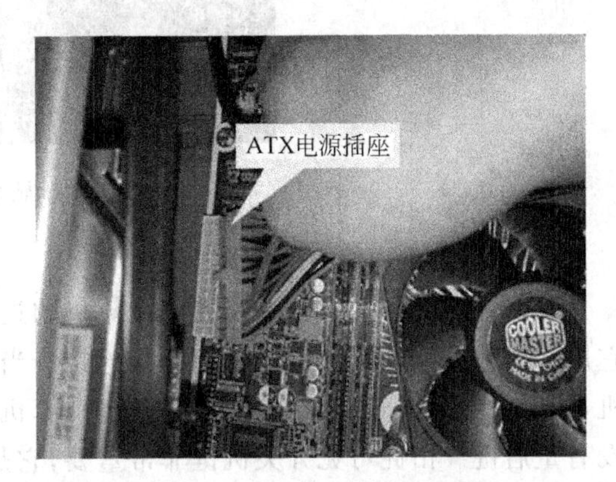

图 2-13　ATX 电源插座安装

然后再将计算机电源上的 4 针插头即 P4 专用插头插入主板上的 P4 专用插座接口，整个计算机的供电系统就安装完成了，如图 2-14 所示。

5. 键盘鼠标和显示器接口的安装

鼠标键盘是最常用的输入工具。将机箱立起来，在机箱的背面有专门的鼠标键盘的接口。如图 2-15 所示，紫色接口为键盘接口，绿色接口为鼠标接口。安装时，注意观察两个接口都有一个大的缺口，而鼠标键盘上面也有同样位置的针脚，插入时，一定要对准针脚和缺口，切记胡乱插入接口，那样会损坏针脚，损坏后很难将针脚修复。同样切记将鼠标键盘接口插反，那样不仅无法使用鼠标键盘，还有可能损害鼠标键盘，使其无法使用。

图 2-14　P4 专用接口安装

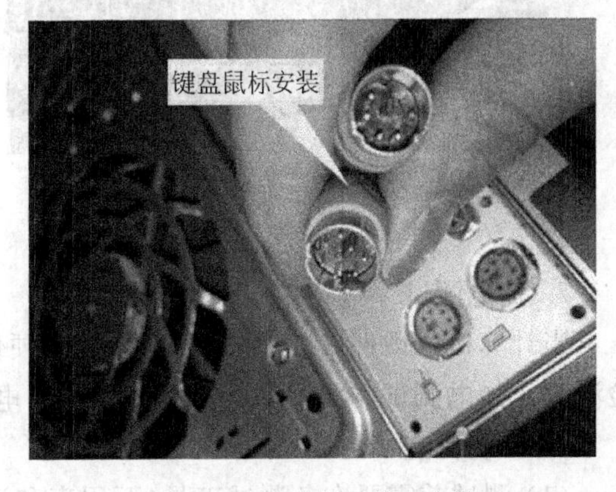

图 2-15　键盘鼠标接口安装

显示器接口的安装同样位于机箱背面。安装时,注意观察显示器接口上呈一个梯形状,一边窄,一边宽,显示器插头也是同样。将显示器插头大小两边与显示器接口大小两边对齐,针脚对准显示器接口,插入接口,然后拧紧螺丝,固定好显示器插头与显示器接口,如图 2-16 所示。

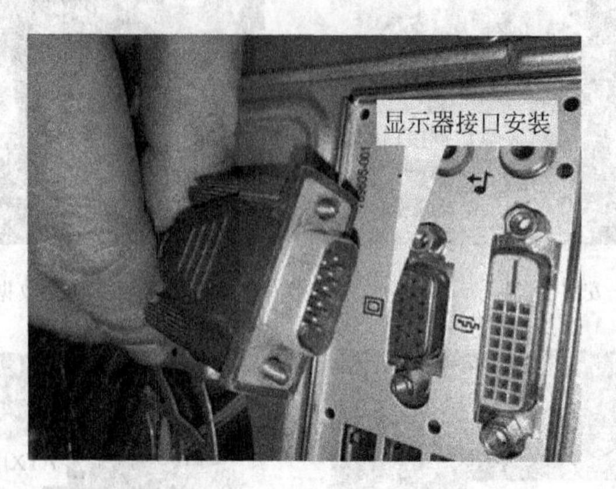

图 2-16 显示器接口安装

6. 开关机重启接口的安装

开关机按键和重启按键在使用计算机的过程中是非常频繁的。这些键位于机箱面板上,它用一根电源线与主板上的专用插座连接。当计算机处于通电状态,按开机键,计算机就会开机,或者计算机处于开机状态,按开机键计算机将会自动关机。有部分计算机只有开关机键,没有重启键。由此可见开关机键非常重要,它是计算机启动的必备键,在组装计算机时,一定要将开关机键插入正确的插座,不能插错了或者将其他接口插到开关机键上了。如果插错了,轻者计算机无法启动,重者烧毁主板。开关机重启电源插座如图 2-17 所示。

这样计算机主要的安装部件就安装完成了,整机完成图如 2-18 所示。

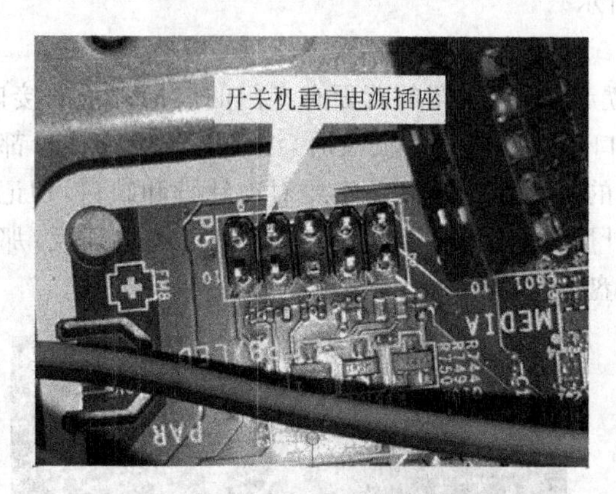

图 2-17 开关机重启电源插座

图 2-18 整机完成图

7. 加电测试

当计算机的硬件安装完成后,应该检查硬件连接,确认无误,还需要加电对计算机进行自检测试。加电测试需要做加电前、加电中、加电后各种检查工作。具体来说,需要做以下工作。

1) 环境检查

(1) 测试前需要准备测试工具(万用表和试电笔)。

(2) 检查计算机设备。周边及计算机设备内外是否有变形、变色、异味等现象。

(3) 环境的温度、湿度情况。

2) 供电情况检查

(1) 加电后,注意部件、元器件及其他设备是否变形、变色、异味、温度异常等现象发生。

(2) 检查市电电压是否在220V±10%范围内,是否稳定(即是否有经常停电、瞬间停电等现象)。

(3) 市电的接线定义是否正确(即左零右火、不允许用零线作地线用、零线不应有悬空或虚接现象)。

(4) 供电线路上是否接有漏电保护器(且必须接在火线上)、是否有地线等。

(5) 主机电源线一端是否牢靠地插在市电插座中,另一端是否可靠地接在主机电源上,不应有过松或插不到位的情况。

3) 计算机内部连接检查

(1) 电源开关能否正常的通断,声音清晰,无连键、接触不良现象。

(2) 其他各按钮、开关通断是否正常。

(3) 连接到外部的信号线是否有断路、短路等现象。

(4) 主机电源是否已正确地连接在各主要部件,特别是主板的相应插座中。

(5) 板卡,特别是主板上的跳接线设置是否正确。

(6) 检查机箱内是否有异物造成短路。

(7) 零部件安装上是否造成短路(如P4CPU风扇在主板背面的支架安装错位造成的短路等)。

(8) 检查内存的安装,要求内存的安装总是从第一个插槽开始顺序安装。如果不是这样,请重新插好。

(9) 检查加电后的现象。

① 按下电源开关或复位按钮时,观察各指示灯是否正常闪亮。

② 风扇的工作情况,不应有不动作或只动作一下即停止的现象。

③ 注意倾听风扇、驱动器等的电机是否有正常的运转声音或声音是否过大。

(10) 对于开机噪声大的问题,应分辨清噪声大的部位,一般情况下,噪声大的部件有风扇、硬盘、光驱和软驱。对于风扇,可在风扇轴处滴一些钟表油,以加强润滑。

思考与练习

1. 计算机硬件系统各部件组装的顺序有什么区别?
2. 主板上跳线的安装需要注意哪些问题?
3. 计算机硬件系统组装好之后,如何拆解?
4. 计算机硬件系统的加电测试需要注意哪些问题?

项目3 BIOS的认识与设置

项目描述

BIOS是英文Basic Input Output System的缩写，中文名称就是“基本输入/输出系统”。其主要功能是为计算机提供最底层的、最直接的硬件设置和控制。在计算机硬件系统安装完成之后，按下电源开关，启动计算机，这时计算机首先进行的工作是自检，自检用到的就是主板上的BIOS，假如自检通不过，计算机就会发出相应错误的声音及提示，无法正常启动计算机系统。不仅如此，在使用计算机的过程中，也会接触到BIOS。可见，BIOS对于计算机系统而言非常重要。因此，本项目就是对BIOS的基本设置进行的介绍。

项目分析

本项目要求认识BIOS，看懂BIOS的各项内容的含义，能够正确设置BIOS。要想完成本项目，需要对各种类型的BIOS进行了解，并上机进行实践操作。

项目准备

1. BIOS的类型

要完成本项目，首先需要认识BIOS的类型及进入BIOS的设置方法。目前市面上比较流行的主板BIOS主要有Award BIOS、AMI BIOS、Phoenix BIOS 3种类型。

Award BIOS是由Award Software公司开发的BIOS产品，在目前的主板中使用最为广泛。Award BIOS功能较为齐全，支持许多新硬件，市面上多数主板都采用了这种BIOS。

AMI BIOS是AMI公司出品的BIOS系统软件，开发于20世纪80年代中期，早期的286、386大多采用AMI BIOS，它对各种软、硬件的适应性好，能保证系统性能的稳定，到20世纪90年代后，绿色节能计算机开始普及，AMI却没能及时推出新版本来适应市场，使得Award BIOS占领了市场。当然AMI也有非常不错的表现，新推出的版本依然功能强劲。

Phoenix BIOS是Phoenix公司产品，Phoenix意为凤凰或埃及神话中的长生鸟，有完美之物的含义。Phoenix BIOS多用于高档的586原装品牌机和笔记本电脑上，其画面简洁，便于操作。

针对上述不同类型的BIOS，其开机时进入BIOS设置的方法略有区别。

Award BIOS：按Del键或者Ctrl＋Alt＋Esc组合键。

AMI BIOS：按Del键或Esc键。

Phoenix BIOS：按Del键。

还有一些计算机品牌厂商如联想、惠普等专门设置了自己品牌计算机进入BIOS的方法，如 F2、F4、F10 等按键都可能是 BIOS 设置程序的启动按钮。

2. BIOS 基本知识

1）BIOS 中存放的主要程序

BIOS 芯片是主板上一块长方形或正方形芯片，BIOS 中主要存放以下程序。

（1）自诊断程序。通过读取 CMOS RAM 中的内容识别硬件配置，并对其进行自检和初始化。

（2）CMOS 设置程序。引导过程中，用特殊热键启动，进行设置后，存入 CMOS RAM 中。

（3）系统自检装载程序。在自检成功后将磁盘相对 0 道 0 扇区上的引导程序装入内存，让其运行以装入 DOS 系统、主要 I/O 设备的驱动程序和中断服务。

由于 BIOS 直接和系统硬件资源打交道，因此总是针对某一类型的硬件系统，而各种硬件系统又各有不同，所以存在各种不同种类的 BIOS，随着硬件技术的发展，同一种 BIOS 也先后出现了不同的版本，新版本的 BIOS 比起老版本来说，功能更强。

2）BIOS 的功能

从功能上看，BIOS 具有以下 3 个部分功能。

（1）自检及初始化。这部分功能负责启动计算机，具体有 3 个部分，第一个部分是用于计算机刚接通电源时对硬件部分的检测，也称为加电自检（Power On Self Test，POST），完整的 POST 自检将对 CPU、640KB 基本内存、1MB 以上的扩展内存、ROM、主板、CMOS 存储器、串并口、显卡、软硬盘子系统及键盘进行测试。自检中如发现有错误，将按两种情况处理：对于严重故障（致命性故障）则停机，此时由于各种初始化操作还没完成，不能给出任何提示或信号；对于非严重故障则给出提示或声音报警信号，等待用户处理。

初始化包括对一些外部设备进行初始化和检测等，其中很重要的一部分是 BIOS 设置，主要是对硬件设置的一些参数，当计算机启动时会读取这些参数，并和实际硬件设置进行比较，如果不符合，会影响系统的启动。

最后一个部分是引导程序，功能是引导操作系统。BIOS 先从软盘或硬盘的开始扇区读取引导记录，如果没有找到，则会在显示器上显示没有引导设备，如果找到引导记录会把计算机的控制权转给引导记录，由引导记录把操作系统装入计算机，在计算机启动成功后，BIOS 的这部分任务就完成了。

（2）程序服务处理和硬件中断处理。这两部分是两个独立的内容，但在使用上密切相关。程序服务处理程序主要是为应用程序和操作系统服务，这些服务主要与输入/输出设备有关，如读磁盘、文件输出到打印机等。

（3）记录设置值和加载操作系统。当对 BIOS 进行了各种不同的设置后并保存，BIOS 会记录这些设置值，并在下次计算机启动时采用设置值。操作系统在启动之前需要由 BIOS 转交给引导扇区，再由引导扇区转到各分区，激活相应的操作系统。

3. BIOS 与 CMOS 的区别

由于 CMOS 与 BIOS 都与计算机系统设置密切相关，因此才有 CMOS 设置和 BIOS 设置的说法。CMOS 是一块 RAM 芯片，可以用来存放硬件参数。CMOS RAM 芯片是由主板上的 CMOS 电池供电，在电池无电的情况下 CMOS RAM 芯片中的信息会丢失。BIOS 在出厂之前就已经保存好有关计算机系统中最重要的基本输入/输出信息、系统信息及自检程序等。人们所说的 CMOS 与 BIOS 设置，准确来讲，是通过 BIOS 设置程序对 CMOS 存储的参数进行设置，而平常所说的 CMOS 设置和 BIOS 设置是其简化说法，也就在一定程度上造成了两个概念的混淆。

以 Phoenix BIOS 为例，介绍一下 BIOS 的设置。其他类型 BIOS 设置大同小异，这里不再赘述。

1. 配置 Main(主界面)

启动计算机时在开机自检屏幕下方会出现“Press DEL enter SETUP”提示信息，这时按下键盘最右边的 Del 键，屏幕自动跳转到 BIOS 设置程序。或者在计算机开机或重启时直接按 Del 键也可以进入 BIOS 的设置界面(Main)，如图 3-1 所示。

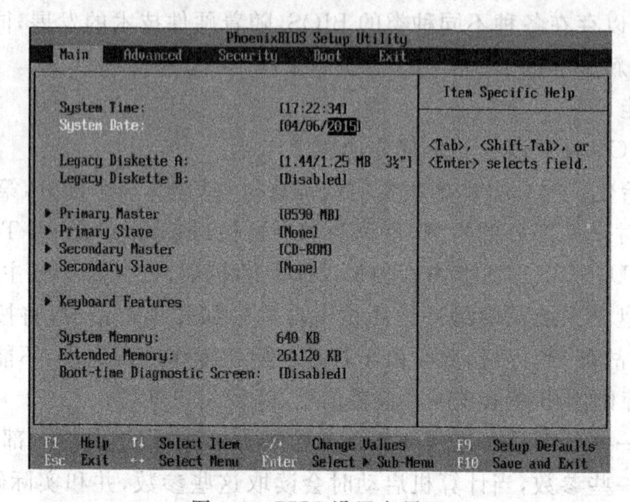

图 3-1 BIOS 设置主界面

Main(主界面)中各选项的功能如表 3-1 所示。

表 3-1 Main(主界面)各项功能

项　目	功　能
System time	设置时间格式为(时，分，秒)
Sytem Date	设置日期
Legacy Diskete A:/B:	设置软驱
Primary Master/Slave	设置 IDE1
Secondary Master/Slave	设置 IDE2
Keyboard Features	键盘特征

进入 BIOS 主界面之后，在主界面的最下面有操作的快捷键和组合键。可以用方向键移动光标选择 BIOS 设置界面上的选项，然后按 Enter 键进入子菜单，用 Esc 键来返回主菜单，用 PageUp 和 PageDown 键或上下(↑↓)方向键来选择具体选项，用 F10 键保留并退出 BIOS 设置。各种操作键如图 3-2 所示。

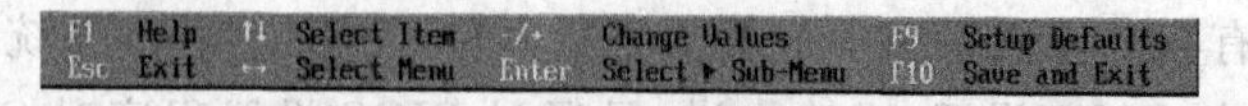

图 3-2 设置参数快捷键

在 BIOS 设置主界面中可对基本的系统配置进行设定，如时间、日期、IDE 设备和软驱参数等。利用 PageUp 和 PageDown 键或上下(↑↓)方向键选择要设置的项目，如要对 System Time 进行设置，其他选项的设置与时间的设置类似。

假如设置为早上 8 点 19 分 12 秒。首先利用 PageUp 和 PageDown 键或上下(↑↓)方向键将光标移动到 System Time 上，然后直接输入 8 后按 Enter 键，再输入 19 按 Enter 键，最后输入 12 按 Enter 键，这样就将时间设置好了，如图 3-3 所示。

图 3-3　设置时间

2. Advanced(进阶设置)

Advanced 界面如图 3-4 所示。Advanced 属于 BIOS 的重要设置，一般不要轻易设置，因为其直接关系到系统的稳定和硬件的安全。Advanced 各项功能如下。

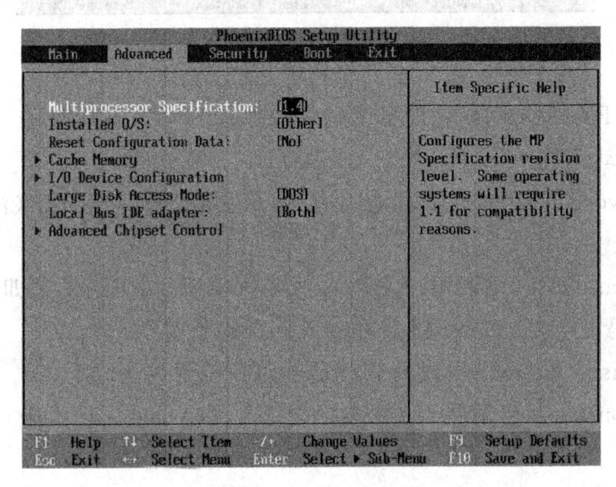

图 3-4　Advanced 界面

(1) Multiprocessor Specification(多重处理器规范)，有 1.4 和 1.1 两个值，它专用于多处理器主板，用于确定 MPS 的版本，以便让 PC 制造商构建基于英特尔架构的多处理器系统。与 1.1 标准相比，1.4 增加了扩展型结构表，可用于多重 PCI 总线，并且对未来的升级十分有利。另外，1.4 拥有第二条 PCI 总线，还无须 PCI 桥连接。新型的 SOS(Server Operating Systems，服务器操作系统)大都支持 1.4 标准，包括 WinNT 和 Linux SMP(Symmetric Multi-Processing，对称式多重处理架构)。

(2) Installed O/S(安装 O/S 模式)，有 IN95 和 Other 两个值。

(3) Reset Configuration Data(重设配置数据)，有 Yes 和 No 两个值。

(4) Cache Memory (快取记忆体)，此部分提供使用者如何组态特定记忆体区块的方法。

(5) I/O Device Configuration：输入/输出选项。

(6) Large Disk Access Mode：大型磁盘访问模式。

(7) Local Bus IDE adapter(本地总线的 IDE 适配器)，有 Disabled、primary、Secondary、Both 4 个值。

(8) Advanced Chipset Control：高级芯片控制。

3. Security(安全设置菜单)

Security 设置界面如图 3-5 所示。

PhoenixBIOS Setup Utility
Main Advanced Security Boot Exit
Supervisor Password Is: Clear
User Password Is: Clear
Set User Password [Enter]
Set Supervisor Password [Enter]
Password on boot: [Disabled]
Item Specific Help
Supervisor Password controls access to the setup utility.
F1 Help ↑↓ Select Item -/+ Change Values F9 Setup Defaults
Esc Exit ↔ Select Menu Enter Select ▸ Sub-Menu F10 Save and Exit

图 3-5 Security 设置界面

(1) Supervisor Password Is(管理员密码状态),有 Set(已设置密码)、Clear(没设置密码)两个值,此值系统自动调整。

(2) User Password Is(用户密码状态),有 Set(已设置密码)、Clear(没设置密码)两个值,此值系统自动调整。

(3) Set User Password(设置用户密码),选择该项后,按 Enter 键即可设置密码,如果设置密码之后想将密码设空,按 Enter 键后在输入新密码处留空。

(4) Set Supervisor Password(设置管理员密码),设置方法同上。

(5) Password on boot(启动是否需要输入密码),有 Disabled(关闭)和 Enabled(开启)两个选项。

4. Boot(启动设备)

在 Phoenix BIOS Setup Utility 的 Boot 项中,主要是用来设置启动顺序,如图 3-6 所示。启动顺序依次为,移动设备→光驱→硬盘→网卡,如果需要更改,可以选中该项后用"+""—"

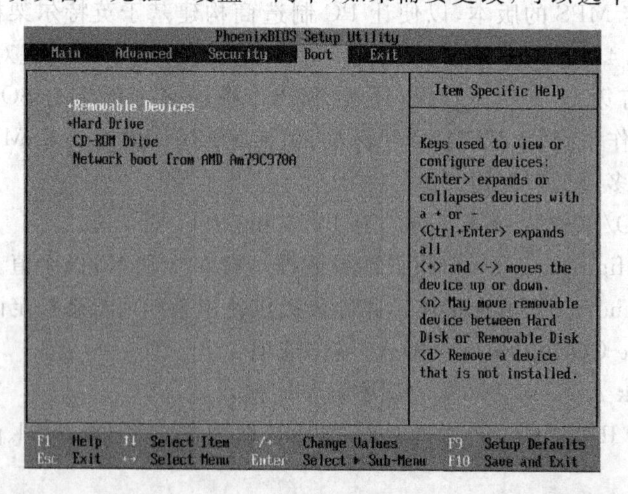

图 3-6 Boot 设置界面

键来上下移动。例如，想将 CD-ROM Drive 设置为第一启动项，让计算机自动从 CD-ROM Drive 启动。在默认情况下，Removable Devices 为第一启动项，Hard Drive 为第二启动项，CD-ROM Drive 为第三启动项。首先利用 PageUp 和 PageDown 键或上下(↑↓)方向键选中 CD-ROM Drive，然后按＋键两次，就可以将 CD-ROM Drive 调整到第一的位置，此时计算机将首先从 CD-ROM Drive 启动。各项功能如下。

(1) Removable Devices：可移动设备启动。

(2) Hard Drive：硬盘启动。

(3) CD-ROM Drive：光驱启动。

(4) Network boot from AMD Am79C970A：网络启动。

5. Exit(退出)界面

Exit 设置界面如图 3-7 所示。

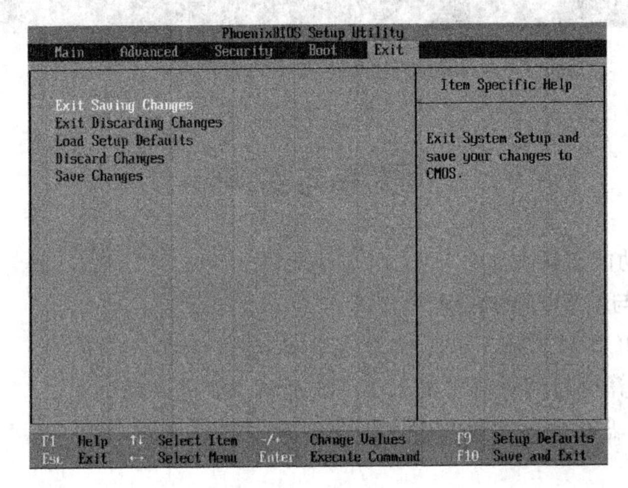

图 3-7　Exit 设置界面

(1) Exit Saving Changes：保存退出。

(2) Exit Discarding Changes：不保存退出。

(3) Load Setup Defaults：恢复出厂设置。

(4) Discard changes：放弃所有操作恢复至上一次的 BIOS 设置。

(5) Save Changes：保存但不退出。

6. 恢复 BIOS 密码

如果设置了 BIOS 的 User Password 或者 Supervisor Password，但是时间久了，连自己都不记得了，或者被其他人故意设置密码而无法获得设置 BIOS 权限和系统的使用权限。此时可以通过放电的方式来清除 CMOS 里面的记录信息。首先关机切断电源，打开计算机机箱侧面挡板，找到主板上的 CMOS 芯片供电的电池，将其从主板上取下，此时 CMOS 将会断电，过几分钟再将电池安装到主板上，此时 CMOS 的设置信息丢失，重新接上电源，就可以进入 BIOS 设置界面或者进入操作系统了。值得注意的是在取下 CMOS 芯片电池之前，一定要将电源切断，否则 CMOS 芯片依然有电，信息将不会丢失，并且在不切断电源的情况下操作硬件也是非常危险的。CMOS 芯片电池如图 3-8 所示。

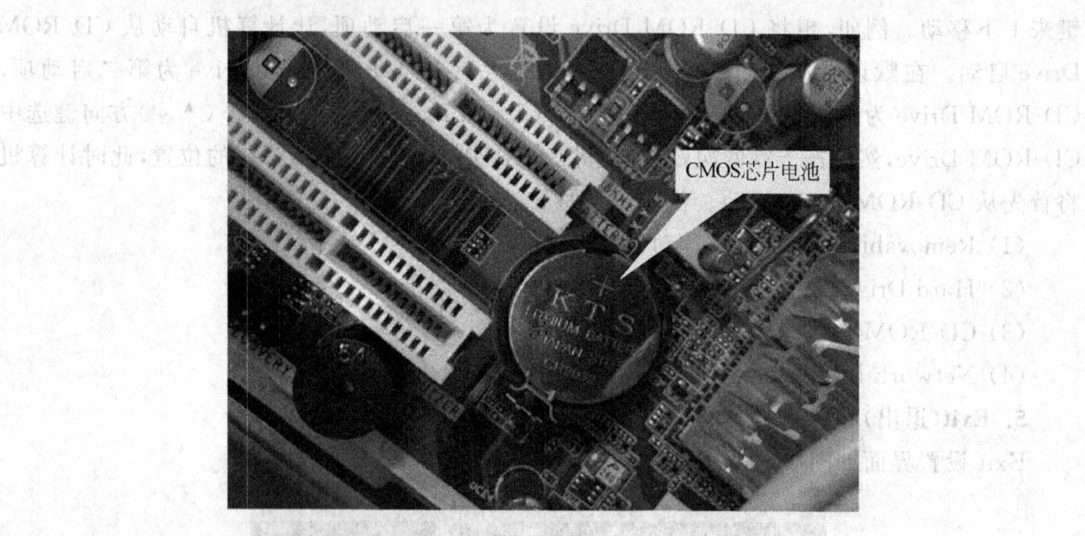

图 3-8　主板上 CMOS 芯片电池

思考与练习

1. BIOS 主要功能有哪些？
2. 简述 BIOS 与 CMOS 的区别。
3. 如何清空 BIOS 对 CMOS 的设置信息？
4. 如何设置计算机启动时需要输入 BIOS 密码才能进入系统？
5. 如何设置 U 盘为第一启动项？

项目 4　Windows 系统维护安装盘的制作

项目描述

一个完整的计算机系统由硬件系统和软件系统两大部分组成。当组装好一台计算机的硬件系统之后，硬件系统还暂时不能工作，这时的计算机系统称为裸机。软件系统中最重要的系统就是操作系统了，将操作系统安装到硬件系统中，一个完整的计算机系统就形成了。在安装操作系统之前，首先要制作操作系统维护盘。因为现阶段大部分计算机不再配有光盘驱动器，采用U盘启动维护和安装计算机系统已经成为非常简便快捷的装机方式。本项目就如何制作 Windows 系统维护安装盘进行演示和介绍。

项目分析

Windows 系统维护安装盘包括U盘启动维护盘和U盘安装系统盘，具有维护操作系统和安装操作系统的功能。现在大部分计算机都不在配有光驱，而市面上一张正版的 Windows 光盘都要几百元。虽然安装操作系统的方法有很多种，但是利用 Windows 系统维护盘安装操作系统是非常方便快捷的。当用户对操作系统有任何不满意的地方包括操作系统不稳定、需要重新划分硬盘分区、操作系统中病毒了等情况都可以通过 Windows 系统维护盘来对操作系统重新安装、硬盘重新分区等。

项目准备

(1) 准备好两个U盘，要求一个至少 1GB，用于制作 WinPE 启动盘；另外一个至少 4GB，用于制作 Windows 10 的U盘安装启动盘，两个U盘将会被格式化，需提前备份数据，以免制作过程中，数据丢失。

(2) 准备好操作系统安装程序 windows_10_enterprise_x86.iso 文件，大约 2.9GB。

(3) 准备好U盘启动工具制作软件，这里采用老毛桃U盘工具 V2014 超级装机版，大约 453MB。

(4) 准备好U盘安装启动盘制作工具，采用软碟通(UltraISO)，大约 2.2MB。

(5) 一台正常运行的计算机，作为 Windows 系统维护盘的制作平台。

以上需要准备的软件都可在网络上查询到并免费下载试用。

1. U盘启动工具制作

首先将准备好的老毛桃U盘启动盘制作工具解压到正常运行的计算机中,然后打开解压好的文件夹“老毛桃U盘工具V2014超级装机版”,里面有一个名为LaoMaoTao应用程序和一个Data的文件夹。同时在Windows桌面上也出现快捷方式“老毛桃U盘工具V2014超级装机版”,如图4-1所示。

图4-1 老毛桃U盘工具V2014超级装机版

接下来双击图4-1中应用程序图标或者桌面快捷方式图标都可以启动“老毛桃U盘工具V2014超级装机版”。U盘启动工具制作主界面如图4-2所示。

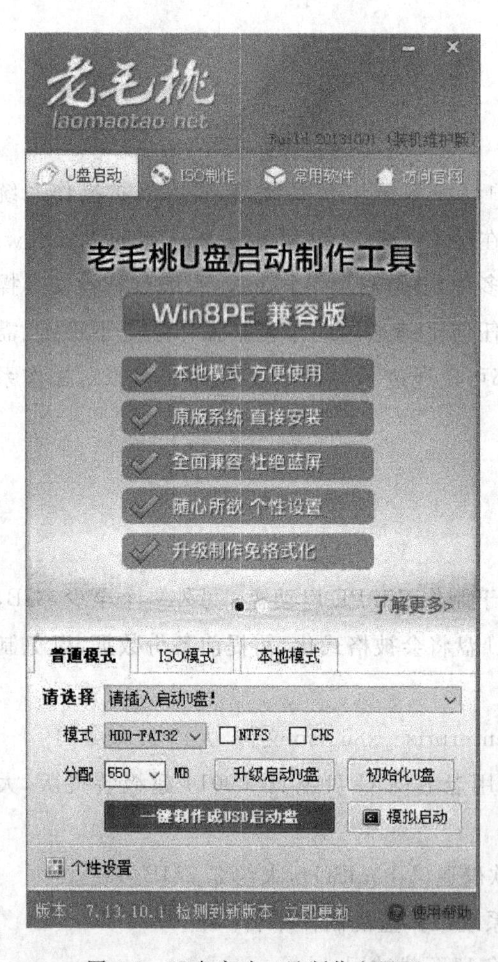

图4-2 U盘启动工具制作主界面

在U盘启动工具制作主界面中,界面上部分与中间部分是老毛桃U盘启动制作工具的一些功能介绍。界面下部分有3个选项:普通模式、ISO模式、本地模式。其中默认的模式是普通模式,也是人们制作U盘启动工具最常用的模式。现在就以普通模式进行介绍。

在普通模式下,第一行“请选择”是选择对哪个U盘进行制作启动盘。如果没有任何U盘或者移动存储介质,则显示“请插入启动U盘”。将准备好的第一个U盘(容量大小至少1GB)插入计算机的USB接口,老毛桃U盘启动制作工具自动识别U盘,如图4-3所示。

当识别出U盘之后,看到第二行“模式”,一般默认模式为HDD-FAT32。模式就是制作U盘启动工具的类型。单击默认模式旁边向下的箭头,会出现HDD-FAT32、ZIP-FAT32、HDD-FAT16和ZIP-FAT16 4种模式。FAT32和FAT16是指U盘的分区格式,FAT16是很早以前的分区格式,现在已被FAT32和NTFS分区格式取代,因此这里选FAT32分区格式。ZIP模式是指把U盘模拟成ZIP驱动器模式,又称为海量存储器,容量可达750MB。ZIP驱动模式相对比较昂贵,且兼容性不好,使用起来很不方便。

HDD 模式是指把 U 盘模拟成硬盘模式，HDD 模式兼容性很高，但对于一些只支持 USB-ZIP 模式的计算机则无法启动。针对现代计算机的实际情况，绝大多数计算机都支持 HDD 模式。这里选择 HDD-FAT32 模式。第二行其他选项默认即可。选择好 U 盘驱动器模式之后，就要对 U 盘进行初始化了。第三行“分配”字节数默认即可。U 盘启动工具还未制作成功，因此不要“升级启动 U 盘”。在第一次制作 U 盘启动工具时，最好对 U 盘初始化，如图 4-4 所示。

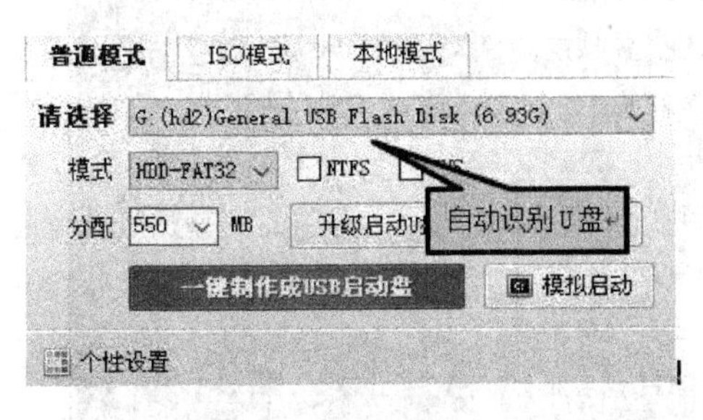

图 4-3　自动识别 U 盘

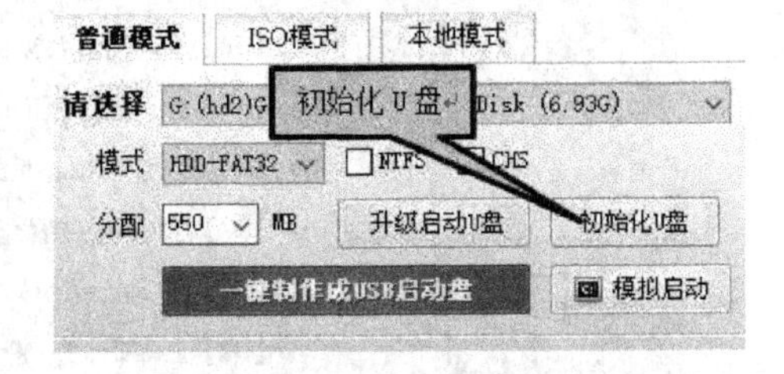

图 4-4　初始化 U 盘

当单击“初始化 U 盘”按钮之后，会弹出确认窗口，要确认对 U 盘进行格式化，并且 U 盘里所有数据将全部丢失。如果此时觉得 U 盘中还有需要的数据，那么单击“取消”按钮，将 U 盘数据备份之后，再初始化 U 盘，如图 4-5 所示。初始化 U 盘选择确定之后，U 盘将被初始化，初始化完毕之后，会弹出初始化完成提示。此时就可以单击“一键制作成 USB 启动盘”按钮。

这时也会弹出如图 4-5 所示的警告提示，单击“确定”按钮，U 盘启动工具制作就会立刻执行，制作过程需要 5～8 分钟。制作完成之后也会提示“一键制作启动 U 盘完成！”，如图 4-6 所示。此时可以模拟测试 U 盘启动情况，检测 U 盘启动工具是否制作成功。此模拟启动仅仅是模拟测试而已，单击“是(Y)”按钮，将自动进入 U 盘模拟启动画面，经过 1～2 秒的时间就跳转到 U 盘启动工具维护主界面，如图 4-7 所示。在此界面中由 12 个主选项以及其他一些副选项。对于将来安装操作系统和硬盘分区来说，1、2、4、5、6 将是经常使用到的。至此，U 盘启动工具就制作完成了。

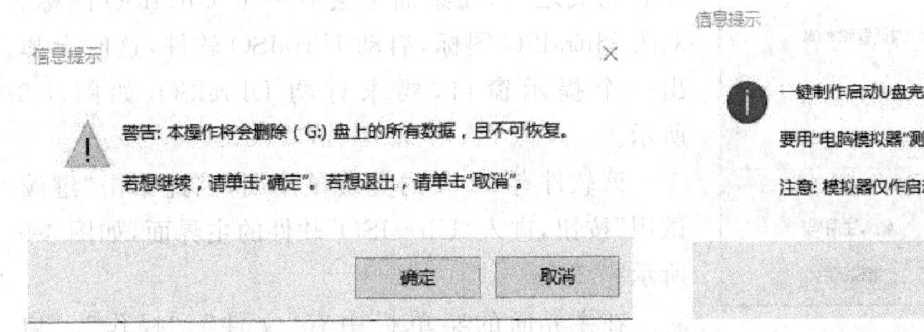

图 4-5　初始化 U 盘警告

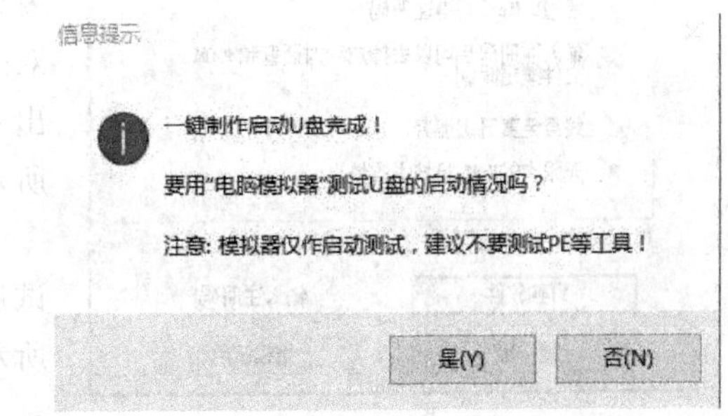

图 4-6　U 盘启动制作完成提示

2. Windows 10 安装启动盘制作

Windows 10 是微软发布的最后一个独立 Windows 版本，下一代 Windows 将作为更新形式出现。Windows 10 发布了 7 个发行版本，分别面向不同用户和设备。相比较之前的 Windows 版本，Windows 10 更具新颖性，是微软公司力推的一个操作系统版本。2015 年 7 月

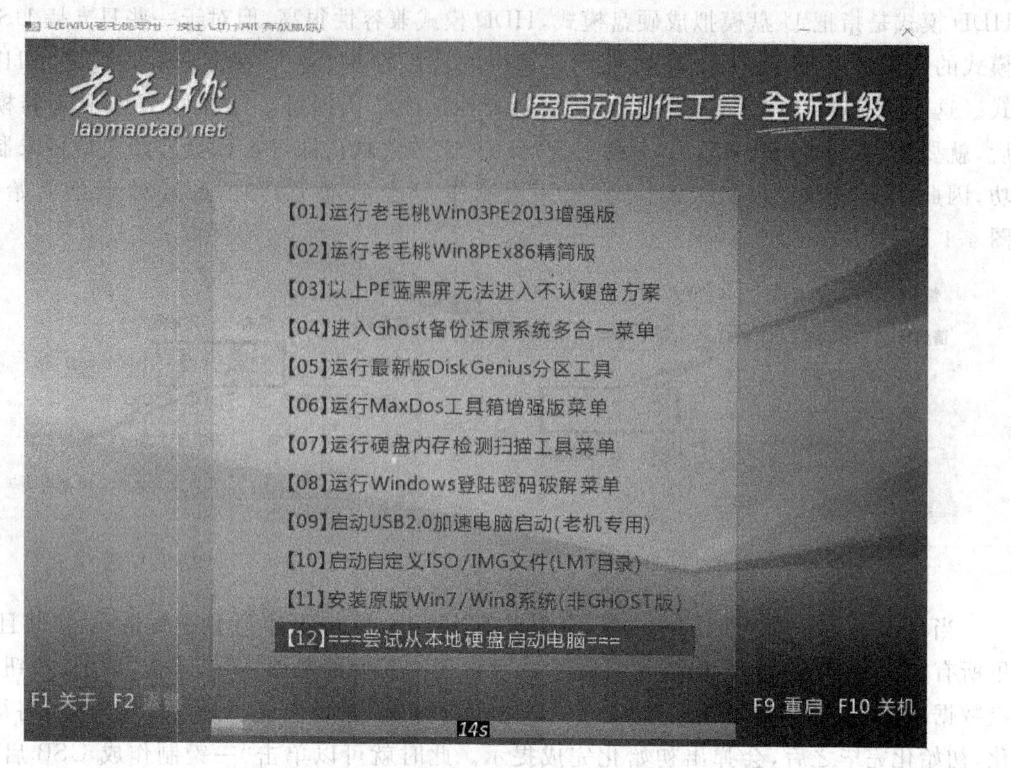

图 4-7 U 盘启动工具维护主界面

29 日起，微软向所有的 Windows 7、Windows 8.1 用户通过 Windows Update 免费推送 Windows 10，用户也可以使用微软提供的系统部署工具进行升级。可见 Windows 10 是将来计算机操作系统的主流系统。这里要介绍的是 Windows 10 的 32 位企业版本安装启动盘的制作。其他版本如企业版 64 位、专业版 32 位和 64 位等安装启动盘的制作是一样的，也可以参照此内容制作同样的安装启动盘。

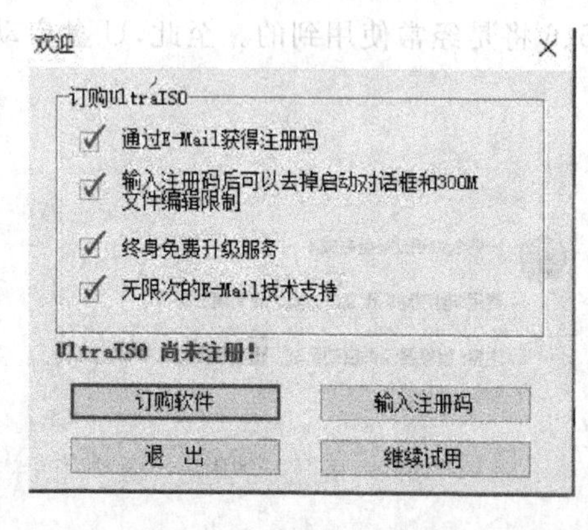

图 4-8 订购 UltraISO

首先将准备好的软碟通(UltraISO)下载到计算机中，然后双击安装该软件，安装过程非常简单。安装完成之后，在桌面上会有一个 UltraISO 图标。双击 UltraISO 图标，启动 UltraISO 软件，这时会弹出一个提示窗口，要求订购 UltraISO，如图 4-8 所示。

该软件有 30 天的免费试用期，因此单击“继续试用”按钮，进入“UltraISO”软件的主界面，如图 4-9 所示。

在主界面的菜单栏中有“文件”、“操作”、“启动”、“工具”、“选项”、“帮助”6 个菜单。要制作 Windows 10 安装启动盘，分两步进行。第一步将准备好的 Windows 10 操作系统源文件即“windows_10_enterprise_x86.iso”导入到“UltraISO”软件中。选择“文件”→“打开”命令，找到存放到硬盘中的 Windows 10 的 ISO 文件，单击该文件，这时 UltraISO 主界面就显示 Windows 10 的 ISO 文件，如图 4-10～图 4-12 所示。

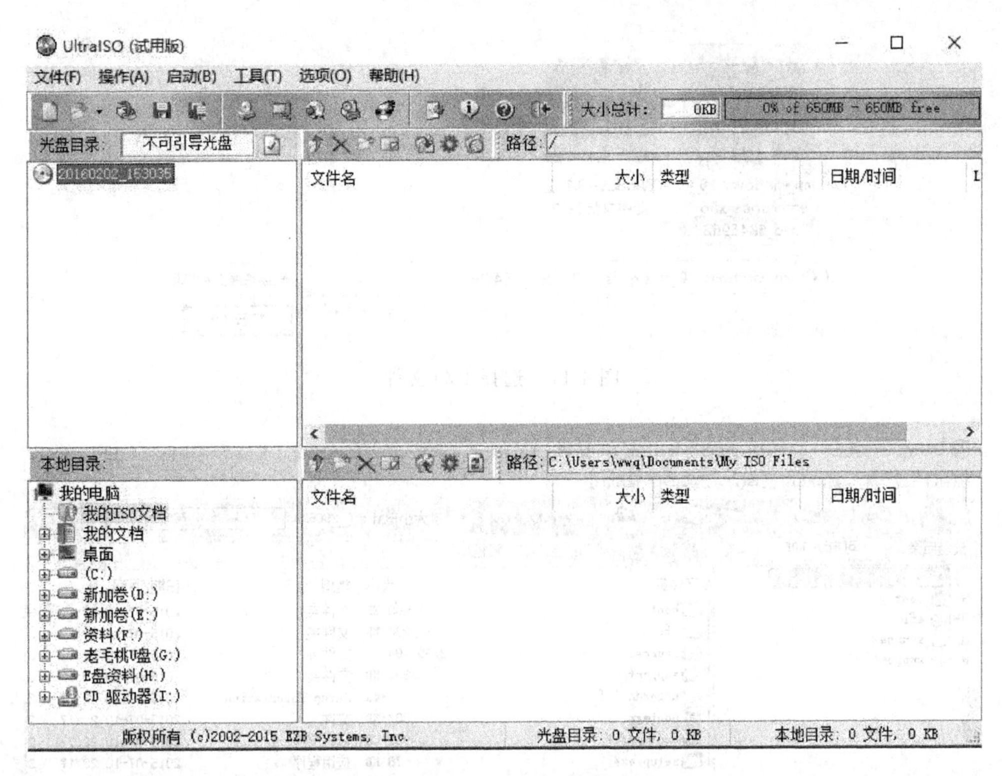

图 4-9 UltraISO 主界面

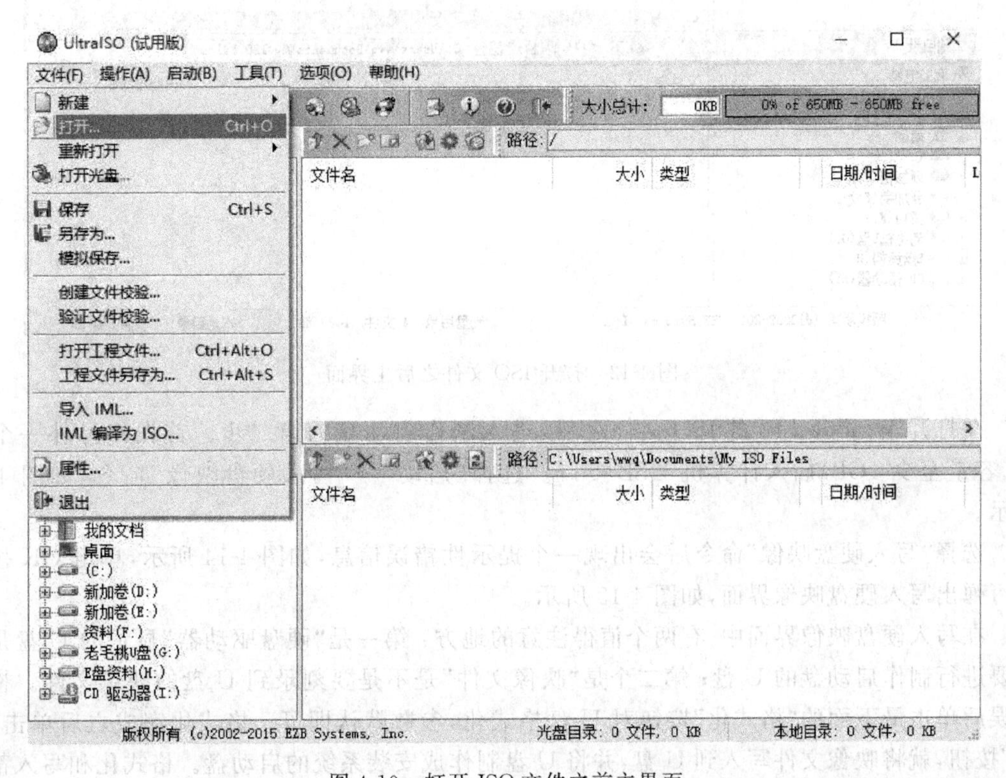

图 4-10 打开 ISO 文件之前主界面

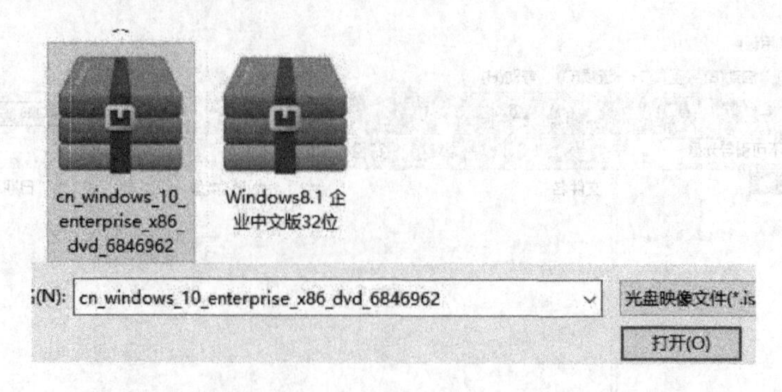

图 4-11　选择 ISO 文件

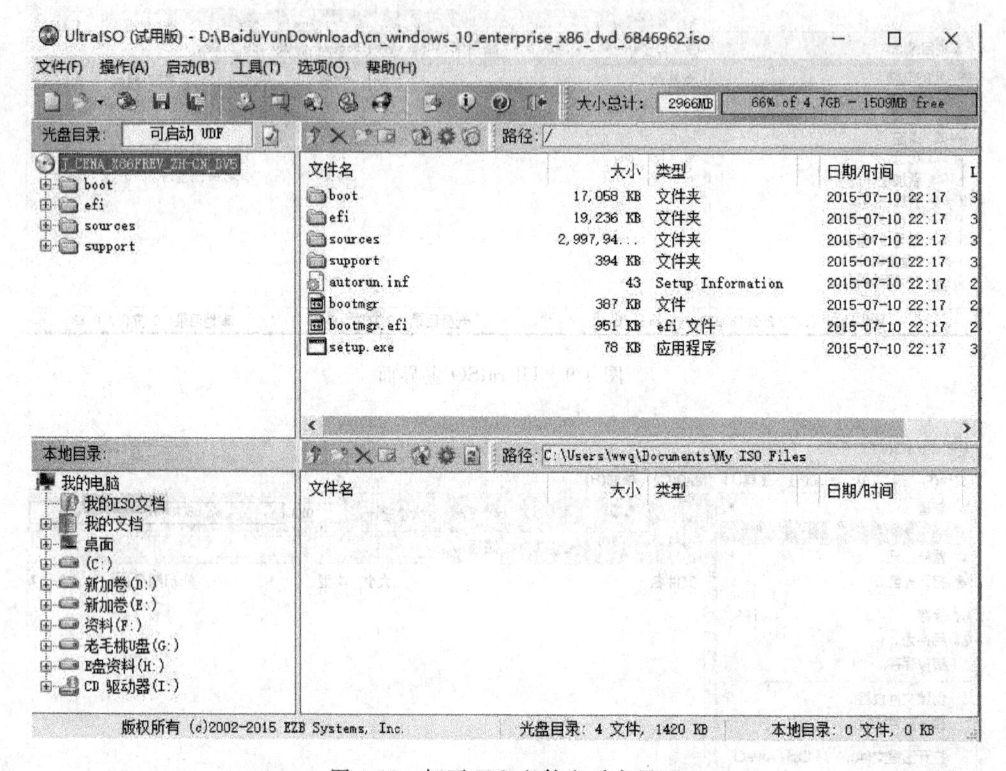

图 4-12　打开 ISO 文件之后主界面

在打开 Windows 10 的 ISO 文件之后，进入制作启动盘的第二步。首先将另外一个 U 盘(容量至少 4GB)插入计算机 USB 接口。选择“启动”→“写入硬盘映像”命令，如图 4-13 所示。

选择“写入硬盘映像”命令后会出现一个提示性错误信息，如图 4-14 所示，单击 OK 按钮即可弹出写入硬盘映像界面，如图 4-15 所示。

在写入硬盘映像界面中，有两个值得注意的地方：第一是“硬盘驱动器”显示的 U 盘是不是要进行制作启动盘的 U 盘；第二个是“映像文件”是不是要刻录到 U 盘的映像文件。检查无误后单击最下面的“格式化”按钮对 U 盘格式化，参数默认即可。格式化完成之后单击“写入”按钮，就将映像文件写入到 U 盘，并将 U 盘制作成安装系统的启动盘。格式化和写入都将造成 U 盘数据的丢失，因此需要对 U 盘中的数据进行备份。写入过程大约需要 10 分钟，如图 4-16 所示。

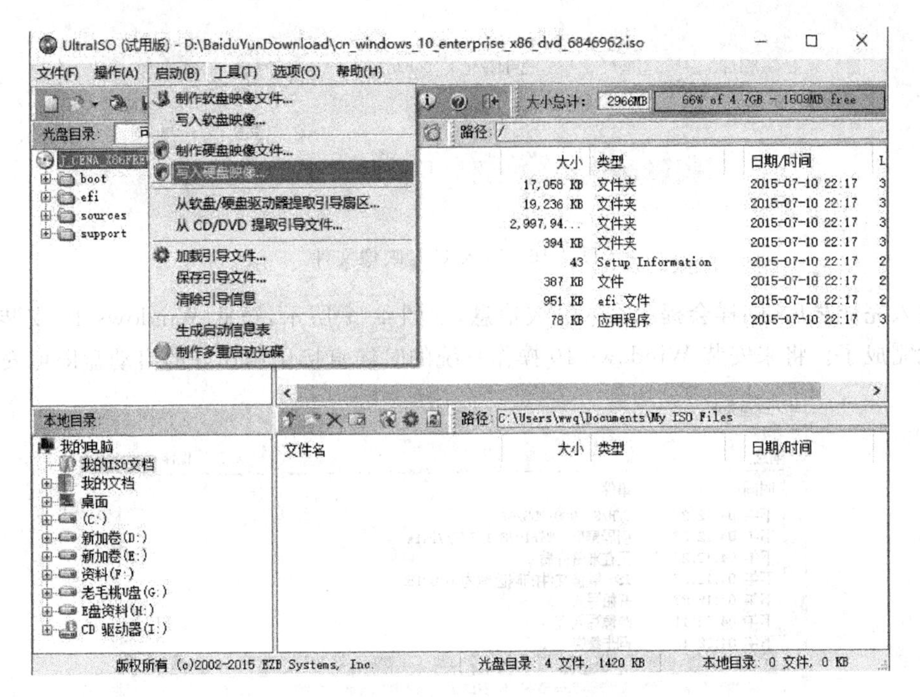

图 4-13　写入硬盘映像

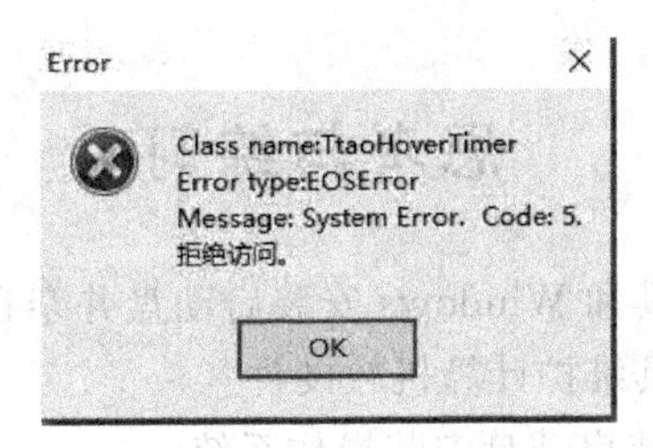

图 4-14　提示性错误信息

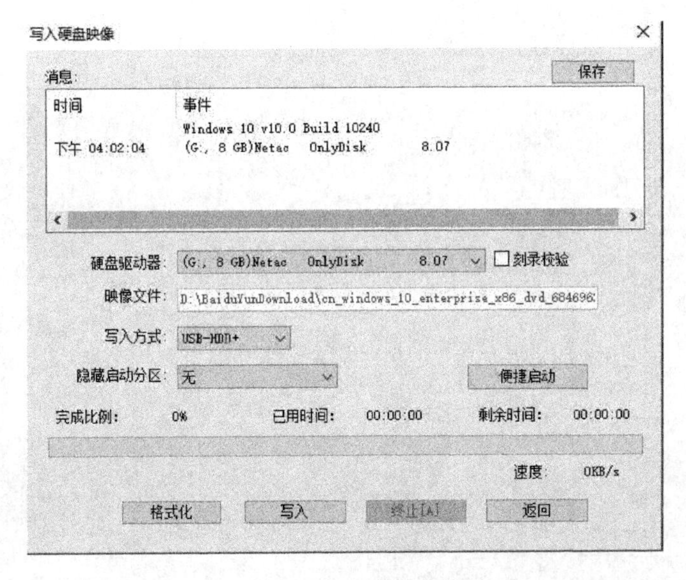

图 4-15　写入硬盘映像界面

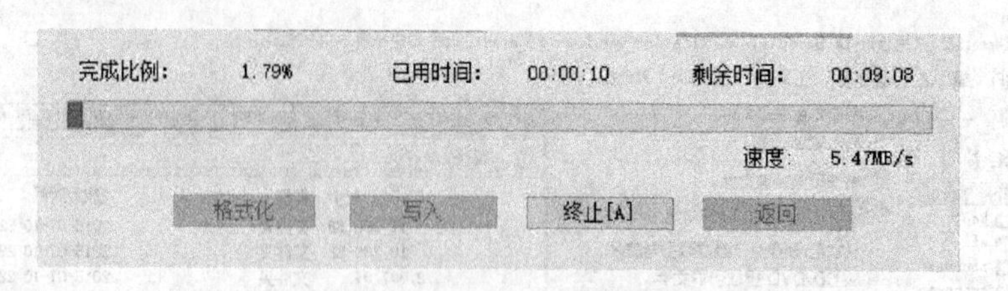

图 4-16　写入 U 盘映像文件

写入完成之后，同样会提示写入完成信息，如图 4-17 所示，至此 Windows 10 安装启动盘制作就完成了。将来安装 Windows 10 操作系统的时候直接用制作好的启动盘即可安装。

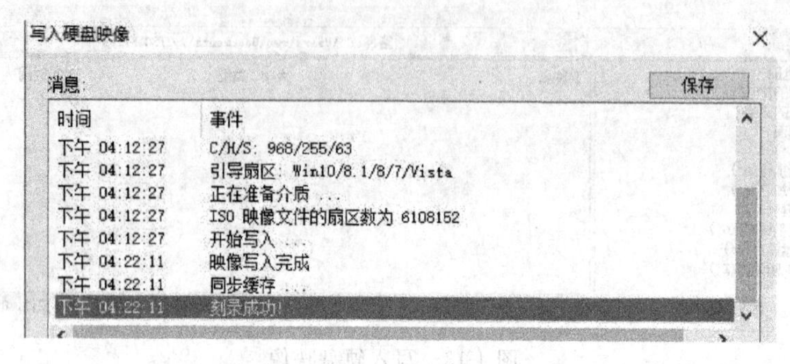

图 4-17　Windows 10 安装启动盘制作成功

思考与练习

1. 如何制作 U 盘启动工具和 Windows 安装启动盘并亲自动手操作？
2. 如何利用 U 盘启动工具维护计算机软硬件？
3. 如何利用 Windows 安装启动盘安装操作系统？

项目5　硬盘分区与格式化

项目描述

当计算机硬件系统安装完成并且加电正常工作之后，需要对硬盘进行格式化，才能安装操作系统。硬盘的格式化方法有很多种。本项目对 DiskGenius 分区方法和步骤进行介绍。

项目分析

硬盘的格式化分为低级格式化、分区和高级格式化。新买的硬盘在流入市场前就已经在工厂低级格式化了，而用户则需要使用操作系统所提供的磁盘工具（如 fdisk. exe、format. com 等）进行硬盘“分区”和“格式化”。硬盘分区实质上是对硬盘的一种格式化，然后才能使用硬盘保存各种信息。

项目准备

1. 硬盘分区的格式

根据目前流行的操作系统来看，常用的分区格式有 4 种，分别是 FAT16、FAT32、NTFS 和 Linux。

1) FAT16

这是 MS-DOS 和最早期的 Windows 95 操作系统中最常见的磁盘分区格式。它采用 16 位的文件分配表，能支持最大为 2GB 的分区，是目前应用最为广泛和获得操作系统支持最多的一种磁盘分区格式，几乎所有的操作系统都支持这一种格式，从 DOS、Windows 95、Windows 97 到现在的 Windows 98、Windows NT、Windows 2000，甚至火爆一时的 Linux 都支持这种分区格式。但是在 FAT16 分区格式中，它有一个最大的缺点：磁盘利用效率低。因为在 DOS 和 Windows 系统中，磁盘文件的分配是以簇为单位的，一个簇只分配给一个文件使用，不管这个文件占用整个簇容量的多少。这样，即使一个文件很小的话，它也要占用了一个簇，剩余的空间便全部闲置在那里，形成了磁盘空间的浪费。由于分区表容量的限制，FAT16 支持的分区越大，磁盘上每个簇的容量也越大，造成的浪费也越大。所以为了解决这个问题，微软公司在 Windows 97 中推出了一种全新的磁盘分区格式 FAT32。

2) FAT32

这种格式采用 32 位的文件分配表，使其对磁盘的管理能力大大增强，突破了 FAT16 对每一个分区的容量只有 2GB 的限制。但在 Windows XP 系统中，由于系统限制，单个分区最大容量为32GB。由于目前的硬盘生产成本下降，其容量越来越大，运用FAT32的分区格式后，可以将一个大硬盘定义成一个分区而不必分为几个分区使用，大大方便了对磁盘的管理。而且，FAT32具有一个最大的优点：在一个不超过8GB的分区中，FAT32分区格式的每个簇容量都固定为4KB，与FAT16相比，可以大大地减少磁盘的浪费，提高磁盘利用率。目前，支持这一磁盘分区格式的操作系统有Windows 97、Windows 98和Windows 2000。但是，这种分区格式也有它的缺点，首先是采用FAT32格式分区的磁盘，由于文件分配表的扩大，运行速度比采用FAT16格式分区的磁盘要慢。另外，由于DOS不支持这种分区格式，因此采用这种分区格式后，就无法再使用DOS系统，还有一点FAT16及FAT32格式分区不支持4GB及以上文件。

3）NTFS

NTFS是一种新兴的磁盘格式，早期在Windows NT网络操作系统中常用，但随着安全性的提高，在Windows Vista和Windows 7操作系统中也开始使用这种格式，并且在Windows Vista和Windows 7中只能使用NTFS格式作为系统分区格式。其显著的优点是安全性和稳定性极其出色，在使用中不易产生文件碎片，对硬盘的空间利用及软件的运行速度都有好处。它能对用户的操作进行记录，通过对用户权限进行非常严格的限制，使每个用户只能按照系统赋予的权限进行操作，充分保护了网络系统与数据的安全。

4）Linux

Linux是1999年最火的操作系统，它的磁盘分区格式与其他操作系统完全不同，共有两种。一种是Linux Native主分区，一种是Linux Swap交换分区。这两种分区格式的安全性与稳定性极佳，结合Linux操作系统后，死机的机会大大减少。但是，目前支持这一分区格式的操作系统只有Linux。

2. 划分主分区、扩展分区、逻辑分区和活动分区的关系

硬盘的分区由主分区、扩展分区和逻辑分区组成，主分区（注意扩展分区也是一个主分区）的最大个数是4个，其个数是由硬盘的主引导记录MBR（Master Boot Recorder）决定的，MBR存放启动管理程序（如GRUB）和分区表记录。扩展分区下又可以包含多个逻辑分区，所以主分区范围为1～4，逻辑分区是从5开始的。

主分区也称为引导分区，最多可以创建4个，当创建4个主分区时，就无法再创建扩展分区了，当然也就没有逻辑分区了。主分区是独立的，对应磁盘上的第一个分区，一般就是C盘。在Windows操作系统中，把所有的主分区和逻辑分区都称为“盘”或者“驱动器”，并且把所有的可存储介质都显示为操作系统的“盘”。因此，从“盘”的概念上无法区分主分区和逻辑分区，并且盘符可以在操作系统中修改。

扩展分区是除了主分区外，剩余的磁盘空间就是扩展分区了，扩展分区是一个概念，实际上是看不到的。当整个硬盘分为一个主分区时，就没有了扩展分区。

逻辑分区是在扩展分区上面，可以创建多个逻辑分区。逻辑分区相当于一块存储介质。

活动分区就是当前活动的、操作系统可以启动的分区。

3. 常用分区工具

1）Fdisk

Fdisk是DOS中的一个很小巧的分区工具，在使用Fdisk为硬盘创建分区时，如果已经存在分区，首先要把原有的分区删除。Windows 98操作系统中的Fdisk工具只支持60GB以下的硬盘，建议使用Windows Me操作系统中的Fdisk（支持≥80GB的硬盘）。

2）PowerQuest Patition Magic

俗称 PQ,中文名为硬盘分区魔术师,有 DOS 和 Windows 版本。超级硬盘分区工具,可以不破坏硬盘现有数据重新改变分区大小,支持 FAT16 和 FAT32,可以进行互相转换,可以隐藏现有的分区,支持多操作系统。

3）DiskGenius

DiskGenius 是在最初的 DOS 版的基础上开发而成的。Windows 版本的 DiskGenius 软件,除了继承并增强了 DOS 版的大部分功能外(少部分没有实现的功能将会陆续加入),还增加了许多新的功能,如已删除文件恢复、分区复制、分区备份、硬盘复制等功能。另外还增加了对 VMWare、Virtual PC、VirtualBox 虚拟硬盘的支持。此外 DiskGenius 分区软件还集成在 U 盘启动工具的 WinPE 软件内,其友好的图形界面,在硬件分区软件使用较为频繁。

4）Windows 安装程序自带的分区功能

在 Windows 系统安装可以对硬盘分区和格式化,其分区功能相对单一,但可以满足安装需要,一般仅作安装过程临时使用。在后面的任务学习中将会使用该分区方式。

项目实施

首先在 BIOS 里面设置启动项,将第一启动项设置为 U 盘启动。有些计算机不用设置也会自动识别 U 盘启动。设置完成之后,保存 BIOS 重启计算机,这时计算机就从 U 盘启动。当出现如图 5-1 所示的界面时,利用键盘的上下键选择【01】或者【02】并且按下 Enter 键,启动 WinPE(一个是 2013 版本的 WinPE,一个是 Windows 8 版本的 WinPE,功能一样)。这时 U 盘启动程序将进入 WinPE 维护桌面,如图 5-2 所示。

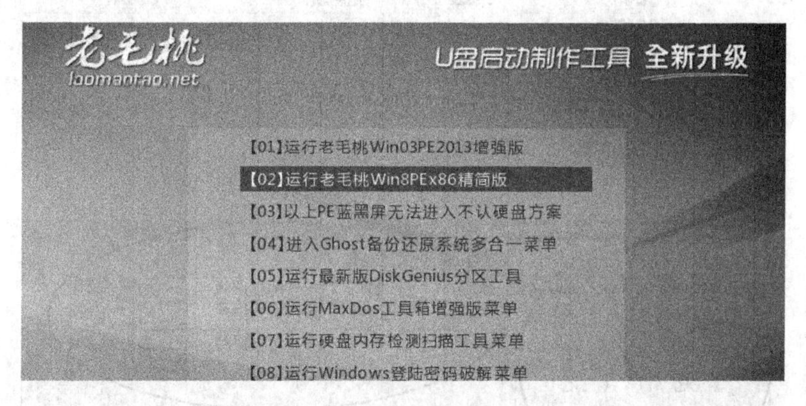

图 5-1 启动 WinPE

然后单击 WinPE 桌面的 DiskGenius 图标,启动 DiskGenius 分区软件。启动之后的界面如图 5-3 所示。在界面左边是硬盘的信息,包括了 U 盘启动盘和硬盘。在界面上面是硬盘的容量、接口、型号、序列号等信息。此时硬盘尚未分区,硬盘分区信息为空,显示的是整块硬盘的大小。

单击软件菜单栏下面的"快速分区"命令将会对整块硬盘快速分区。快速分区默认分为 4 个分区,每个分区根据整块硬盘大小划分分区的大小。如果觉得分区不满意,可以更改分区个数和每个分区的大小,如图 5-4 所示。

图 5-2　WinPE 桌面

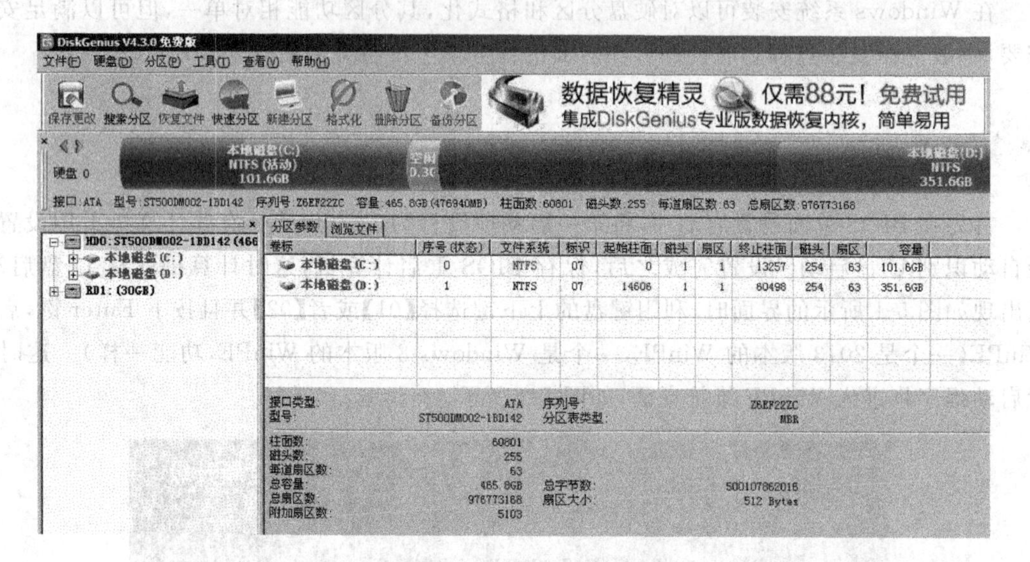

图 5-3　DiskGenius 主界面

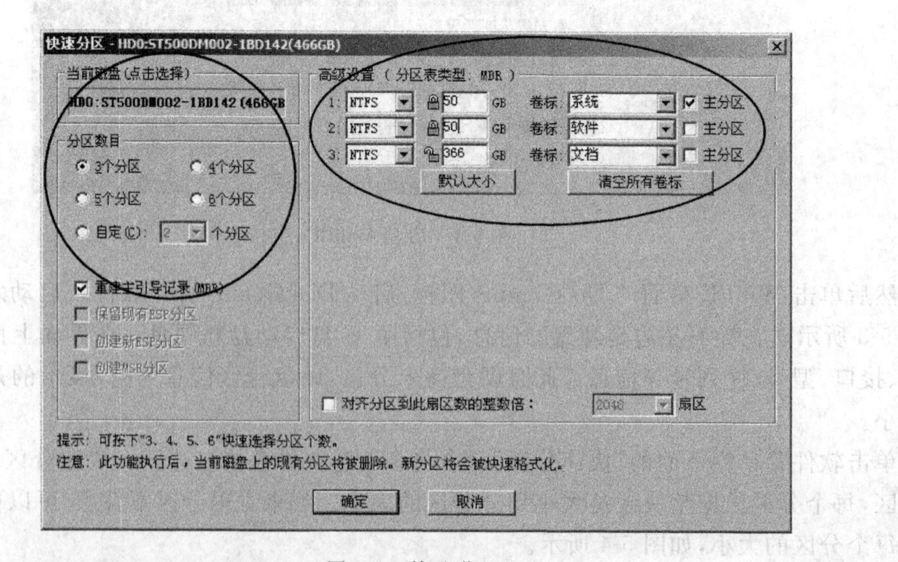

图 5-4　快速分区

一般而言,C盘是安装操作系统的分区,且属于主分区。如果安装操作系统是Windows XP,则C盘大小20GB为宜;如果安装的是Windows 7则30GB较为合适;如果安装的是Windows 8.1或者Windows 10则40GB以上为好。此处将整块硬盘分为3个区,分区格式为NTFS格式,每个分区大小约为50GB。

在对分区数目、分区格式、分区大小进行设置之后,单击"确定"按钮,DiskGenius软件将按照设置的参数将硬盘分区,如图5-5所示。

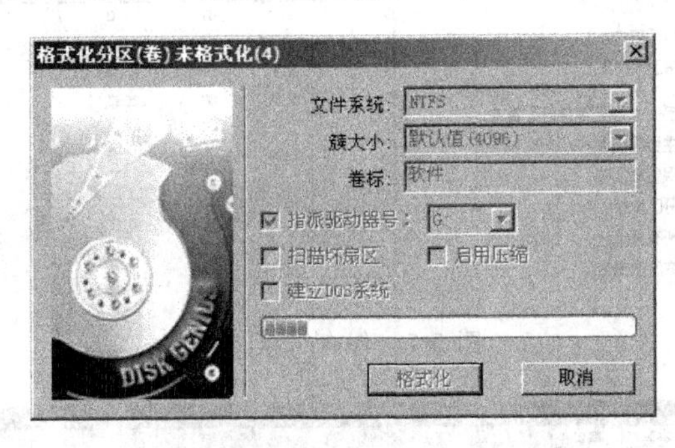

图5-5　分区进行中

分区完成后,回到DiskGenius主界面,此时硬盘分为3个分区,每个分区的信息都显示在分区信息列表中,如图5-6所示。

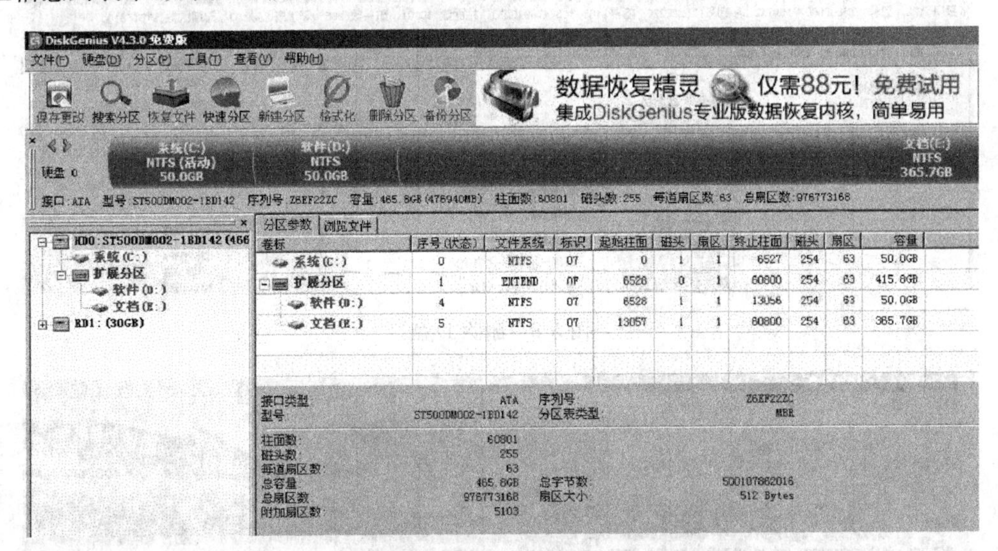

图5-6　硬盘分区后

最后选中界面左边的硬盘并右击,在弹出的快捷菜单中选择"保存分区表"命令,将之前对硬盘所做分区工作进行保存。保存完成之后,硬盘分区工作才算真正完成,如图5-7所示。

硬盘分区完成之后,如果对分区不满意,可以随时进行调整。假如觉得C盘太大了,D盘又太小了,想调整C盘到30GB左右,C盘剩余容量调整到D盘,该怎么做呢?

(1) 选中D盘并右击,在弹出的快捷菜单中选择"删除当前分区"命令,如图5-8所示。

(2) 删除D盘之后,D盘原来的容量信息变为空闲。选中C盘并右击,在弹出的快捷菜单中选择"调整分区大小"命令,如图5-9命令。在弹出的对话框中,利用鼠标拖动C盘,将C盘容量调整为30GB左右,也可以直接在设置栏中输入C盘调整之后容量,如图5-10所示。

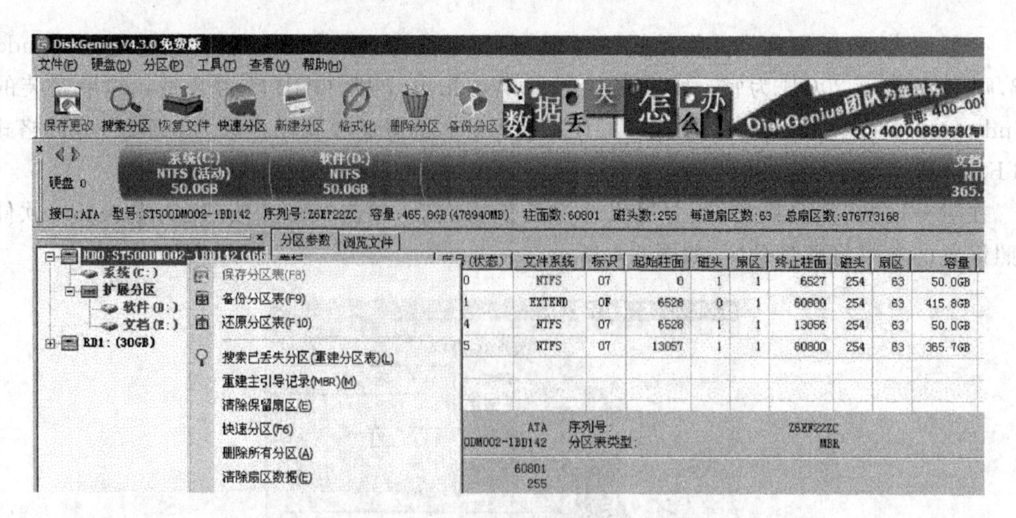

图 5-7 保存分区信息

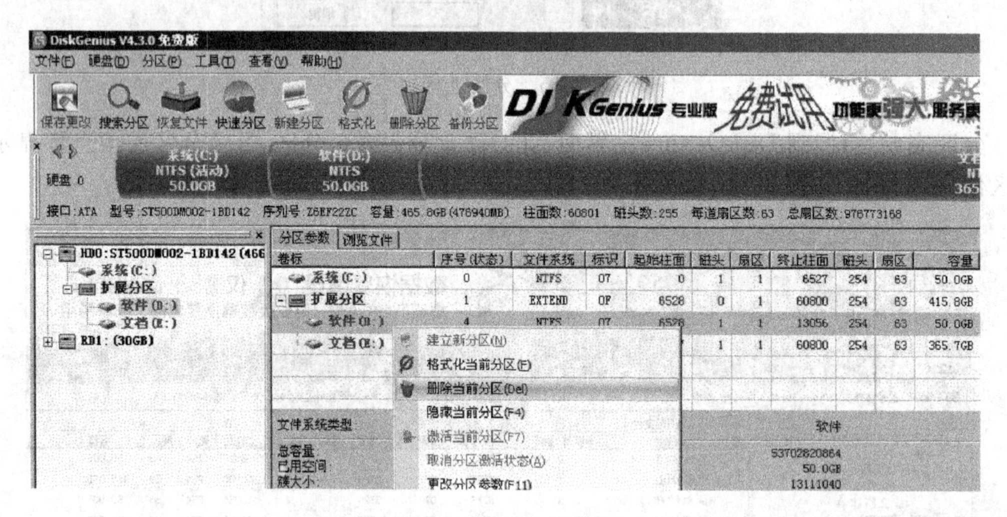

图 5-8 删除 D 盘

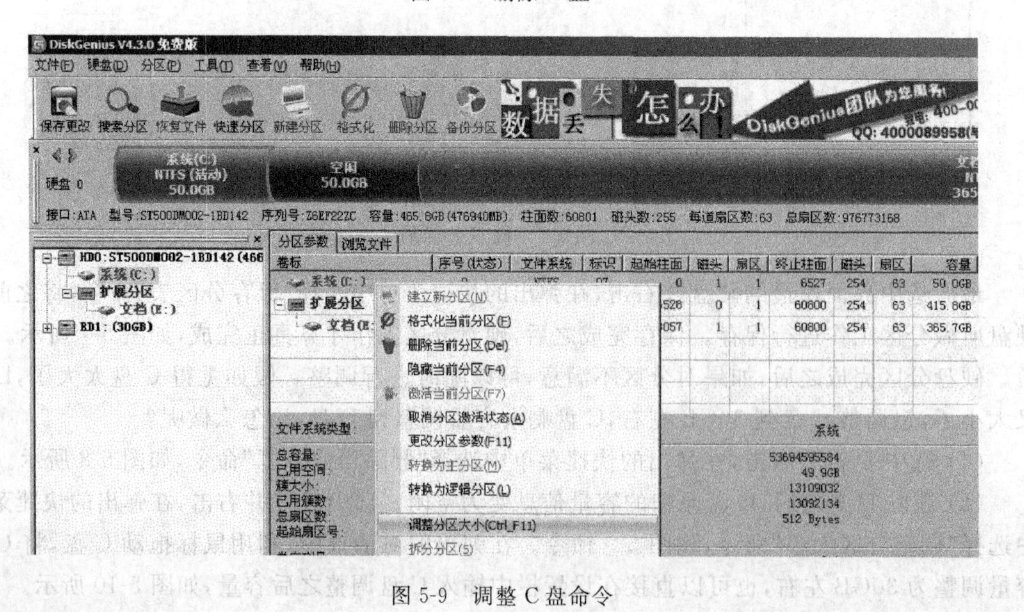

图 5-9 调整 C 盘命令

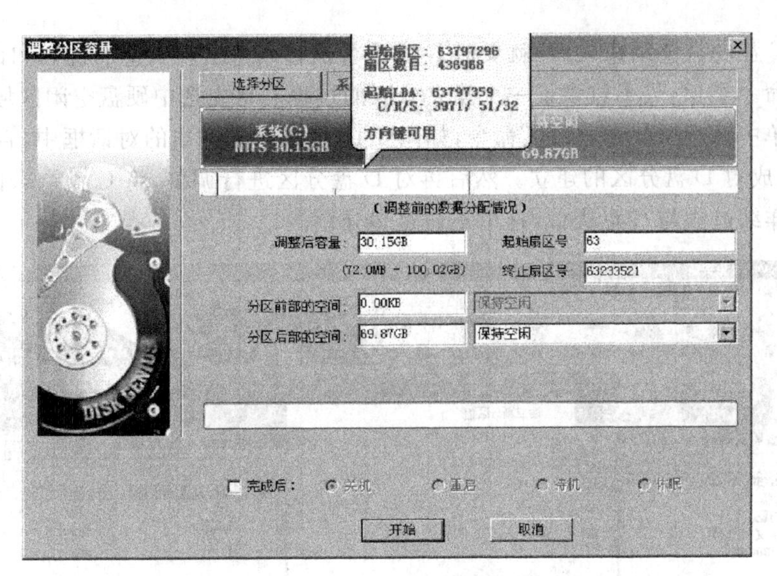

图 5-10　调整 C 盘容量

在确认设置参数无误后，单击“开始”按钮，程序将提示是否立即调整分区的容量以及调整分区的操作步骤等信息，如图 5-11 所示。单击“是”按钮，程序将根据刚才设置的参数调整 C 盘容量，如图 5-12 所示。调整完成后，单击图 5-12 中的“完成”按钮，程序回到 DiskGenius 主界面。

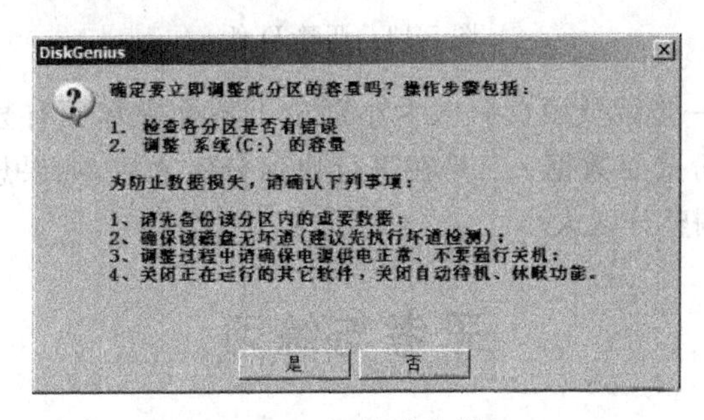

图 5-11　调整确认信息

图 5-12　调整完成信息

(3) 对C盘的调整结束之后，就要对D盘进行扩容调整了。调整的过程和命令与C盘的调整过程和命令类似，只不过多了一个建立分区的过程。首先选中硬盘空闲区域并右击，在弹出的快捷菜单中选择“建立新分区”命令，如图5-13所示。在弹出的对话框中，直接单击“下一步”按钮则完成对D盘分区的建立。然后再对D盘分区进行调整，将C盘剩余的容量调整到D盘。调整详细过程与C盘类似，这里不做过多介绍。

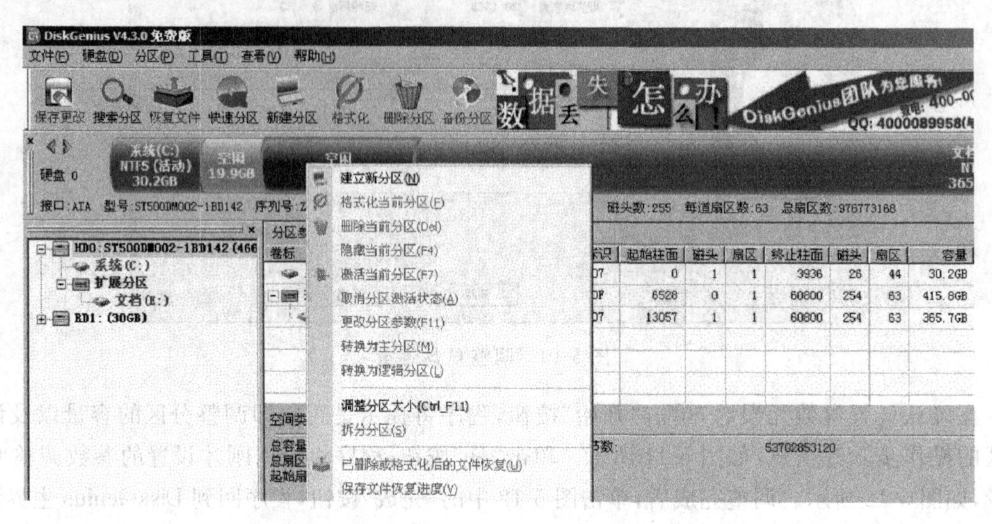

图 5-13　调整D盘

这里要提醒两点：一是调整硬盘分区大小理论上不会破坏原有数据，但是调整操作存在风险，建议大家事先备份重要数据；二是在进行快速分区之后，如果想调整分区大小，必须保存分区信息，否则无法调整分区大小。

思考与练习

1. 简述DiskGenius分区软件的分区步骤。
2. 如何对移动硬盘进行分区，分区方法与机械硬盘有什么差别？
3. 在硬盘分区格式化过程中，需要注意哪些问题？

项目6　操作系统安装

项目描述

将计算机硬件系统组装好并且加电测试通过之后，计算机还不能工作。这时的计算机称为裸机，不能办公、娱乐。接下来要做的工作是为其安装操作系统。操作系统属于系统软件，它可以控制和管理计算机中的各种资源。本项目就如何安装操作系统进行演示和介绍。

项目分析

操作系统的版本和安装方法有很多种，这里介绍最新的 Windows 10 操作系统的安装方法和过程。任何计算机都需要有操作系统才能运行，当计算机出现严重故障尤其是程序被病毒感染之后，重新安装操作系统不失为一种较好解决办法。

项目准备

(1) 一个制作成功的 Windows 10 安装启动盘。

(2) 一台硬件系统正常的计算机，并且保证硬盘大小不低于 40GB。

(3) 安装过程中会格式化硬盘，硬盘资料需提前备份。

(4) 启动计算机，进入 BIOS，将 U 盘启动设置为第一启动项，保存设置并重新启动。

项目实施

安装 Windows 10 企业版系统的操作步骤如下。

启动计算机之前，将准备好的 Windows 10 安装启动盘插入计算机 USB 接口，然后启动计算机。计算机将从 Windows 10 安装启动盘自动启动。计算机屏幕将出现“Start booting from USB device”，表示计算机是按照 USB 的方式启动的，如图 6-1 所示。

```
Start booting from USB device...
_
```

图 6-1　启动安装启动盘

计算机将自动读取 Windows 10 安装启动盘中的启动程序，进入如图 6-2 所示的“Windows 安装程序”窗口，选择“要安装的语言”、“时间和货币格式”、“键盘和输入方法”，一般默认即可，然后单击“下一步”按钮。

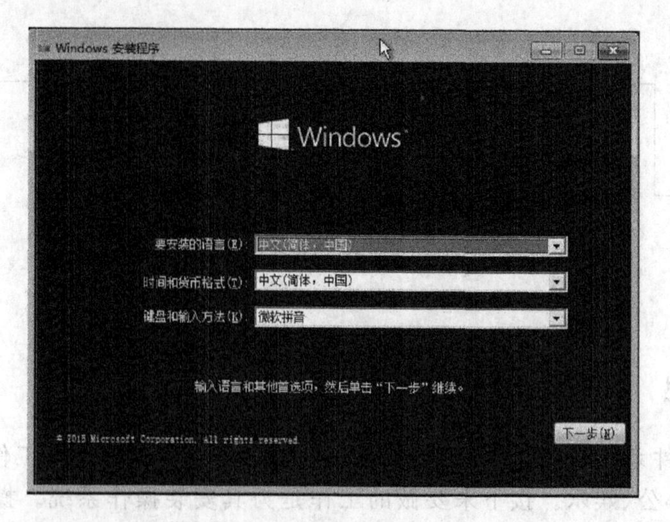

图 6-2 "Windows 安装程序"窗口

现在可以直接开始安装 Windows 10 或者修复已有的 Windows 10，要安装 Windows 10 操作系统则单击"现在安装"按钮，如图 6-3 所示。

图 6-3 开始安装 Windows 10 操作系统

单击"现在安装"按钮，等待几十秒的时间之后，出现 Windows 安装程序的"许可条款"界面，如图 6-4 所示。选中"我接受许可条款"复选框表示同意 Windows 10 的安装条款，完成之后单击"下一步"按钮。

安装程序进入如图 6-5 所示的界面。选择"你想执行哪种类型的安装"，有升级安装和自定义安装两种。要全新安装 Windows 10 操作系统或者原来计算机上没有操作系统的时候要选择自定义安装。一般而言选择自定义安装。

选择自定义安装之后，程序出现如图 6-6 所示的界面，选择将 Windows 10 安装到哪个分区，这里的磁盘并未分区，采用 Windows 自带分区功能分区。

选中图 6-6 中的"驱动器 0 未分配的空间"，直接单击"新建"超链接，在出现的文本框中输入要创建的分区的大小即可(分区容量以 MB 为单位)，当创建 C 分区(系统分区)的时候，Windows 10 操作系统要在 C 分区之前创建一个系统保留分区，如图 6-7 所示。

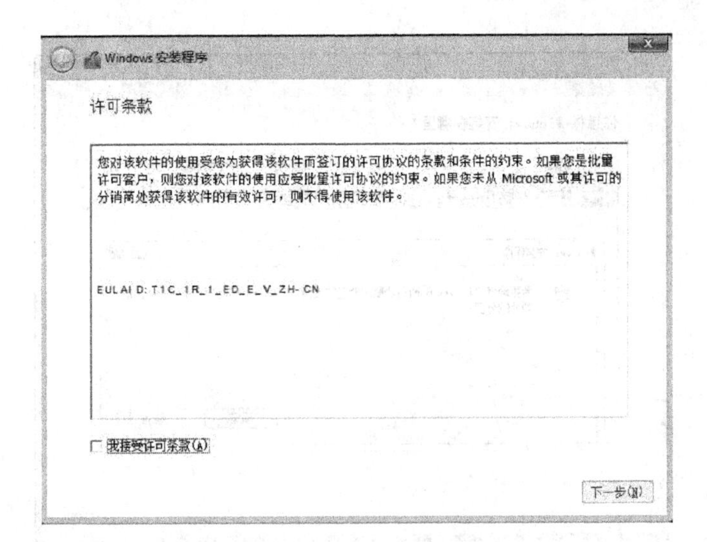

图 6-4　许可条款界面

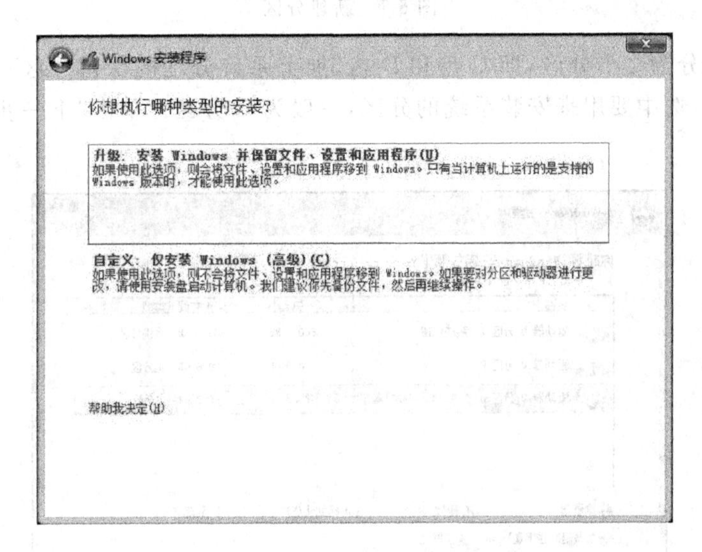

图 6-5　选择安装类型

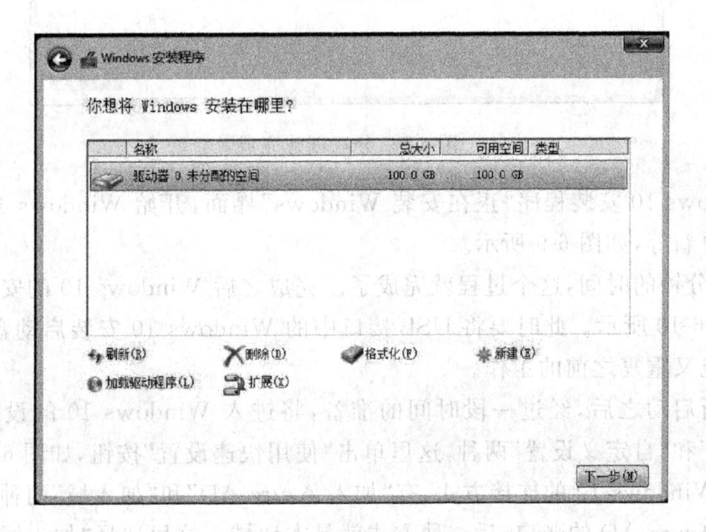

图 6-6　选择安装路径

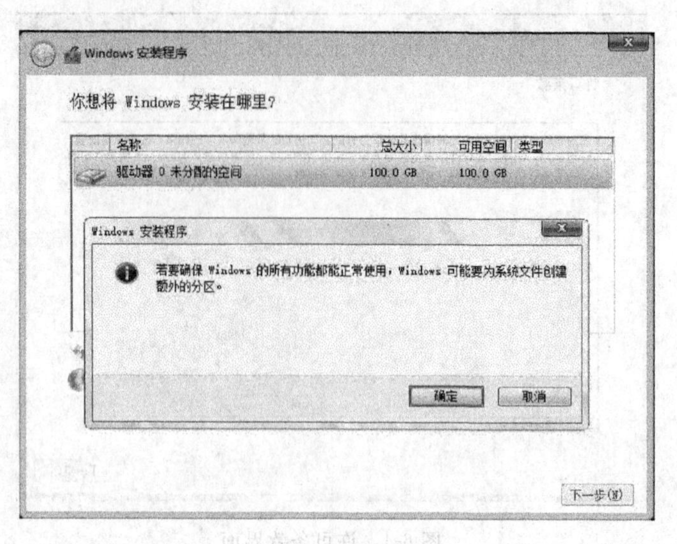

图 6-7　新建分区

这里将硬盘分为 2 个分区，即 C 盘和 D 盘，加上系统分配的保留分区一共是 3 个分区。分区创建完成后，选中要用来安装系统的分区，一般为 C 分区。单击“下一步”按钮，如图 6-8 所示。

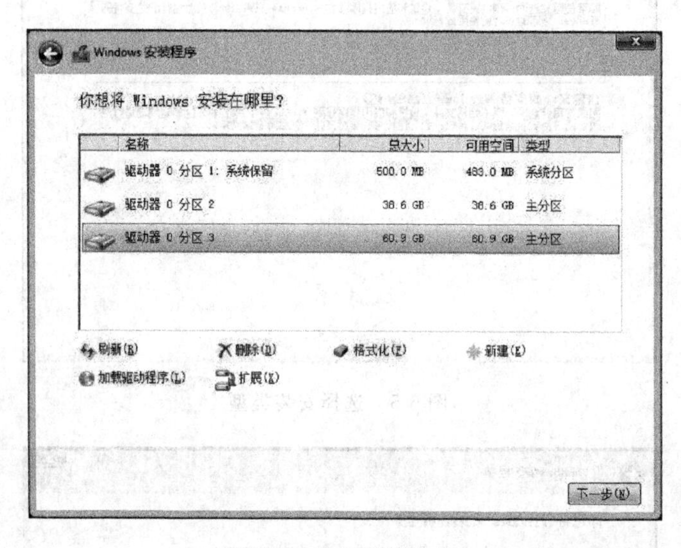

图 6-8　分区创建完成

进入 Windows 10 安装程序“正在安装 Windows”界面，开始 Windows 10 安装的文件复制、安装功能、更新等，如图 6-9 所示。

经过 3～5 分钟的时间，这个过程就完成了。完成之后 Windows 10 的安装进程将重新启动计算机，如图 6-10 所示。此时要将 USB 接口中的 Windows 10 安装启动盘拔下来，以免重新启动之后系统又重复之前的工作。

计算机重新启动之后，经过一段时间的准备，将进入 Windows 10 的设置。设置方法有“使用快速设置”和“自定义设置”两种，这里单击“使用快速设置”按钮，如图 6-11 所示。

然后进入 Windows 10 的连接方式，有“加入 Azure AD”和“加入域”两种连接方式。前一种方式需要由 Azure AD 的账户，后一种方式就是本地域。这里选择“加入域”连接方式，然后

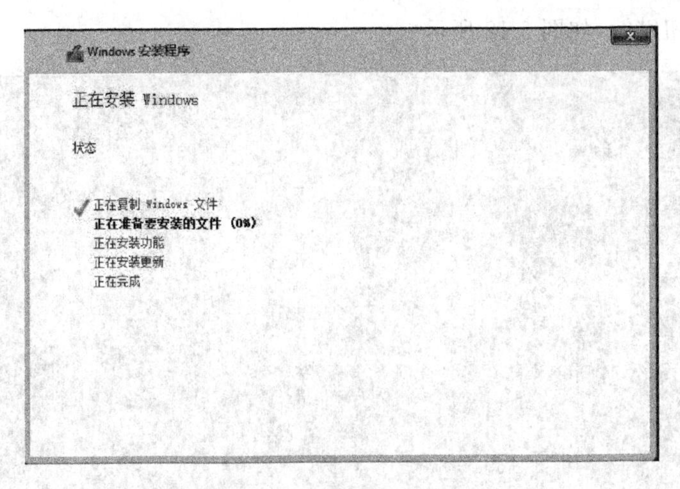

图 6-9　正在安装 Windows

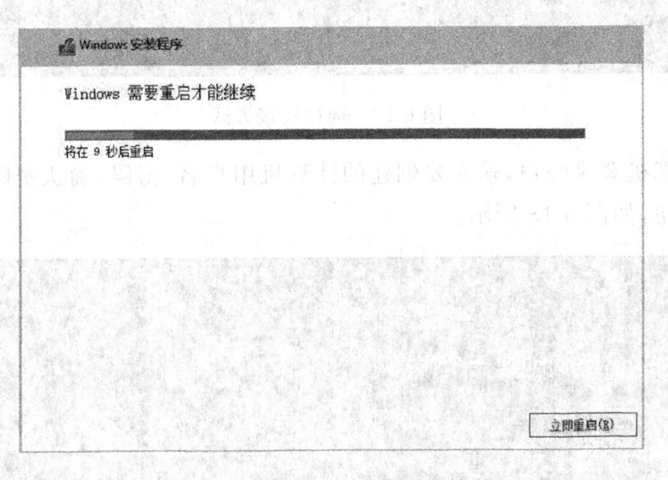

图 6-10　Windows 安装进程完成

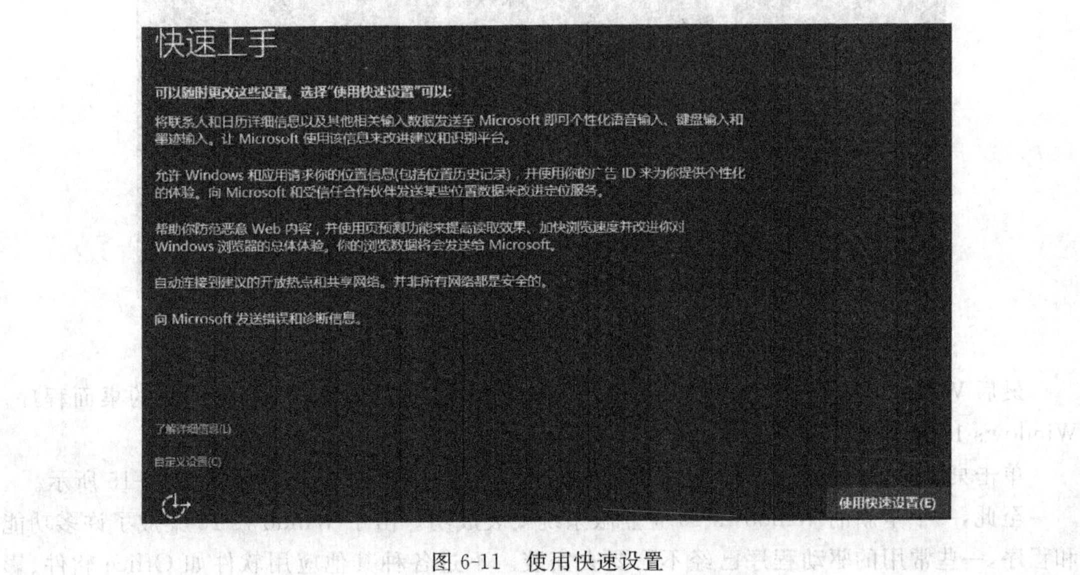

图 6-11　使用快速设置

单击“下一步”按钮继续，如图 6-12 所示。

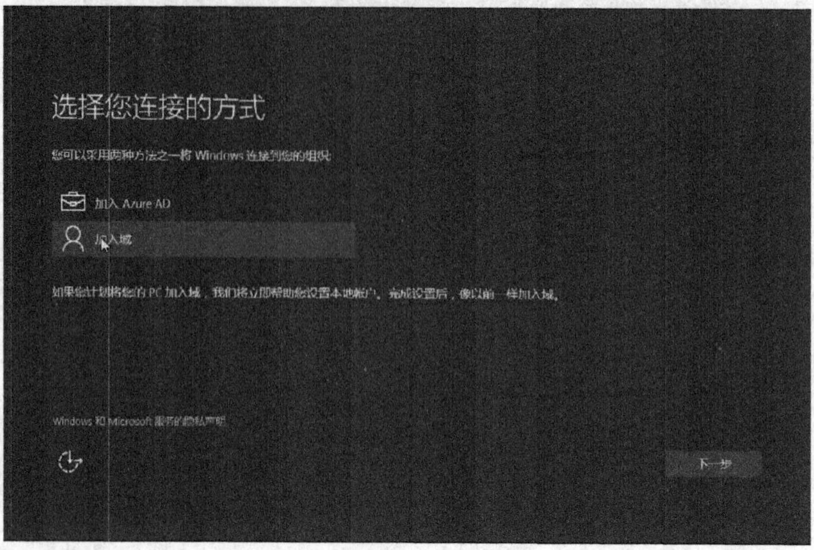

图 6-12　选择连接方式

接着设置计算机登录账户，输入要创建的计算机用户名、密码、确认密码和密码提示之后，单击“下一步”按钮，如图 6-13 所示。

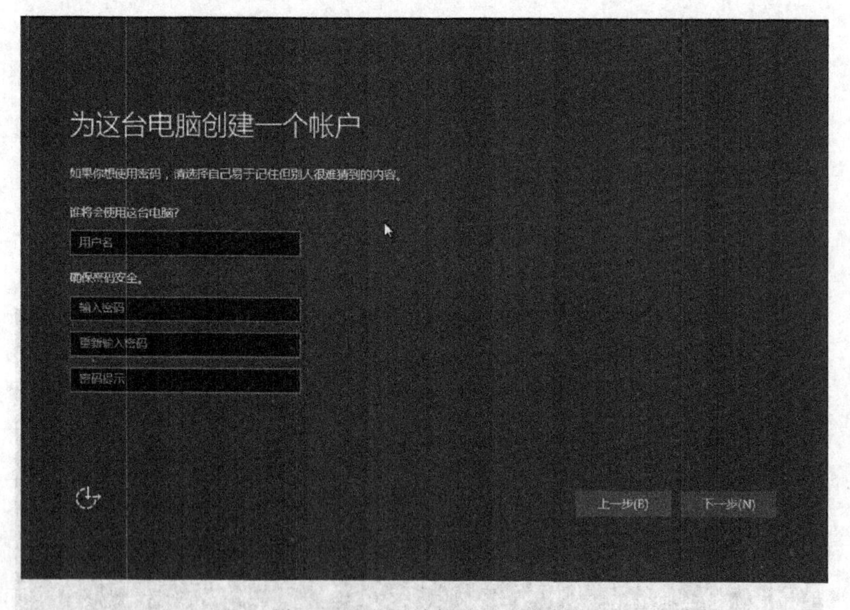

图 6-13　设置计算机登录账户

最后 Windows 10 安装程序经过 1～2 分钟的准备之后，进入 Windows 10 的桌面程序。Windows 10 操作系统安装完成，如图 6-14 所示。

单击桌面左下角的图标，启动“开始”菜单进入熟悉的“开始”菜单界面，如图 6-15 所示。

至此，一个全新的 Windows 10 企业版系统安装成功。由于 Windows 10 集成了许多功能和程序，一些常用的驱动程序已经不需要去安装。不过各种其他应用软件如 Office 软件、影视播放、音乐、游戏、杀毒软件等都需要去安装。此外如果计算机的硬件系统比较新，还是需要

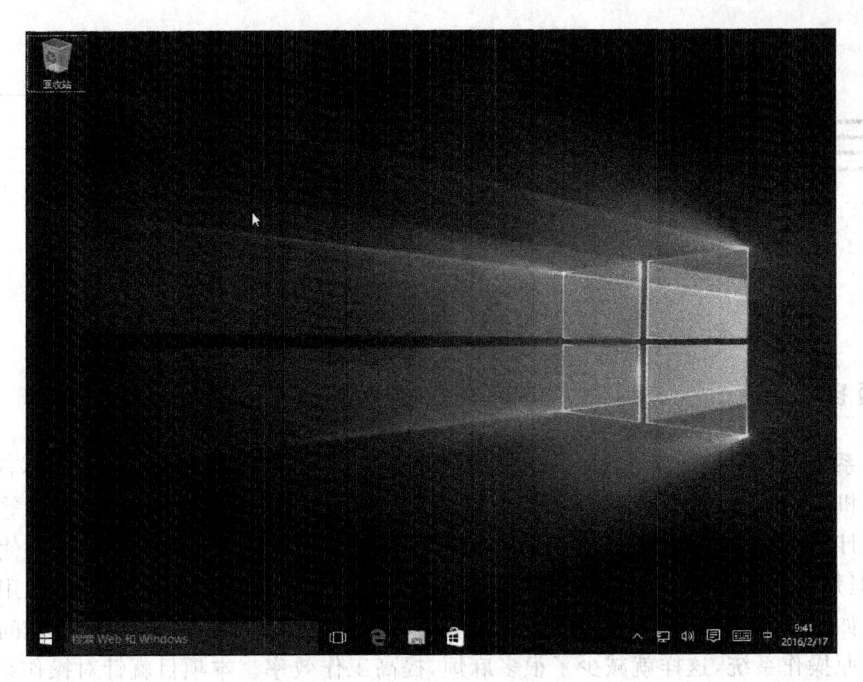

图 6-14　Windows 10 桌面

图 6-15　“开始”菜单界面

安装这些硬件的驱动程序的，不然 Windows 10 操作系统的功能会大打折扣。

思考与练习

1. 试着自己安装一下 Windows 10 操作系统。
2. 哪些系统可以参照 Windows 10 操作系统的安装方法？

项目 7　操作系统的备份与还原

项目描述

操作系统是计算机系统的控制中心，是用户与计算机交互的接口，其重要性不言而喻。在使用计算机的过程中，难免会因为各种原因如病毒感染、程序破坏、操作系统崩溃等影响用户正常使用计算机。在出现上述情况之后，可以重新安装操作系统来解决用户无法使用计算机的情形，但是安装操作系统必然会重新安装之前的应用软件、驱动程序软件等，给用户带来很多麻烦。如果首先将安装完成的操作系统、应用软件、驱动程序备份，那么在出现问题的时候就可以还原操作系统，这样就减少了很多麻烦，提高工作效率。本项目就针对操作系统的备份和还原进行演示和介绍。

项目分析

操作系统的备份和还原有多种方法，例如 Windows 自带的备份和还原功能也可以实现操作系统的备份和还原，但是其操作步骤和操作时间与重新安装一个全新的操作系统差不多。采用 U 盘启动盘中的 WinPE 自带的 Ghost 备份和还原功能实现操作系统的备份和还原，不仅操作步骤简单，而且在操作时间上也非常快。

项目准备

(1) 一个制作成功的带有 WinPE 的 U 盘启动盘。

(2) 一台安装有操作系统正常运行的计算机，这里采用 Windows 10 操作系统。

(3) 启动计算机，进入 BIOS，将 U 盘启动设置为第一启动项，保存设置并重新启动。

项目实施

1. 操作系统备份

启动计算机之前，将准备好的 U 盘启动盘插入计算机 USB 接口，然后启动计算机。计算机将从 U 盘启动盘自动启动。计算机将出现如图 7-1 所示的界面。在该界面中使用键盘上下键选择【01】或者【02】都可以启动 WinPE。这里选择【01】启动 Win03PE。

经过 1 分钟左右的时间，WinPE 启动成功，进入 WinPE 桌面，如图 7-2 所示。在 WinPE 桌面双击“Ghost 手动”图标，启动 Ghost 软件。

启动 Ghost 软件之后，会出现一个确认的界面，单击 OK 按钮进入 Ghost 主界面，如图 7-3 所示。在主界面中选择 Local→Partition→To Image 命令进入制作备份操作系统界面，

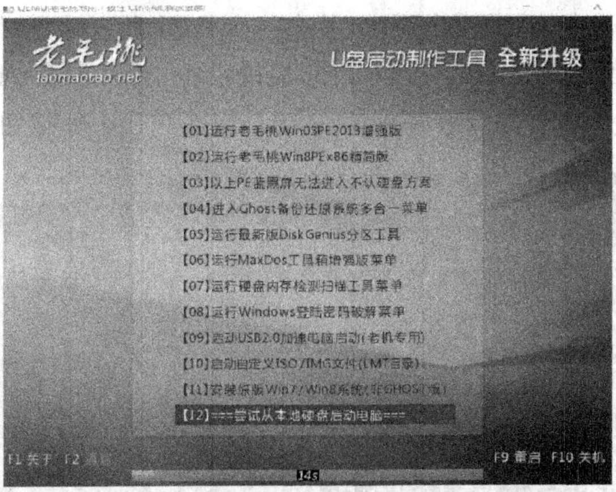

图 7-1　启动 WinPE

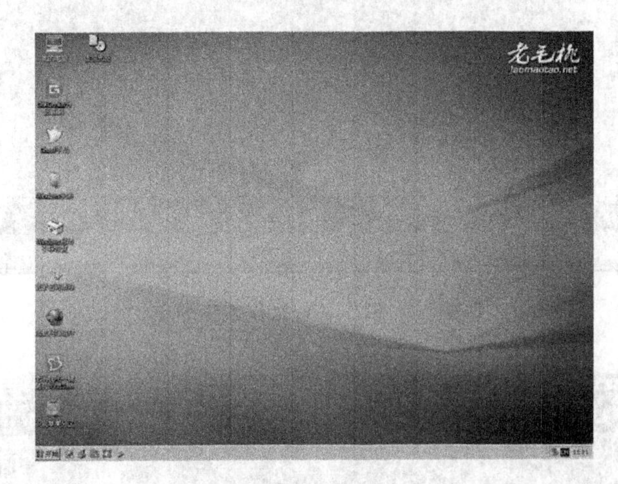

图 7-2　WinPE 桌面

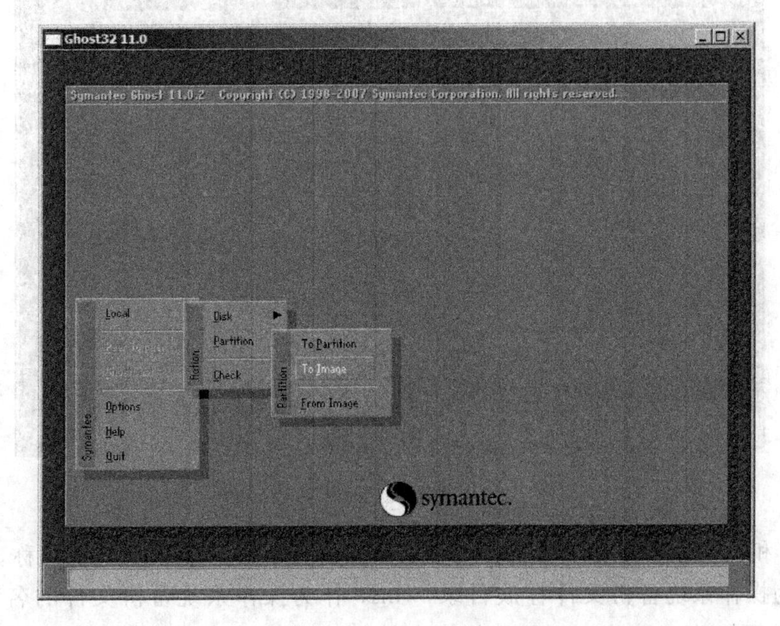

图 7-3　Ghose 主界面

如图 7-4 所示。在图 7-4 中，显示两个硬盘，其中一个是 U 盘启动盘，另外一个是计算机硬盘，这里选择计算机硬盘，因为操作系统安装在计算机硬盘中，然后单击 OK 按钮，进入计算机硬盘分区选择界面，如图 7-5 所示。将操作系统所在分区选中，单击 OK 按钮进入下一个操作界面。

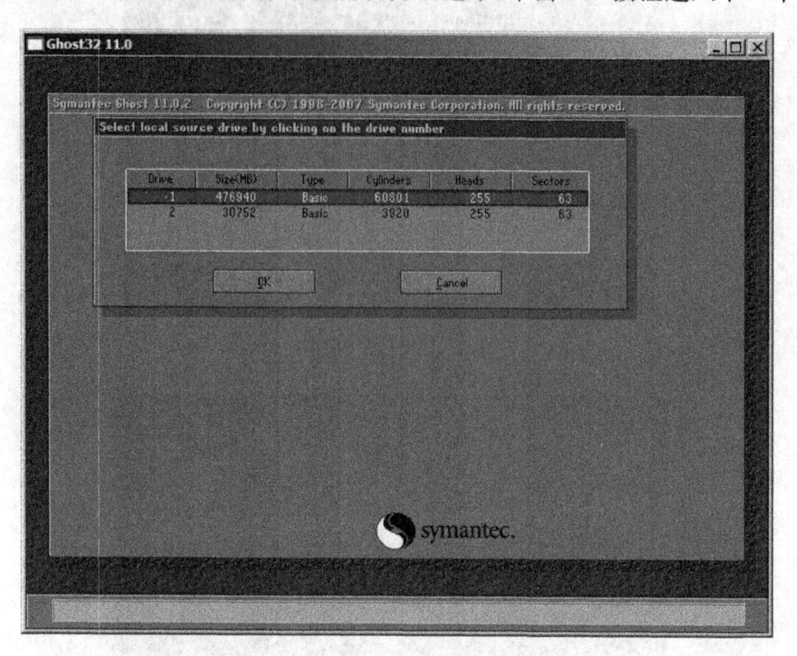

图 7-4　制作备份操作系统界面

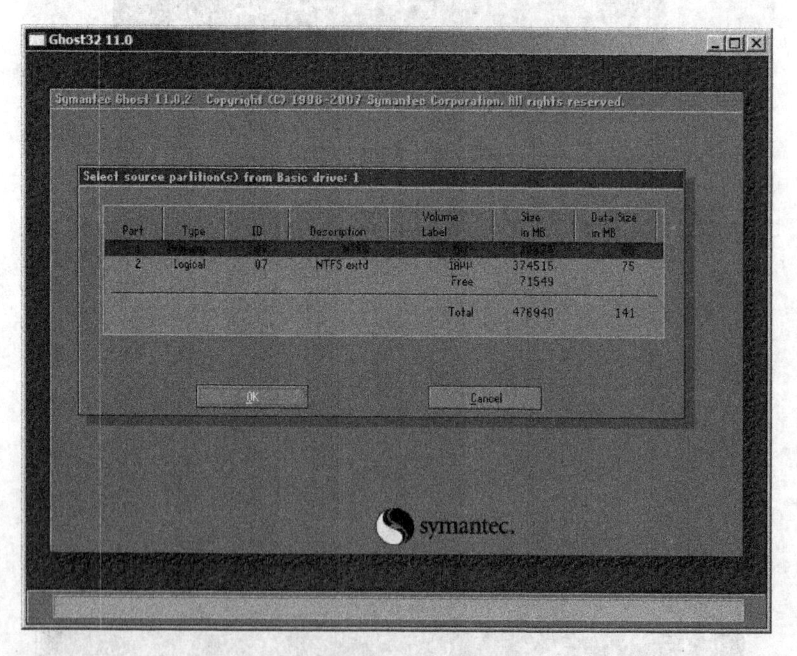

图 7-5　计算机硬盘分区选择界面

如图 7-6 和图 7-7 所示，选择将操作系统备份存放的路径和备份文件的名称。这里选择 D 盘根目录作为操作系统备份文件存放目录，win10 作为操作系统备份文件的名称，然后单击 Save 按钮进入下一步。

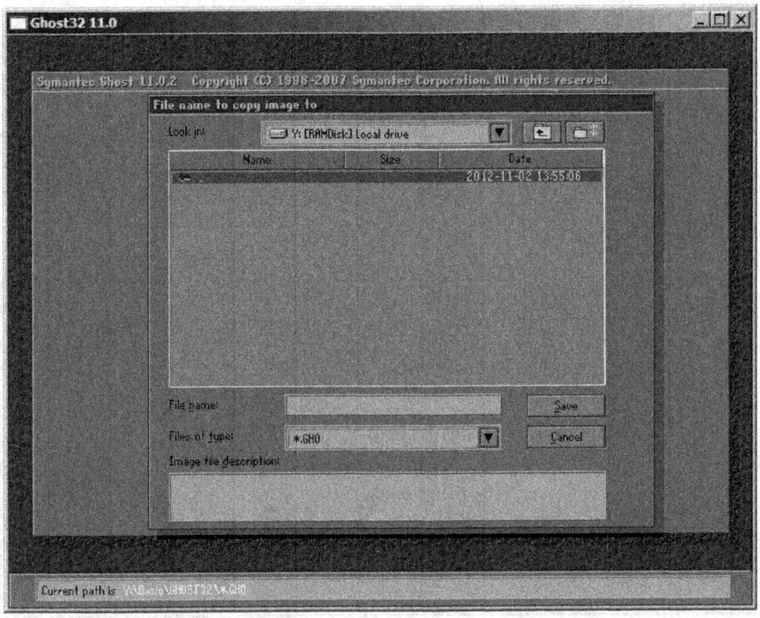

图 7-6　选择备份存放的路径和文件名称

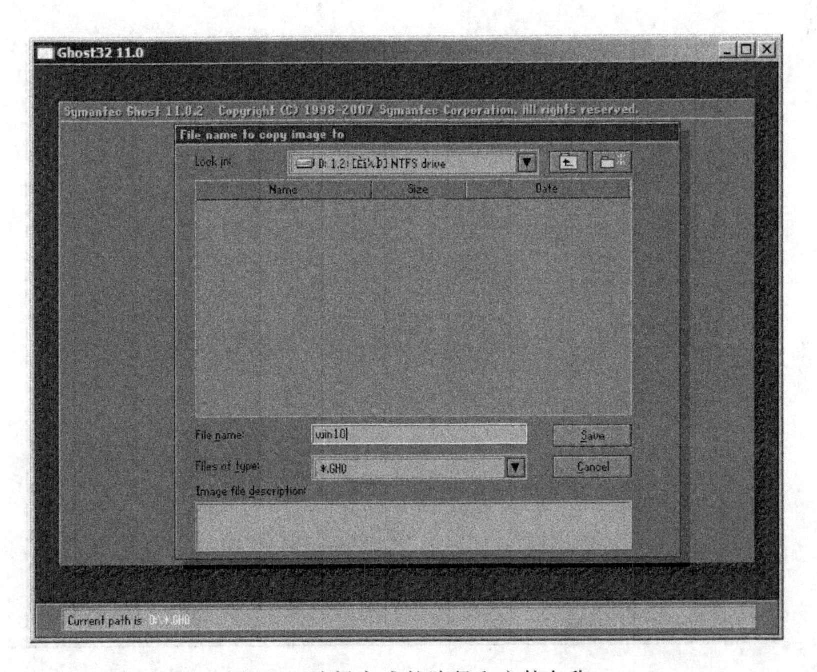

图 7-7　选择完成的路径和文件名称

图 7-8 是制作操作系统备份文件的界面。在出现该界面的时候会出现 Compress image file? 提示框中的 3 个按钮，即采用哪种方法压缩镜像文件，一般单击 Fast 按钮，然后进入制作备份文件界面，如图 7-9 所示。在图 7-9 中，可以看到制作备份文件的进度、制作时间、剩余时间、制作速度等信息。

经过 5～8 分钟的时间，这取决于操作系统的大小，操作系统越大，时间越长。备份文件制作完成后会出现如图 7-10 所示的提示信息。单击 Continue 按钮，返回到 Ghost 主界面，然后

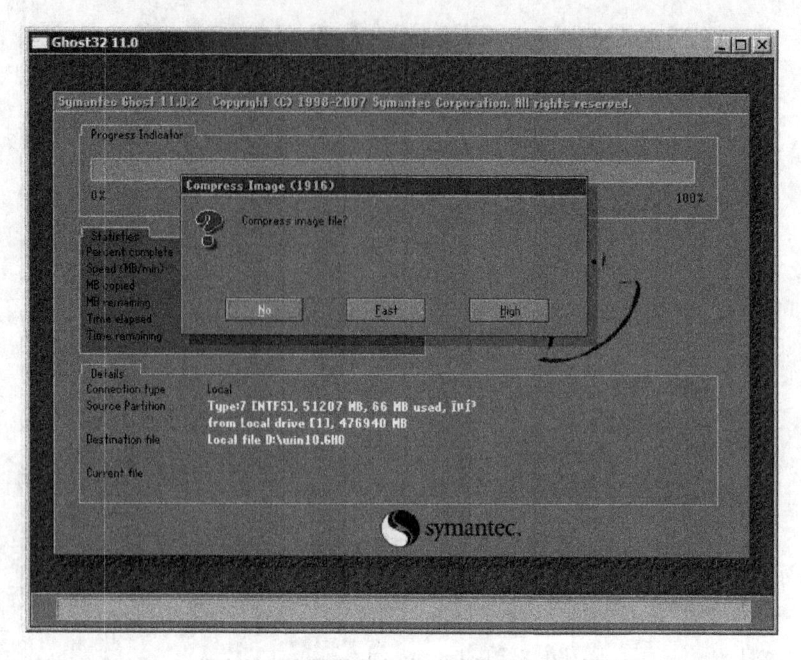

图 7-8 制作操作系统备份文件界面

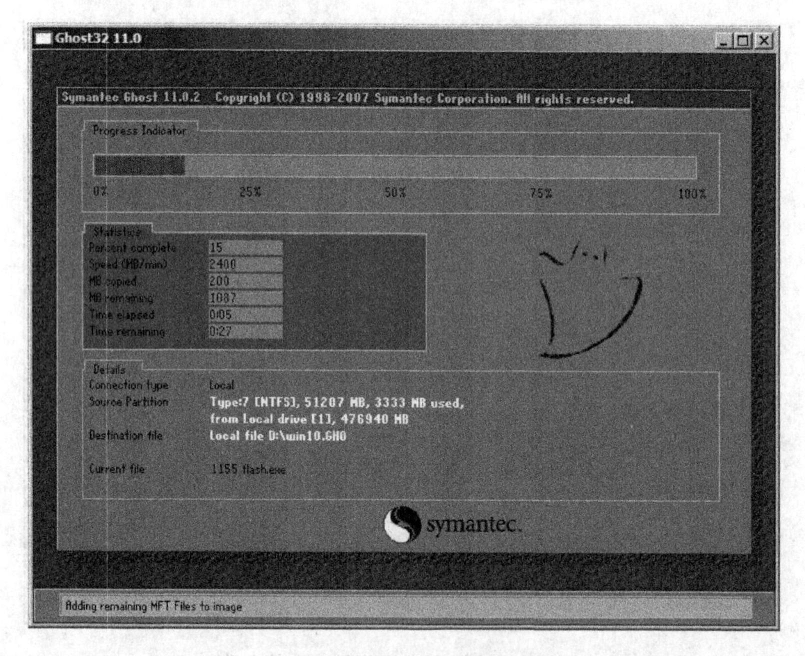

图 7-9 制作备份文件界面

选择 Quit 命令退出 Ghost 软件。

这时打开 D 盘，可以看到在 D 盘根目录下多了一个 win10. GHO 的备份文件，如图 7-11 所示。这表明 Windows 10 操作系统的备份已经制作成功。重新启动计算机，拔下 U 盘，检查一下操作系统是否正常。经过试验，操作系统运行正常。

2. 操作系统还原

制作好操作系统备份文件之后，可以利用备份文件检验一下能否还原操作系统。首先还是启动 WinPE，进入 WinPE 桌面，然后启动 Ghost 软件。在 Ghost 软件主界面中选择 Local→Partition→From Image 命令进入下一步，如图 7-12 所示。

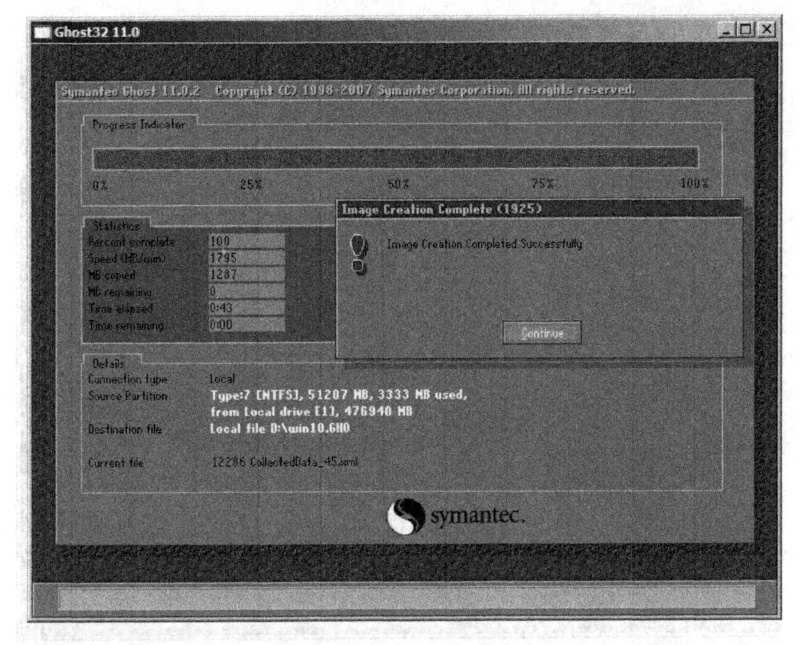

图 7-10　提示信息

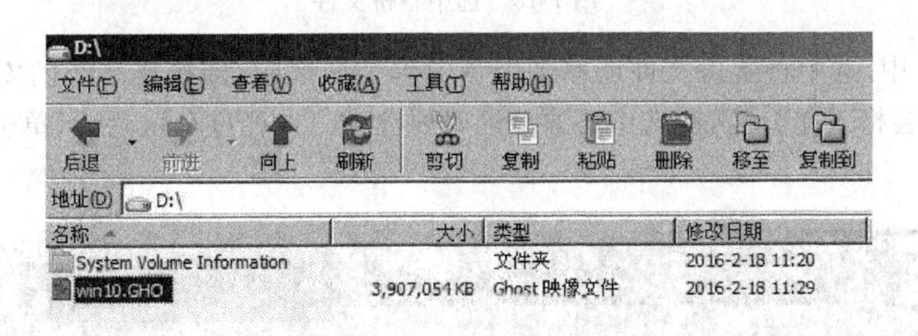

图 7-11　查看备份文件

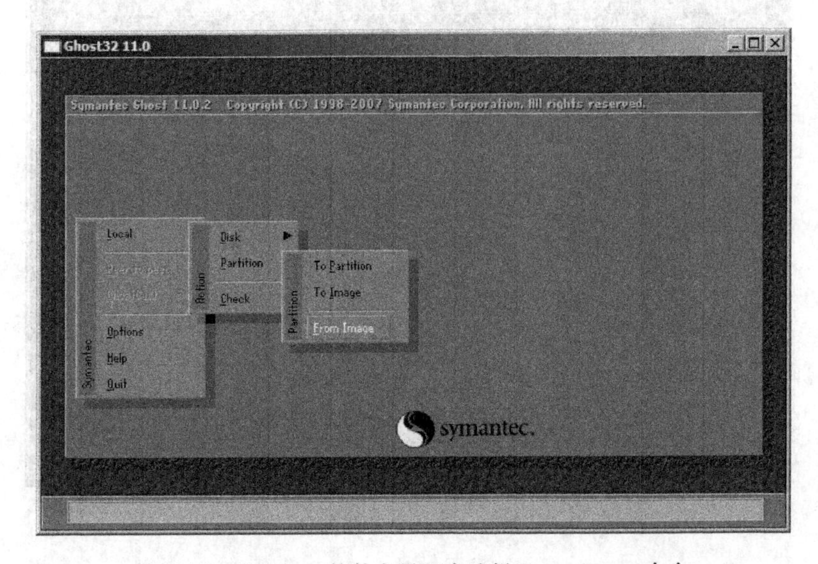

图 7-12　在 Ghost 软件主界面中选择 From Image 命令

接着在如图 7-13 所示的界面中，将之前制作好的操作系统备份文件选中，然后双击备份文件或者单击 Open 按钮进入下一步。

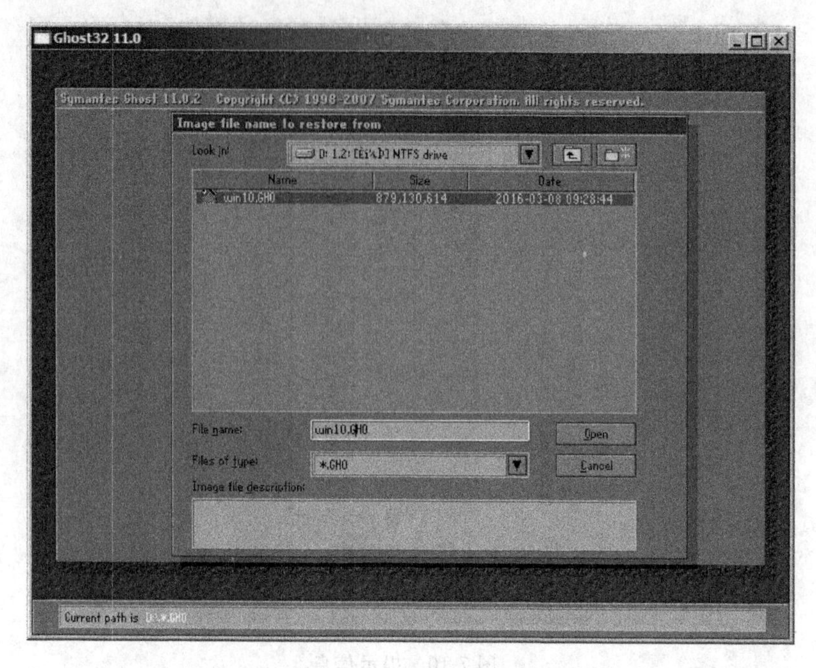

图 7-13　选中备份文件

在图 7-14 中，选中将备份文件还原到硬盘的哪个分区中，即操作系统的安装分区。由于还原操作系统会格式化分区，在选中还原分区时要注意。选择好分区之后，单击 OK 按钮进入下一步。

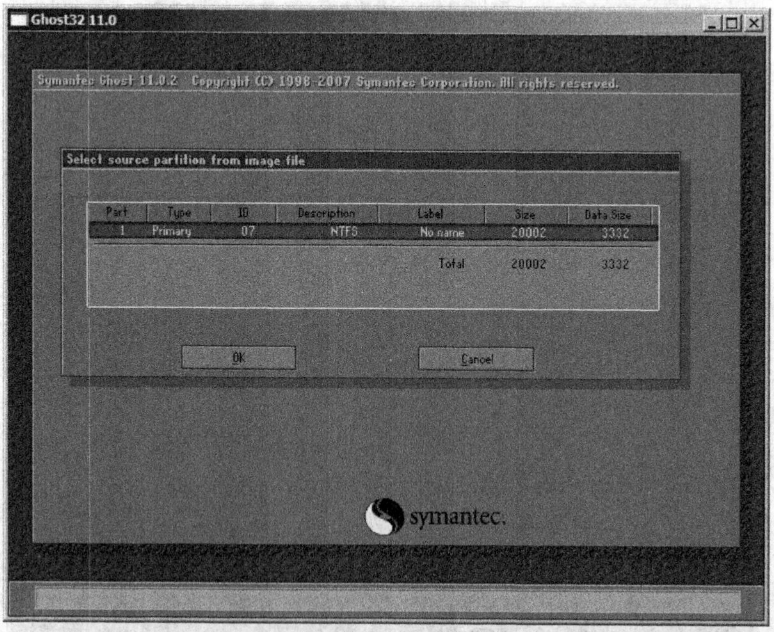

图 7-14　选择要安装的分区

接着进入还原硬盘的选择，同样选择计算机硬盘，然后单击 OK 按钮，进入目标分区的选择，如图 7-15 和图 7-16 所示。选择完成之后进入还原操作系统界面。

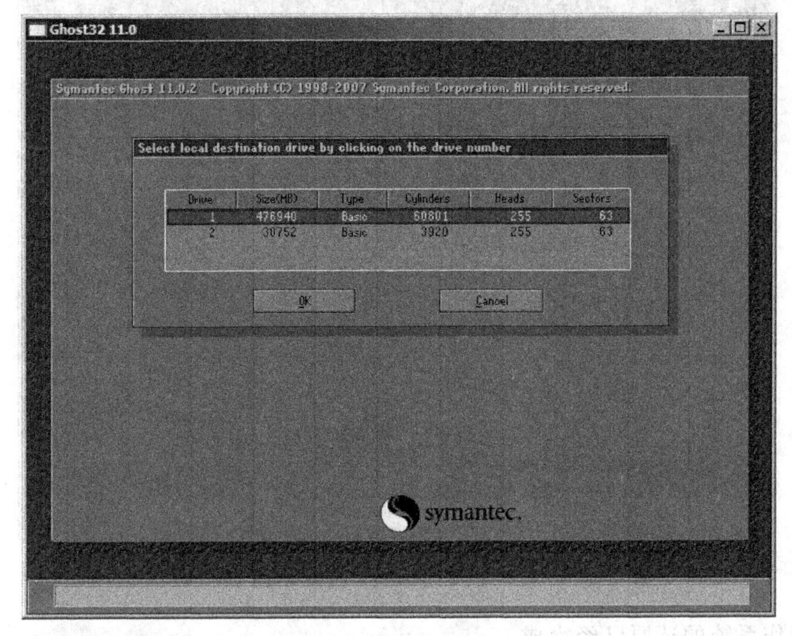

图 7-15 还原硬盘的选择

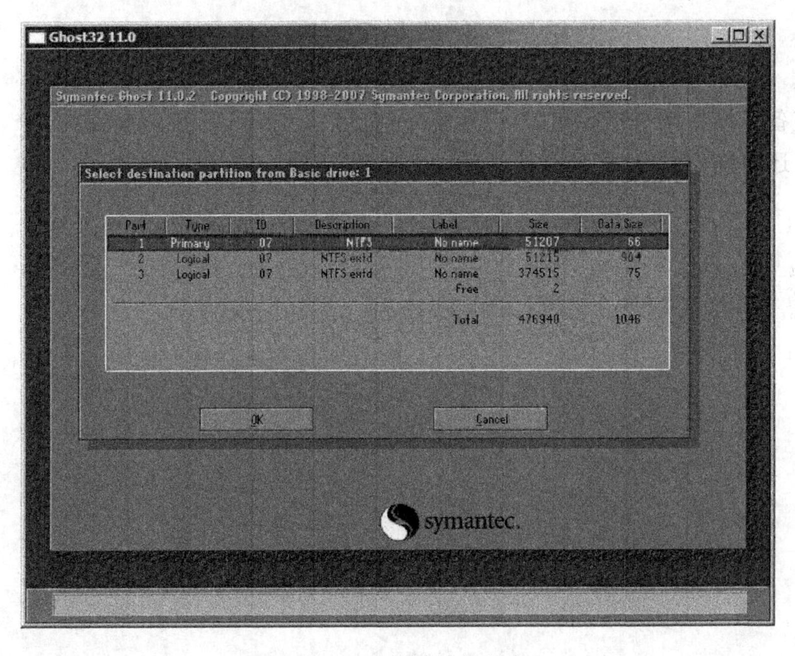

图 7-16 选择计算机硬盘

如图 7-17 所示，操作系统还原时会提示将要覆盖和格式化操作系统分区，单击 Yes 按钮进入还原界面。操作系统还原界面与操作系统备份制作界面是一样的，也会显示时间、进度等信息。当还原进度达到 100%时，会弹出提示界面，单击 Continue 按钮，返回到 Ghost 主界面，然后选择 Quit 命令退出 Ghost 软件。重新启动计算机，拔下 U 盘启动盘。计算机将进入操作系统备份之前的状况，操作系统备份之后的改变将不再存在。

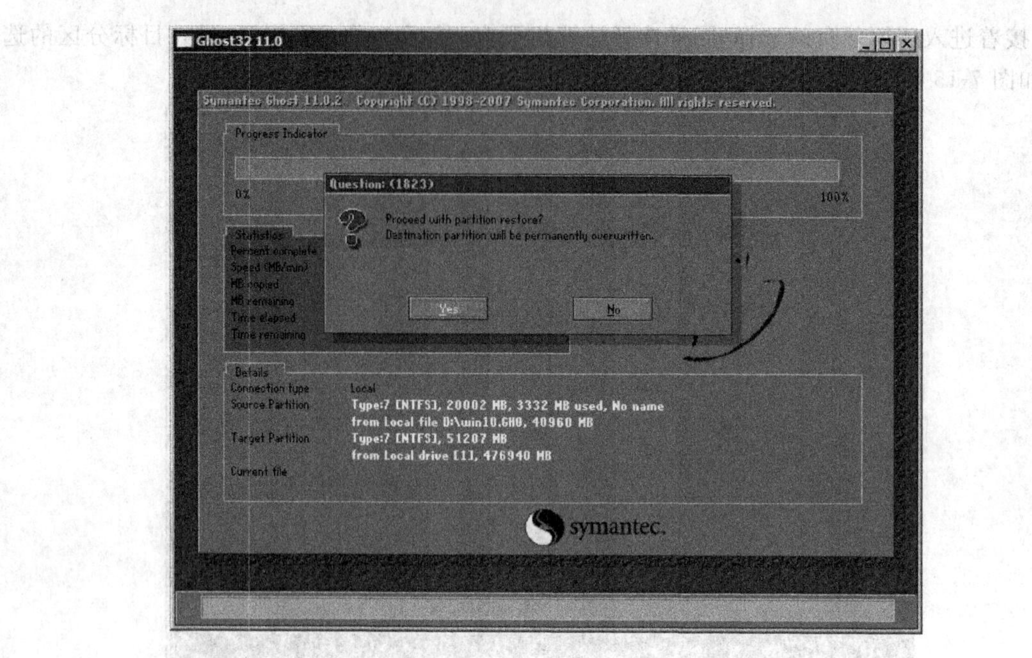

图 7-17　还原操作系统界面

至此，操作系统的还原已经完成。

思考与练习

1. 如何备份操作系统，备份时要注意哪些情况？
2. 如何还原操作系统，还原时要注意哪些情况？

附录A DOS命令

DOS命令是DOS操作系统的命令，是一种面向磁盘的操作命令，主要包括目录操作类命令、磁盘操作类命令、文件操作类命令和其他命令。

1. 目录操作类命令

1) md——建立子目录

(1) 功能：创建新的子目录。

(2) 类型：内部命令。

(3) 格式：md[盘符][路径名]〈子目录名〉

(4) 使用说明如下。

① "盘符"：指定要建立子目录的磁盘驱动器字母，若省略，则为当前驱动器。

② "路径名"：要建立的子目录的上级目录名，若默认则建在当前目录下。

例如，①在C盘的根目录下创建名为fox的子目录；②在fox子目录下再创建user子目录。

md c:\fox (在当前驱动器C盘下创建子目录fox)

md c:\ fox\user (在fox子目录下再创建user子目录)

2) cd——改变当前目录

(1) 功能：改变当前目录。

(2) 类型：内部命令。

(3) 格式：CD [/D][drive:][path]

(4) 使用说明如下。

① 如果省略路径和子目录名则显示当前目录。

② 如采用"cd\"格式，则退回到根目录。

③ 如采用"cd.."格式，则退回到上一级目录。

④ 使用/D命令行开关，除了改变驱动器的当前目录之外，还可改变当前驱动器。

例如，①进入到user子目录；②从user子目录退回到for子目录；③返回到根目录。

c:\>cd fox\user(进入fox子目录下的user子目录)

c:\fox\user>cd..(退回上一级根目录，注意cd后面跟着两个点"..")

c: \fox>cd\ (返回到根目录)

c:\

3) rd——删除子目录命令

(1) 功能：从指定的磁盘删除目录。

(2) 类型：内部命令。

(3) 格式：rd[盘符:][路径名][子目录名]

(4) 使用说明如下。

① 子目录在删除前必须是空的,也就是说需要先进入该子目录,使用 del(删除文件的命令)将其子目录下的文件删除,然后退回到上一级目录,用 rd 命令删除该子目录本身。

② 不能删除根目录和当前目录。

例如,要求把 C 盘 fox 子目录下的 user 子目录删除,操作如下。

第一步,先将 user 子目录下的文件删除。

c\>del c: \fox\user\ *. * 或 del c:\fox\user 或 del c:\fox\user\ *

注意:这样只能删除文件,仍然不能删除 user 目录下的文件夹。

第二步,删除 user 子目录。

c\>rd c:\fox\user

注意:如果 fox\user 文件夹下仍有文件夹,这一步将不会奏效,怎样解决呢?其实直接使用 c\>rd c:\fox\user /s,只需加上了一个参数"/s",如果不想让系统询问是否删除,可以再加一个参数"/q"。

rd(RMDIR):在 DOS 操作系统中用于删除一个目录。

RMDIR [/S][/Q][drive:]path

RD [/S][/Q][drive:]path

注意:以下两个参数只能在 Windows XP 上使用(在 Windows Vista 系统下其实也可以使用下述两个参数!)。

/S 除目录本身外,还将删除指定目录下的所有子目录和文件,用于删除目录树。

/Q 安静模式,带/S 删除目录树时不要求确认。

例如,删除 D 盘上名为 myfile(此文件夹是空的)的文件夹,可以输入"rd d:\myfile"。

如果 myfile 非空,可输入"rd d:\myfile /S d:\myfile",删除 myfile 文件夹及其所有子文件夹及文件。

4) dir——显示磁盘目录命令

(1) 功能:显示磁盘目录的内容。

(2) 类型:内部命令。

(3) 格式:dir[盘符][路径][/p][/w]

(4) 使用说明如下。

① /p 的使用:当查看的目录太多,无法在一屏显示完,屏幕会一直往上卷,不容易看清,加上/p 参数后,屏幕上会分面,一次显示 23 行的文件信息,然后暂停,并提示"press any key to continue"(按任意键继续)。

② /w 的使用:加上/w 只显示文件名,至于文件大小及建立的日期和时间则都省略。加上参数后,每行可以显示 5 个文件名。

5) path——路径设置命令

(1) 功能:设备可执行文件的搜索路径,只对文件有效。

(2) 类型:内部命令。

(3) 格式:path[盘符 1]目录[路径名 1]{[;盘符 2:],〈目录路径名 2〉…}

(4) 使用说明如下。

① 当运行一个可执行文件时,DOS 会先在当前目录中搜索该文件,若找到则运行之;若找不到该文件,则根据 path 命令所设置的路径,顺序逐条地到目录中搜索该文件。

② path 命令中的路径，若有两条以上，各路径之间以一个分号“;”隔开。

③ path 命令有以下 3 种使用方法。

path[盘符 1：][路径 1][盘符 2：][路径 2]…(设定可执行文件的搜索路径)

path：(取消所有路径)

path：(显示目前所设的路径)

6) tree——显示磁盘目录结构命令

(1) 功能：显示指定驱动器上所有目录路径和这些目录下的所有文件名。

(2) 类型：外部命令。

(3) 格式：tree[盘符：][/f][>prn]

(4) 使用说明如下。

① 使用/f 参数时显示所有目录及目录下的所有文件，省略时，只显示目录，不显示目录下的文件。

② 使用>prn 参数时，则把所列目录及目录中的文件名打印输出。

7) deltree——删除整个目录命令

(1) 功能：将整个目录及其下属子目录和文件删除。

(2) 类型：外部命令。

(3) 格式：deltree[盘符：]〈路径名〉

(4) 使用说明：该命令可以一步就将目录及其下的所有文件、子目录、更下层的子目录一并删除，而且不管文件的属性为隐藏、系统或只读，只要该文件位于删除的目录之下，所以使用时务必小心。

8) tasklist——显示进程

(1) 功能：将整个计算机的进程显示出来，同任务管理器。

(2) 类型：外部命令。

(3) 格式：tasklist。

(4) 使用说明：运行 cmd tasklist。

2. 磁盘操作类命令

1) format——磁盘格式化命令

(1) 功能：对磁盘进行格式化，划分磁道和扇区；同时检查出整个磁盘上有无带缺陷的磁道，对坏道加注标记；建立目录区和文件分配表，使磁盘做好接收 DOS 的准备。

(2) 类型：外部命令。

(3) 格式：format〈盘符：〉[/s][/4][/q][/u]

(4) 使用说明如下。

① 命令后的盘符不可缺省，若对硬盘进行格式化，则会出现下列提示：

warning:all data on non

——removable disk

drive c:will be lost!

proceed with format (y/n)?

(警告：所有数据在 C 盘上，将会丢失，确实要继续格式化吗？{y(确定)/n(否定)})

② 若是对软盘进行格式化，则会出现如下提示：

insert mew diskette for drive a;

and press enter when ready…

(在a驱中插入新盘,准备好后按 Enter 键)。

③ 选用[/s]参数,把DOS系统文件io. sys、msdos. sys及command. com复制到磁盘上,使该磁盘可以作为DOS启动盘。若不选用/s参数,则格式化后的磁盘只能读写信息,而不能作为启动盘。

④ 选用[/4]参数,在1.2MB的高密度软驱中格式化360KB的低密度盘。

⑤ 选用[/q]参数,快速格式化,这个参数并不会重新划分磁盘的磁道和扇区,只能将磁盘根目录、文件分配表以及引导扇区清成空白,因此格式化的速度较快。

⑥ 选用[/u]参数,表示无条件格式化,即破坏原来磁盘上所有数据。不加/u,则为安全格式化,这时先建立一个镜像文件保存原来的FAT表和根目录,必要时可用unformat恢复原来的数据。

2) unformat——恢复格式化命令

(1) 功能:对进行过格式化误操作丢失数据的磁盘进行恢复。

(2) 类型:外部命令。

(3) 格式:unformat〈盘符〉[/l][/u][/p][/test][/psrtn]

(4) 使用说明:用于将被"非破坏性"格式化的磁盘恢复。根目录下被删除的文件或子目录及磁盘的系统扇区(包括FAT、根目录、Boot扇区及硬盘分区表)受损时,也可以用unformat来抢救。

① 选用/l参数,列出找到的子目录名称、文件名称、大致日期等信息,但不会真的做format工作。

② 选用/p参数,将显示于屏幕的报告(包含/l参数所产生的信息)送到打印机。运行时屏幕会显示:

print out will be sent to lpt1

③ 选用/test参数,只做模拟试验(test)不做真正的写入动作。使用此参数屏幕会显示:

simulation only

④ 选用/u参数,不使用mirror映像文件的数据,直接根据磁盘现状进行unformat。

⑤ 选用/psrtn参数,修复硬盘分区表。

若在盘符之后加上/p、/l、/test之一,都相当于使用了/u参数,unformat会假设此时磁盘没有mirror映像文件。

注意:unformat对于刚format的磁盘,可以完全恢复,但format后若做了其他数据的写入,则unformat就不能完整地救回数据了。unformat并非是万能的,由于使用unformat会重建FAT与根目录,因此它也具有较高的危险性,操作不当可能会扩大损失,如果仅误删了几个文件或子目录,只需要利用undelete就可以了。

3) chkdsk——检查磁盘当前状态命令

(1) 功能:显示磁盘状态、内存状态和指定路径下指定文件的不连续数目。

(2) 类型:外部命令。

(3) 格式:chkdsk [盘符:][路径][文件名][/f][/v]

(4) 使用说明如下。

① 选用[文件名]参数,则显示该文件占用磁盘的情况。

② 选[/f]参数,纠正在指定磁盘上发现的逻辑错误。

③ 选用[/v]参数，显示盘上的所有文件和路径。

4）diskcopy——整盘复制命令

(1) 功能：复制格式和内容完全相同的软盘。

(2) 类型：外部命令。

(3) 格式：diskcopy[盘符1：][盘符2：]

(4) 使用说明如下。

① 如果目标软盘没有格式化，则复制时系统自动进行格式化。

② 如果目标软盘上有文件，则复制后将全部丢失。

③ 如果是单驱动器复制，系统会提示适时更换源盘和目标盘，请操作时注意分清源盘和目标盘。

5）label——建立磁盘卷标命令

(1) 功能：建立、更改、删除磁盘卷标。

(2) 类型：外部命令。

(3) 格式：label[盘符：][卷标名]

(4) 使用说明如下。

① 卷标名为要建立的卷标名，若缺省此参数，则系统提示输入卷标名或询问是否删除原有的卷标名。

② 卷标名由1～11个字符组成。

6）vol——显示磁盘卷标命令

(1) 功能：查看磁盘卷标号。

(2) 类型：内部命令。

(3) 格式：vol[盘符：]

(4) 使用说明：省略盘符，显示当前驱动器卷标。

7）scandisk——检测、修复磁盘命令

(1) 功能：检测磁盘的FAT表、目录结构、文件系统等是否有问题，并可将检测出的问题加以修复。

(2) 类型：外部命令。

(3) 格式：scandisk[盘符1：]{[盘符2：]…}[/all]

(4) 使用说明如下。

① scandisk适用于硬盘和软盘，可以一次指定多个磁盘或选用[/all]参数指定所有的磁盘。

② 可自动检测出磁盘中所发生的交叉连接、丢失簇和目录结构等逻辑上的错误，并加以修复。

8）defrag——整理磁盘命令

(1) 功能：整理磁盘，消除磁盘碎块。

(2) 类型：外部命令。

(3) 格式：defrag[盘符：][/f]

(4) 使用说明：选用/f参数，将文件中存在盘上的碎片消除，并调整磁盘文件的安排，确保文件之间毫无空隙，从而加快读盘速度和节省磁盘空间。

9）sys——系统复制命令

(1) 功能：将当前驱动器上的DOS系统文件io.sys、msdos.sys和command.com传送到

指定的驱动器上。

(2) 类型：外部命令。

(3) 格式：sys[盘符：]

(4) 使用说明：如果磁盘剩余空间不足，不能存放系统文件，则出现提示信息"no room for on destination disk"。

3. 文件操作类命令

1) copy——文件复制命令

(1) 功能：复制一个或多个文件到指定盘上。

(2) 类型：内部命令。

(3) 格式：copy [源盘][路径]<源文件名> [目标盘][路径](目标文件名)

(4) 使用说明如下。

① copy 是文件对文件的方式复制数据，复制前目标盘必须已经格式化。

② 复制过程中，目标盘上相同文件名称的旧文件会被源文件取代。

③ 复制文件时，必须先确定目标盘有足够的空间，否则会出现提示磁盘空间不够。

④ 文件名中允许使用通配举"*"、"?"，可同时复制多个文件。

⑤ copy 命令中源文件名必须指出，不可以省略。

⑥ 复制时，目标文件名可以与源文件名相同，称为"同名复制"，此时目标文件名可以省略。

⑦ 复制时，目标文件名也可以与源文件名不相同，称为"异名复制"，此时目标文件名不能省略。

⑧ 复制时，还可以将几个文件合并为一个文件，称为"合并复制"，格式如下：

copy[源盘][路径]〈源文件名 1〉〈源文件名 2〉…[目标盘][路径]〈目标文件名〉

⑨ 利用 copy 命令，还可以从键盘上输入数据建立文件，格式如下：

copy con [盘符：][路径]〈文件名〉

注意：*copy 命令的使用格式，源文件名与目标文件名之间必须有空格。*

2) xcopy——目录复制命令

(1) 功能：复制指定的目录和目录下的所有文件连同目录结构。

(2) 类型：外部命令。

(3) 格式：xcopy [源盘：]〈源路径名〉[目标盘符：][目标路径名][/s][/v][/e]

(4) 使用说明如下。

① xcopy 是 copy 的扩展，可以把指定的目录连文件和目录结构一并复制，但不能复制隐藏文件和系统文件。

② 使用时源盘符、源目标路径名、源文件名至少指定一个。

③ 选用/s 时对源目录下及其子目录下的所有文件进行复制。除非指定/e 参数，否则/s 不会复制空目录，若不指定/s 参数，则 xcopy 只复制源目录本身的文件，而不涉及其下的子目录。

④ 选用/v 参数时，对复制的扇区进行校验，但速度会降低。

3) type——显示文件内容命令

(1) 功能：显示 ASCII 码文件的内容。

(2) 类型：内部命令。

(3) 格式：type[盘符：][路径]〈文件名〉

(4) 使用说明如下。

① 显示由 ASCII 码组成的文本文件，对 exe、com 等为扩展名的文件，其显示的内容是无法阅读的，没有实际意义。

② 该命令一次只可以显示一个文件的内容，不能使用通配符。

③ 如果文件有扩展名，则必须将扩展名写上。

④ 当文件较长，一屏显示不下时，可以按以下格式显示。

type[盘符：][路径]〈文件名〉|more

more 为分屏显示命令，使用此参数后当满屏时会暂停，按任意键会继续显示。

⑤ 若需将文件内容打印出来，可用如下格式。

type[盘符：][路径]〈文件名〉，＞prn

此时，打印机应处于联机状态。

4) ren——文件改名命令

(1) 功能：更改文件名称。

(2) 类型：内部命令。

(3) 格式：ren[盘符：][路径]〈旧文件名〉〈新文件名〉

(4) 使用说明如下。

① 新文件名前不可以加上盘符和路径，因为该命令只能对同一盘上的文件更换文件名。

② 允许使用通配符更改一组文件名或扩展名。

5) fc——文件比较命令

(1) 功能：比较文件的异同，并列出差异处。

(2) 类型：外部命令。

(3) 格式：fc[盘符：][路径名]〈文件名〉[盘符：][路径名][文件名][/a][/b][/c][/n]

(4) 使用说明如下。

① 选用/a 参数，为 ASCII 码比较模式。

② 选用/b 参数，为二进制比较模式。

③ 选用/c 参数，将大小写字符看成是相同的字符。

④ 选用/n 参数，在 ASCII 码比较方式下，显示相异处的行号。

6) attrib——修改文件属性命令

(1) 功能：修改指定文件的属性。

(2) 类型：外部命令。

(3) 格式：attrib[文件名][r][-r][a][-a][h][-h][-s][s]

(4) 使用说明如下。

① 选用 r 参数，将指定文件设为只读属性，使得该文件只能读取，无法写入数据或删除；选用-r 参数，去除只读属性。

② 选用 a 参数，将文件设置为档案属性；选用-a 参数，去除档案属性。

③ 选用 h 参数，将文件设置为隐含属性；选用-h 参数，去除隐含属性。

④ 选用 s 参数，将文件设置为系统属性；选用-s 参数，去除系统属性。

7) del——删除文件命令

(1) 功能：删除指定的文件。

(2) 类型：内部命令。

(3) 格式：del[盘符：][路径]〈文件名〉[/p]

(4) 使用说明如下。

① 不选用/p参数，系统在删除前询问是否真要删除该文件，若使用这个参数，则自动删除。

② 该命令不能删除属性为隐含或只读的文件。

③ 在文件名称中可以使用通配符。

④ 若要删除磁盘上的所有文件(del ＊·＊或del·)，则会出现提示信息，若回答y，则进行删除；回答n，则取消此次删除操作。

8) undelete——恢复删除命令

(1) 功能：恢复被误删除命令

(2) 类型：外部命令。

(3) 格式：undelete[盘符：][路径名]〈文件名〉[/dos][/list][/all]

(4) 使用说明：使用undelete可以使用"＊"和"?"通配符。

① 选用/dos参数，根据目录中残留的记录来恢复文件。由于文件被删除时，目录所记载的文件名第一个字符会被改为e5，DOS依据文件开头的e5和其后续的字符来找到要恢复的文件，所以undelete会要求用户输入一个字符，以便将文件名补齐。但此字符不必和原来的一样，只需符合DOS的文件名规则即可。

② 选用/list参数，只列出符合指定条件的文件而不做恢复，所以对磁盘内容完全不会有影响。

③ 选用/all参数，自动将可完全恢复的文件完全恢复，而不一一地询问用户，使用此参数时，若undelete利用目录中残留的记录来将文件恢复，则会自动选一个字符将文件名补齐，并且使其不与原来文件名相同，选用字符的优选顺序为＃％&0123456789ABCDEFGHIJKLMNOPQRSTUVWXYZ。

undelete还具有建立文件的防护措施的功能，请读者在使用此功能时查阅有关DOS手册。

4. 其他命令

1) cls——清屏幕命令

(1) 功能：清除屏幕上的所有显示，光标置于屏幕左上角。

(2) 类型：内部命令。

(3) 格式：cls

2) ver——查看系统版本号命令

(1) 功能：显示当前系统版本号

(2) 类型：内部命令。

(3) 格式：ver

3) date——日期设置命令

(1) 功能：设置或显示系统日期。

(2) 类型：内部命令。

(3) 格式：date[mm—dd—yy]

(4) 使用说明如下。

① 省略[mm—dd—yy],显示系统日期并提示输入新的日期,不修改则可直接按 Enter 键,[mm—dd—yy]为“月月—日日—年年”格式。

② 当机器开始启动时,自动处理文件(autoexec. bat)被执行,则系统不提示输入系统日期;否则,提示输入新日期和时间。

4) time——系统时钟设置命令

(1) 功能:设置或显示系统时期。

(2) 类型:内部命令。

(3) 格式:time[hh:mm:ss:xx]

(4) 使用说明如下。

① 省略[hh:mm:ss:xx],显示系统时间并提示输入新的时间,不修改则可直接按 Enter 键,[hh:mm:ss:xx]为“小时:分钟:秒:百分之几秒”格式。

② 当机器开始启动时,自动处理文件(autoexec. bat)被执行,则系统不提示输入系统日期;否则,提示输入新日期和时间。

5) mem——查看当前内存状况命令

(1) 功能:显示当前内存使用的情况。

(2) 类型:外部命令。

(3) 格式:mem[/c][/f][/m][/p]

(4) 使用说明如下。

① 选用/c 参数,列出装入常规内存和 cmb 的各文件的长度,同时也显示内存空间的使用状况和最大的可用空间。

② 选用/f 参数,分别列出当前常规内存剩余的字节大小和 umb 可用的区域及大小。

③ 选用/m 参数,显示该模块使用内存地址、大小及模块性质。

④ 选用/p 参数,指定当输出超过一屏时,暂停供用户查看。

6) msd——显示系统信息命令

(1) 功能:显示系统的硬件和操作系统的状况。

(2) 类型:外部命令。

(3) 格式:msd[/i][/b][/s]

(4) 使用说明如下。

① 选用/i 参数时,不检测硬件。

② 选用/b 参数时,以黑白方式启动 msd。

③ 选用/s 参数时,显示简明的系统报告。

7) shutdown——关机命令

shutdown. exe -a:取消关机。

shutdown. exe -s:关机。

shutdown. exe -f:强行关闭应用程序。

shutdown. exe -m \\计算机名:控制远程计算机。

shutdown. exe -i:显示图形用户界面,但必须是 shutdown 的第一个参数。

shutdown. exe -l:注销当前用户。

shutdown. exe -r:关机并重启。

shutdown. exe -t 时间:设置关机倒计时。

shutdown.exe -c"消息内容"：输入关机对话框中的消息内容(不能超127个字符)。

5. 8个基本DOS命令

1) ping

它是用来检查网络是否通畅或者网络连接速度的命令。作为一名网络管理员,ping命令是第一个必须掌握的DOS命令,它所利用的原理是这样的：网络上的机器都有唯一确定的IP地址,给目标IP地址发送一个数据包,对方就要返回一个同样大小的数据包,根据返回的数据包可以确定目标主机的存在,初步判断目标主机的操作系统等。下面就来介绍一些常用的操作。

-t：表示将不间断向目标IP发送数据包。如果使用100M的宽带接入,而目标IP是56K的调制解调器,那么要不了多久,目标IP就因为承受不了这么多的数据而掉线。

-l：定义发送数据包的大小,默认为32字节,利用它可以最大定义到65 500字节。结合上面介绍的-t参数一起使用,会有更好的效果。

-n：定义向目标IP发送数据包的次数,默认为3次。如果网络速度比较慢,那么就可以定义为一次,因为现在的目的仅仅是判断目标IP是否存在。

说明：如果-t参数和-n参数一起使用,ping命令就以放在后面的参数为标准,如"ping IP -t -n3",虽然使用了-t参数,但并不是一直ping下去,而是只ping 3次。另外,ping命令不一定非得ping IP,也可以直接ping主机域名,这样就可以得到主机的IP。

2) nbtstat

该命令使用TCP/IP上的NetBIOS显示协议统计和当前TCP/IP连接,使用这个命令可以得到远程主机的NetBIOS信息,如用户名、所属的工作组、网卡的MAC地址等。在此有必要了解几个基本的参数。

-a：使用这个参数,只要知道了远程主机的机器名称,就可以得到它的NetBIOS信息。

-A：这个参数也可以得到远程主机的NetBIOS信息,但需要知道它的IP。

-n：列出本地机器的NetBIOS信息。

当得到了对方的IP或者机器名的时候,就可以使用nbtstat命令来进一步得到对方的信息了,这又增加了入侵的保险系数。

3) netstat

这是一个用来查看网络状态的命令,操作简便,功能强大。

-a：查看本地机器的所有开放端口,可以有效发现和预防木马,可以知道机器所开的服务等信息。

如FTP服务、Telnet服务、邮件服务、Web服务等。用法为netstat -a IP。

-r：列出当前的路由信息,如本地机器的网关、子网掩码等信息。用法为netstat-r IP。

4) tracert

跟踪路由信息,使用此命令可以查出数据从本地机器传输到目标主机所经过的所有途径,这对了解网络布局和结构很有帮助。

这里说明数据从本地机器传输到192.168.0.1的机器上,中间没有经过任何中转,说明这两台机器是在同一段局域网内。用法为tracert IP。

5) net

这个命令是网络命令中最重要的一个,必须透彻掌握它的每一个子命令的用法,因为它的功能实在是太强大了,这简直就是微软为黑客提供的最好的入侵工具。

net view：使用此命令查看远程主机的所以共享资源。命令格式为 net view\\IP。

net use：把远程主机的某个共享资源映射为本地盘符。命令格式为 net use x：\\IPsharename。

net start：使用它来启动远程主机上的某个服务。当和远程主机建立连接后，如果发现它的什么服务没有启动，而又想利用此服务怎么办？就使用这个命令来启动该服务。用法为 net start servername。

net stop：使用它来停止远程主机上的某个服务，用法和 net start 相同。

net user：查看和账户有关的情况，包括新建账户、删除账户、查看特定账户、激活账户、账户禁用等。这对入侵者是很有利的，它为入侵者复制账户提供了前提。输入不带参数的 net user，可以查看所有用户，包括已经禁用的。

（1）net user abcd 1234 /add，新建一个用户名为 abcd，密码为 1234 的账户，默认为 user 组成员。

（2）net user abcd /del，将用户名为 abcd 的用户删除。

（3）net user abcd /active：no，将用户名为 abcd 的用户禁用。

（4）net user abcd /active：yes，激活用户名为 abcd 的用户。

（5）net user abcd，查看用户名为 abcd 的用户的情况。

net localgroup：查看所有和用户组有关的信息和进行相关操作。输入不带参数的 net localgroup 即列出当前所有的用户组。在入侵过程中，一般利用它来把某个账户提升为 Administrator 组账户，这样利用这个账户就可以控制整个远程主机了。

net time：这个命令可以查看远程主机当前的时间。如果目标只是进入到远程主机里面，那么也许就用不到这个命令了。如果入侵者知道远程主机当前的时间，那么就可以利用时间和其他手段实现某个命令和程序的定时启动，为进一步入侵打好基础。用法为 net time\\IP。

6）at

这个命令的作用是安排在特定日期或时间执行某个特定的命令和程序（知道 net time 的重要了）。当知道了远程主机的当前时间，就可以利用此命令让其在以后的某个时间（如 2 分钟后）执行某个程序和命令。用法为 at time command computer。

7）ftp

首先在命令行输入 ftp 后按 Enter 键，出现 ftp 的提示符，这时可以输入 help 来查看帮助信息（任何 DOS 命令都可以使用此方法查看其帮助信息）。

首先是登录过程，这就要用到 open 了，直接在 ftp 的提示符下输入“open 主机 IP ftp 端口”后按 Enter 键即可，一般端口默认都是 21，可以不写。接着就是输入合法的用户名和密码进行登录了，这里以匿名 ftp 为例介绍。

用户名和密码都是 ftp，密码是不显示的。当提示 **** logged in 时，就说明登录成功。这里因为是匿名登录，所以用户显示为 Anonymous。接下来就要介绍具体命令的使用方法了。

dir：与 DOS 命令一样，用于查看服务器的文件，直接输入 dir 后按 Enter 键，就可以看到此 FTP 服务器上的文件。

cd：进入某个文件夹。

get：下载文件到本地机器。

put：上传文件到远程服务器。这就要看远程 FTP 服务器是否给了写的权限了。

delete：删除远程 FTP 服务器上的文件。

bye：退出当前连接。

quit：退出连接。

8）telnet

功能强大的远程登录命令，几乎所有的入侵者都喜欢用它。它操作简单，如同使用自己的机器一样，只要入侵者熟悉 DOS 命令，在成功以 Administrator 身份连接了远程机器后，就可以用它来做一切事情。下面介绍使用方法，首先输入 telnet 后按 Enter 键，再输入 help 来查看其帮助信息。

然后在提示符下输入 open IP，这时就出现了登录窗口，让登录者输入合法的用户名和密码，这里输入任何密码都是不显示的。当输入用户名和密码都正确后就成功建立了 telnet 连接，这时在远程主机上具有了和此用户一样的权限。

6. DOS 命令中字符的应用

1）单符号

(1)【~】。

① 在 for 中表示使用增强的变量扩展。

② 在“%var:~n,m%”中表示使用扩展环境变量指定位置的字符串。

③ 在 set/a 中表示一元运算符，将操作数按位取反。

(2)【!】。在 set /a 中表示一元运算符(逻辑非)。如 set /a a=!0，这时 a 就表示逻辑 1。

(3)【@】。隐藏命令行本身的回显，常用于批处理中。

(4)【$】。

① 在 findstr 命令里面表示一行的结束。

② 在 prompt 命令里面表示将其后的字符转义(符号化或者效果化)。

(5)【%】。

① 在 set /a 中表示二元运算符(算术取余)。

② 命令行环境下，在 for 语句的 in 子句之前，后面接一个字符(可以是字母、数字或者一些特定字符)，表示指定一个循环或者遍历指标变量。

③ 批处理中，后接一个数字表示引用本批处理当前执行时的指定参数。

④ 其他情况下，%将会被脱去(批处理)或保留(命令行)。

(6)【^】。

① 取消特定字符的转义作用，如“ & | ＞ ＜ !”等，但不包括%，如要在屏幕显示一些特殊的字符(如＞＞＞|^ &；等符号)时，就可以在其前面加一个“^”符号来显示这个“^”后面的字符了，^^就是显示一个“^”，^|就是显示一个“|”字符。

② 在 set/a 中表示二元运算符(按位异或)。

③ 在 findstr/r 的[]中表示不匹配指定的字符集。

(7)【&；】。

① 命令连接字符。例如，要在一行文本上同时执行两个命令，就可以用“&；”命令连接这两个命令。

② 在 set/a 中表示按位与。

(8)【*】。

① 代表任意字符，就是通常所说的“通配符”，如想在 C 盘的根目录查找所有的文本文件

(.txt),那么就可以输入命令"dir c:*.txt"。

② 在 set /a 中表示二元运算符(算术乘法)。

③ 在 findstr/r 中表示将前一个字符多次匹配。

(9)【-】。

① 范围表示符,如日期的查找,for 命令里的 tokens 操作中就可以用到这个字符。

② 在 findstr/r 中连接两个字符表示匹配范围。

③ 跟在某些命令的/后表示取反向的开关。

④ 在 set /a 中表示一个负数或者表示算术减运算。

(10)【+】。

① 主要是在 copy 命令里面会用到它,表示将很多个文件合并为一个文件,就要用到这个+字符了。

② 在 set/a 中表示二元运算符(算术加法)。

(11)【:】。

① 标签定位符,表示以其后的字符串为标签,可以作为 goto 命令的作用对象。例如,在批处理文件里面定义了一个":begin"标签,用"goto begin"命令就可以转到":begin"标签后面来执行批处理命令。

② 在"%var:string1=string2%"中表示分隔变量名和被替换字符串关系。

(12)【|】。

① 管道符,就是将上一个命令的输出,作为下一个命令的输入,如"dir /a/b |more"就可以逐屏地显示 dir 命令所输出的信息。

② 在 set/a 中表示二元运算符(按位或)。

③ 在帮助文档中表示其前后两个开关、选项或参数是二选一的。

(13)【/】。

① 表示其后的字符(串)是命令的功能开关(选项),如"dir /s/b/a-d"表示"dir"命令指定的不同的参数。

② 在 set/a 中表示除法。

(14)【>;】。

① 命令重定向符。

参数:命令+ > +写入路径文件名;

实例:

echo 唐山味儿不浓欢迎你>d:1.txt ;写入文本到指定文件(如果文件存在则替换)。

② 在 findstr/r 中表示匹配单词的右边界,需要配合转义字符\使用。

(15)【<;】。

① 将其后面的文件的内容作为其前面命令的输入。

② 在 findstr/r 中表示匹配单词的左边界,需要配合转义字符\使用。

(16)【=】。

① 赋值符号,用于变量的赋值,如"set a=windows"的意思是将"windows"这个字符串赋给变量"a"。

② 在 set/a 中表示算术运算,如"set /a x=5-6*5"。

(17)【\】。

① 这个"\"符号代表的是当前路径的根目录，如当前目录在 c:\windows\system32 下，那么"dir\"，就相当于"dir c:"。

② 在 findstr/r 中表示正则转义字符。

(18)【,】。

① 在 set /a 中表示连续表达式的分割符。

② 在某些命令中表示分割元素。

(19)【.】。

① 在路径的\后紧跟或者单独出现时：

1个：表示当前目录。

2个：表示上一级目录。

② 在路径中的文件名中出现时：

最后的一个"."表示主文件名与扩展文件名的分隔。

(20)【?】。

① 在 findstr/r 中表示在此位置匹配一个任意字符。

② 在路径中表示在此位置通配任意一个字符。

③ 紧跟在/后表示获取命令的帮助文档。

2) 多符号(符号不能分隔)

(1)【&&;】。连接两个命令，当"&&;"前的命令成功时，才执行"&&;"后的命令。

(2)【‖】。连接两个命令，当"‖"前的命令失败时，才执行"‖"后的命令。

(3)【>&;】。将一个句柄的输出写入到另一个句柄的输入中。

(4)【<&;】。从一个句柄读取输入并将其写入到另一个句柄输出中。

(5)【%%】。

① 两个连续的%表示在预处理中脱去一个%。

② 批处理中，在 for 语句的 in 子句之前，连续两个%紧跟一个字符(可以是字母、数字和一些特定字符)，表示指定一个循环或者遍历指标变量。

③ 批处理中，在 for 语句中，使用与 in 之前指定的指标变量相同的串，表示引用这个指标变量。

(6)【>>;】。

① 命令重定向符，将其前面的命令的输出结果追加到其后面。

参数：命令＋ >> ＋写入路径\文件名；

实例：

echo 唐山味儿不浓欢迎你>d:\1.txt ；写入文本到指定文件(如果文件存在则替换)。

netstat -an >>d:\1.txt ；即追随"1.txt"的尾端继续写入"netstat -an"命令输出结果。

② 在 set /a 中的二元运算符，表示逻辑右移。

(7)【==】。在 if 命令中判断==两边的元素是否相同。

(8)【<<;】。在 set /a 中的二元运算符，表示逻辑左移。

(9)【+=】。在 set /a 中的二元运算符，如 set /a a+=b 表示将 a 加上 b 的结果赋值给 a。

(10)【-=】。在 set /a 中的二元运算符，如 set /a a-=b 表示将 a 减去 b 的结果赋值给 a。

(11)【*=】。在 set /a 中的二元运算符，如 set /a a*=b 表示将 a 乘以 b 的结果赋值给 a。

(12)【/＝】。在 set /a 中的二元运算符,如 set /a a/＝b 表示将 a 加上 b 的结果赋值给 a。

(13)【%＝】。在 set /a 中的二元运算符,如 set /a a%＝b 表示将 a 除以 b 的余数赋值给 a。

注意:命令行可以直接用 set /a a%＝b,在批处理中可以用 set /a a%%＝b。

(14)【^＝】。在 set /a 中的二元运算符,如 set /a a"^＝"b 表示将 a 与 b 按位异的结果赋值给 a。

注意:这里"^＝"加引号是为了防止^被转义。

(15)【&＝】。在 set /a 中的二元运算符,如 set /a a"&＝"b 表示将 a 与 b 按位与的结果赋值给 a。

(16)【|＝】。在 set /a 中的二元运算符,如 set /a a"|＝"b 表示将 a 与 b 按位或的结果赋值给 a。

(17)【＜＜＝】。在 set /a 中的二元运算符,如 set /a a"＜＜＝"b 表示将 a 按位左移 b 位的结果赋值给 a。

(18)【＞＞＝】。在 set /a 中的二元运算符,如 set /a a"＞＞＝"b 表示将 a 按位右移 b 位的结果赋值给 a。

(19)【\＜;】。在 findstr 的一般表达式中表示字的开始处。

(20)【\＞;】。在 findstr 的一般表达式中表示字的结束处。

(21)【!!】。当启用变量延迟时,使用!! 将变量名括起来表示对变量值的引用。

(22)【' '】。

① 在 for/f 中表示将它们包含的内容当做命令行执行并分析其输出。

② 在 for/f "usebackq"中表示将它们包含的字符串当做字符串分析。

(23)【()】。

① 命令包含或者是具有优先权的界定符,如 for 命令要用到这个(),还可以在 if、echo 等命令中见到它的身影。

② 在 set /a 中表示表达式分组。

(24)【" "】。

① 界定符,在表示带有空格的路径时常要用""来将路径括起来,在一些命令里面也需要" "符号。

② 在 for/f 中将表示它们包含的内容当做字符串分析。

③ 在 for/f "usebackq"表示它们包含的内容当做文件路径并分析其文件的内容。

④ 在其他情况下表示其中的内容是一个完整的字符串,其中的＞;、＞＞;、＜;、&;、|、空格等不再转义。

(25)【' '】。在 for/f 中表示它们所包含的内容当做命令行执行并分析它的输出。

(26)【[ ]】。

① 在帮助文档表示其中的开关、选项或参数是可选的。

② 在 findstr /r 中表示按其中指定的字符集匹配。

按住 Shift 键可少量输入大写字母,? +? 键表示先按住前一个键,同时按第二个键。

按 Ctrl+Esc 或 Ctrl+Numlock 组合键暂停以便观察屏幕显示,在按一次继续。

按 Ctrl+C 或 Ctrl+Break 组合键终止程序运行,返回操作系统。

附录B 计算机配置与选购

随着计算机知识的不断普及和计算机网络的不断发展,计算机在人们生活中的地位越来越重要,其应用领域也越来越广泛。可以说,计算机应用已经成为人们学习、生活和工作不可缺少的一部分。

那么如何才能选择一台称心如意的计算机呢?这是很多用户特别是那些准备购买计算机的用户非常关注的一个问题。

究竟是选择品牌计算机还是选择组装计算机,一直困扰着那些打算购买或即将购买计算机的用户。要解决这个问题首先要弄明白什么是品牌计算机什么是组装计算机。

品牌计算机是指那些获得《微型计算机系统产品生产许可证》的公司,按照一定的市场策略在生产线上批量组装的计算机的总称。

组装计算机是指那些活跃在全国各大计算机配套市场里的众多装机商,根据顾客要求为其组装的计算机的总称。

根据上面的定义,不难发现其实品牌计算机和组装计算机一样,都是厂家或商家按照一定的要求在生产线或卖场用各种计算机配件组装起来的。那么品牌计算机和组装计算机的区别又在哪里呢?

品牌计算机和组装计算机的区别在于以下几点。

(1) 品牌计算机的侧重点在外观和操作的灵活性上,而在同等价位上品牌计算机的性能明显不如组装计算机。

(2) 品牌计算机的生产厂家都有很强的技术实力,所以品牌计算机上有很多非常人性化的设计(不开机听音乐、一键上网、一键备份等),另外品牌计算机都会为客户预装正版操作系统。品牌计算机的外观都是由专业设计师设计的,所以品牌计算机的外观都很时尚和靓丽。但是受成本和市场策略的限制品牌计算机不可能为每一台计算机都设计外形,所以就造成了品牌计算机在同一型号上的外观雷同,无法满足追求个性用户的选购需求。

(3) 组装计算机受商家的经济实力限制,不可能有统一设计的外观和专门定制的功能。但这一点恰恰给那些喜欢追求个性的买家提供了实现拥有一台彰显个性计算机的机会。

计算机选购应按以下原则进行。

1. 选购原则

选购家用计算机首先要做的是需求分析,应做到心中有数、有的放矢。在购买计算机之前一定要明确自己购买计算机的用途,也就是说究竟想让计算机做什么工作、具备什么样的功能。只有明确了这一点后才能有针对性地选择不同档次的计算机。

在购买计算机的过程中应该遵循够用和耐用两个原则。

(1) 够用原则。所谓够用原则,是指在满足使用的同时要精打细算,节约每一分钱,买一台能满足自己使用要求的计算机即可。不要花大价钱去选那些配置高档、功能强大的计算机,这些计算机的一些功能也许对用户来说根本就没有用。例如，用户使用计算机只是打打字、上上网、听听音乐、学习一些常用软件之类的，那么四五千元的计算机配置足以应对，选择七八千元的计算机就显得太奢侈了。

(2) 耐用原则。所谓耐用原则，是指在精打细算的同时必要的花费不能省，用户在做购机需求分析的时候要具有一定的前瞻性。也许随着用户计算机水平的提高需要使用Photoshop、3ds Max、AutoCAD之类的软件，如果在配置低的计算机上进行升级肯定是不划算的，为此需要在选购计算机的时候选择那些配置档次较高的、功能较强大的以备后用。这个问题对于学生来说尤为突出。

2. 选购过程中的两种错误观点

(1) 一步到位的观点。计算机技术日新月异，其发展的速度非常迅速，因此购买计算机不可能一步到位。今天购买的计算机可能是市面上最先进的了，或许明天就会出现更为先进的计算机。一些用户买计算机总想要最先进的、最高档的。但是当今社会计算机技术的发展速度是非常快的，今天的先进技术可能不出一年或更短的时间就会变成落后的技术，因此用户今天购买的计算机也许是市面上最先进的，但或许过不了多久就会变成配置一般的计算机了。

在计算机领域遵循的自然规律是"摩尔定律"，即每18个月为一个周期，每个周期计算机性能提高一倍，价格下降一半。

(2) 等等再买的观点。有的用户认为，计算机的价格降得很快，迟一些可能会买到性能更好、价格更低的计算机。但是需要注意的是，计算机发展是遵循"摩尔定律"的，低价和高价只是相对的。另外计算机只是一种工具，早些使用也就早给用户带来方便，使用户早些受益。

所以用户在选购计算机的时候首先不要盲目地追求高档次，其次也不要过分地期待降价，这一点在选购的过程中要多加注意。

3. 选购中需要注意的问题

用户在选用家用机的时候还需要注意以下几个小问题。

(1) 有些用户在选购的时候往往过分地看重价格因素而忽视计算机的品牌。知名品牌的产品虽然价格上贵一些，但是无论是产品的技术、品质性能还是售后服务等都是有保证的。而杂牌产品为了降低产品的成本，通常会使用一些劣质的配件，其品质甚至还没有兼容机的好，并且它的售后服务更是没有任何保障。

(2) 重配置、轻品质。多数购买计算机的用户往往只关心诸如CPU的档次、内存容量的多少、硬盘的大小等硬件的指标，但对于一台计算机的整体性能却视而不见。CPU的档次、内存的多少、硬盘的大小只是局部的参考标准，只有计算机中的各种配件的完美整合，也就是说组成计算机的各种配件能够完全兼容并且各种配件都能充分地发挥自己的性能，这样的计算机才是一台物有所值的计算机。

(3) 重硬件、轻服务。与普通的家电产品相比，计算机的售后服务显得更为重要，因为计算机像其他电器一样会出现问题。所以用户在选购计算机的时候，售后服务问题应该放到重要的位置上来考虑(特别是那些对计算机不是很了解的用户)。计算机的整体性能是集硬件、软件和服务于一体的，服务在无形中影响着计算机的性能。用户在购买计算机之前，一定要问清楚售后服务条款再决定是否购买。说得具体一些，尽管现在计算机售后服务有"三包"约束，但是各厂家的售后服务各有特色、良莠不齐，对此用户一定要有明确的了解。

一些杂牌计算机生产厂商相比品牌厂商而言，它们的存在时间较短、更容易倒闭，一旦它们倒闭后售后服务将无从谈起。

附录C 计算机的保养

1. 留意工作环境和工作方式

(1) 当计算机开启或电池充电时,避免使计算机底座与膝盖或身体任何部分的接触时间过长。计算机在正常运行过程中会产生热量。这些热量是系统活动和电池充电程度的作用。如果与身体接触(即使是透过衣服接触)的时间过长,可能会使使用者感到不适,甚至还会导致皮肤烧伤。

(2) 让液体远离计算机,以避免泼溅到计算机上,并让计算机远离有水的地方(以避免电击危险)。

(3) 将包装材料安全地存放在儿童够不到的地方,以避免儿童因玩耍塑料袋而出现窒息危险。

(4) 将计算机远离(13 厘米或 5 英寸内的)磁体、使用中的蜂窝式电话、电器或音箱。

(5) 避免将计算机放在太冷或太热的地方(5 摄氏度/41 华氏度以下或 35 摄氏度/95 华氏度以上)。

2. 轻拿轻放计算机

(1) 避免将任何物体(包括纸张)放在计算机显示屏和键盘之间,或是键盘下面。

(2) 切勿摔落、撞击、刮擦、扭曲、击打、振动、推动计算机、显示屏或外接设备,或在它们的上面放置重物。可以使用 ThinkVantage(TM) APS 硬盘保护技术来避免硬盘驱动器振动。

(3) 根据设计的要求,计算机的显示屏可按略大于 90°的角度打开和使用。显示屏打开的角度不要超过 180°,因为这样可能会损坏计算机铰链。

3. 正确携带计算机

(1) 移动计算机之前,应确保取出所有介质、关闭连接的设备,并断开电源线和电缆。

(2) 移动计算机之前,应确保计算机处于待机或休眠方式,或已关闭。这有助于防止损坏硬盘驱动器和数据丢失。

(3) 切勿在计算机处于图形输入板方式时搬运计算机。

(4) 拿起开启的计算机时,应托住计算机底部,而不要抓着或握着显示屏。

(5) 使用提供了充足防震和保护的优质携带箱。不要将计算机放在塞得很满的箱子或提包中。

4. 正确操作存储介质和驱动器

(1) 如果计算机附带有软盘驱动器,则避免有角度地插入软盘,并且不要在软盘上贴多张或不牢固的软盘标签,因为这些标签可能会卡在驱动器内。

(2) 如果计算机附带有 CD、DVD 或 CD-RW/DVD 驱动器,请不要触摸光盘表面或托盘上的激光头。

(3) 听到 CD 或 DVD 咔嗒声放入驱动器的中心转轴后,再关上托盘。

(4) 安装硬盘、软盘、CD、DVD 或 CD-RW/DVD 驱动器时，请遵循随硬件一起提供的说明进行操作，并且只在设备需要施加压力的位置施加压力。

5. 设置密码

如果忘记了超级用户或硬盘密码，系统不会重置这些密码，可能必须更换系统板或硬盘驱动器。

6. 照管指纹识别器

以下操作可能损坏指纹识别器或导致其无法正常工作：

(1) 用坚硬的、尖锐的物体刻划识别器的表面。

(2) 用指甲或任何坚硬的物体刮擦识别器的表面。

(3) 以脏的手指触摸识别器。

如果出现以下任何情况，可用干燥、柔软和不带棉绒的布轻轻地清洁识别器的表面。

(1) 识别器的表面脏或有污渍。

(2) 识别器的表面潮湿。

(3) 识别器经常无法登记或认证指纹。

如果手指有以下任何一种情况，可能无法注册或认证它。

(1) 手指起皱。

(2) 手指粗糙、干燥或受伤。

(3) 手指非常干燥。

(4) 手指沾染了污垢、泥巴或油渍。

(5) 手指表面与登记指纹时的差别很大。

(6) 手指潮湿。

(7) 使用了尚未登记的手指。

要改善这种情况，请尝试以下操作。

(1) 清洁或擦净双手，除去手指上任何多余的污垢或水分。

(2) 登记并使用不同的手指进行认证。

(3) 如果双手过于干燥，请使用润肤乳。

7. 其他重要提示

(1) 计算机调制解调器可能只使用模拟电话网或公用交换电话网(PSTN)。请不要将调制解调器连接到 PBX(专用小交换机)或任何其他数字电话分机线，因为这样可能会损坏调制解调器。模拟电话线通常在家中使用，而数字电话线则通常用于旅馆或办公大楼。如果不能确定使用的是哪种电话线路，请与电话公司联系。

(2) 计算机可能同时具有以太网接口和调制解调器接口。如果是这样，请确保将通信电缆连接到正确的接口，以免损坏接口。

(3) 请向 Lenovo 注册 ThinkPad(R)产品(请参考 Web 页面：http://www.lenovo.com/register)。

(4) 只能由授权的 ThinkPad 维修技术人员来拆卸和维修计算机。

(5) 不要通过改装滑锁或用胶带封住滑锁来保持显示屏开启或关闭。

(6) 在计算机上插有交流电源适配器时，小心不要让其翻转过来。这样可能会折断适配器插头。

(7) 如果要更换设备托架中的设备，请关闭计算机，或检查设备是否可温交换或热交换。

(8) 如果交换计算机中的驱动器,请重新安装塑料挡板面板。

(9) 将未使用的移动硬盘、软盘、CD、DVD 和 CD-RW/DVD 驱动器存放在适当的容器或包装中。

(10) 在安装以下任一设备之前,请触摸一下金属桌面或接地的金属物体。这样可去除身上的静电。静电可能损坏设备:PC 卡、智能卡、内存卡(如 SD 卡、内存条和多媒体卡)、内存模块、小型 PCI 卡、通信子卡。

8. 清洁计算机外盖

按以下步骤清洁计算机。

(1) 准备一份厨房用的去污剂的混合液(不含有磨砂粉或强化学剂,如酸或碱)。

(2) 将稀释的去污剂吸入一块海绵。

(3) 挤掉海绵中多余的液体。

(4) 用海绵擦拭外盖,使用打圈的动作,并注意不要让任何多余的液体滴下来。

(5) 擦拭表面以除去去污剂。

(6) 用清洁的活水漂洗海绵。

(7) 用清洁的海绵擦拭外盖。

(8) 用一块干的柔软且没有绒毛的布再次擦拭表面。

(9) 等待外盖完全干燥并除去任何软布留下的纤维。

9. 清洁计算机键盘

(1) 用一块柔软的没有灰尘的布蘸取一些异丙基外用酒精。

(2) 用布擦拭每个键顶部表面。对键进行逐个擦拭;如果同时擦拭多个键,布可能会钩住相邻键并将其损坏。确保不让液体滴到键上或键的间隙。

(3) 让键盘干燥。

(4) 要除去键下面的所有尘屑,可以用吹风机和刷子一起使用。

注意:*避免直接向显示屏或键盘上喷清洁剂。*

10. 清洁计算机显示屏

(1) 用一块柔软且没有绒毛的干布擦拭显示屏。如果显示屏上有刮擦的痕迹,可能是从外部按外盖时从键盘或 TrackPoint(R)定点杆转移来的污迹。

(2) 使用柔软的干布轻轻擦拭或掸去污渍。

(3) 如果污渍仍然存在,请先用清水或 50∶50 的纯水与异丙醇的混合液润湿不起毛的软布。

(4) 尽可能拧干布片中的液体。

(5) 再次擦拭显示屏;不要让任何液体滴到计算机中。

(6) 合上显示屏前,请确保它已晾干。

附录D　计算机(微机)维修工国家职业标准

1. 职业概况

1）职业名称

计算机(微机)维修工。

2）职业定义

对计算机(微机)及外部设备进行检测、调试和维护修理的人员。

3）职业等级

本职业共设3个等级，分别为初级(国家职业资格五级)、中级(国家职业资格四级)、高级(国家职业资格三级)。

4）职业环境

室内，常温。

5）职业能力特征

具有一定分析、判断和推理能力，手指、手臂灵活，动作协调。

6）鉴定要求

(1) 适用对象。从事或准备从事计算机维修工作人员。

(2) 申报条件。

① 初级(具备以下条件之一者)。

a. 经本职业初级正规培训达到规定标准学时数，并取得毕(结)业证书。

b. 在本职业连续见习工作2年以上。

② 中级(具备以下条件之一者)。

a. 取得本职业初级职业资格证书后，连续从事本职业工作3年以上，经本职业中级正规培训达到规定标准学时数，并取得毕(结)业证书。

b. 取得本职业初级职业资格证书后，连续从事本职业工作5年以上。

c. 取得经劳动保障行政部门审核认定，以中级技能为培养目标的中等以上职业学校本职业毕业证书。

③ 高级(具备以下条件之一者)。

a. 取得本职业中级职业资格证书后，连续从事本职业工作3年以上，经本职业高级正规培训达到规定标准学时数，并取得毕(结)业证书。

b. 取得本职业中级职业资格证书后，连续从事本职业工作7年以上。

c. 取得高级技工学校或经劳动保障行政部门审核认定的以高级技能为培养目标的高等职业学校本职业毕业证书。

d. 取得本职业中级职业资格证书的电子计算机类专业大专及以上毕业生，且连续从事电子计算机维修工作2年以上。

(3) 鉴定方式

鉴定方式分为理论知识考试和技能操作考核两门，理论知识考试采用闭卷笔试，技能操作考核采用现场实际操作方式进行。两门考试(核)均采用百分制，皆达60分及以上者为合格。

(4) 鉴定时间

各等级的理论知识考试为60分钟；各等级技能操作考核为90分钟。

2. 基本要求

1) 职业道德

(1) 职业道德基本知识。

(2) 职业守则。

① 遵守国家法律法规和有关规章制度。

② 爱岗敬业、平等待人、耐心周到。

③ 努力钻研业务，学习新知识，有开拓精神。

④ 工作认真负责，吃苦耐劳，严于律己。

⑤ 举止大方得体，态度诚恳。

2) 基础知识

(1) 基本理论知识。

① 微型计算机基本工作原理。

a. 电子计算机发展概况。

b. 数制与编码基础知识。

c. 计算机基本结构与原理。

d. DOS、Windows 基本知识。

e. 计算机病毒基本知识。

② 微型计算机主要部件知识。

a. 机箱与电源。

b. 主板。

c. CPU。

d. 内存。

e. 硬盘、软盘、光盘驱动器。

f. 键盘和鼠标。

g. 显示适配器与显示器。

③ 微型计算机扩充部件知识。

a. 打印机。

b. 声音适配器和音箱。

c. 调制解调器。

④ 微型计算机组装知识。

a. CPU 安装。

b. 内存安装。

c. 主板安装。

d. 卡板安装。

e. 驱动器安装。

f. 外部设备安装。
g. 整机调试。
⑤ 微型计算机检测知识。
a. 微机常用维护测试软件。
b. 微机加电自检程序。
c. 硬件代换法。
d. 常用仪器仪表功能和使用知识。
⑥ 微型计算机维护维修知识。
a. 硬件替换法。
b. 功能替代法。
c. 微型计算机维护常识。
⑦ 计算机常用专业词汇。
(2) 法律知识。价格法、消费者权益保护法和知识产权法中有关法律法规条款。
(3) 安全知识。电工电子安全知识。

3. 工作要求

本标准对初级、中级、高级的技能要求依次递进,高级别包括了低级别的要求。

1) 初级

职业功能	工作内容	技能要求	相关知识
一、故障调查	(一) 客户接待	1. 做到态度热情,礼貌周到 2. 了解客户描述的故障症状 3. 了解故障机工作环境 4. 介绍服务项目及收费标准 5. 做好上门服务前的准备工作	1. 常见故障分类 2. 常见仪器携带方法
	(二) 环境检测	1. 检测环境温度与湿度 2. 检测供电环境电压	1. 温、湿计使用方法 2. 万用表使用方法
二、故障诊断	(一) 验证故障机法	1. 确认故障现象 2. 做出初步诊断结论	整机故障检查规范流程
	(二) 确定故障原因	1. 部件替代检查 2. 提出维修方案	主要部件检查方法
三、故障处理	(一) 部件维护	1. 维护微机电源 2. 维护软盘驱动器 3. 维护光盘驱动器 4. 维护键盘 5. 维护鼠标 6. 维护打印机 7. 维护显示器	1. 微机电源维护方法 2. 软盘驱动器维护方法 3. 光盘驱动器维护方法 4. 键盘维护方法 5. 鼠标维护方法 6. 打印机维护方法 7. 显示器维护方法
	(二) 部件更换	1. 更换同型电源 2. 更换同型主板 3. 更换同型 CPU 4. 更换同型内存 5. 更换同型显示适配器 6. 更换同型声音适配器 7. 更换同型调制解调器	微机组装程序知识

续表

职业功能	工作内容	技能要求	相关知识
四、微机系统调试	(一) 设置 BIOS	1. BIOS 标准设置 2. 启动计算机	1. BIOS 基本参数设置 2. 计算机自检知识
	(二) 系统软件调试	利用操作系统验证计算机	使用操作系统基本知识
五、客户服务	(一) 故障说明	1. 填写故障排除单 2. 指导客户验收计算机	计算机验收程序
	(二) 技术咨询	1. 指导客户正确操作微机 2. 向客户提出工作改进建议	1. 安全知识 2. 计算机器件寿命影响因素知识

2）中级

职业功能	工作内容	技能要求	相关知识
一、故障调查	(一) 客户接待	1. 引导客户对故障进行描述 2. 确定故障诊断初步方案	1. 硬故障现象分类知识 2. 故障常见描述方法
	(二) 环境检测	1. 检测供电环境稳定性 2. 检测环境粉尘、振动因素	1. 供电稳定性判断方法 2. 感官判断粉尘、振动知识
二、故障诊断	(一) 验证故障机	正确做出诊断结论	故障部位检查流程
	(二) 确定故障原因	部件替换检查	部件功能替换知识
三、故障处理	(一) 部件常规维修	1. 维修微机电源 2. 维修软盘驱动器 3. 维修光盘驱动器 4. 维修键盘 5. 维修鼠标	1. 微机电源常规维修方法 2. 软盘驱动器常规维修方法 3. 光盘驱动器常规维修方法 4. 键盘常规维修方法 5. 鼠标常规维修方法
	(二) 部件更换	1. 更换同型主板 2. 更换同型 CPU 3. 更换同型内存 4. 更换同型显示适配器 5. 更换同型声音适配器 6. 更换同型调制解调器	1. 接口标准知识 2. 部件兼容性知识 3. 主板跳线设置方法
四、微机系统调试	(一) 设置 BIOS	BIOS 优化设置	BIOS 优化设置方法
	(二) 清除微机病毒	1. 清除文件型病毒 2. 清除引导型病毒	1. 病毒判断方法 2. 杀毒软件使用方法
	(三) 系统软件调试	1. 安装操作系统 2. 安装设备驱动程序 3. 软件测试计算机部件	1. DOS、Windows 安装方法 2. 驱动程序安装方法 3. 测试软件使用方法
五、客户服务	(一) 故障说明	向客户说明故障原因	计算机自检程序知识
	(二) 技术咨询	指导客户预防计算机病毒	病毒防护知识

3）高级

职业功能	工作内容	技能要求	相关知识
一、故障调查	(一) 客户接待	引导客户对故障进行描述	综合故障分类知识
	(二) 环境检测	1. 检测供电环境异常因素 2. 检测电磁环境因素	1. 供电质量判断方法 2. 电磁干扰基础知识
二、故障诊断	(一) 验证故障机	正确做出诊断结论	故障快捷诊断方法
	(二) 确定故障原因	部件测量检查	1. 通断测试器使用方法 2. 逻辑探测仪使用方法
三、故障处理	(一) 部件维修	1. 维修不间断电源 2. 维修显示器 3. 维护打印机	1. UPS电源常规维修知识 2. 显示器常规维修知识 3. 打印机常规维修
	(二) 部件更换	1. 升级主板 2. 升级CPU 3. 升级内存 4. 升级声音适配器 5. 升级调制解调器	微机硬件综合性能知识
四、微机系统调试	(一) 设置BIOS	升级BIOS	BIOS升级方法
	(二) 清除微机病毒	清除混合型病毒	杀毒软件高级使用方法
	(三) 系统软件调试	优化操作系统平台	1. 整机综合评价知识 2. 端口设置知识
五、客户服务	(一) 故障说明	能向客户说明排除故障方法和过程	微机部件故障知识
	(二) 技术咨询	能向客户提出环境改进建议	微机部件工作环境要求
六、网络基础	建立计算机局域网	建立基本网络	网络基础知识
七、工作指导	(一) 培训维修工	1. 微机知识培训 2. 微机维修能力	1. 教学组织知识 2. 实验指导知识
	(二) 指导维修工工作	1. 故障现象技术分析 2. 故障排除技术指导	1. 微机软硬件故障分类知识 2. 故障排除方法

4）比重表

(1) 理论知识

项　　目			初级	中级	高级
基本要求	一、职业道德		4	3	—
	基础知识	1. 基本理论知识	40	30	20
		2. 法律知识	3	3	—
		3. 安全知识	3	3	—

续表

项　　目			初级	中级	高级
相关知识	一、故障调查	1. 顾客接待	3	2	—
		2. 环境检测	3	2	2
	二、故障诊断	1. 验证故障机	4	4	2
		2. 确定故障原因	15	20	20
	三、故障处理	1. 部件维修	3	10	20
		2. 部件更换	10	10	10
	四、微机系统调试	1. 设置 BIOS	3	3	5
		2. 清除微机病毒	—	2	2
		3. 系统软件调试	4	4	5
	五、客户服务	1. 故障说明	3	2	2
		2. 技术咨询	2	2	2
	六、网络基础	建立计算机局域网	—	—	2
	七、工作指导	1. 培训维修工	—	—	4
		2. 指导维修工工作	—	—	4
	合计		100	100	100

(2) 技能操作

项目			初级	中级	高级
工作要求	一、故障调查	1. 顾客接待	10	5	5
		2. 环境检测	5	5	5
	二、故障诊断	1. 验证故障机	5	5	5
		2. 确定故障原因	25	30	15
	三、故障处理	1. 部件维修	10	20	15
		2. 部件更换	20	10	10
	四、微机系统调试	1. 设置 BIOS	5	5	5
		2. 清除微机病毒	—	5	5
		3. 系统软件调试	5	5	5
	五、客户服务	1. 故障说明	5	5	5
		2. 技术咨询	5	5	5
	六、工作指导	1. 培训维修工	—	—	10
		2. 指导维修工工作	—	—	10
	合　计		100	100	100

附录E 计算机术语大全

1. CPU

3DNow!(3D no waiting)
ALU(Arithmetic Logic Unit,算术逻辑单元)
AGU(Address Generation Units,地址生成单元)
BGA(Ball Grid Array,球状矩阵排列)
BPT(Branch Prediction Table,分支预测表)
BPU(Branch Processing Unit,分支处理单元)
Branch Prediction(分支预测)
CMOS(Complementary Metal Oxide Semiconductor,互补金属氧化物半导体)
CISC(Complex Instruction Set Computing,复杂指令集计算机)
CLK(Clock Cycle,时钟周期)
COB(Cache on Board,板上集成缓存)
COD(Cache on Die,芯片内集成缓存)
CPGA(Ceramic Pin Grid Array,陶瓷针型栅格阵列)
CPU(Center Processing Unit,中央处理器)
Data Forwarding(数据前送)
Decode(指令解码)
DIB(Dual Independent Bus,双独立总线)
EC(Embedded Controller,嵌入式控制器)
Embedded Chips(嵌入式)
EPIC(Explicitly Parallel Instruction Code,并行指令代码)
FADD(Floating Point Addition,浮点加)
FCPGA(Flip Chip Pin Grid Array,反转芯片针脚栅格阵列)
FDIV(Floating Point Divide,浮点除)
FEMMS(Fast Entry/Exit Multimedia State,快速进入/退出多媒体状态)
FFT(Fast Fourier Transform,快速热欧姆转换)
FID(Frequency Identify,频率鉴别号码)
FIFO(First Input First Output,先入先出队列)
Flip-chip(芯片反转)
FLOP(Floating Point Operations Per Second,浮点操作/秒)
FMUL(Floating Point Multiplication,浮点乘)
FPU(Float Point Unit,浮点运算单元)

FSUB(Floating Point Subtraction,浮点减)
GVPP(Generic Visual Perception Processor,常规视觉处理器)
HL-PBGA(高耐热、轻薄型塑胶球状矩阵封装)
IA(Intel Architecture,英特尔架构)
ICU(Instruction Control Unit,指令控制单元)
ID(Identify,鉴别号码)
IDF(Intel Developer Forum,英特尔开发者论坛)
IEU(Integer Execution Units,整数执行单元)
IMM(Intel Mobile Module,英特尔移动模块)
Instructions Cache(指令缓存)
Instruction Coloring(指令分类)
IPC(Instructions Per Clock Cycle,指令/时钟周期)
ISA(Instruction Set Architecture,指令集架构)
KNI(Katmai New Instructions,Katmai 新指令集,即 SSE)
Latency(潜伏期)
LDT(Lightning Data Transport,闪电数据传输总线)
Local Interconnect(局域互联)
MESI(Modified、Exclusive、Shared、Invalid,修改、排除、共享、废弃)
MMX(Multi Media Extensions,多媒体扩展指令集)
MMU(Multi Media Unit,多媒体单元)
MFLOPS(Million Floationg Point/Second,每秒百万个浮点操作)
MHz(Million Hertz,兆赫兹)
MP(Multi-Processing,多重处理器架构)
MPS(Multi Processor Specification,多重处理器规范)
MSRs(Model-Specific Registers,特殊模块寄存器)
NAOC(No-Account OverClock,无效超频)
NI(Non-Intel,非英特尔)
OLGA(Organic Land Grid Array,基板栅格阵列)
OoO(Out of Order,乱序执行)
PGA(Pin-Grid Array,引脚网格阵列)
Post-RISC(一种新型的处理器架构,内核是 RISC,而外围是 CISC)
PR(Performance Rate,性能比率)
PSN(Processor Serial Numbers,处理器序列号)
PIB(Processor In a Box,盒装处理器)
PPGA(Plastic Pin Grid Array,塑胶针状矩阵封装)
PQFP(Plastic Quad Flat Package,塑料方块平面封装)
RAW(Read After Write,写后读)
Register Contention(抢占寄存器)
Register Pressure(寄存器不足)
Register Renaming(寄存器重命名)

Remark(芯片频率重标识)
Resource Contention(资源冲突)
Retirement(指令引退)
RISC(Reduced Instruction Set Computing,精简指令集计算机)
SEC(Single Edge Connector,单边连接器)
Shallow-trench Isolation(浅槽隔离)
SIMD(Single Instruction Multiple Data,单指令多数据流)
SiO2F(Fluorided Silicon Oxide,二氧氟化硅)
SMI(System Management Interrupt,系统管理中断)
SMM(System Management Mode,系统管理模式)
SMP(Symmetric Multi-Processing,对称式多重处理架构)
SOI(Silicon On Insulator,绝缘体硅片)
SONC(System on a Chip,系统集成芯片)
SPEC(System Performance Evaluation Corporation,系统性能评估测试)
SQRT(Square Root Calculations,平方根计算)
SSE(Streaming SIMD Extensions,单一指令多数据流扩展)
Superscalar(超标量体系结构)
TCP(Tape Carrier Package,薄膜封装,发热小)
Throughput(吞吐量)
TLB(Translate Look side Buffers,翻译旁视缓冲器)
USWC(Uncacheabled Speculative Write Combination,无缓冲随机联合写操作)
VALU(Vector Arithmetic Logic Unit,向量算术逻辑单元)
VLIW(Very Long Instruction Word,超长指令字)
VPU(Vector Permutate Unit,向量排列单元)
VPU(Vector Processing Units,向量处理单元,即处理 MMX、SSE 等 SIMD 指令的地方)

2. 主板

ADIMM(Advanced Dual In-line Memory Modules,高级双重内嵌式内存模块)
AMR(Audio/Modem Riser,音效/调制解调器主机板附加直立插卡)
AHA(Accelerated Hub Architecture,加速中心架构)
ASK IR(Amplitude Shift Keyed Infra-Red,长波形可移动输入红外线)
ATX(AT Extend,扩展型 AT)
BIOS(Basic Input/Output System,基本输入/输出系统)
CSE(Configuration Space Enable,可分配空间)
DB(Device Bay,设备插架)
DMI(Desktop Management Interface,桌面管理接口)
EB(Expansion Bus,扩展总线)
EISA(Enhanced Industry Standard Architecture,增强形工业标准架构)
EMI(Electromagnetic Interference,电磁干扰)
ESCD(Extended System Configuration Data,可扩展系统配置数据)
FBC(Frame Buffer Cache,帧缓冲缓存)

FireWire(火线,即 IEEE1394 标准)
FSB(Front Side Bus,前置总线,即外部总线)
FWH(Firmware Hub,固件中心)
GMCH(Graphics & Memory Controller Hub,图形和内存控制中心)
GPIs(General Purpose Inputs,普通操作输入)
ICH(Input/Output Controller Hub,输入/输出控制中心)
IR(Infrared Ray,红外线)
IrDA(Infrared Ray,红外线通信接口,可进行局域网存取和文件共享)
ISA(Industry Standard Architecture,工业标准架构)
ISA(Instruction Set Architecture,工业设置架构)
MDC(Mobile Daughter Card,移动式子卡)
MRH-R(Memory Repeater Hub,内存数据处理中心)
MRH-S(SDRAM Repeater Hub,SDRAM 数据处理中心)
MTH(Memory Transfer Hub,内存转换中心)
NGIO(Next Generation Input/Output,新一代输入/输出标准)
P64H(64-bit PCI Controller Hub,64 位 PCI 控制中心)
PCB(Printed Circuit Board,印刷电路板)
PCBA(Printed Circuit Board Assembly,印刷电路板装配)
PCI(Peripheral Component Interconnect,互联外围设备)
PCI SIG(Peripheral Component Interconnect Special Interest Group,互联外围设备专业组)
POST(Power On Self Test,加电自测试)
RNG(Random Number Generator,随机数字发生器)
RTC(Real Time Clock,实时时钟)
KBC(Key Broad Control,键盘控制器)
SAP(Sideband Address Port,边带寻址端口)
SBA(Side Band Addressing,边带寻址)
SMA(Share Memory Architecture,共享内存结构)
STD(Suspend To Disk,磁盘唤醒)
STR(Suspend To RAM,内存唤醒)
SVR(Switching Voltage Regulator,交换式电压调节)
USB(Universal Serial Bus,通用串行总线)
USDM(Unified System Diagnostic Manager,统一系统监测管理器)
VID(Voltage Identification Definition,电压识别认证)
VRM(Voltage Regulator Module,电压调整模块)
ZIF(Zero Insertion Force,零插力)
ACOPS(Automatic CPU OverHeat Prevention System,CPU 过热预防系统)
SIV(System Information Viewer,系统信息观察)
ESDJ(Easy Setting Dual Jumper,简化 CPU 双重跳线法)
UPT(USB、PANEL、LINK、TV-OUT 四重接口)

ACPI(Advanced Configuration and Power Interface,先进设置和电源管理)
AGP(Accelerated Graphics Port,图形加速接口)
I/O(Input/Output,输入/输出)
MIOC(Memory and I/O Bridge Controller,内存和I/O桥控制器)
NBC(North Bridge Chip,北桥芯片)
PIIX(PCI ISA/IDE Accelerator,加速器)
PSE36(Page Size Extension 36-bit,36位页面尺寸扩展模式)
PXB(PCI Expander Bridge,PCI增强桥)
RCG(RAS/CAS Generator,RAS/CAS发生器)
SBC(South Bridge Chip,南桥芯片)
SMB(System Management Bus,全系统管理总线)
SPD(Serial Presence Detect,内存内部序号检测装置)
SSB(Super South Bridge,超级南桥芯片)
TDP(Triton Data Path,数据路径)
TSC(Triton System Controller,系统控制器)
QPA(Quad Port Acceleration,四接口加速)

3. 显示设备

ASIC(Application Specific Integrated Circuit,特殊应用积体电路)
ASC(Auto-Sizing and Centering,自动调效屏幕尺寸和中心位置)
ASC(Anti Static Coatings,防静电涂层)
AGAS(Anti Glare Anti Static Coatings,防强光、防静电涂层)
BLA(Bearn Landing Area,电子束落区)
BMC(Black Matrix Screen,超黑矩阵屏幕)
CRC(Cyclical Redundancy Check,循环冗余检查)
CRT(Cathode Ray Tube,阴极射线管)
DDC(Display Data Channel,显示数据通道)
DEC(Direct Etching Coatings,表面蚀刻涂层)
DFL(Dynamic Focus Lens,动态聚焦)
DFS(Digital Flex Scan,数字伸缩扫描)
DIC(Digital Image Control,数字图像控制)
Digital Multiscan Ⅱ(数字式智能多频追踪)
DLP(Digital Light Processing,数字光处理)
DOSD(Digital On Screen Display,同屏数字化显示)
DPMS(Display Power Management Signalling,显示能源管理信号)
Dot Pitch(点距)
DQL(Dynamic Quadrapole Lens,动态四极镜)
DSP(Digital Signal Processing,数字信号处理)
EFEAL(Extended Field Elliptical Aperture Lens,可扩展扫描椭圆孔镜头)
FRC(Frame Rate Control,帧比率控制)
HVD(High Voltage Differential,高分差动)

LCD(Liquid Crystal Display,液晶显示屏)

LCOS(Liquid Crystal On Silicon,硅上液晶)

LED(Light Emitting Diode,光学二极管)

L-SAGIC(Low Power-Small Aperture G1 with Impregnated Cathode,低电压光圈阴极管)

LVD(Low Voltage Differential,低分差动)

LVDS(Low Voltage Differential Signal,低电压差动信号)

MALS(Multi Astigmatism Lens System,多重散光聚焦系统)

MDA(Monochrome Adapter,单色设备)

MS(Magnetic Sensors,磁场感应器)

Porous Tungsten(活性钨)

RSDS(Reduced Swing Differential Signal,小幅度摆动差动信号)

SC(Screen Coatings,屏幕涂层)

Single Ended(单终结)

Shadow Mask(阴罩式)

TDT(Timing Detection Table,数据测定表)

TICRG(Tungsten Impregnated Cathode Ray Gun,钨传输阴极射线枪)

TFT(Thin Film Transistor,薄膜晶体管)

UCC(Ultra Clear Coatings,超清晰涂层)

VAGP(Variable Aperature Grille Pitch,可变间距光栅)

VBI(Vertical Blanking Interval,垂直空白间隙)

VDT(Video Display Terminals,视频显示终端)

VRR(Vertical Refresh Rate,垂直扫描频率)

4. 视频

3D(Three Dimensional,三维)

3DS(3D SubSystem,三维子系统)

AE(Atmospheric Effects,雾化效果)

AFR(Alternate Frame Rendering,交替渲染技术)

Anisotropic Filtering(各向异性过滤)

APPE(Advanced Packet Parsing Engine,增强形帧解析引擎)

AV(Analog Video,模拟视频)

Back Buffer(后置缓冲)

Backface Culling(隐面消除)

Battle for Eyeballs(眼球大战,各3D图形芯片公司为了争夺用户而进行的竞争)

Bilinear Filtering(双线性过滤)

CEM(Cube Environment Mapping,立方环境映射)

CG(Computer Graphics,计算机生成图像)

Clipping(剪贴纹理)

Clock Synthesizer(时钟合成器)

Compressed Textures(压缩纹理)

Concurrent Command Engine(协作命令引擎)

Center Processing Unit Utilization(中央处理器占用率)

DAC(Digital to Analog Converter,数模传换器)

Decal(印花法,用于生成一些半透明效果,如,鲜血飞溅的场面)

DFP(Digital Flat Panel,数字式平面显示器)

DFS(Dynamic Flat Shading,动态平面描影,可用做加速)

Dithering(抖动)

Directional Light(方向性光源)

DME(Direct Memory Execute,直接内存执行)

DOF(Depth of Field,多重境深)

Dot Texture Blending(点型纹理混合)

Double Buffering(双缓冲区)

DIR(Direct Rendering Infrastructure,基层直接渲染)

DVI(Digital Video Interface,数字视频接口)

DxR(Dynamic X Tended Resolution,动态可扩展分辨率)

DXTC(Direct X Texture Compress,DirectX 纹理压缩,以 S3TC 为基础)

Dynamic Z-buffering(动态 Z 轴缓冲区,显示物体远近,可用做远景)

E-DDC(Enhanced Display Data Channel,增强形视频数据通道协议,定义了显示输出与主系统之间的通信通道,能提高显示输出的画面质量)

Edge Anti-aliasing(边缘抗锯齿失真)

E-EDID(Enhanced Extended Identification Data,增强形扩充身份辨识数据,定义了计算机通信视频主系统的数据格式)

Execute Buffers(执行缓冲区)

Environment Mapped Bump Mapping(环境凹凸映射)

Extended Burst Transactions(增强式突发处理)

Front Buffer(前置缓冲)

Flat(平面描影)

Frames rate is King(帧数为王)

FSAA(Full Scene Anti-aliasing,全景抗锯齿)

Fog(雾化效果)

Flip Double Buffered(反转双缓存)

Fog Table Quality(雾化表画质)

GART(Graphic Address Remapping Table,图形地址重绘表)

Gouraud Shading(高洛德描影,也称为内插法均匀涂色)

GPU(Graphics Processing Unit,图形处理器)

GTF(Generalized Timing Formula,一般程序时间,定义了产生画面所需要的时间,包括了诸如画面刷新率等)

HAL(Hardware Abstraction Layer,硬件抽象化层)

Hardware Motion Compensation(硬件运动补偿)

HDTV(High Definition Television,高清晰度电视)

HEL(Hardware Emulation Layer,硬件模拟层)

High Triangle Count(复杂三角形计数)

ICD(Installable Client Driver,可安装客户端驱动程序)

IDCT(Inverse Discrete Cosine TransFORM,非连续反余弦变换,GeForce 的 DVD 硬件强化技术)

Immediate Mode(直接模式)

IPPR(Image Processing and Pattern Recognition,图像处理和模式识别)

Large Textures(大型纹理)

LF(Linear Filtering,线性过滤,即双线性过滤)

Lighting(光源)

Lightmap(光线映射)

Local Peripheral Bus(局域边缘总线)

Mipmapping(MIP 映射)

Modulate(调制混合)

Motion Compensation(动态补偿)

Motion Blur(模糊移动)

MPPS(Million Pixels Per Second,百万个像素/秒)

Multi-Resolution Mesh(多重分辨率组合)

Multi Threaded Bus Master(多重主控)

Multitexture(多重纹理)

Nerest Mipmap(邻近 MIP 映射,又称为点采样技术)

Overdraw(透支,全景渲染造成的浪费)

Partial Texture Downloads(并行纹理传输)

Parallel Processing Perspective Engine(平行透视处理器)

PC(Perspective Correction,透视纠正)

PGC(Parallel Graphics Configuration,并行图像设置)

Pixel(Picture element,图像元素,又称 P 像素,屏幕上的像素点)

Point Light(一般点光源)

Point Sampling(点采样技术,又称为邻近 MIP 映射)

Precise Pixel Interpolation,精确像素插值

Procedural Textures(可编程纹理)

RAMDAC(Random Access Memory Digital to Analog Converter,随机存储器数/模转换器)

Reflection Mapping(反射贴图)

Render(着色或渲染)

S 端子(Seperate)

S3(Sight、Sound、Speed,视频、音频、速度)

S3TC(S3 Texture Compress,S3 纹理压缩,仅支持 S3 显卡)

S3TL(S3 Transformation & Lighting,S3 多边形转换和光源处理)

Screen Buffer(屏幕缓冲)

SDTV(Standard Definition Television,标准清晰度电视)
SEM(Spherical Environment Mapping,球形环境映射)
Shading(描影)
Single Pass Multi-Texturing(单通道多纹理)
SLI(Scanline Interleave,扫描线间插,3Dfx 的双 Voodoo 2 配合技术)
Smart Filter(智能过滤)
Soft Shadows(柔和阴影)
Soft Reflections(柔和反射)
Spot Light(小型点光源)
SRA(Symmetric Rendering Architecture,对称渲染架构)
Stencil Buffers(模板缓冲)
Stream Processor(流线处理)
SuperScaler Rendering(超标量渲染)
TBFB(Tile Based Frame Buffer,碎片纹理帧缓存)
Texel(T 像素,纹理上的像素点)
Texture Fidelity(纹理真实性)
Texture Swapping(纹理交换)
T&L(Transform and Lighting,多边形转换与光源处理)
T-Buffer(T 缓冲,3Dfx Voodoo 4 的特效,包括全景反锯齿 Full-scene Anti-Aliasing、动态模糊 Motion Blur、焦点模糊 Depth of Field Blur、柔和阴影 Soft Shadows、柔和反射 Soft Reflections)
TCA(Twin Cache Architecture,双缓存结构)
Transparency(透明状效果)
Transformation(三角形转换)
Trilinear Filtering(三线性过滤)
Texture Modes(材质模式)
TMIPM(Trilinear MIP Mapping,三次线性 MIP 材质贴图)
UMA(Unified Memory Architecture,统一内存架构)
Visualize Geometry Engine(可视化几何引擎)
Vertex Lighting(顶点光源)
Vertical Interpolation(垂直调变)
VIP(Video Interface Port,视频接口)
ViRGE(Video and Rendering Graphics Engine,视频描写图形引擎)
Voxel(Volume pixels,立体像素,Novalogic 的技术)
VQTC(Vector-Quantization Texture Compression,向量纹理压缩)
VSIS(Video Signal Standard,视频信号标准)
V-Sync(同步刷新)
Z Buffer(Z 缓存)

5. 音频

3DPA(3D Positional Audio,3D 定位音频)

AC(Audio Codec,音频多媒体数字信号编解码器)
Auxiliary Input(辅助输入接口)
CS(Channel Separation,声道分离)
DS3D(DirectSound 3D Streams)
DSD(Direct Stream Digital,直接数字信号流)
DLS(Down Loadable Sample,可下载的取样音色)
DLS-2(Downloadable Sounds Level 2,第二代可下载音色)
EAX(Environmental Audio Extensions,环境音效扩展技术)
Extended Stereo(扩展式立体声)
FM(Frequency Modulation,频率调制)
FIR(Finite Impulse Response,有限推进响应)
FR(Frequence Response,频率响应)
FSE(Frequency Shifter Effect,频率转换效果)
HRTF(Head Related Transfer Function,头部关联传输功能)
IID(Interaural Intensity Difference,两侧声音强度差别)
IIR(Infinite Impulse Response,无限推进响应)
Interactive Around-Sound(交互式环绕声)
Interactive 3D Audio(交互式 3D 音效)
ITD(Interaural Time Difference,两侧声音时间延迟差别)
MIDI(Musical Instrument Digital Interface,乐器数字接口)
NDA(Non-DWORD-Aligned,非 DWORD 排列
Raw PCM: Raw Pulse Code Modulated,元脉码调制)
RMA(Real Media Architecture,实媒体架构)
RTSP(Real Time Streaming Protocol,实时流协议)
SACD(Super Audio CD,超级音乐 CD)
SNR(Signal to Noise Ratio,信噪比)
S/PDIF(Sony/Phillips Digital Interface,索尼/飞利浦数字接口)
SRS(Sound Retrieval System,声音修复系统)
Surround Sound(环绕立体声)
Super Intelligent Sound ASIC(超级智能音频集成电路)
THD+N(Total Harmonic Distortion plus Noise,总谐波失真加噪声)
QEM(Qsound Environmental Modeling,Qsound 环境建模扬声器组)
WG(Wave Guide,波导合成)
WT(Wave Table,波表合成)

6. RAM 与 ROM

ABP(Address Bit Permuting,地址位序列改变)
ATC(Access Time from Clock,时钟存取时间)
BSRAM(Burst pipelined synchronous Static RAM,突发式管道同步静态存储器)
CAS(Column Address Strobe,列地址控制器)
CCT(Clock Cycle Time,时钟周期)

DB(Deep Buffer,深度缓冲)

DDR SDRAM(Double Date Rate,双数据率 SDRAM)

DIL(Dual-In-Line)

DIMM(Dual In-line Memory Modules,双重内嵌式内存模块)

DRAM(Dynamic Random Access Memory,动态随机存储器)

DRDRAM(Direct Rambus DRAM,直接 Rambus 内存)

ECC(Error Checking and Correction,错误检查修正)

EEPROM(Electrically Erasable Programmable ROM,电擦写可编程只读存储器)

FM(Flash Memory,快闪存储器)

FMD ROM(Fluorescent Material Read Only Memory,荧光质只读存储器)

PIROM(Processor Information ROM,处理器信息 ROM)

PLEDM(Phase-state Low Electron(hole)-number Drive Memory)

QBM(Quad Band Memory,四倍边带内存)

RAC(Rambus Asic Cell,Rambus 集成电路单元)

RAS(Row Address Strobe,行地址控制器)

RDRAM(Rambus Direct RAM,直接型 Rambus RAM)

RIMM(Rambus In-line Memory Modules,Rambus 内嵌式内存模块)

SDR SDRAM(Single Date Rate,单数据率 SDRAM)

SGRAM(Synchronous Graphics RAM,同步图形随机储存器)

SO-DIMM(Small Outline Dual In-line Memory Modules,小型双重内嵌式内存模块)

SPD(Serial Presence Detect,串行存在检查)

SRAM(Static Random Access Memory,静态随机存储器)

SSTL-2(Stub Series Terminated Logic-2)

TSOPs(Thin Small Outline Packages,超小型封装)

USWV(Uncacheable Speculative Write-Combining,非缓冲随机混合写入)

VCMA(Virtual Channel Memory Architecture,虚拟通道内存结构)

7. 磁盘

AAT(Average Access Time,平均存取时间)

ABS(Auto Balance System,自动平衡系统)

ASMO(Advanced Storage Magneto-Optical,增强型光学存储器)

AST(Average Seek Time,平均寻道时间)

ATA(AT Attachment,AT 扩展型)

ATOMM(Advanced super Thin-layer and high-Output Metal Media,增强型超薄高速金属媒体)

bps(bit per second,位/秒)

CAM(Common Access Model,公共存取模型)

CCS(Common Command Set,通用指令集)

DMA(Direct Memory Access,直接内存存取)

DVD(Digital Video Disk,数字视频光盘)

EIDE(Enhanced Integrated Drive Electronics,增强型电子集成驱动器)

FAT(File Allocation Tables,文件分配表)

FDBM(Fluid Dynamic Bearing Motors,液态轴承马达)

FDC(Floppy Disk Controller,软盘驱动器控制装置)

FDD(Floppy Disk Driver,软盘驱动器)

GMR(Giant Magneto Resistive,巨型磁阻)

HDA(Head Disk Assembly,磁头集合)

HiFD(High-capacity Floppy Disk,高容量软盘)

IDE(Integrated Drive Electronics,电子集成驱动器)

LBA(Logical Block Addressing,逻辑块寻址)

MBR(Master Boot Record,主引导记录)

MTBF(Mean Time Before Failure,平均故障时间)

PIO(Programmed Input Output,可编程输入/输出模式)

PRML(Partial Response Maximum Likelihood,最大可能部分反应,用于提高磁盘读写传输率)

RPM(Rotation Per Minute,转/分)

RSD(Removable Storage Device,移动式存储设备)

SCSI(Small Computer System Interface,小型计算机系统接口)

SCMA(SCSI Configured Auto Magically,SCSI 自动配置)

S. M. A. R. T. (Self-Monitoring、Analysis and Reporting Technology,自动监测、分析和报告技术)

SPS(Shock Protection System,抗震保护系统)

STA(SCSI Trade Association,SCSI 同业公会)

Ultra DMA(Ultra Direct Memory Access,超高速直接内存存取)

LVD(Low Voltage Differential)

Seagate(硬盘技术)

DiscWizard(磁盘控制软件)

DST(Drive Self Test,磁盘自检程序)

SeaShield(防静电防撞击外壳)

8. 光驱

ATAPI(AT Attachment Packet Interface)

BCF(Boot Catalog File,启动目录文件)

BIF(Boot Image File,启动映像文件)

CDR(CD Recordable,可记录光盘)

CD-ROM/XA(CD-ROM eXtended Architecture,唯读光盘增强型架构)

CDRW(CD-Rewritable,可重复刻录光盘)

CLV(Constant Linear Velocity,恒定线速度)

DAE(Digital Audio Extraction,数据音频抓取)

DDSS(Double Dynamic Suspension System,双悬浮动态减震系统)

DDSS Ⅱ(Double Dynamic Suspension System Ⅱ,第二代双层动力悬吊系统)

PCAV(Part Constant Angular Velocity,部分恒定角速度)

VCD(Video CD,视频 CD)

9. 打印机

dpi(dot per inch,每英寸的打印像素)

ECP(Extended Capabilities Port,延长能力端口)

EPP(Enhanced Parallel Port,增强型平行接口)

IPP(Internet Printing Protocol,因特网打印协议)

ppm(paper per minute,页/分)

SPP(Standard Parallel Port,标准并行口)

TET(Text Enhanced Technology,文本增强技术)

USBDCDPD(Universal Serial Bus Device Class Definition for Printing Devices,打印设备的通用串行总线级标准)

VD(Variable Dot,变点式列印)

10. 扫描仪

TWAIN(Toolkit Without An Interesting Name)协议

11. 计算机公司

Ali(Acer Lab,宏棋实验室)

ASF(Applied Science Fiction)

AMD(Advanced Micro Device,超微半导体)

AMI(American Megatrends Incorporated)

EAR(Extreme Audio Reality)

HP(Hewlett-Packard,美国惠普公司)

IBM(International Business Machine,国际商业机器)

IDG(International Data Group,国际数据集团)

IMS(International Meta System)

MLE(Microsoft Learning and Entertainment,微软教学与娱乐公司)

MS(Microsoft,微软)

NAI(Network Associates Incorporation,前身为 McAfee)

NS(National Semiconductor,国家半导体)

PMI(Pacific Magtron International)

SCE(Sony Computer Entertainment,索尼计算机娱乐部)

SGI(Silicon Graphics)

SiS(Silicon Integrated Systems,硅片综合系统公司)

UMC(United Microelectronics Corporation,台湾联华电子公司,半导体制造商)

WD(Western Digital,西部数据)

ZD(Ziff-Davis 出版公司)

12. 组织

CBF(Cable Broadband Forum,电缆宽带论坛)

CEMA(Consumer Electronics Manufacturing Association,消费者电子制造业协会)

CPE(Customer Premise Equipment,用户预定设备)

CSA(Canadian Standards Association,加拿大标准协会)

DCA(Defense Communication Agency,国防部通信局)

DOJ(Department of Justice,反不正当竞争部门)

DSP(Delivery Service Partner,交付服务合伙人)

DVB(Digital Video Broadcasting,数字视频广播)

E3(Electronic Entertainment Expo,电子娱乐展览会)

EFF(Electronic Frontier Foundation,电子前线基金会)

EPA(Environmental Protection Agency,美国环境保护局)

FCC(Federal Communications Commission,联邦通信委员会)

FTC(Federal Trade Commission,联邦商业委员会)

GDC(Game Developer Conference,游戏发展商会议)

ISSCC(International Solid-State Circuits Conference,国际晶体管电路讨论会)

ICSA(International Computer Security Association,国际计算机安全协会),它的前身为NCSA(National Computer Security Association,国家计算机安全协会)

IEEE(Institute of Electrical and Electronics Engineers,电子电路工程师协会)

IFWP(International Forum White Paper,国际白皮书论坛)

ISO/MPEG(International Standard Organization's Moving Picture Expert Group,国际标准化组织的活动图片专家组)

ITAA(Information Technology Association of American,美国信息技术协会)

MAC(Mobile Advisory Council)

MCSP(Microsoft Certified Solution Providers,微软认证解决方案供应商)

MJPEG(Motion Joint Photographic Experts Group,移动式连续图像专家组)

MMA(MIDI Manufacturer Association,MIDI 制造商联盟)

NCTA(National Cable Television Association,美国电缆电视协会)

NIA(Networking Interoperatility Alliance,网络互操作联盟)

NBITD(National Board for Industrial and Technical Development,瑞典国立工业和技术发展委员会制定)

OAAF(Open Arcade Architecture Forum,开放式 Arcade 体系论坛)

OEM(Original Equipment Manufacturer,原始设备制造商)

OIF(Optical Internetworking Forum,光纤互联网络论坛)

RIAA(Recording Industry Association of America,美国唱片工业协会)

RI Redistributed Internet Object(因特网分配组织)

SIA(The Semiconductor Industries Association,半导体工业协会)

SPA(Software Publishers Association,软件出版商协会)

TSOWU(The Swedish Office Worker's Union,瑞典办公人员联合会,以制定 TCO 标准著称)

UAWG(Universal ADSL Working Group,通用 ADSL 工作组)

UCAID(University Corporation for Advanced Internet Development)

UL(Underwriters Laboratories Inc.,新产品承诺实验室)

VAR(Value Added Resellers,增值分销商)

W3C(World Wide Web Consortium,万维网协会)

WHQL(Microsoft Windows Hardware Quality Lab,微软公司视窗硬件质量实验室)

WinHEC(Windows Hardware Engineering Conference,视窗硬件工程会议)

13. 编程

API(Application Programming Interfaces,应用程序接口)

ASCII(American Standard Code for Information Interchange,美国国家标准信息交换代码)

ATL(ActiveX Template Library,ActiveX 模板库)

BASIC(Beginner's All-purpose Symbolic Instruction Code,初学者通用指令代码)

COM(Component Object Model,组件对象模式)

DIA(Distributed Internet Application,分布式因特网应用程序)

MFC(Microsoft Foundation Classes,微软基础类库)

SDK(Software Development Kit,软件开发工具包)

14. Windows

CE(Consumer Electronics,消费电子)

DCOM(Distributing Component Object Model,构造物体模块)

DHCP(Dynamic Host Configuration Protocol,动态主机分配协议)

DMF(Distribution Media format)

GDI(Graphics Device Interface,图形设备接口)

GUI(Graphics User Interface,图形用户界面)

GPF(General Protect Fault,一般保护性错误)

HTA(HyperText Application,超文本应用程序)

INF File(Information File,信息文件)

INI File(Initialization File,初始化文件)

NDIS(Network Driver Interface Specification,网络驱动程序接口规范)

NT(New Technology,新技术)

QoS(Quality of Service,服务质量)

RRVP(Resource ReserVation Protocol,资源保留协议)

RTOS(Real Time Operating Systems,实时操作系统)

SBFS(Simple Boot Flag Specification,简单引导标记规范)

VEFAT(Virtual File Allocation Table,虚拟文件分配表)

VxD(Virtual device Drivers,虚拟设备驱动程序)

WDM(Windows Driver Model,视窗驱动程序模块)

WinSock(Windows Socket,视窗套接口)

WHQL(Windows Hardware Quality Labs,Windows 硬件质量实验室)

WHS(Windows Scripting Host,视窗脚本程序)

ZAM(Zero Administration for Windows,零管理视窗系统)

15. 加密

ECC(Elliptic Curve Crypto,椭圆曲线加密)

SET(Secure Electronic Transaction,安全电子交易)

16. 语言

CSS(Cascading Style Sheets,层叠格式表)

DCD(Document Content Description for XML,XML 文件内容描述)

DTD(Document Type Definition,文件类型定义)

HTML(Hyper Text Markup Language,超文本标记语言)

JVM(Java Virtual Machine,Java 虚拟机)

OJI(Open Java VM Interface,开放 Java 虚拟机接口)

SGML(Standard Generalized Markup Language,标准通用标记语言)

SMIL(Synchronous Multimedia Integrate Language,同步多媒体集成语言)

VRML(Virtual Reality Makeup Language,虚拟现实结构化语言)

VXML(Voice eXtensible Markup Language,语音扩展标记语言)

XML(Extensible Markup Language,可扩展标记语言)

XSL(Extensible style Sheet Language,可扩展设计语言)

17. 网络

ADSL(Asymmetric Digital Subscriber Line,不对称数字订阅线路)

AH(Authentication Header,鉴定文件头)

AMR(Audio/Modem Riser,音效/数据主机板附加直立插卡)

ARP(Address Resolution Protocol,地址解析协议)

ATM(Asynchronous Transfer Mode,异步传输模式)

BOD(Bandwidth On Demand,弹性带宽运用)

CBR(Committed Burst Rate,约定突发速率)

CCIRN(Coordinating Committee for Intercontinental Research Networking,洲际研究网络协调委员会)

CCM(Call Control Manager,拨号控制管理)

CDSL(Consumer Digital Subscriber Line,消费者数字订阅线路)

CGI(Common Gateway Interface,通用网关接口)

CIEA(Commercial Internet Exchange Association,商业因特网交易协会)

CIR(Committed Infomation Rate,约定信息速率)

CTS(Clear to Send,清除发送)

DBS-PC(Direct Broadcast Satellite PC,人造卫星直接广播式 PC)

DCE(Data Circuit Terminal Equipment,数据通信设备)

DES(Data Encryption Standard,数据加密标准)

DMT(Discrete Multi-Tone,不连续多基频模式)

DNS(Domain Name System,域名系统)

DOCSIS(Data Over Cable Service Interface Specifications,线缆服务接口数据规格)

DTE(Data Terminal Equipment,数据终端设备)

EBR(Excess Burst Rate,超额突发速率)

ESP(Encapsulating Security Payload,压缩安全有效载荷)

FDM(Frequency Division Multi,频率分离)

Flow-control(流控制)

FRICC(Federal Research Internet Coordinating Committee,联邦调查因特网协调委员会)

FTP(File Transfer Protocol,文件传输协议)

GHOST(General Hardware Oriented System Transfer,全面硬件导向系统转移)

HDSL(High bit rate DSL,高比特率数字订阅线路)

HTTP(Hyper Text Transfer Protocol,超文本传输协议)

ICMP(Internet Control Message Protocol,因特网信息控制协议)

IETF(Internet Engineering Task Framework,因特网工程任务组)

IKE(Internet Key Exchange,因特网密钥交换协议)

IMAP4(Internet Message Access Protocol Version 4,第4版因特网信息存取协议)

Internet(因特网)

IP(Internet Protocol,网际协议)

ISDN(Integrated Service Digital Network,综合服务数字网络)

ISOC(Internet Society,因特网协会)

ISP(Internet Service Provider,因特网服务提供商)

LAN(Local Area Network,局域网)

LDAP(Lightweight Directory Access Protocol,轻权目录访问协议)

LOM(LAN-on-Montherboard)

IAB(Internet Activities Board,因特网工作委员会)

IETF(Internet Engineering Task Force,因特网工程作业推动)

L2TP(Layer 2 Tunneling Protocol,二级通道协议)

LMDS(Local Multipoint Distributed System,局域多点分布式系统)

MIME(Multipurpose Internet Mail Extension,多用途因特网邮件扩展协议)

MNP(Microcom Networking Protocal)

MODEM(Modulator Demodulator,调制解调器)

NAT(Network Address Translation,网络地址转换)

NC(Network Computer,网络计算机)

NDS(Novell Directory Service,Novell 目录服务)

NNTP(Network News Transfer Protocol,网络新闻传输协议)

MSN(Microsoft Network,微软网络)

OFDM(Orthogonal Frequency Division Multiplexing,直角频率部分多路复用)

P3P(Privacy Preference Project,个人隐私安全平台)

PDS(Public Directory Support,公众目录支持)

PGP(Pretty Good Privacy,优良保密协议)

PICS(Platform for Internet Content Selection,因特网内容选择平台)

POF(Polymer Optical Fiber,聚合体光纤)

POP3(Post Office Protocol Version 3,第3版电子邮局协议)

PPTP(Point to Point Tunneling Protocol,点对点通道协议)

RADSL(Rate Adaptive DSL,速率自适应数字订阅线路)

RARP(Reverse Address Resolution Protocol,反向地址解析协议)

RDF(Resource Description Framework,资源描述框架)

RSA(Rivest Shamir Adlemen,一种因特网加密和认证体系)

RTS(Request To Send,需求发送)

SIS(Switched Internetworking Services,交换式网络互联服务)

S/MIME(Secure MIME,安全多用途因特网邮件扩展协议)

SNMP(Simple Network Management Protocol,简单网络管理协议)

SMTP(Simple Mail Transfer Protocol,简单邮件传输协议)

SKIP(Simple Key Exchange Internet Protocol,因特网简单密钥交换协议)

SUA(Single User Account,单用户账号)

TCP(Transmission Control Protocol,传输控制协议)

UART(Universal Asynchronous Receiver/Transmitter,通用异步接收/发送装置)

UDP(User Datagram Protocol,用户数据报协议)

ULS(User Location Service,用户定位服务)

VOD(Video On Demand,视频点播)

VPN(Virtual Private Network,虚拟局域网)

WWW(World Wide Web,万维网,是因特网的一部分)

18. 通信

CTI(Computer Telephone Integration,计算机电话综合技术)

DBS(Direct Broadcast Satellite,直接卫星广播)

DWDM(Dense WaveLength Division Multiplex,波长密集型复用技术)

MMDS(Multichannel Multipoint Distribution Service,多波段多点分发服务)

PCM(Pulse Code Modulation,脉冲编码调制)

PSTN(Public Switched Telephone Network,公用交换式电话网)

TAPI(Telephony Application Programming Interface,电话应用程序接口)

TSAPI(Telephony Services Application Programming Interface,电话服务应用程序接口)

WDM(WaveLength Division Multiplex,波分多路复用)

19. 游戏

ACT(Action,动作类游戏)

ARPG(Action Role Play Games,动作角色扮演游戏)

AVG(Adventure Genre,冒险类游戏)

DAN(Dance,跳舞类游戏,包括跳舞机、吉他机、打鼓机等)

DC(Dreamcast,世嘉 64 位游戏机)

ETC(etc,其他类游戏,包括模拟飞行)

FFJ(Force Feedback Joystick,力量反匮式操纵杆)

FPP(First Person Game,第一人称游戏)

FTG(Fighting Game,格斗类游戏)

GB(Game Boy,任天堂 4 位手提游戏机)

GBC(Game Boy Color,任天堂手提 16 色游戏机)

GG(Game Gear,世嘉彩色手提游戏机)

FC(Famicom,任天堂 8 位游戏机)

fps(frames per second,帧/秒)

FR(Frames Rate,游戏运行帧数)

MAC(Macintosh,苹果计算机)

N64(Nintendo 64,任天堂 64 位游戏机)

SFC(Super Famicom,超级任天堂 16 位游戏机)

SLG(Simulation Game,模拟类游戏)

SPG(Sports Games,运动类游戏)

SRPG(Strategies Role Play Games,战略角色扮演游戏)

STG(Shoot Game,射击类游戏)

SS(Sega Saturn,世嘉土星 32 位游戏机)

PC(Personal Computer,个人计算机)

PS(Play Station,索尼 32 位游戏机)

PS(Pocket Station,索尼手提游戏机)

RAC(Race,赛车类游戏)

RTS(Real Time Strategies,实时战略)

RPG(Role Play Games,角色扮演游戏)

TAB(Table Chess,桌棋类游戏)

20. 服务器

C2C(card-to-card interleaving,卡到卡交错存取)

cc-NUMA(cache-coherent non uniform memory access,连贯缓冲非统一内存寻址)

CHRP(Common Hardware Reference Platform,共用硬件平台,IBM 为 PowerPC 制定的标准,可以兼容 MacOS、Windows NT、Solaris、OS/2、Linux 和 AIX 等多种操作系统)

EMP(Emergency Management Port,紧急事件管理端口)

ICMB(Inter-Chassis Management Bus,内部管理总线)

MPP(Massive Parallel Processing,巨量平行处理架构)

MUX(Data Path Multiplexor,多重路径数据访问)

参考文献

[1] 童世华,等.计算机组成原理简明教程[M].北京：北京航空航天大学出版社,2012.
[2] 侯炳辉.计算机原理[M].北京：经济科学出版社,2003.
[3] 龚尚福,等.微型计算机原理及接口技术[M].西安：西安电子科技大学出版社,2003.
[4] 周明德.微型计算机系统原理及应用[M].北京：清华大学出版社,2002.
[5] 李伯成,等.微型计算机原理及应用[M].西安：西安电子科技大学出版社,1998.
[6] 戴梅萼,等.微型计算机技术及应用[M].北京：清华大学出版社,1996.
[7] 仇玉章,等.32位微型计算机原理及接口技术[M].北京：清华大学出版社,2000.
[8] 杨天怡,等.计算机硬件技术基础[M].重庆：重庆大学出版社,2002.
[9] 冯博琴.微型计算机原理与接口技术[M].北京：清华大学出版社,2002.
[10] 倪继烈.微型计算机原理与接口技术[M].北京：清华大学出版社,2005.
[11] 刘甘娜,等.IBM-PC微机原理及接口技术[M].西安：西安交通大学出版社,1998.
[12] 白中英.计算机组成原理[M].北京：科学出版社,1999.
[13] 彭海深,周成芬.计算机安装与维修技术实训教程[M].北京：中国水利水电出版社,2007.
[14] 姚昌顺,等.计算机组装与维护实例教程[M].北京：清华大学出版社,2010.

图书资源支持

感谢您一直以来对清华版图书的支持和爱护。为了配合本书的使用,本书提供配套的素材,有需求的用户请到清华大学出版社主页(http://www.tup.com.cn)上查询和下载,也可以拨打电话或发送电子邮件咨询。

如果您在使用本书的过程中遇到了什么问题,或者有相关图书出版计划,也请您发邮件告诉我们,以便我们更好地为您服务。

我们的联系方式:

地　　址:北京海淀区双清路学研大厦 A 座 707

邮　　编:100084

电　　话:010－62770175－4604

资源下载:http://www.tup.com.cn

电子邮件:weijj@tup.tsinghua.edu.cn

QQ:883604(请写明您的单位和姓名)

扫一扫

资源下载、样书申请

新书推荐、技术交流

用微信扫一扫右边的二维码,即可关注清华大学出版社公众号“书圈”。